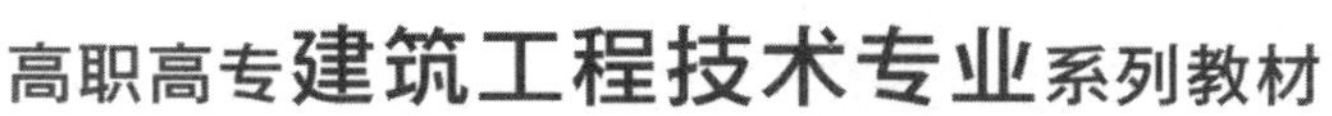

建筑工程制图与识图

(第2版)

主　编　江方记

副主编　周丽红　陈　绚

主　审　尧　燕

重庆大学出版社

内容提要

本书是在总结多年高等院校教育经验的基础上，根据教育部对高等职业教育的最新要求编写的。本书主要介绍了制图基本知识与技能、正投影法的基本知识、基本形体的投影、组合体的投影、轴测投影图、建筑施工图的基础知识、建筑施工图的表达方法、建筑施工图、结构施工图和中国古建筑识图与历史文化。同时，本书为适应高职院校文化育人、复合育人和协同育人的课程思政教学要求，对部分内容进行了适当的加深和拓宽，并加大了对建筑施工图的识读训练，拓展了中国建筑历史文化方面的知识。

本书可作为高职高专、职教本科和普通本科建筑工程类专业的制图课程教材，亦可作为建筑学、城市规划、地下建筑等相近专业的教材使用，同样可作为广大自学者及工程技术人员的参考用书。

图书在版编目(CIP)数据

建筑工程制图与识图 / 江方记主编. -- 2版. -- 重庆：重庆大学出版社，2022.11
高职高专建筑工程技术专业系列教材
ISBN 978-7-5689-3635-4

Ⅰ.①建… Ⅱ.①江… Ⅲ.①建筑制图—识图—高等职业教育—教材 Ⅳ.①TU204.21

中国版本图书馆CIP数据核字(2022)第223361号

建筑工程制图与识图(第2版)
主　编　江方记
副主编　周丽红　陈　绚
主　审　尧　燕
策划编辑　鲁　黎
责任编辑：文　鹏　　版式设计：鲁　黎
责任校对：关德强　　责任印制：张　策
*
重庆大学出版社出版发行
出版人：饶帮华
社址：重庆市沙坪坝区大学城西路21号
邮编：401331
电话：(023) 88617190　88617185(中小学)
传真：(023) 88617186　88617166
网址：http://www.cqup.com.cn
邮箱：fxk@cqup.com.cn (营销中心)
全国新华书店经销
中雅(重庆)彩色印刷有限公司印刷
*
开本：787mm×1092mm　1/16　印张：20.5　字数：514千
2015年4月第1版　2022年11月第2版　2022年11月第9次印刷
印数：11 201—13 200
ISBN 978-7-5689-3635-4　定价：48.00元

第2版前言

本书是为了适应高等院校针对建筑工程制图与识图课程的需求，满足建筑工程类各专业的教学需要，总结了作者多年来建筑工程制图与识图方面的教学和工作经验，参考各方面的意见而编写的。

本书以应用为目的，以够用为度，紧密结合了建筑工程各专业的实际需求和高等院校文化育人、复合育人和协同育人的课程思政教学要求，知识涵盖面广，不仅有利于拓展学生的视野，也便于教师根据不同专业和学时的需要进行适当地取舍。本书还通过中国古建筑与历史文化知识的传授，力求加强学生对文化传统和人类文明丰富性和多样性的认知与理解，增强学生对中华文化传承的主动担当，提升学生国际化视野。

全书共10章，主要包括如下内容。

- 第1章　制图基本知识与技能
- 第2章　正投影法的基本知识
- 第3章　基本形体的投影
- 第4章　组合体的投影
- 第5章　轴测投影图
- 第6章　建筑施工图的基础知识
- 第7章　建筑施工图的表达方法（GB/T 50001—2017）
- 第8章　建筑施工图
- 第9章　结构施工图（GB/T 50105—2010）
- 第10章　中国古建筑识图与历史文化

本书采用了国家最新颁布的《技术制图》标准有关规定及各专业现行制图标准，包括《房屋建筑制图统一标准》（GB/T 50001—2017），《总图制图标准》（GB/T 50103—2010），《建筑制图标准》（GB/T 50104—2010）和《建筑结构制图标准》（GB/T 50105—2010）。同时出版的《建筑工程制图与识图习题集》，可与本书配套使用。

本书由江方记主编，周丽红、陈绚担任副主编，尧燕主审。书中全部内容采用最新的国家标准编写而成。其中，江方记编写第 1 章、第 2 章、第 3 章、第 6 章、第 7 章、第 8 章和第 10 章；周丽红编写第 5 章和第 9 章；陈绚编写第 4 章。

黄雪云、王萌、郭钰和黄顺姣等多位老师对本书作了非常细致的修改和绘图工作，并根据自己长期的教学实践和工作经验为本书提出了许多恳切建议。全书渗透了多位老师的辛勤劳动，在此，表示衷心感谢。

尧燕对本书作了全面审核。

由于作者水平有限，疏漏之处敬请各位同行和读者批评指正。

编　者

2022 年 3 月

目录

绪　论

(1)本课程的作用、任务和要求

在建筑工程中,无论是建造巍峨壮丽的高楼大厦,或简单房屋,都需根据设计完善的图纸进行施工。这是因为建筑物的形状、大小、结构、设备和装修等,只用语言或文字是无法描述清楚的,而图纸可以借助一系列图样和必要的文字说明,将建筑物的艺术造型、外表形状、内部布置、结构构造、各种设备、施工要求以及周围地理环境等,准确而详尽地表达出来。图纸是建筑工程不可缺少的重要技术资料,所有从事工程技术的人员,都必须掌握制图和读图技能。不会绘图,就无法表达自己的构思。不会读图,就无法理解别人的设计意图。因此,工程图一直被称为工程界的共同“语言”。

建筑物按照它们的使用性质不同,通常可分为工业建筑和民用建筑。无论是哪类建筑,从无到有建造起来,一般要经过编制设计任务书、选择和勘查基地、设计、施工、验收与交付使用等几个阶段。设计和施工又是其中比较重要和关键的环节,通过设计阶段把计划任务书中的文字资料和人们的空间构思变成表达建筑物空间形象的全套图纸。施工阶段则根据所设计绘制的全套图纸,把建筑物建造起来。供施工用的图纸统称为建筑施工图。建筑工程中的图纸是用投影原理绘制而成,图纸既是工程设计的结果,也是工程施工的依据。从事工程建设的技术人员必须具备绘图能力与读图能力。

建筑工程施工图的绘制与阅读必须遵守国家标准的有关规定。本课程除了学习建筑工程制图与识图的理论和方法外,还要学习房屋建筑结构的有关专业知识,为将来学习其他专业课打下坚实的基础。学习《建筑工程制图与识图》的主要任务体现在以下几个方面:

①学习各种正投影法的基本理论及其应用。

②培养绘制和阅读建筑工程施工图的能力。

③培养一定的空间思维能力、空间分析能力和空间几何问题的图解能力。

④培养认真负责的工作态度和严谨细致的工作作风。

⑤汲取中国古建筑的历史文化知识,提高建筑修养和建筑设计思维能力,为学习专业课和建筑设计创作活动奠定基础。

在学习《建筑工程制图与识图》过程中,学生应逐步提高自学能力,分析问题和解决问题的能力。课程要预习,带着问题去听课。课后要及时复习和做作业,并做好课程小结。学生学完本门课程后应该达到以下要求:

①掌握正投影法的基本理论和作图方法。

②能用作图方法解决一般的空间度量问题和定位问题。

③能正确使用绘图工具和仪器,绘制出符合国家制图标准的图纸。

④掌握徒手作图技能,并能正确地识读一般建筑工程图。

⑤理解中国古建筑历史文化是中华民族传统文化历史在建筑上的体现,是中华民族传统文化的一个片段、一个部分,从而使学生树立正确的价值取向、崇高的政治信仰、无私的社会责任,并提高学生缘事析理、实事求是、理论结合实践的能力。

(2)本课程的学习方法

《建筑工程制图与识图》课程的主要内容包括制图基本知识与技能、投影的基本知识、基本体和组合体的投影、轴测投影、建筑形体的常用表达方法和建筑施工图等。

制图基本知识与技能和投影的基本知识等章节是建筑工程制图与识图的理论基础,比较抽象,系统性和理论性较强。在学习过程中,学生应了解和严格遵守制图国家标准的有关规定,踏实地进行制图技能的操作训练,养成正确使用绘图工具、仪器和准确绘图的习惯。

房屋建筑形体的表达方法和建筑施工图等章节是投影法理论知识的运用,实践性较强,学习时要努力完成一系列的绘图作业。学生在学习过程中,应结合所学的建筑初步专业知识,运用专业制图国家标准的有关规定,读懂教材和习题集上的专业图纸。在绘制建筑施工图作业时,必须在读懂已有图样的基础上,严格贯彻建筑工程领域国家标准的有关规定进行制图。学生在学习过程中需要讲究学习方法,从而提高学习效果。课程的学习方法总结如下:

①要有远大的抱负和良好的专业思想,在学习中振奋精神,端正态度,自觉地刻苦钻研,锲而不舍,克服困难,不断前进。

②努力培养空间想象能力,即二维的平面图形想象出三维形体的形状。学生在开始本门课程的学习时可以借助模型等辅助学习用具,加强图物对照的感性认识。在不断深入学习过程中要逐步减少使用模型,直至可以完全依靠自己的空间想象能力,看懂图纸。

③做作业时,要绘图与识图相结合。每一次根据物体画出投影图之后,随即移开物体,从所画的图想象原来物体的形状,是否相符。坚持这种做法,有利于空间想象能力的培养。

④不断培养独立图解问题的能力。要熟练掌握这个技能,一要懂得解题的思路,即空间问题要拿到空间去分析研究解题的方案,二要掌握各几何元素之间的各种基本关系的表示方法,才能将解题方案逐步作图表达出来,并求得解答。

⑤要提高自学能力。上课前应预习教材,一面认真阅读课文,一面画出课文中的附图。然后带着看不懂的问题去听教师讲课。复习时要着重检查自己能否用图表示书中每一个概念和每一种方法。制图基础知识到建筑施工图的内容是一环扣一环的,前面学习不透彻和不牢固,后面必然越学越困难。因此需要步步为营,稳扎稳打,由浅入深,循序渐进。

⑥建筑施工图是施工的依据,往往由于图纸上一条线的疏忽或一个数字的差错,会造成严重的返工浪费。所以应从初学建筑工程制图开始,就严格要求自己,养成认真负责,一丝不苟和严格符合国家标准的工作态度。

⑦站在对中国建筑文化、社会文化的充分认识与正确把握的高度,依托广阔的历史背景解读中国古建筑产生的根源、历史发展动态、技术进步的表现和建筑的特征与本质。

(3)建筑工程制图的发展历史

有史以来,人类就试图用图形来表达和交流思想,从远古的洞穴中的石刻可以看出在没有语言和文字前，图形就是一种有效的交流思想的工具。考古发现，早在公元前2600年就出现了可以成为工程图样的图，那是一幅刻在泥板上的神庙地图。直到公元1500年文艺复兴时期，才出现将平面图和其他多面图画在同一幅画面上的设计图。

1795年，法国著名科学家加斯帕·蒙日将各种表达方法归纳，发表了《画法几何》著作，蒙日所说明的画法是以互相垂直的两个平面作为投影面的正投影法。蒙日方法对世界各国科学技术的发展产生巨大影响，并在科技界，尤其在工程界得到广泛的应用和发展。

我国在2000年前就有了正投影法表达的工程图样，1977年冬在河北省平山县出土的公元前323-309年的战国中山王墓，发现在青铜板上用金银线条和文字制成的建筑平面图，这也是世界上罕见的最早工程图样，该图用1∶500的正投影绘制并标注尺寸。中国古代传统的工程制图技术，与造纸术一起于唐代同一时期（公元751年后）传到西方。

公元1100年宋代李诫所著的雕版印刷书《营造法式》是世界上最早的一部建筑规范巨著，对建筑技术、用工用料估算以及装修等都有详细的论述。书中有图样6卷，设计图一千余幅。图样这一名称，从此肯定下来并沿用至今。该书中的图样包括宫殿房屋的平面图、立面图、剖面图、详图及构件图，使用了相当于现今的各种投影法绘制，这些充分反映了九百多年前中国建筑工程制图技术的先进和高超。

新中国成立后，随着社会主义建设蓬勃发展和对外交流的日益增长，建筑工程制图学科得到飞快发展，学术活动频繁，投影法和透视投影等理论的研究得到进一步深入，并广泛与生产科研相结合。与此同时，由于生产建设的迫切需要，由国家相关职能部门批准颁布了一系列制图标准，如技术制图标准、房屋建筑制图统一标准、建筑制图标准、建筑结构制图标准和道路工程制图标准等。

20世纪70年代，计算机图形学、计算机辅助设计（CAD）和计算机绘图技术在我国得到迅猛发展，除了国外一批先进的图形图像软件如AutoCAD等得到广泛使用外，我国自主开发的一批国产绘图软件如天正建筑CAD等也在设计、教学和科研生产单位得到广泛使用。随着我国现代化建设的迫切需要，计算机技术将进一步与建筑工程制图结合，计算机绘图和智能CAD将进一步得到深入发展。

思考题

1. 根据本章所述的学习要求，分析学习本门课程应该完成哪些内容？

2. 回顾中学阶段的学习生活，试分析哪些学习方法可以运用到大学的学习生活中？

3. 依据本章介绍的课程任务和学习要求，完成自己的课程学习计划。

4. 如何在课程学习过程中培养自己认真负责、一丝不苟的工作作风？

5. 简述中国古代建筑制图的伟大成就。

6. 查阅资料，简述中国传统古建筑的发生、发展与政治、经济、哲学、文化、自然环境等诸因素存在密不可分的关系。

第1章 制图基本知识与技能

1.1 制图的基本规定

工程图样是工程界的技术语言,是房屋建造施工的依据。为了统一房屋建筑制图规则,保证制图质量,提高制图效率,做到图面清晰和简明,符合设计、施工和存档的要求,适应工程建设的需要,就必须制订建筑制图的相关标准。

国家建设部批准颁布的与建筑制图相关的国家标准总共有6项,包括《房屋建筑制图统一标准》(GB/T 50001—2017)、《总图制图标准》(GB/T 50103—2010)、《建筑制图标准》(GB/T 50104—2010)、《建筑结构制图标准》(GB/T 50105—2010)、《建筑给水排水制图标准》(GB/T 50106—2010)及《暖通空调制图标准》(GB/T 50114—2010)。

我国国家标准简称国标,其代号是"GB",如GB/T 50001—2017,其中,GB/T是表示推荐性国标,50001是标准编号,2010是发布年号。国家标准对图样的画法、尺寸标注等内容作了统一的规定,每个工程技术人员都必须掌握并严格遵守。

1.1.1 图幅和格式(GB/T 50001—2017)

(1)图纸幅面

图纸宽度与长度组成的图面,称为图纸幅面。

建筑工程施工图一般需要装订成套,为了使整套施工图方便装订,根据《房屋建筑制图统一标准》(GB/T 50001—2017)的有关规定,图纸幅面的规格分为A0,A1,A2,A3,A4共5种,其中常用的图纸幅画A2—A4的尺寸关系可简单地用公式表示:A2=2A3=4A4,如图1.1所示。

根据《房屋建筑制图统一标准》(GB/T 50001—2017)中的有关规定,图纸幅面及图框尺寸应符合表1.1的规定。表格中代号的含义如图1.2所示。一个工程设计中,每个专业所使用的图纸,一般不宜多于两种幅面,不含目录及表格所采用的A4幅面。

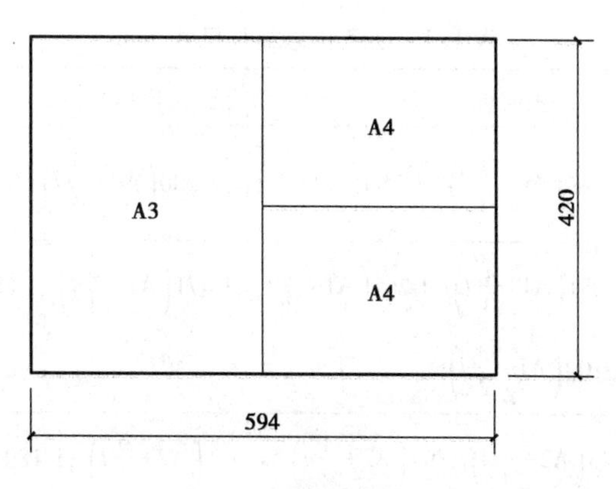

图 1.1　图纸幅面

表 1.1　图纸幅面及图框尺寸/mm

尺寸代号 \ 幅面代号	A0	A1	A2	A3	A4
$b \times l$	841×1 189	594×841	420×594	297×420	210×297
c	10			5	
a	25				

注:表中 b 为幅画短边尺寸,l 为幅面长边尺寸,c 为图框线与幅面线间宽度,a 为图框线与装订边间宽度。

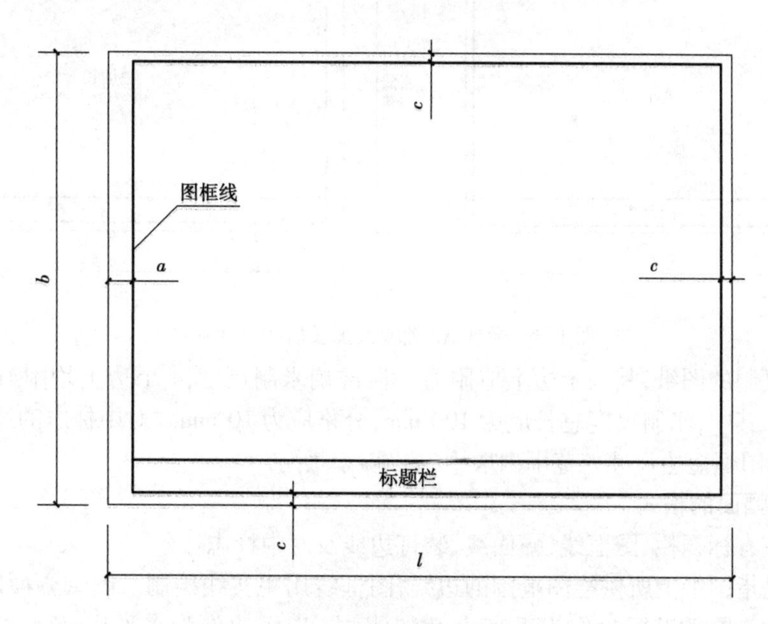

图 1.2　图纸幅画中主要代号的含义

如图纸幅面不够,可将图纸的边加长。图纸的短边一般不应加长,A0—A3 长边可加长,但应符合表 1.2 的规定。

表 1.2　图纸长边加长尺寸/mm

幅面代号	长边尺寸	长边加长后尺寸
A0	1 189	1 486$\left(A0+\frac{1}{4}l\right)$,1 783$\left(A0+\frac{1}{2}l\right)$,2 080$\left(A0+\frac{3}{4}l\right)$,2 378($A0+l$)
A1	841	1 051$\left(A1+\frac{1}{4}l\right)$,1 261$\left(A1+\frac{1}{2}l\right)$,1 471$\left(A1+\frac{3}{4}l\right)$,1 682($A1+l$),1 892$\left(A1+\frac{5}{4}l\right)$,2 102$\left(A1+\frac{3}{2}l\right)$
A2	594	743$\left(A2+\frac{1}{4}l\right)$,891$\left(A2+\frac{1}{2}l\right)$,1 041$\left(A2+\frac{3}{4}l\right)$,1 189($A2+l$),1 338$\left(A2+\frac{5}{4}l\right)$,1 486$\left(A2+\frac{3}{2}l\right)$,1 635$\left(A2+\frac{7}{4}l\right)$,1 783($A2+2l$),1 932$\left(A2+\frac{9}{4}l\right)$,2 080$\left(A2+\frac{5}{2}l\right)$
A3	420	630$\left(A3+\frac{1}{2}l\right)$,841($A3+l$),1 051$\left(A3+\frac{3}{2}l\right)$,1 261($A3+2l$),1 471$\left(A3+\frac{5}{2}l\right)$,1 682($A3+3l$),1 892$\left(A3+\frac{7}{2}l\right)$

注：有特殊需要的图纸，可采用 $b \times l$ 为 841 mm×891 mm 与 1 189 mm×1 261 mm 的幅面。

如图 1.3 所示为标准的 A2 图幅及加长后的 A2 图幅之间的对比关系。

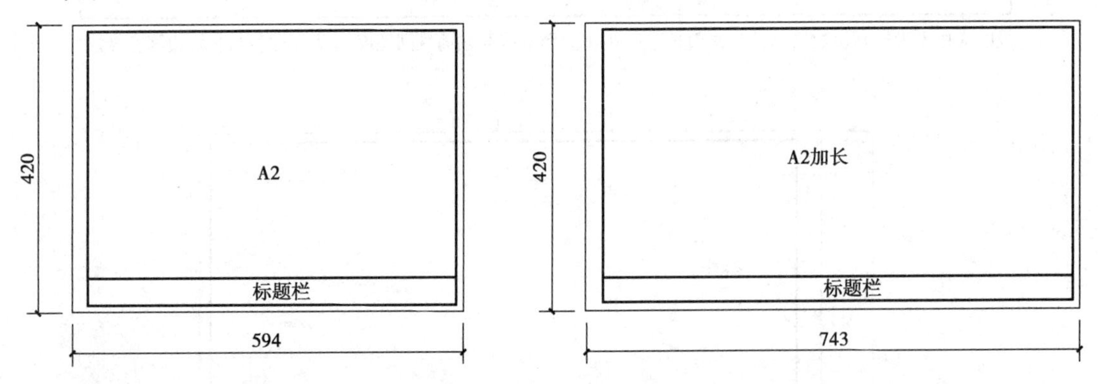

图 1.3　标准 A2 图幅及加长后的尺寸关系

需微缩复制的图纸，其一个边上应附有一段准确米制尺度，4 个边上均附有对中标志，如图 1.4 所示。其中，米制尺度总长应为 100 mm，分格应为 10 mm。对中标志的线段，应于图框长边尺寸 l 和图框短边尺寸 b 范围内取中，如图 1.5 所示。

(2)图纸幅面的格式

图纸中应有标题栏、图框线、幅面线、装订边线及对中标志。

图框线是指图纸上所供绘图范围的边线，图框线用粗实线绘制。图纸幅面的格式包括横式和立式两种。图纸以短边作为垂直边，称为横式；以短边作为水平边，称为立式。A0—A3 图纸宜横式使用，必要时也可立式使用。A4 图纸应立式使用。

图纸的标题栏及装订边的位置，应符合下列规定：

①横式使用的图纸，应按图 1.5(a)、(b)或(c)规定的形式布置。

②立式使用的图纸，应按图 1.5(d)、(e)或(f)规定的形式布置。

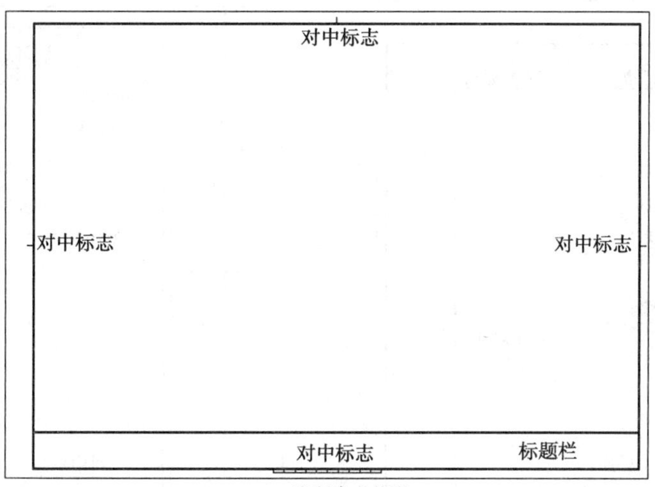

图1.4　图幅的对中标志和米制参考分度

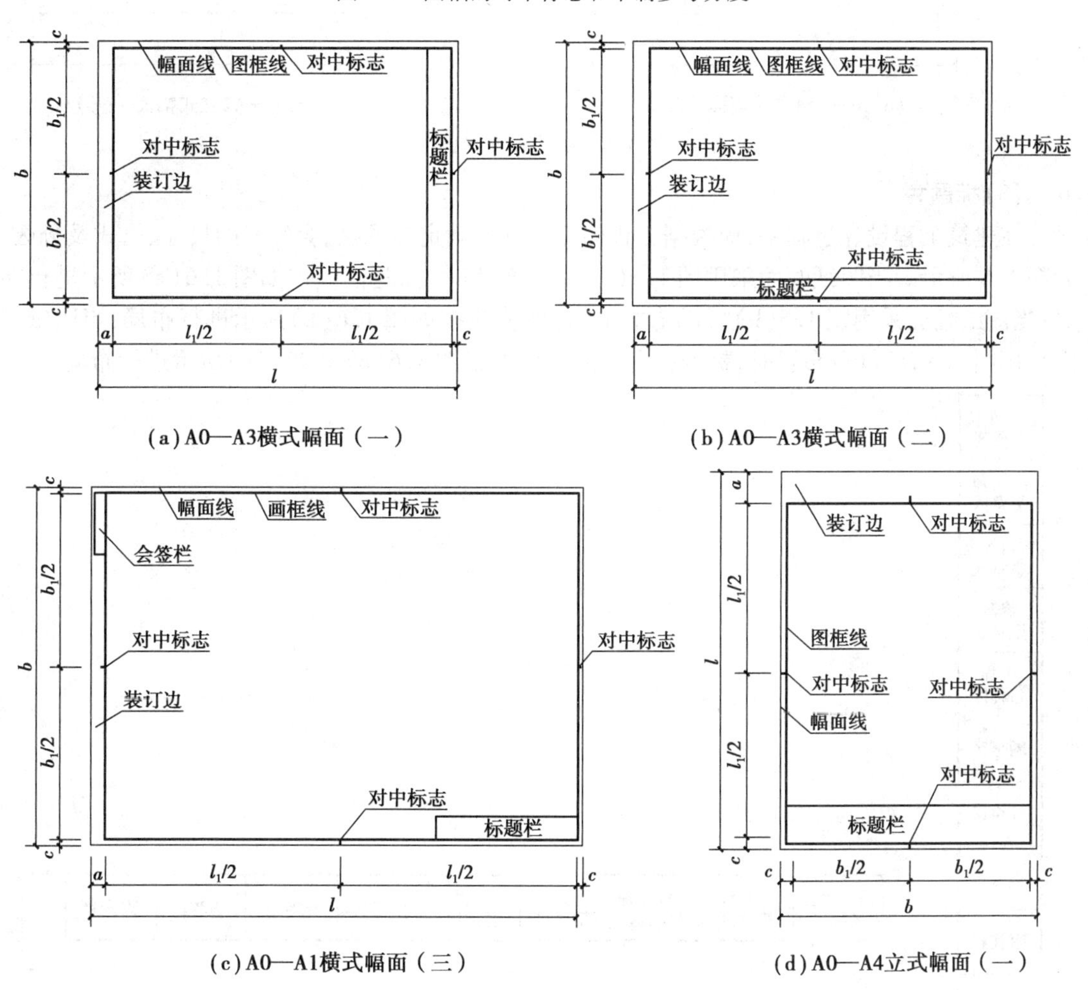

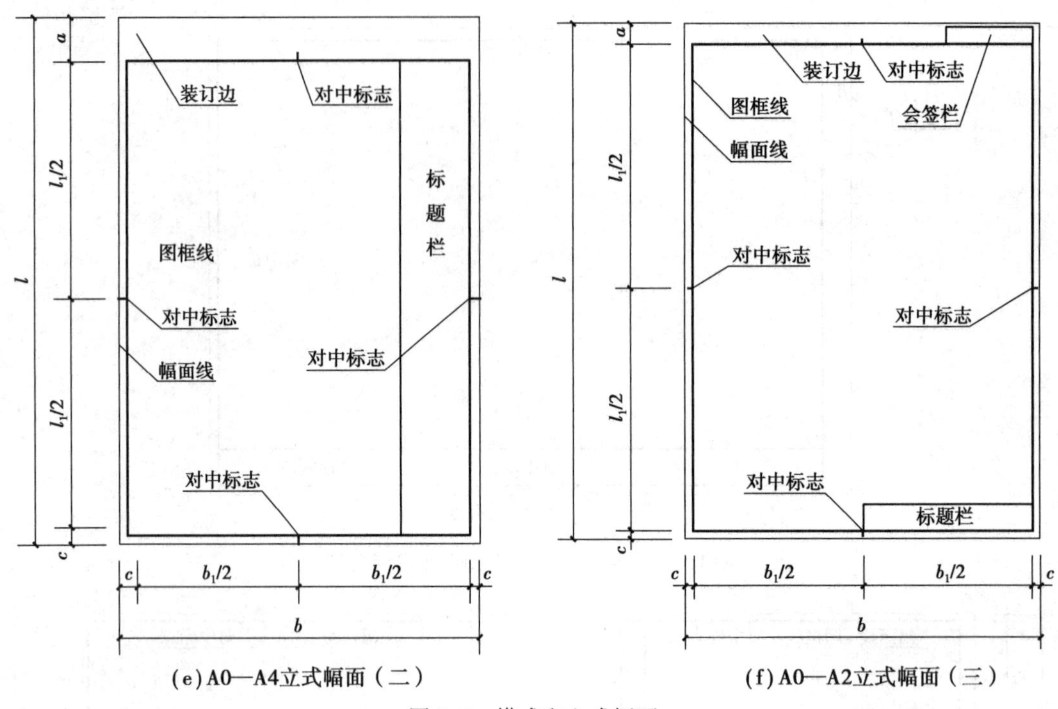

(e) A0—A4立式幅面（二）　　(f) A0—A2立式幅面（三）

图1.5　横式和立式幅面

(3)标题栏

在建筑工程设计过程中,应根据工程的需要选择确定标题栏、会签栏的尺寸、格式及分区,如图1.6所示。当图纸幅面采用图1.5(a)、(e)布置时,标题栏应按如图1.6(a)所示进行布局;当图纸幅面采用图1.5(b)、(d)布置时,标题栏应按如图1.6(b)所示进行布局;当图纸幅面采用图1.5(c)、(f)布置时,标题栏和会签栏应按如图1.6(c)、(d)、(e)所示进行布局。

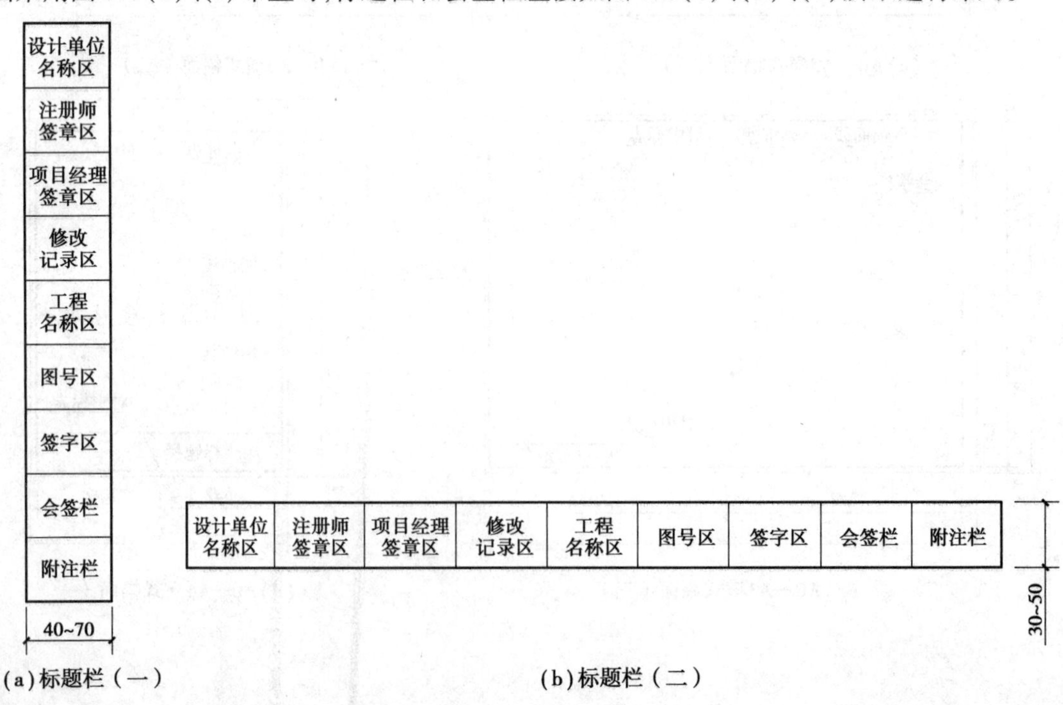

(a)标题栏（一）　　(b)标题栏（二）

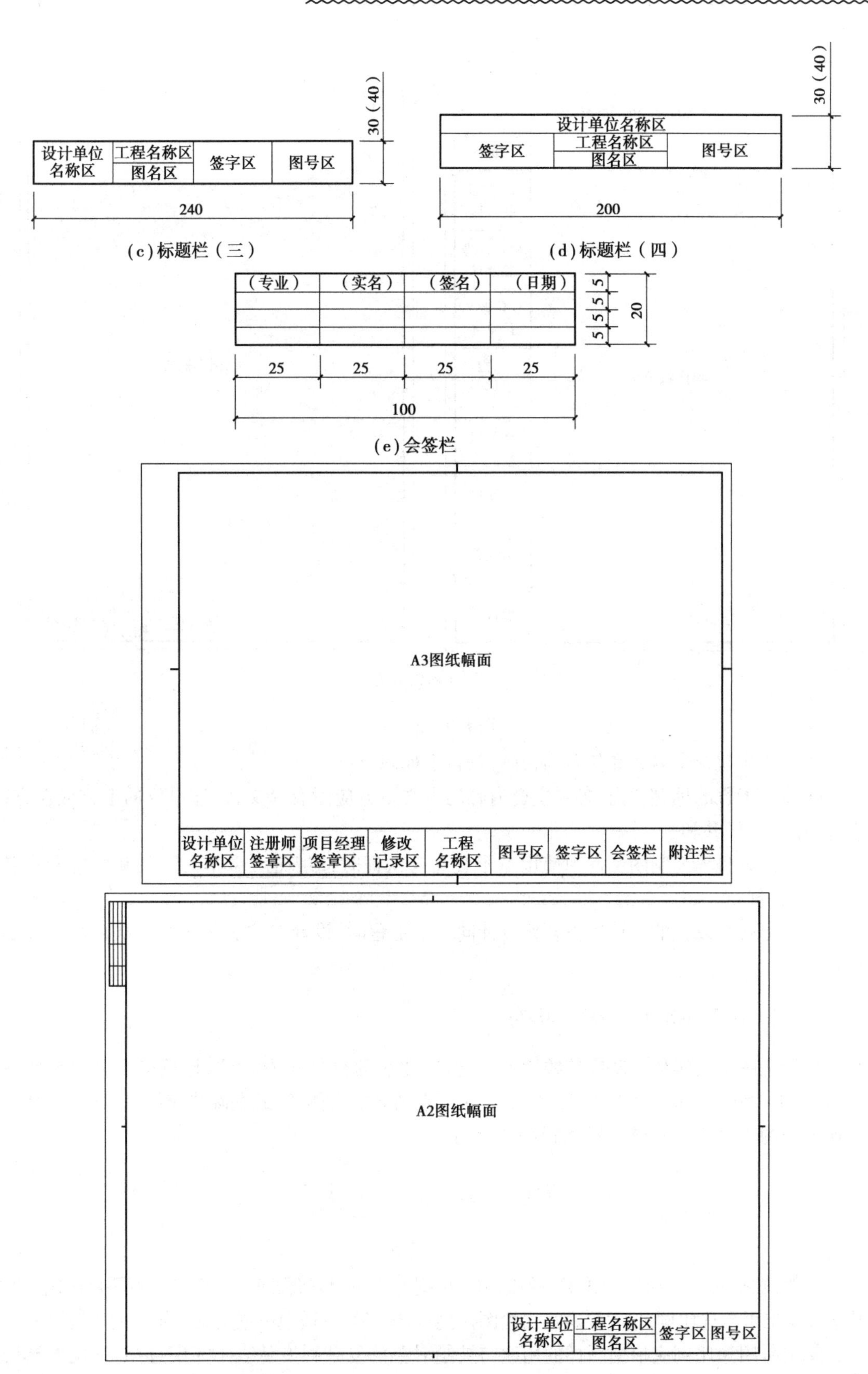

设计单位名称区
工程名称区
图名区
签字区
图号区
30（40）
240
(c)标题栏（三）
设计单位名称区
签字区
工程名称区
图名区
图号区
30（40）
200
(d)标题栏（四）
（专业）
（实名）
（签名）
（日期）
5
5
5
5
20
25
25
25
25
100
(e)会签栏
A3图纸幅面
设计单位名称区
注册师签章区
项目经理签章区
修改记录区
工程名称区
图号区
签字区
会签栏
附注栏
A2图纸幅面
设计单位名称区
工程名称区
图名区
签字区
图号区

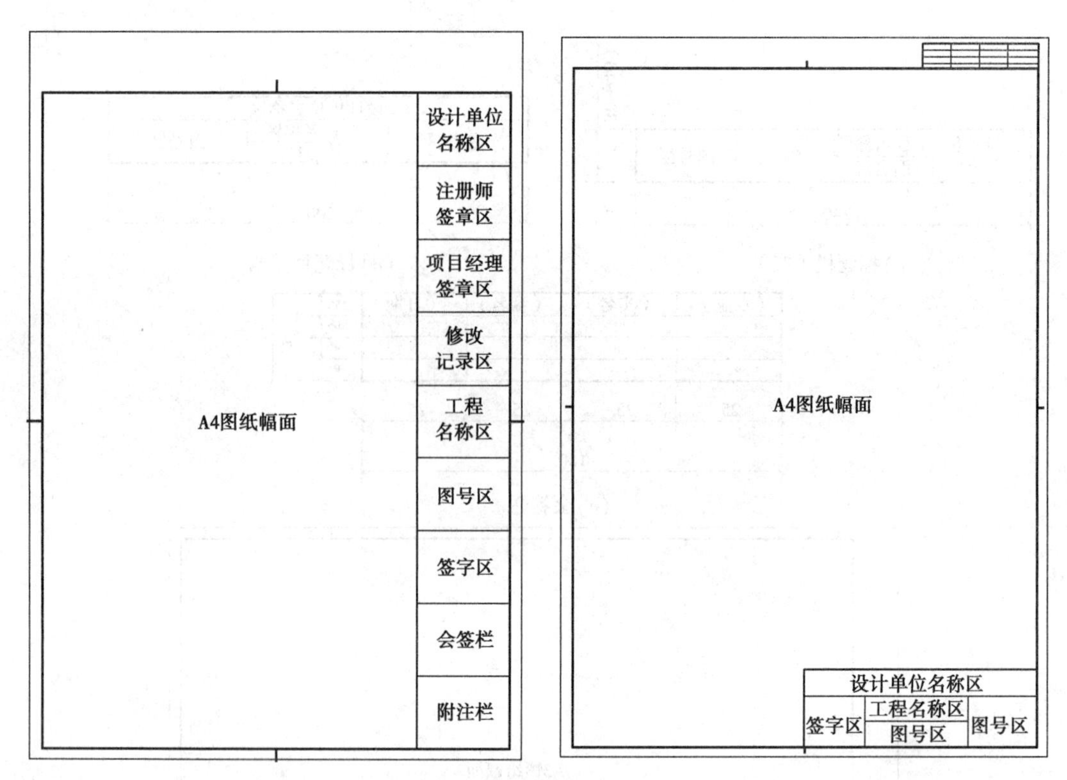

(f)标题栏示例

图1.6　标题栏

签字栏应包括实名列和签名列,并应符合下列规定:

①涉外工程的标题栏内,各项主要内容的中文下方应附有译文,设计单位的上方或左方,应加"中华人民共和国"字样。

②在计算机辅助制图文件中使用电子签名与认证时,应符合《中华人民共和国电子签名法》的有关规定。

③当由两个以上的设计单位合作设计同一个工程时,设计单位名称区可依次列出设计单位名称。

1.1.2　比例(GB/T 50001—2017)

比例是图形与实物相对应的线性尺寸之比,比例的符号应为"∶",比例应以阿拉伯数字表示,如1∶20,1∶50,1∶100等。比例宜注写在图名的右侧,字的基准线应取平,比例的字高应比图名的字高小一号或二号,如图1.7所示。

图1.7　比例的注写

一般情况下,一个图样应选用一种比例。根据专业制图需要,同一图样可选用两种比例。特殊情况下也可自选比例,这时除应注出绘图比例外,还必须在适当位置绘制出相应的比例尺。

绘图所用的比例应根据图样的用途与被绘对象的复杂程度从表1.3中选用,并优先选用常用比例。

表1.3　绘图所用的比例

常用比例	1：1,1：2,1：5,1：10,1：20,1：30,1：50,1：100,1：150,1：200,1：500,1：1 000,1：2 000
可用比例	1：3,1：4,1：6,1：15,1：25,1：40,1：60,1：80,1：250,1：300,1：400,1：600,1：5 000,1：10 000,1：20 000,1：50 000,1：100 000,1：200 000

根据《建筑制图标准》(GB/T 50104—2010)中的规定,建筑专业、室内设计专业制图选用的各种比例宜符合表1.4的规定。

表1.4　建筑工程图绘图比例

图　名	比　例
建筑物或构筑物的平面图、立面图、剖面图	1：50,1：100,1：150,1：200,1：300
建筑物或构筑物的局部放大图	1：10,1：20,1：25,1：30,1：50
配件及构件详图	1：1,1：2,1：5,1：10,1：15,1：20,1：25,1：30,1：50

1.1.3　字体(GB/T 50001—2017)

建筑工程图纸上所需书写的文字、数字或符号等,均应笔画清晰、字体端正、排列整齐。标点符号应清楚正确。

文字的字高应从表1.5中选用。字高大于10 mm的文字宜采用True type字体,如需书写更大的字,其高度应按$\sqrt{2}$的倍数递增。

表1.5　文字的高度/mm

字体种类	汉字矢量字体	True type字体及非汉字矢量字体
字高	3.5,5,7,10,14,20	3,4,6,8,10,14,20

(1)汉字

图样及说明中的汉字,宜优先采用True type字体中的宋体字型,采用矢量字体时应为长仿宋体字型。

同一图纸字体种类不应超过两种。矢量字体的宽高比宜为0.7,且应符合表1.6的规定,打印线宽宜为0.25~0.35 mm;True type字体宽高比宜为1。大标题、图册封面、地形图等的汉字,也可书写成其他字体,但应易于辨认,其宽高比宜为1。汉字的简化字书写应符合国家有关汉字简化方案的规定。长仿宋体字体的示例如图1.8所示。

表1.6　长仿宋体字高宽关系/mm

字 高	20	14	10	7	5	3.5
字 宽	14	10	7	5	3.5	2.5

字体工整 笔画清楚 间隔均匀 排列整齐

图 1.8 长仿宋体汉字示例

(2)拉丁字母、阿拉伯数字和罗马数字

图样及说明中的字母、数字,宜优先采用 True type 字体中的 Roman 字型。

字母及数字,当需写成斜体字时,其斜度应是从字的底线逆时针向上倾斜 75°。斜体字的高度和宽度应与相应的直体字相等。

字母及数字的字高,不应小于 2.5 mm。

数量的数值注写,应采用正体阿拉伯数字。各种计量单位凡前面有量值的,均应采用国家颁布的单位符号注写。单位符号应采用正体字母。

分数、百分数和比例数的注写,应采用阿拉伯数字和数学符号。当注写的数字小于 1 时,应写出个位的“0”,小数点应采用圆点,齐基准线书写。

长仿宋汉字、字母、数字应符合现行国家标准《技术制图　字体》(GB/T 14691—1993)的有关规定。

拉丁字母、数字和罗马数字字体的示例如图 1.9 所示。

(a)正体

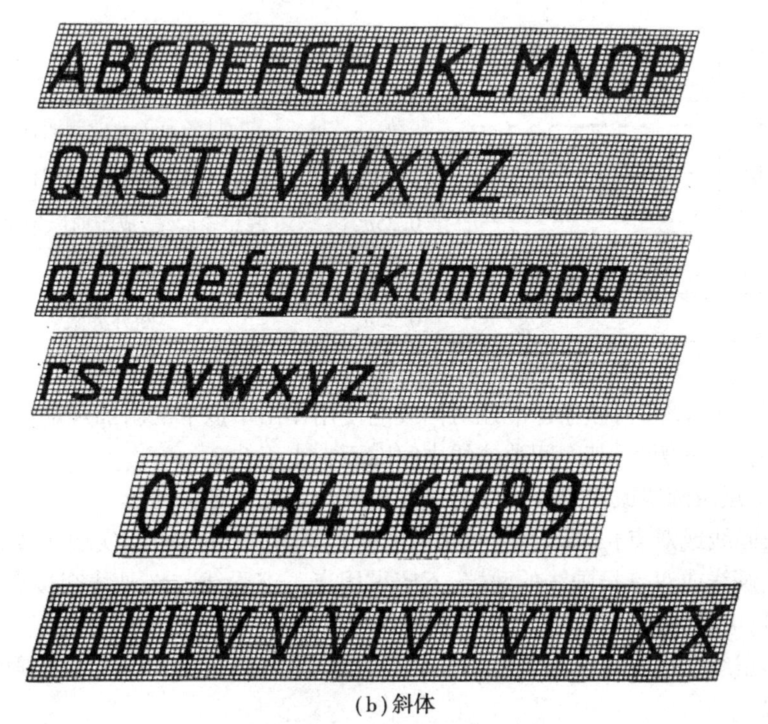

(b)斜体

图1.9　拉丁字母、阿拉伯数字和罗马数字示例

1.1.4　**图线**(GB/T 50001—2017)

画在图纸上的线条统称为图线。为了使各种图线所表达的内容统一,《房屋建筑制图统一标准》(GB/T 50001—2017)对建筑工程图样中图线的名称、线型、线宽及用途都作了明确的规定,见表1.7。

表1.7　图线

名称		线型	线宽	一般用途
实线	粗		b	主要可见轮廓线
	中粗		$0.7b$	可见轮廓线、变更云线
	中		$0.5b$	可见轮廓线、尺寸线
	细		$0.25b$	图例填充线、家具线
虚线	粗		b	见各有关专业制图标准
	中粗		$0.7b$	不可见轮廓线
	中		$0.5b$	不可见轮廓线、图例线
	细		$0.25b$	图例填充线、家具线
单点长画线	粗		b	见各有关专业制图标准
	中		$0.5b$	见各有关专业制图标准
	细		$0.25b$	中心线、对称线、轴线等

续表

名　称		线　型	线宽	一般用途
双点长画线	粗		b	见各有关专业制图标准
	中		$0.5b$	见各有关专业制图标准
	细		$0.25b$	假想轮廓线、成型前原始轮廓线
折断线	细		$0.25b$	断开界限
波浪线	细		$0.25b$	断开界限

在绘制建筑工程图时，国家标准还对图线的使用作出了以下的附加规定：

①相互平行的图例线，其净间隙或线中间隙不宜小于0.2 mm。

②虚线、单点长画线或双点长画线的线段长度和间隔宜各自相等。

③单点长画线或双点长画线当在较小图形中绘制有困难时，可用实线代替。

④单点长画线或双点长画线的两端，不应采用点。点画线与点画线交接点或点画线与其他图线交接时，应是线段交接。

⑤虚线与虚线交接或虚线与其他图线交接时，应是线段交接。虚线为实线的延长线时，不得与实线相接。

⑥图线不得与文字、数字或符号重叠、混淆，不可避免时，应首先保证文字的清晰。

1.1.5　线宽(GB/T 50001—2017)

图线的基本线宽 b，宜按照图纸比例及图纸性质从1.4，1.0，0.7，0.5 mm线宽系列中选取。每个图样应根据复杂程度与比例大小，先选定基本线宽 b，再选用表1.8中相应的线宽组。

表1.8　线宽组/mm

线宽比	线宽组			
b	1.4	1.0	0.7	0.5
$0.7b$	1.0	0.7	0.5	0.35
$0.5b$	0.7	0.5	0.35	0.25
$0.25b$	0.35	0.25	0.18	0.13

注：1. 需要缩微的图纸，不宜采用0.18 mm及更细的线宽。

2. 同一张图纸内，各不同线宽中的细线，可统一采用较细的线宽组的细线。

大比例图纸的基本线宽 b 宜选用1.4 mm，中比例图纸的基本线宽 b 宜选用1.0 mm或0.7 mm，小比例图纸的基本线宽 b 宜选用0.5 mm。

每个线宽组的图线包括4种类型，分别为粗实线、中粗实线、中实线及细实线。绘制较简单的图样时，可采用两种线宽的线宽组，其线宽比宜为 $b:0.25b$。

同一张图纸内，相同比例的各图样应选用相同的线宽组。图纸的图框和标题栏线可采用表1.9中的线宽。

表 1.9　图框和标题栏线的宽度/mm

幅面代号	图框线	标题栏外框线、对中标志	标题栏分格线、幅面线
A0,A1	b	0.5b	0.25b
A2,A3,A4	b	0.7b	0.35b

建筑工程图图线宽度的选用应符合《房屋建筑制图统一标准》(GB/T 50001—2017)的有关规定,如图 1.10 所示。

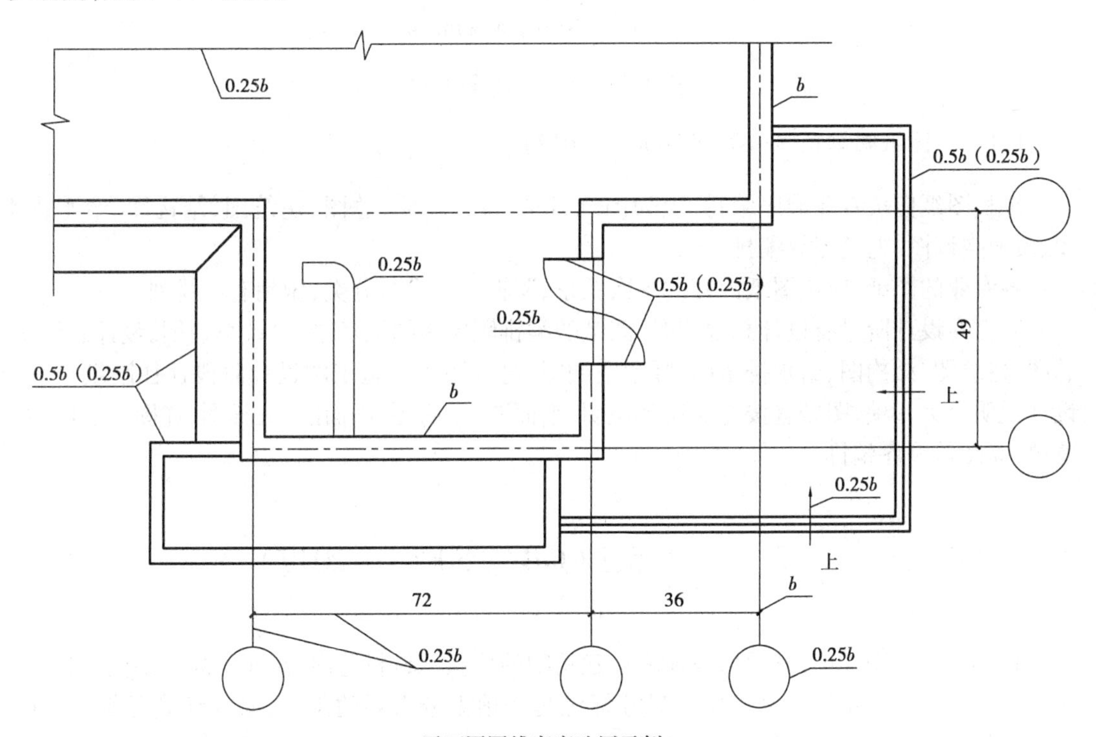

(a)平面图图线宽度选用示例

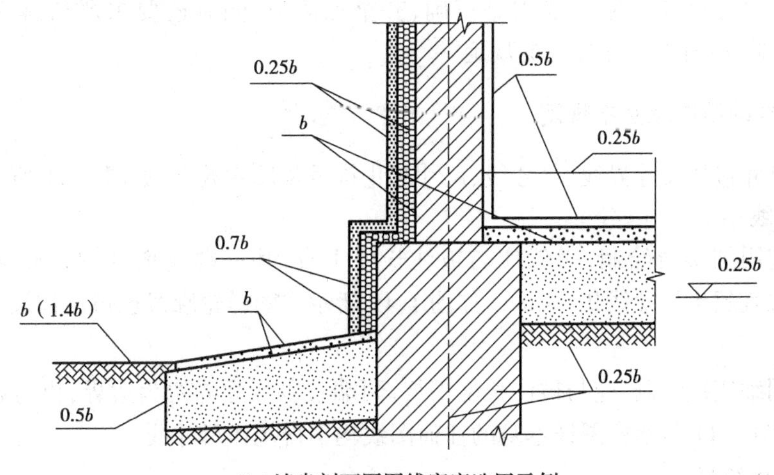

(b)墙身剖面图图线宽度选用示例

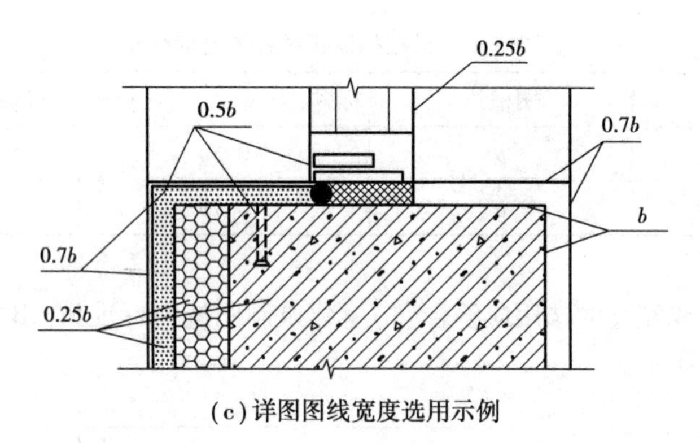

(c)详图图线宽度选用示例

图1.10　图线线宽选用示例

1.1.6　图纸编排顺序(GB/T 50001—2017)

工程图纸应按专业顺序编排,应为图纸目录、设计说明、总图、建筑图、结构图、给水排水图、暖通空调图、电气图等编排。

各专业的图纸,应按图纸内容的主次关系、逻辑关系进行分类,做到有序排列。

工程在设计阶段有设计总说明时,图纸的编排顺序为图纸目录、设计总说明、设计总说明、总图、建筑图、结构图、给水排水图、暖通空调图、电气图等。施工图设计阶段往往图纸目录与设计说明合为一项,图纸宜按专业设计说明、平面图、立面图、剖面图、大样图、详图、三维视图、清单、简图等顺序编排。

1.2　尺寸标注(GB/T 50001—2017)

在建筑工程图样中,其图形只能表达建筑物的形状及材料等内容,而不能反映建筑物的大小。建筑物的大小由尺寸来确定。尺寸标注是一项十分重要的工作,必须认真仔细,准确无误。如果尺寸有遗漏或错误都会给建筑施工带来困难和损失。

建筑施工图尺寸标注的基本要求是正确、齐全和清晰,同时还要求严格遵守国家标准(GB/T 50001—2017)有关尺寸标注的规定。

1.2.1　尺寸的组成及基本规定

图样上的尺寸包括尺寸界线、尺寸线、尺寸起止符号及尺寸数字,如图1.11所示。

(1)尺寸界线

尺寸界线应用细实线绘制,一般应与被注长度垂直,其一端应离开图样轮廓线不应小于2 mm,另一端宜超出尺寸线2~3 mm,如图1.11所示。图样轮廓线也可用作尺寸界线。

(2)尺寸线

尺寸线应用细实线绘制,应与被注长度平行,两端宜以尺寸界线为边界,也可超出尺寸界线2~3 mm,如图1.11所示。图样本身的任何图线均不得用作尺寸线。

(3)尺寸起止符号

尺寸起止符号一般用中粗斜短线绘制,其倾斜方向应与尺寸界线成顺时针45°角,长度宜

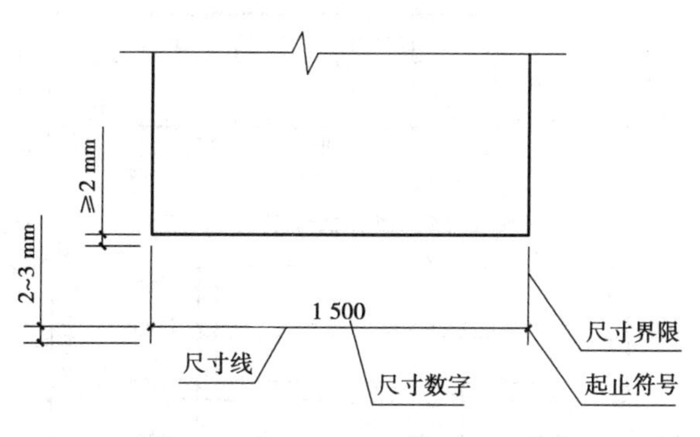

图1.11　尺寸的组成

为2～3 mm，如图1.11所示。

轴测图中用小圆点表示尺寸起止符号，小圆点直径1 mm，如图1.12(a)所示。

半径、直径、角度与弧长的尺寸起止符号，宜用箭头表示，箭头宽度b不宜小于1 mm，如图1.12所示。

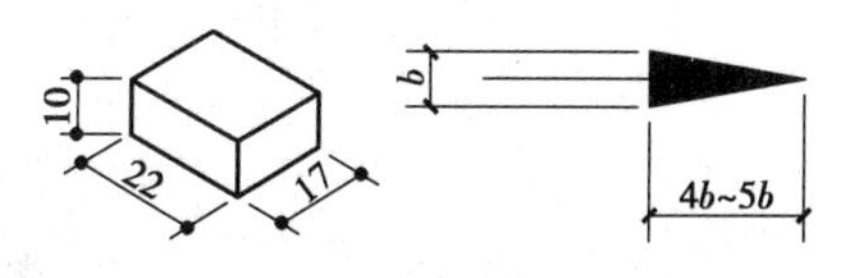

图1.12　小圆点和箭头尺寸起止符号

(4)尺寸数字

尺寸数字表示物体的实际大小，与绘图比例或绘图的精确度无关，如图1.11所示。图样上的尺寸应以尺寸数字为准，不得从图上直接量取。图样上的尺寸单位除标高及总平面以米为单位外，其他必须以毫米(mm)为单位。尺寸数字不用注写单位。

尺寸数字的方向应按如图1.13(a)所示的规定注写。若尺寸数字在30°斜线区内，也可按如图1.13(b)所示的形式注写。

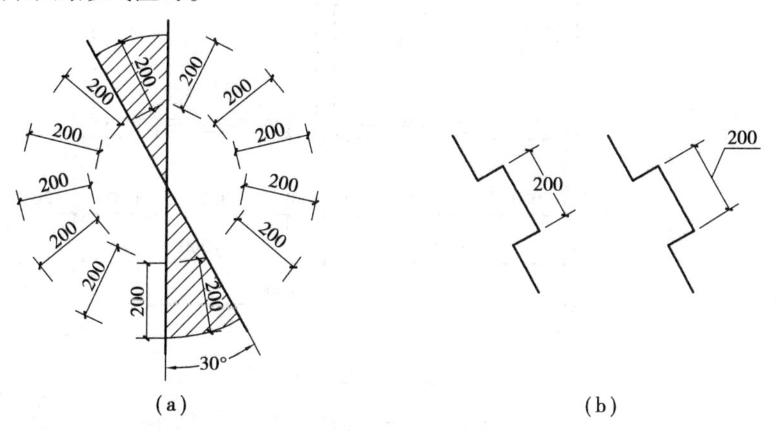

图1.13　尺寸数字的注写方向

尺寸数字一般应依据其方向注写在靠近尺寸线的上方中部。如没有足够的注写位置，最外边的尺寸数字可注写在尺寸界线的外侧，中间相邻的尺寸数字可上下错开注写可用引出线表示标注尺寸的位置，如图1.14所示。

(5)尺寸的排列与布置

①尺寸宜标注在图样轮廓以外，不宜与图线、文字及符号等相交，如图1.15所示。

②互相平行的尺寸线应从被注写的图样轮廓线由近向远整齐排列，较小尺寸应离轮廓线

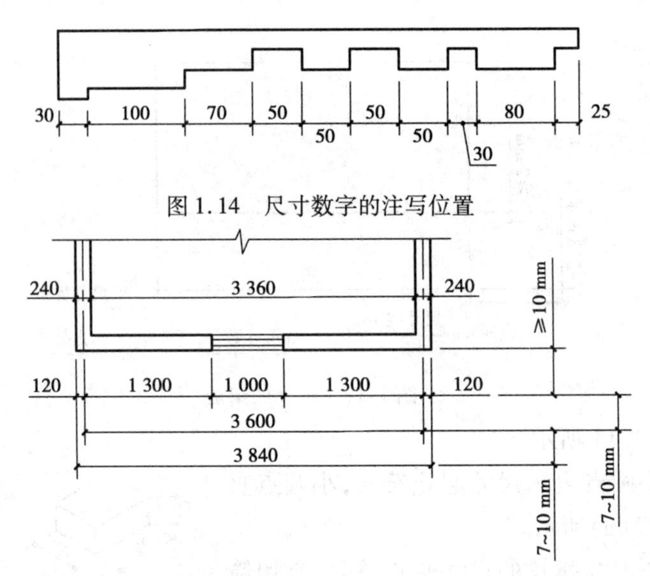

图 1.14　尺寸数字的注写位置

图 1.15　尺寸的排列(一)

较近,较大尺寸应离轮廓线较远,如图 1.15 所示。

③图样轮廓线以外的尺寸线,距图样最外轮廓之间的距离,不宜小于 10 mm。平行排列的尺寸线的间距,宜为 7 ~ 10 mm,并应保持一致,如图 1.15 所示。

④总尺寸的尺寸界线应靠近所指部位,中间的分尺寸的尺寸界线可稍短,但其长度应相等,如图 1.16 所示。

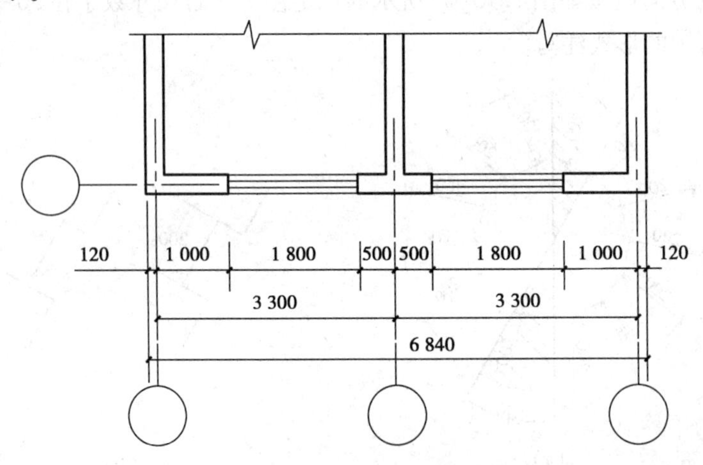

图 1.16　尺寸的排列(二)

1.2.2　半径、直径和角度的标注

(1)半径标注

半径的尺寸线应一端从圆心开始,另一端画箭头指向圆弧。半径数字前应加注半径符号"*R*",如图 1.17 所示。较小圆弧的半径可按如图 1.18 所示的形式标注。较大圆弧的半径可按如图 1.19 所示的形式标注。

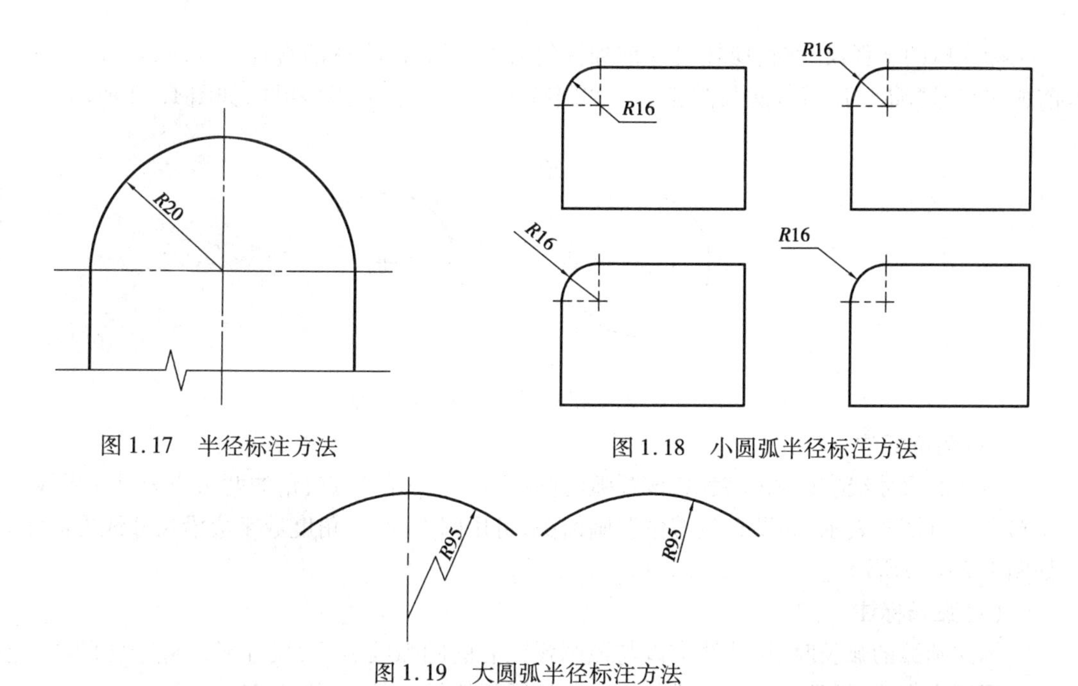

图 1.17　半径标注方法

图 1.18　小圆弧半径标注方法

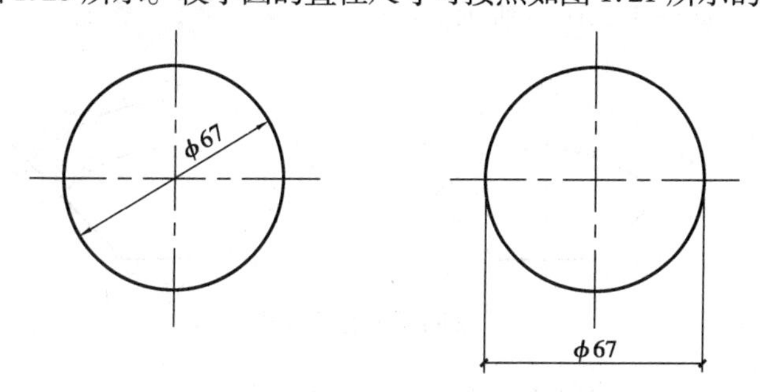

图 1.19　大圆弧半径标注方法

(2)直径标注

标注圆的直径尺寸时,直径数字前应加直径符号“ϕ”。在圆内标注的尺寸线应通过圆心,两端画箭头指至圆弧,如图 1.20 所示。较小圆的直径尺寸可按照如图 1.21 所示的形式标注在圆外。

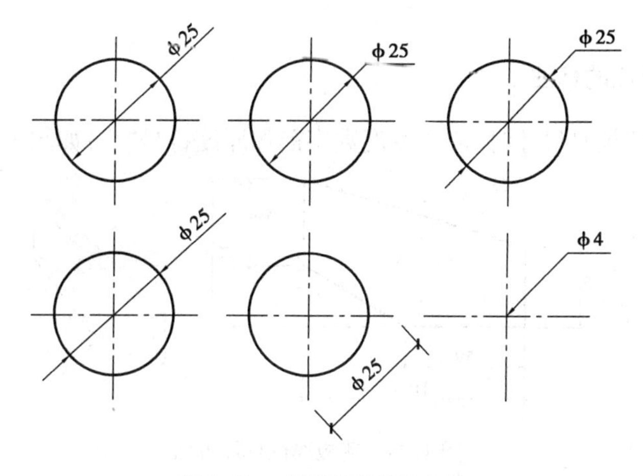

图 1.20　直径标注方法

图 1.21　小圆直径标注方法

标注球的半径尺寸时，应在尺寸前加注符号“*SR*”。标注球的直径尺寸时，应在尺寸数字前加注符号“$S\phi$”，注写方法与圆弧半径和圆直径的尺寸标注方法相同，如图 1.22 所示。

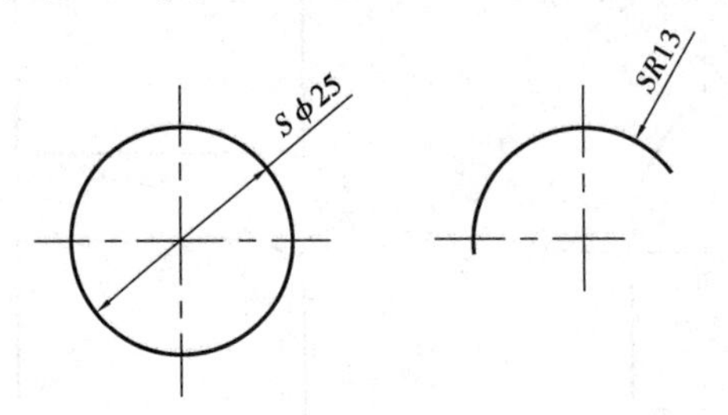

图 1.22　球体半径和直径标注方法

(3)角度标注

角度的尺寸线应以圆弧表示，该圆弧的圆心应是该角的顶点，角的两条边为尺寸界线。起止符号应以箭头表示，如没有足够位置画箭头，可用圆点代替，角度数字应沿尺寸线方向注写，如图 1.23(a)所示。

(4)弧长标注

标注圆弧的弧长时，尺寸线应以与该圆弧同心的圆弧线表示，尺寸界线应指向圆心，起止符号用箭头表示，弧长数字上方或前方应加注圆弧符号“⌒”，如图 1.23(b)所示。

(5)弦长标注

标注圆弧的弦长时，尺寸线应以平行于该弦的直线表示，尺寸界线应垂直于该弦，起止符号用中粗斜短线表示，如图 1.23(c)所示。

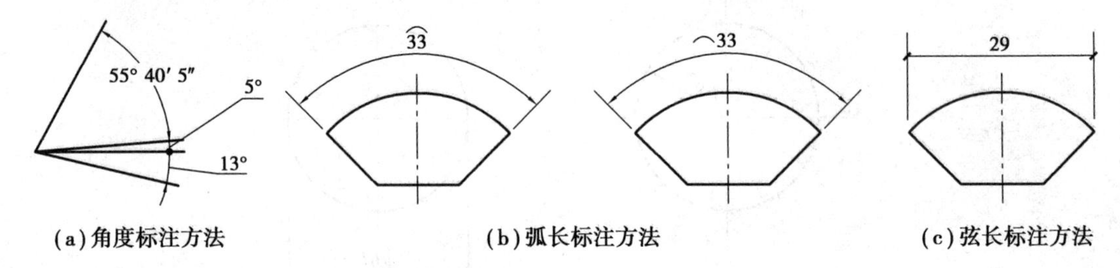

图 1.23　角度、弧长和弦长的标注方法

1.2.3　薄板厚度的标注

在薄板板面标注板厚尺寸时，应在厚度数字前加厚度符号“*t*”，如图 1.24 所示。

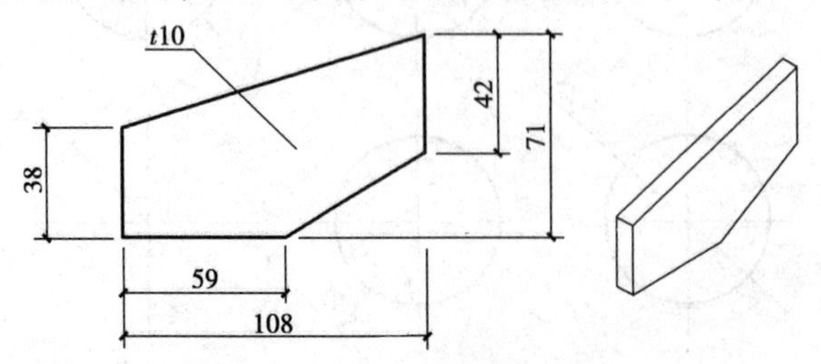

图 1.24　薄板厚度标注方法

1.2.4　正方形的标注

标注正方形的尺寸可用“边长×边长”的形式，也可在边长数字前加正方形符号“□”，如图1.25所示。

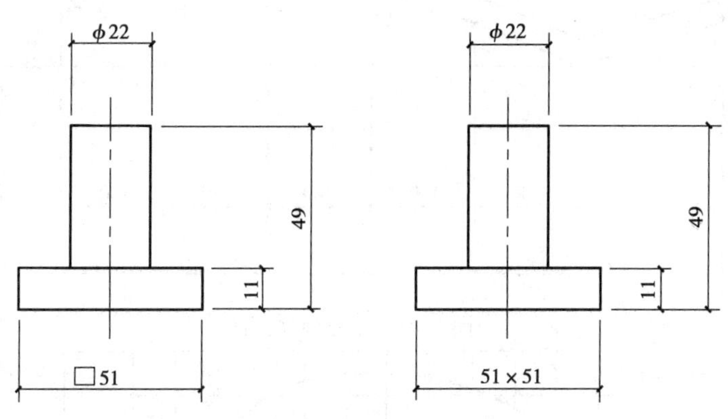

图1.25　正方形标注方法

1.2.5　坡度的标注

标注坡度时，应加注坡度符号“←——”或“←——”，箭头应指向下坡方向。坡度也可用直角三角形形式标注，如图1.26所示。图中2%表示每100单位下降2个单位。

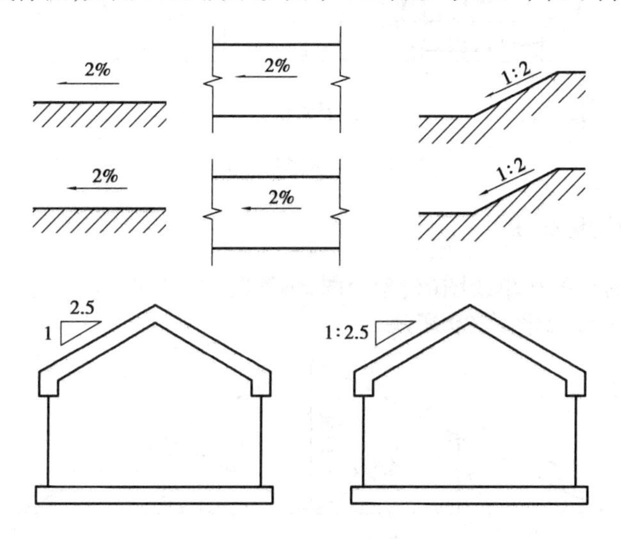

图1.26　坡度标注方法

1.2.6　坐标形式的标注

外形为非圆曲线的构件可用坐标形式标注尺寸，如图1.27所示。

1.2.7　网格式标注

复杂的图形可用网格形式标注尺寸，如图1.28所示。

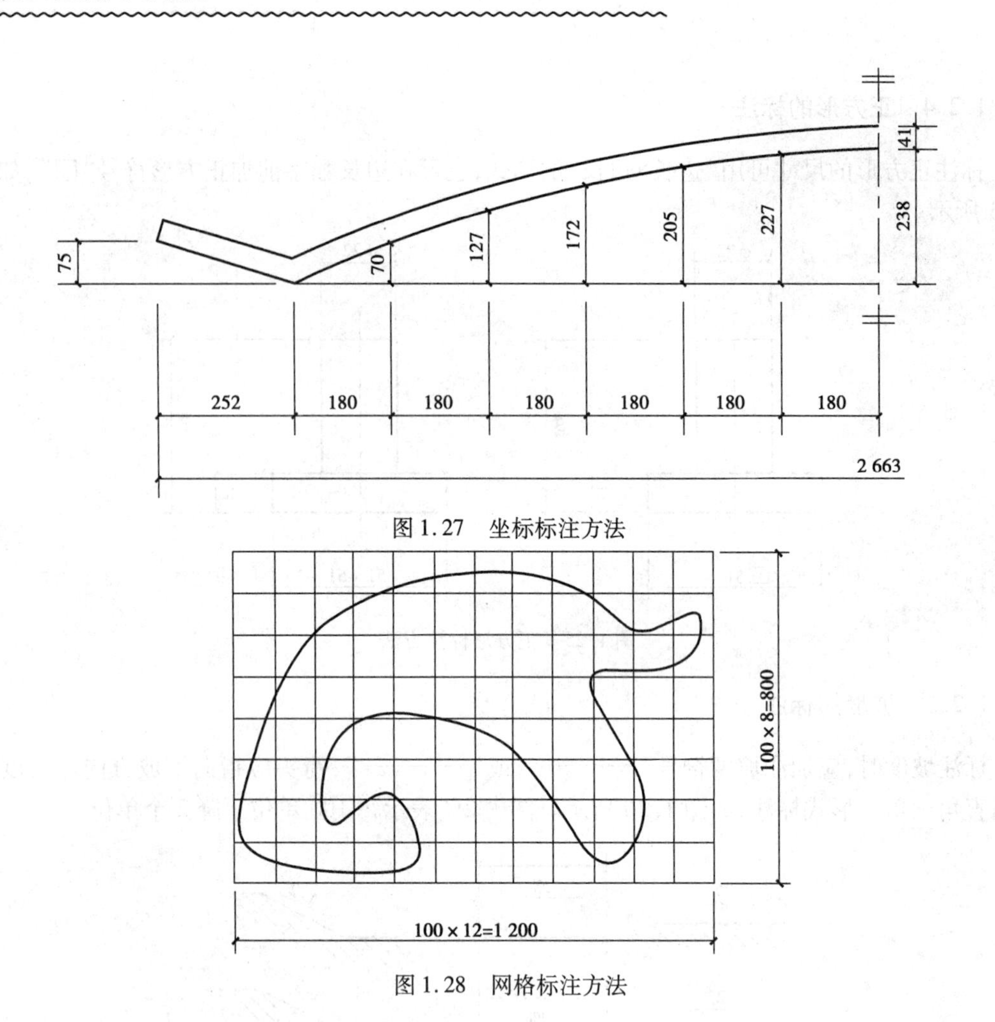

图 1.27　坐标标注方法

图 1.28　网格标注方法

1.2.8　尺寸的简化标注

①杆件或管线的长度在单线图(桁架简图、钢筋简图、管线简图)上,可直接将尺寸数字沿杆件或管线的一侧注写,如图 1.29 所示。

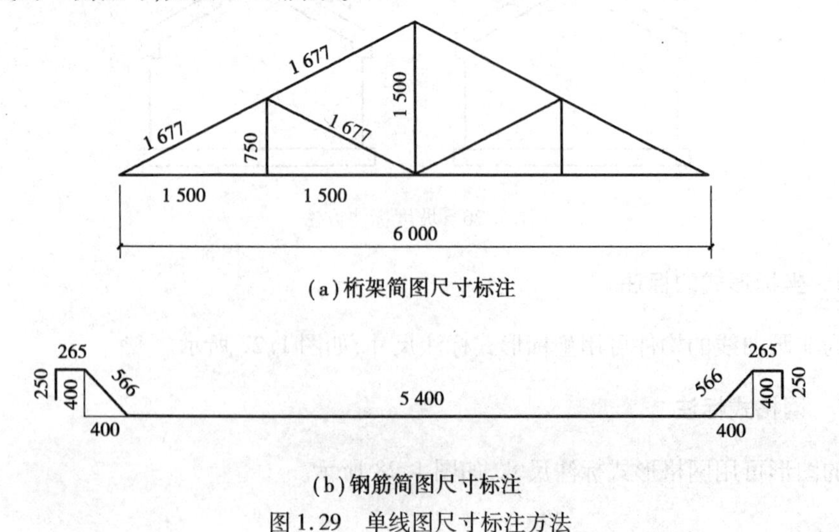

(a)桁架简图尺寸标注

(b)钢筋简图尺寸标注

图 1.29　单线图尺寸标注方法

②连续排列的等长尺寸可用“等长尺寸×个数=总长”或“总长(等分个数)”的形式标注，如图1.30所示。

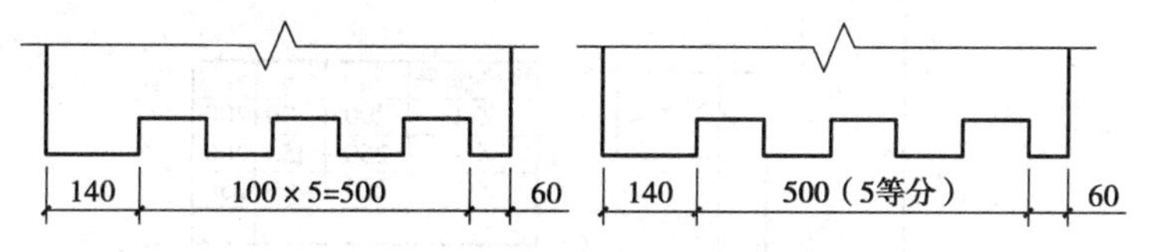

图1.30　等长尺寸简化标注方法

③构配件内的构造因素(如孔、槽等)如相同，可仅标注其中一个要素的尺寸，如图1.31所示。

④对称构配件采用对称省略画法时，该对称构配件的尺寸线应略超过对称符号，仅在尺寸线的一端画尺寸起止符号，尺寸数字应按整体全尺寸注写，其注写位置宜与对称符号对齐，如图1.32所示。

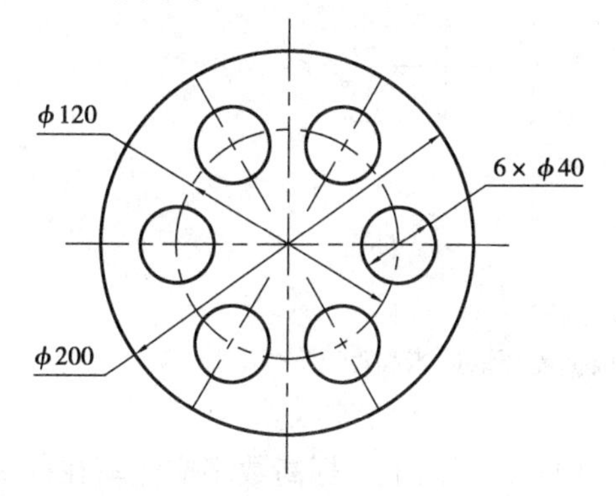

图1.31　相同要素尺寸标注方法

图1.32　对称构件尺寸标注方法

⑤两个构配件，如个别尺寸数字不同，可在同一图样中将其中一个构配件的不同尺寸数字注写在括号内，该构配件的名称也应注写在相应的括号内，如图1.33所示。

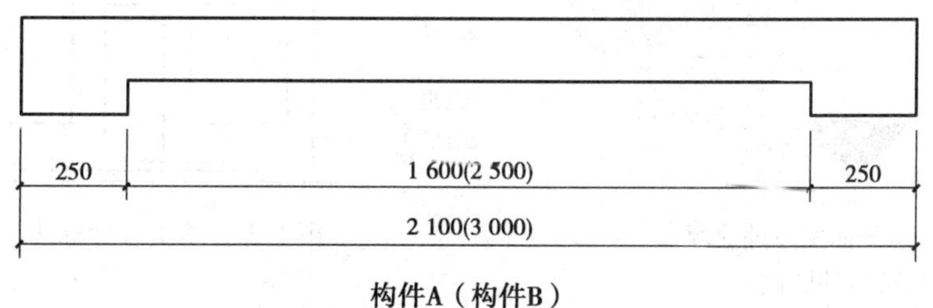

构件A（构件B）

图1.33　相似构件尺寸标注方法

⑥数个构配件，如仅某些尺寸不同，这些有变化的尺寸数字可用拉丁字母注写在同一图样中，另列表格写明其具体尺寸，如图1.34所示。

1.2.9　标高标注

标高符号应以等腰直角三角形表示，按如图1.35(a)所示形式用细实线绘制，如标注位置不够，也可按如图1.35(b)所示形式绘制。总平面图室外地坪标高符号宜用涂黑的三角形表

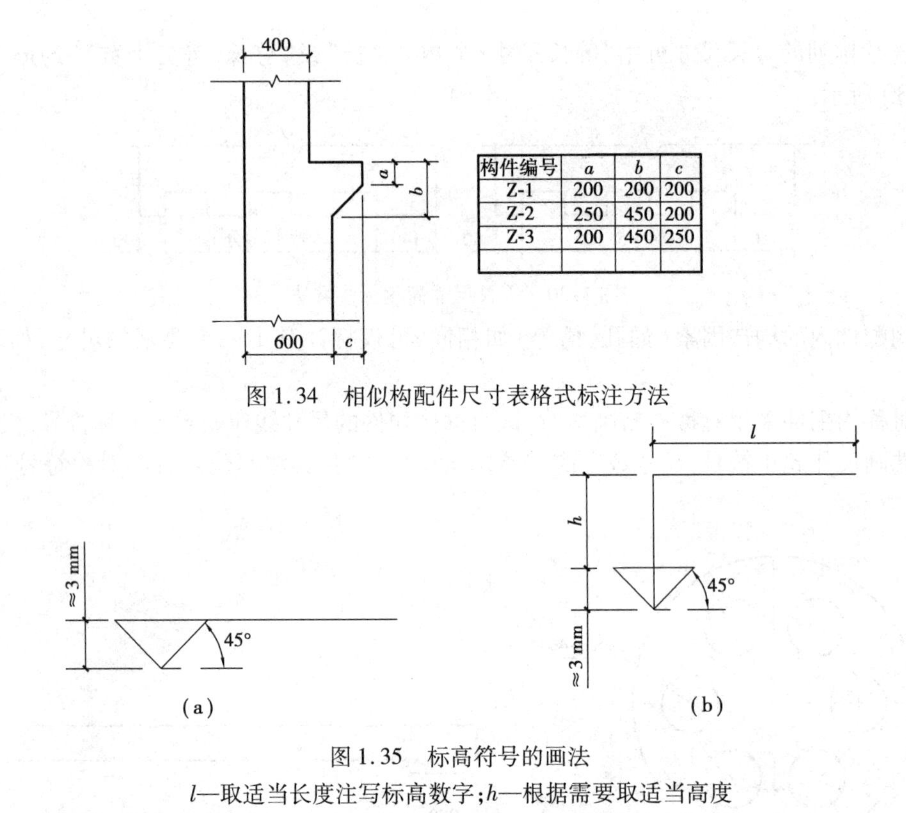

构件编号	a	b	c
Z-1	200	200	200
Z-2	250	450	200
Z-3	200	450	250

图 1.34　相似构配件尺寸表格式标注方法

图 1.35　标高符号的画法

l—取适当长度注写标高数字;h—根据需要取适当高度

示,具体画法如图 1.36 所示。

标高符号的尖端应指至被注高度的位置,尖端宜向下,也可向上。标高数字应注写在标高符号的上侧或下侧。标高数字应以米为单位,注写到小数点以后第三位,在总平面图中,可注写到小数字点以后第二位。零点标高应注写成±0.000,正数标高不注"+",负数标高应注"-",如图 1.37 所示。

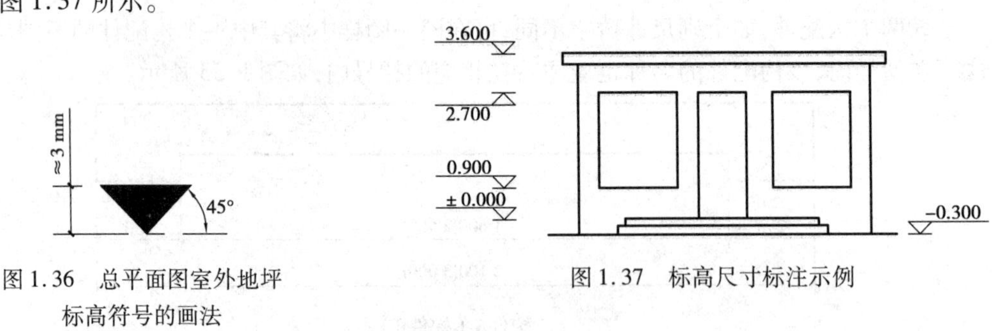

图 1.36　总平面图室外地坪标高符号的画法

图 1.37　标高尺寸标注示例

1.3　尺规绘图工具及其使用方法

工程图样手工绘制的质量好坏与速度快慢取决于绘图工具和仪器的质量,同时也取决于其能否正确使用。因此,要能够正确挑选绘图工具和仪器,并养成正确使用和保养绘图工具和仪器的良好习惯。下面介绍几种常用的绘图工具以及它们的使用方法。

1.3.1　图板、丁字尺和三角板

(1)图板

图板是用来铺放和固定图纸的。板面要求平整光滑，图板四周一般都镶有硬木边框，图板的左边是工作边，称为导边，需要保持其平直光滑。使用时，要防止图板受潮、受热。图纸要铺放在图板的左下部，用胶带纸固定四角，并使图纸下方至少留有一个丁字尺宽度的空间，如图1.38所示。

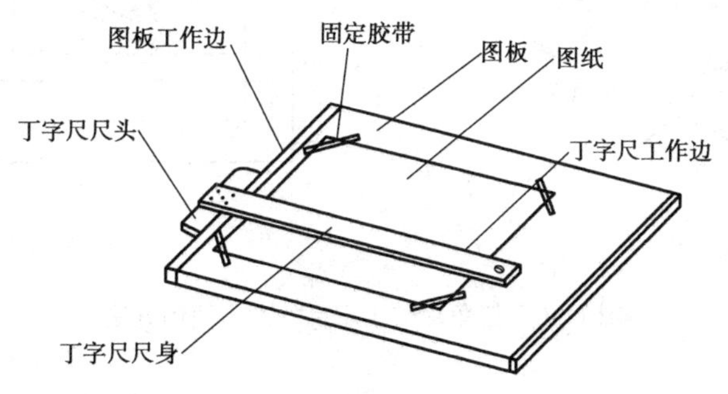

图1.38　图板与丁字尺

(2)丁字尺

丁字尺主要用于画水平线，它由互相垂直并连接牢固的尺头和尺身两部分组成，尺身沿长度方向带有刻度的侧边为工作边。绘图时，要使尺头紧靠图板左边，并沿其上下滑动到需要画线的位置，同时使笔尖紧靠尺身，笔杆略向右倾斜，即可从左向右匀速画出水平线。绘图时应注意尺头不能紧靠图板的其他边缘滑动而画线。丁字尺不用时应悬挂起来，以免尺身翘起变形，如图1.39所示。

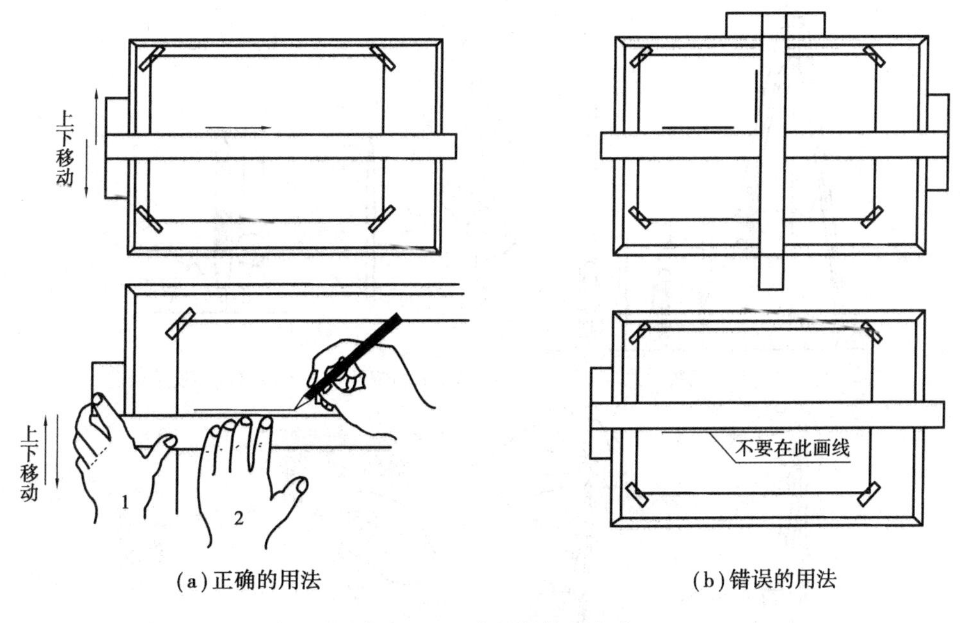

(a)正确的用法　　(b)错误的用法

图1.39　丁字尺的使用方法

(3)三角板

一副三角板包括一块两底角为45°的等腰直角三角板和一块两个锐角分别是30°和60°的

直角三角板。其作用是配合丁字尺画竖线和斜线。画线时，使丁字尺尺头与图板工作边靠紧，三角板与丁字尺靠紧，左手按住三角板和丁字尺，右手画竖线和斜线，如图 1.40 所示。

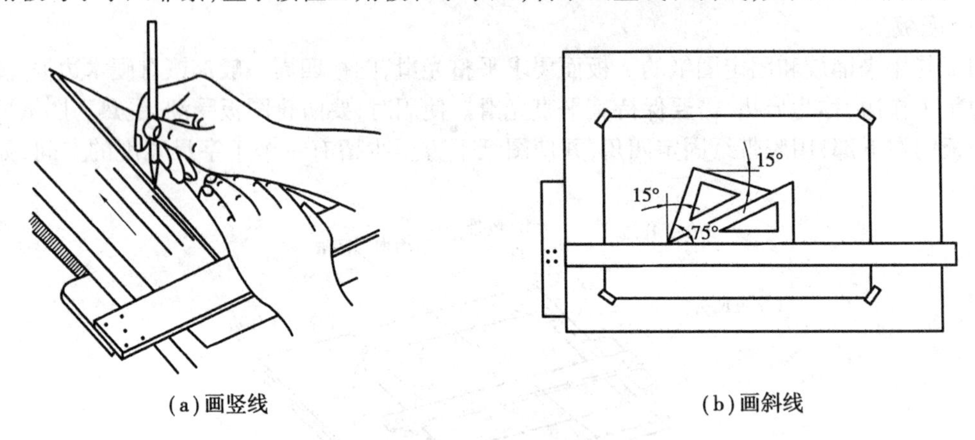

(a)画竖线　　(b)画斜线

图 1.40　三角板与丁字尺的配合使用方法

1.3.2　圆规和分规

(1)圆规

如图 1.41 所示的圆规是画圆及圆弧的工具。画圆时，首先调整好钢针和铅芯，使钢针和铅芯并拢时钢针略长于铅芯。然后取好半径，右手食指和拇指捏好圆规旋柄，左手协助将针尖对准圆心，顺时针旋转。转动时圆规可稍向画线方向倾斜。画较大圆时，应加延伸杆，使圆规两端都与纸面垂直。

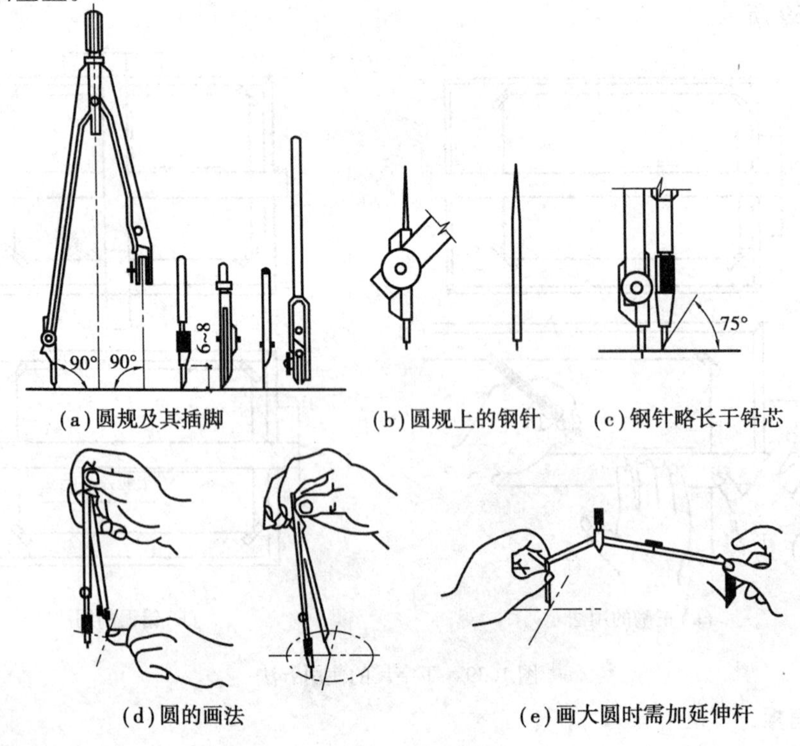

(a)圆规及其插脚　(b)圆规上的钢针　(c)钢针略长于铅芯

(d)圆的画法　(e)画大圆时需加延伸杆

图 1.41　圆规的用法

(2) 分规

如图 1.42 所示的分规的形状与圆规相似,只是两腿均装有尖锥形钢针,既可用它量取线段的长度,也可用它等分直线段或圆弧。

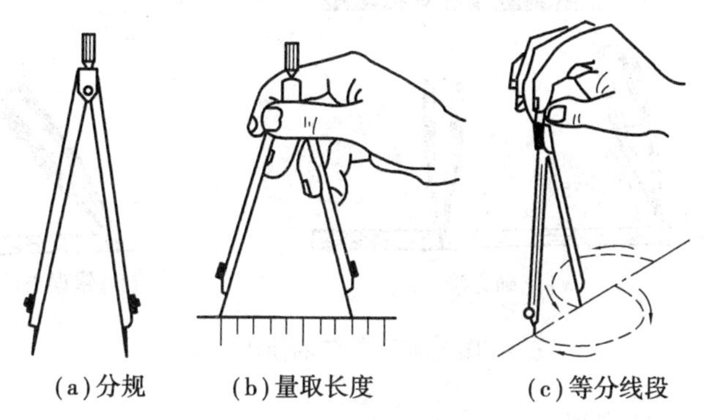

(a) 分规　(b) 量取长度　(c) 等分线段

图 1.42　分规的用法

1.3.3　比例尺

为了方便绘制不同比例的图样,可使用比例尺来绘图。常用的比例尺是三棱比例尺,上有 6 种刻度,如图 1.43 所示。画图时,可按所需比例用尺上标注的刻度直接量取,不需要换算。但所画图样如正好是比例尺上刻度的 10 倍或 1/10,则可换算使用比例尺。

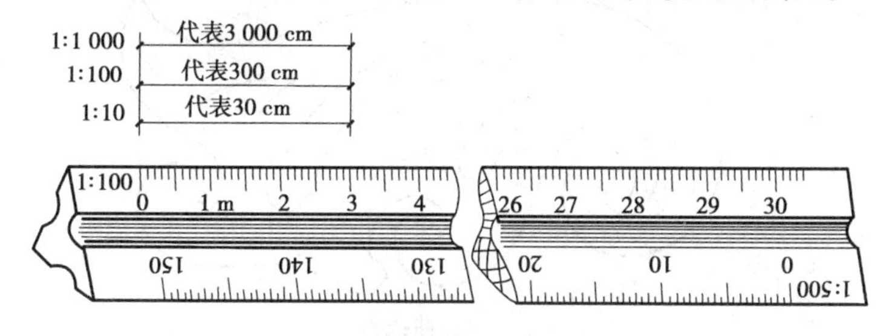

图 1.43　比例尺

1.3.4　铅笔

铅笔是用来画图线或写字的。铅笔的铅芯有软硬之分,铅笔上标注的"H"表示铅芯的硬度,"B"表示铅芯的软度,"HB"表示软硬适中。"B""H"前的数字越大表示铅笔越软或越硬,6H 和 6B 分别为最硬和最软的。

画工程图时,应使用较硬的铅笔打底稿,如 3H,2H 等,用 HB 铅笔写字,用 B 或 2B 铅笔加深图线。

铅笔通常削成锥形或铲形,笔芯露出 6 ~ 8 mm。画图时,应使铅笔略向运动方向倾斜,并使之与水平线大致成 75°角,如图 1.44 所示,且用力要得当。用锥形铅笔画直线时,要适当转动笔杆,这样可使整条线粗细均匀。用铲形铅笔加深图线时,可削成与线宽一致,以使所画线条粗细均匀。

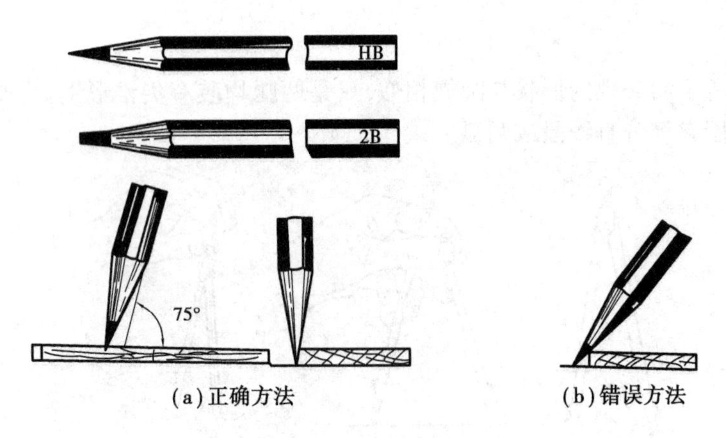

(a)正确方法　　(b)错误方法

图 1.44　铅笔的使用

1.3.5　曲线板和建筑模板

曲线板是用来画非圆曲线的工具。曲线板的使用方法是首先求得曲线上若干点，再徒手用铅笔过各点轻勾画出曲线，然后将曲线板靠上，在曲线板边缘上选择一段至少能经过曲线上 3～4 个点，沿曲线板边缘画出此段曲线，再移动曲线板，自前段接画曲线，如此延续下去，即可画完整段曲线，如图 1.45 所示。

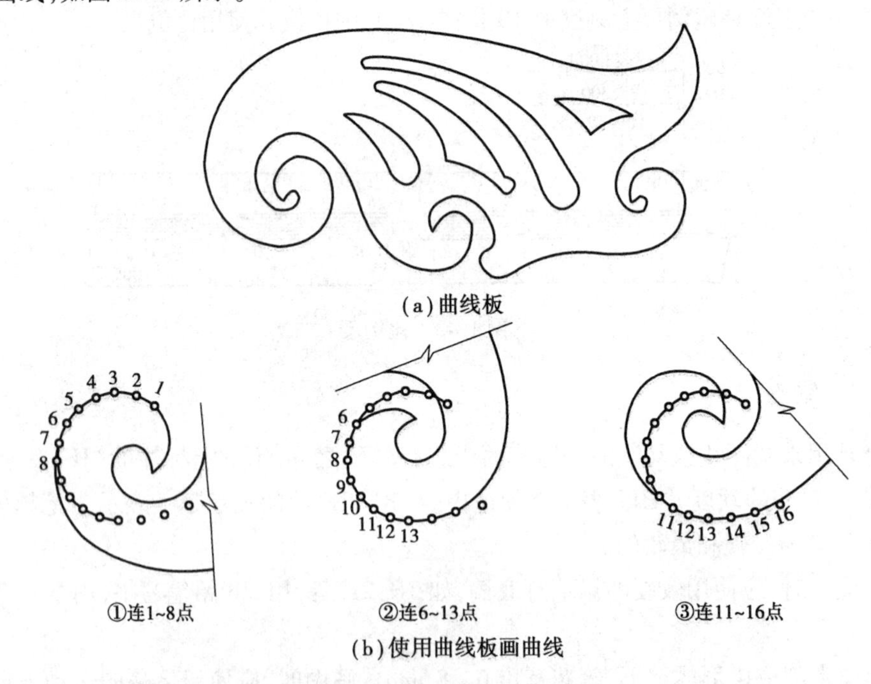

(b)使用曲线板画曲线

图 1.45　曲线板的使用方法

建筑模板主要用来画各种建筑标准图例和常用符号，如图 1.46 所示。模板上刻有用以画出各种不同图例或符号的孔，其大小符合一定的比例，只要用铅笔在孔内画一周，图例就画出来了。使用建筑模板可提高画图的速度和质量。

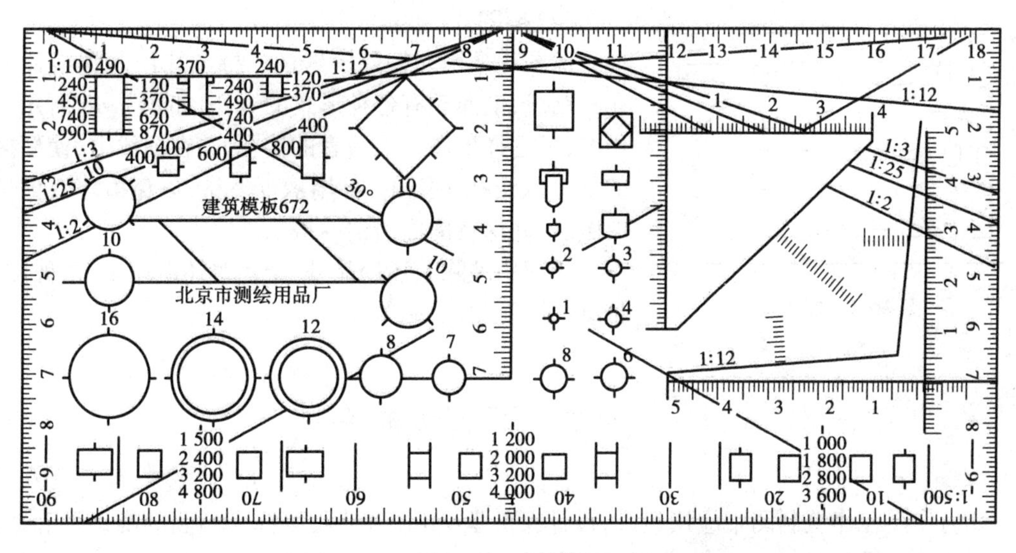

图 1.46　建筑模板

1.3.6　绘图机

绘图机是将绘图用的图板、图架、丁字尺及量角器等工具组合在一起的装置。其构造形式有多种。如图 1.47 所示为导轨式绘图机。

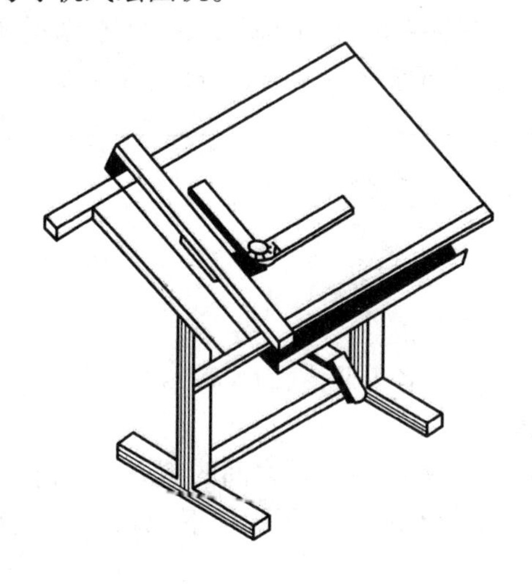

图 1.47　导轨式绘图机

1.3.7　其他制图用品

(1) 绘图纸

绘图时,要选用专用的绘图纸。专用绘图纸的纸质应坚实、纸面洁白,且符合国家标准规定的幅面尺寸。图纸有正反面之分。绘图前,可用橡皮擦拭来检验其正反面,擦拭起毛严重的一面为反面。

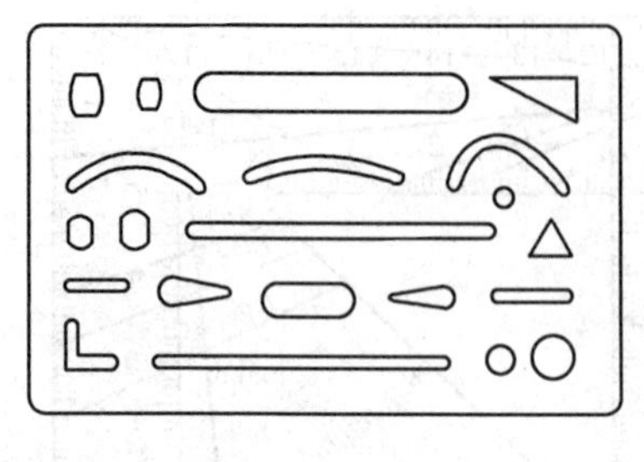
图 1.48　擦图片

(2)擦图片

擦图片是用来擦除图线的。擦图片用薄塑料片或金属片制成,上面刻有各种形式的镂孔,如图 1.48 所示。使用时,可选择擦图片上适宜的镂孔,盖在图线上,使要擦去的部分从镂孔中露出,再用橡皮擦拭,以免擦坏其他部分的图线,并保持图面清洁。

绘图用品除上述用品外,绘图时还需用小刀、橡皮、胶带纸、砂纸板及毛刷等。

1.4　平面几何图形的绘制

几何作图在建筑制图中应用很广,设计人员学会几何作图,可提高制图的准确性和速度,保证制图的质量。施工人员掌握几何作图的画法,可有效地安排施工平面图及放构件大样等。

1.4.1　常见几何图形的作图方法

(1)等分任意线段

如图 1.49 所示,要五等分线段 AB,首先过点 A 任作一直线 AC,自 A 点起以任意长度 $A1'$ 为单位,量取 $A1'=1'2'=2'3'=3'4'=4'5'$,得 $1'$,$2'$,$3'$,$4'$,$5'$ 各等分点。连 $5'B$,并过其他各等分点分别作直线平行于 $5'B$,交 AB 于 1,2,3,4 各点,即完成作图。

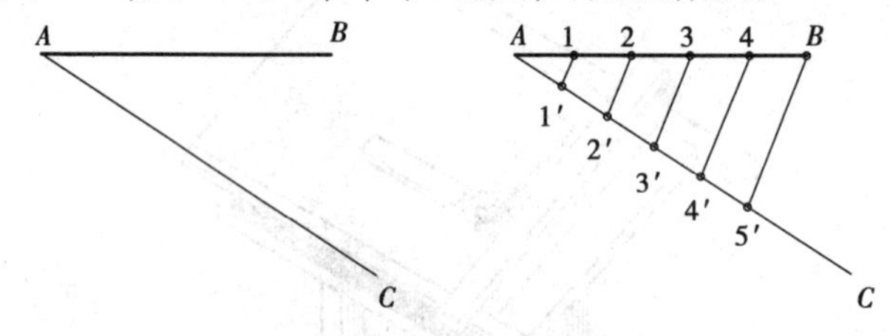

图 1.49　等分任意线段

(2)等分两平行线间距离

如图 1.50 所示要五等分平行线 AB 和 CD 之间的距离,可将直尺放在直线 AB 和 CD 之间摆动,使刻度 0 与 5 分别落在 AB 与 CD 上,在图中记下 1,2,3,4 各分点的位置,过各分点作 AB(或 CD)的平行线,即完成作图。

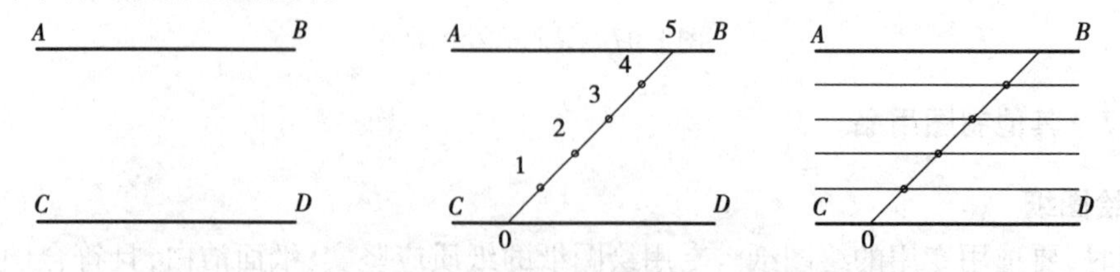

图 1.50　等分两平行线之间的距离

(3)等分图纸幅面

如图 1.51 所示,如果要四等分图纸幅面 $ADBC$,可先连接 AB,CD 交于 E 点,然后过点 E 作直线 12 和 34,即可完成作图。

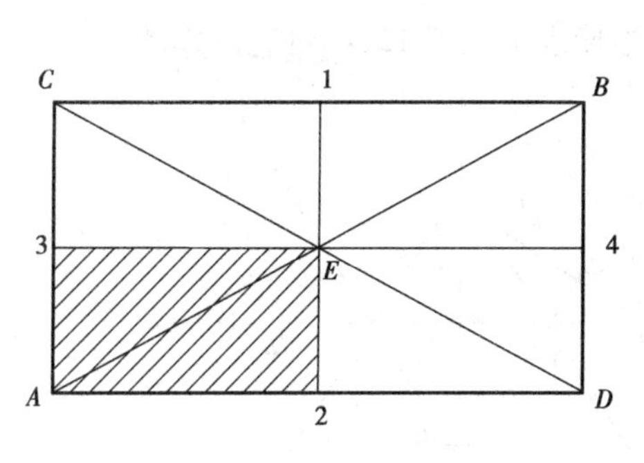

图1.51　四等分图纸幅面

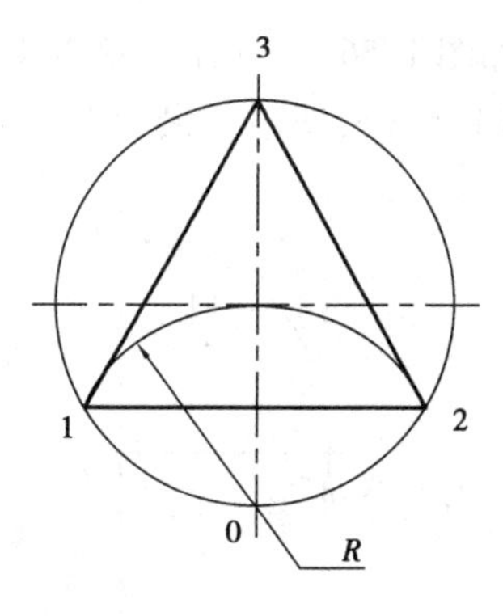

图1.52　圆内接等边三角形

(4)圆内接等边三角形

如图1.52所示,要绘制圆内接等边三角形123,首先需要过点0作圆弧(半径=*R*),圆弧与圆交于点1和点2。然后连接点1、点2和点3,即可完成作图。

(5)圆内接正六边形

如图1.53所示,要绘制圆内接正六边形,首先需要过点0和点3作圆弧(半径=*R*),圆弧与圆交于点1、点2、点4和点5。然后依次连接点3、点5、点1、点0、点2和点4,即可完成作图。

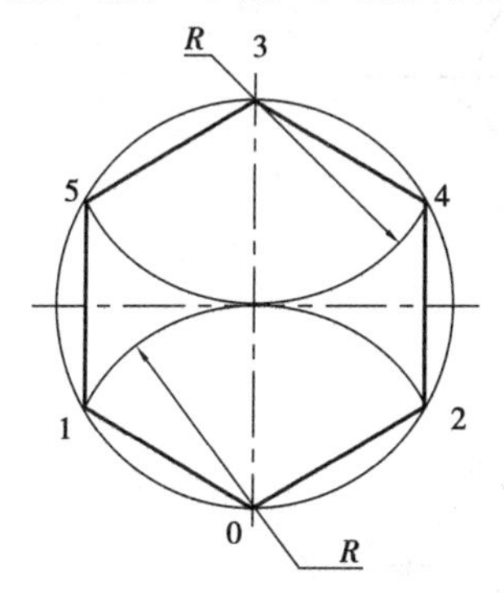

图1.53　圆内接正六边形

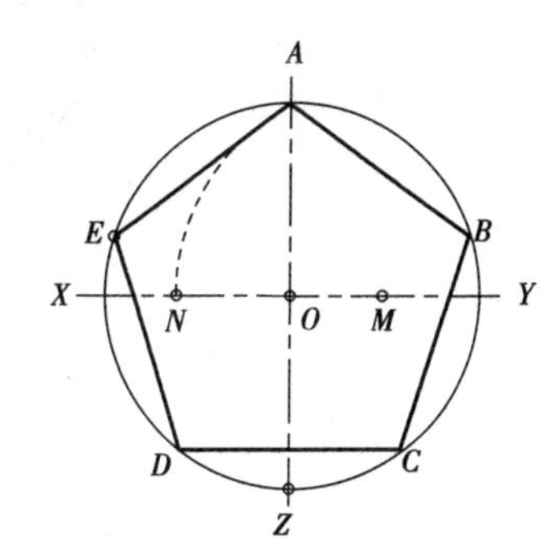

图1.54　圆内接正五边形

(6)圆内接正五边形

如图1.54所示为圆内接正五边形的作图方法。首先以点*O*为圆心画一个圆,接着作圆的两条互相垂直的直径*AZ*和*XY*,并作*OY*的中点*M*。以点*M*为圆心,*MA*为半径作圆,交*OX*于点*N*。以点*A*为圆心,*AN*为半径,在圆上连续截取等弧,使弦*AB*=*BC*=*CD*=*DE*=*AN*,则五边形*ABCDE*即为正五边形。

(7)椭圆画法

1)四心法

如图1.55所示为四心法画椭圆的详细步骤。首先确定点*A*,*B*,*C*,*D*,*E*和*F*,如图1.55(a)所示。接着作线段*AF*的中垂线,确定点1,2,3和4,如图1.55(b)所示。最后分别以点1,2,3和4为圆心画圆弧,即可完成作图,如图1.55(c)所示。

2)同心圆法

如图1.56所示为同心圆法画椭圆的详细步骤。首先以椭圆的长半轴和短半轴为半径画圆,如图 1.56(a)所示。接着将圆等分为 12 等份,并作出椭圆上的点 1 到点 12,如图 1.56(b)和图 1.56(c)所示。最后按如图 1.56(d)所示光滑连接点 1 到点 12,即可完成作图。

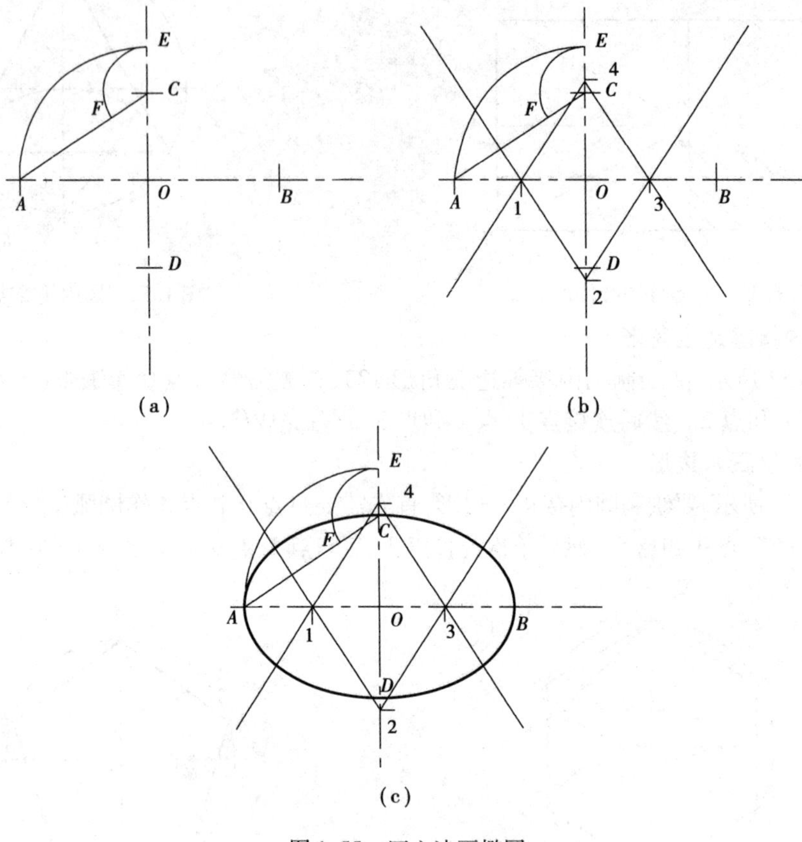

图 1.55　四心法画椭圆

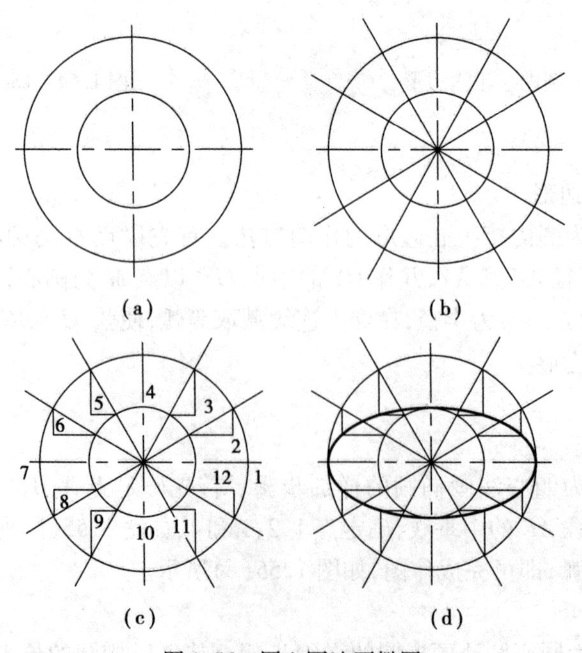

图 1.56　同心圆法画椭圆

(8)螺旋线画法

首先按如图 1.57 所示作出螺旋线的水平圆投影图形,并把水平投影等分成 12 等份。然后把螺旋线的正面投影按螺距的高度等分成 12 份,并按照水平投影的等分点求正面投影的对应点。最后将正面投影点连接成光滑曲线,即可完成螺旋线的作图。

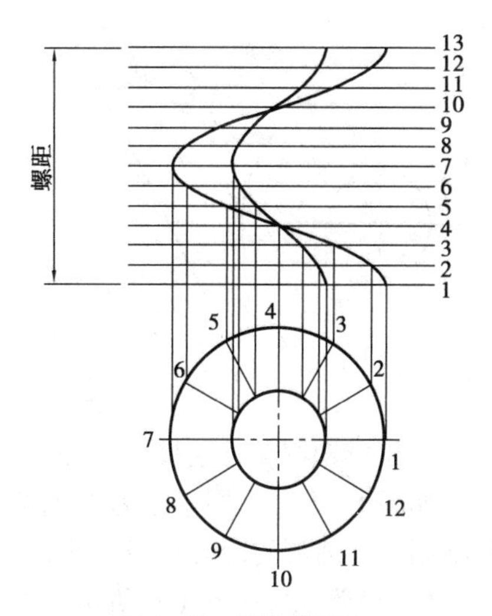

图 1.57　螺旋线画法

(9)圆弧连接画法

1)用已知圆弧连接两已知直线

如图 1.58 所示,用半径为 R 的圆弧连接两已知直线 L_1 和 L_2,首先需要按如图 1.58(a)所示绘制连接弧的圆心 O,接着按照如图 1.58(b)所示绘制圆弧切点 M 和 N,最后按如图 1.58(c)所示以 O 为圆心、R 为半径画圆弧,即可完成作图。

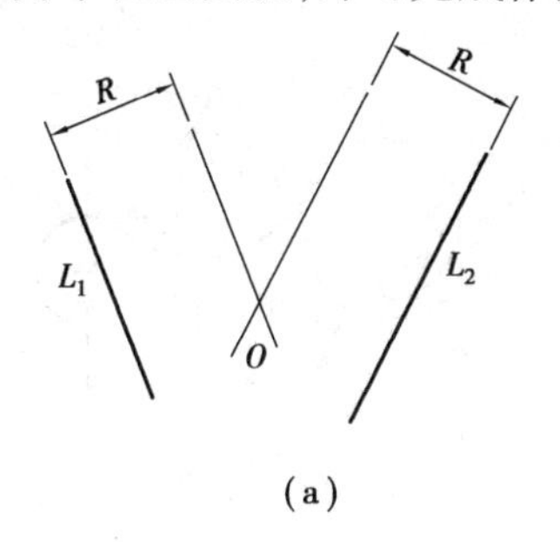

(a)

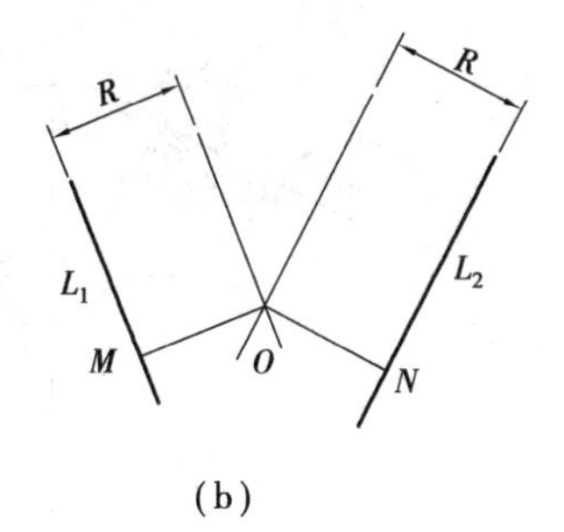

(b)

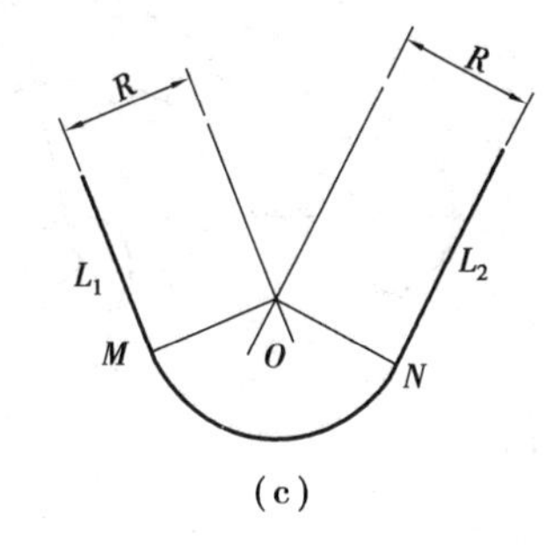

(c)

图 1.58　用已知圆弧连接两已知直线

2)用已知圆弧内连接直线和圆弧

如图 1.59 所示用半径为 R 的圆弧内连接直线 MN 和半径为 R_1 的圆弧,首先需要绘制连接圆弧的圆心点 O,如图 1.59(a)所示。接着按如图 1.59(b)所示绘制出切点。最后按照如图 1.59(c)所示以 O 为圆心、R 为半径绘制连接圆弧,即可完成作图。

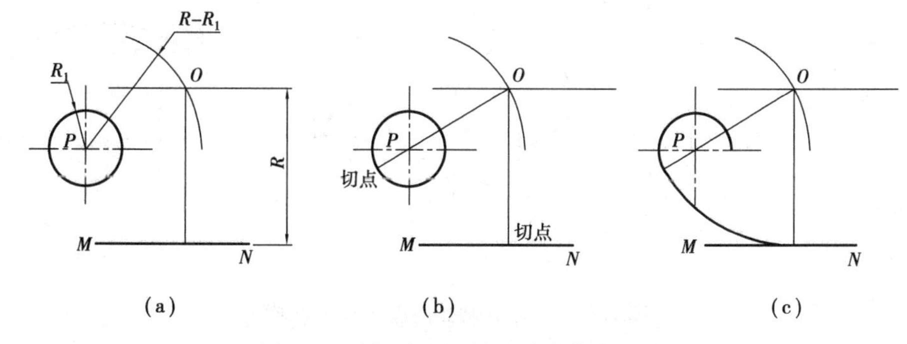

图 1.59　用已知圆弧内连接直线和圆弧

3)用已知圆弧外连接直线和圆弧

如图 1.60 所示用半径为 R 的圆弧内连接直线 L 和半径为 R_1 的圆弧。首先需要绘制连接圆弧的圆心点 O,如图 1.60(a)所示。接着按如图 1.60(b)所示绘制出切点 M 和 N。最后按照如图 1.60(c)所示以 O 为圆心、R 为半径绘制连接圆弧,即可完成作图。

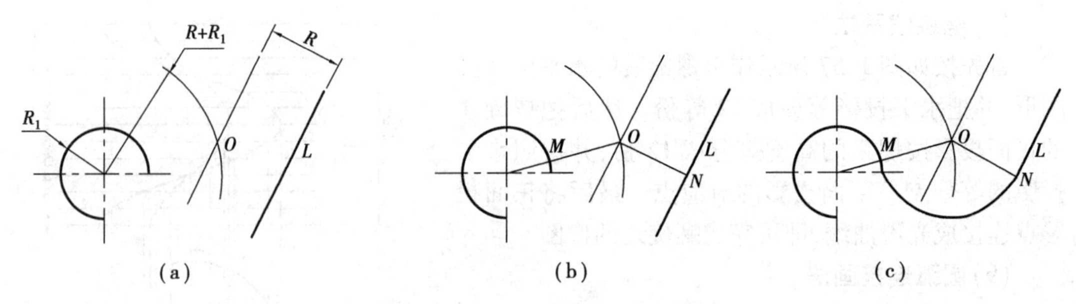

图 1.60　用已知圆弧外连接直线和圆弧

4)用已知圆弧外连接两已知圆弧

如图 1.61 所示用半径为 R 的圆弧外连接半径为 R_1 的圆弧和半径为 R_2 的圆弧。首先需要绘制连接圆弧的圆心点 O,如图 1.61(a)所示。接着按如图 1.61(b)所示绘制出切点 M 和 N。最后按照如图 1.61(c)所示以 O 为圆心、R 为半径绘制连接圆弧,即可完成作图。

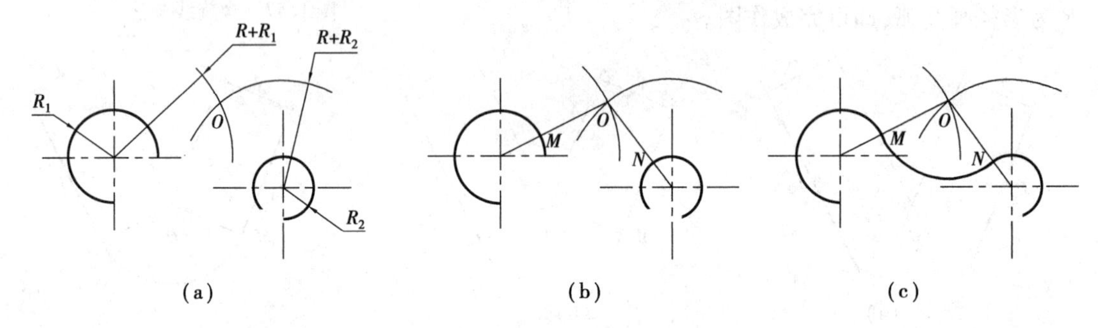

图 1.61　用已知圆弧外连接两已知圆弧

5)用已知圆弧内连接两已知圆弧

如图 1.62 所示用半径为 R 的圆弧内连接半径为 R_1 的圆弧和半径为 R_2 的圆弧。首先需要绘制连接圆弧的圆心点 O,如图 1.62(a)所示。接着按如图 1.62(b)所示绘制出切点 M 和 N。最后按照如图 1.62(c)所示以 O 为圆心、R 为半径绘制连接圆弧,即可完成作图。

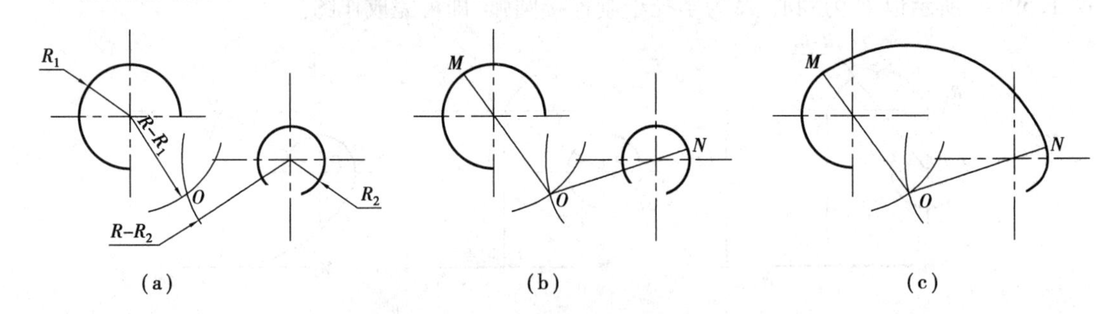

图 1.62　用已知圆弧内连接两已知圆弧

6)用已知圆弧内外连接两已知圆弧

如图 1.63 所示用半径为 R 的圆弧内外连接半径为 R_1 的圆弧和半径为 R_2 的圆弧。首先需要绘制连接圆弧的圆心点 O,如图 1.63(a)所示。接着按如图 1.63(b)所示绘制出切点 M 和 N。最后按照如图 1.63(c)所示以 O 为圆心、R 为半径绘制连接圆弧,即可完成作图。

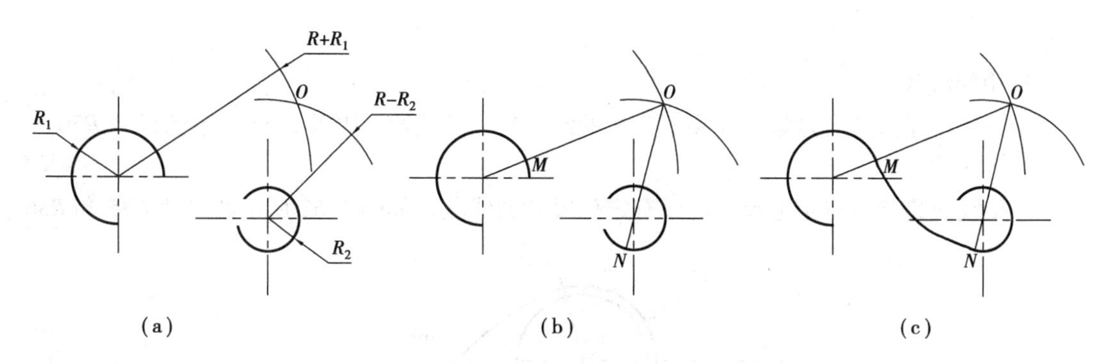

图 1.63　用已知圆弧内外连接两已知圆弧

1.4.2　尺规绘制平面几何图形的方法和步骤

尺规绘制平面几何图形要对平面图形进行尺寸分析和线段分析，从而知道哪些线段可以直接画出，哪些线段需要根据几何条件作图，这样便能正确确定画图步骤。

(1) 平面几何图形的尺寸分析

平面几何图形的尺寸按其作用分为定形尺寸和定位尺寸。

1) 定形尺寸

定形尺寸是指确定平面几何图形的线段的长度、圆的直径和角度等尺寸。如图 1.64 所示的 ϕ3753。

2) 定位尺寸

定位尺寸是指确定平面几何图形上的各线段或封闭图形间相对位置的尺寸。如图 1.64 所示的 3926，7516。

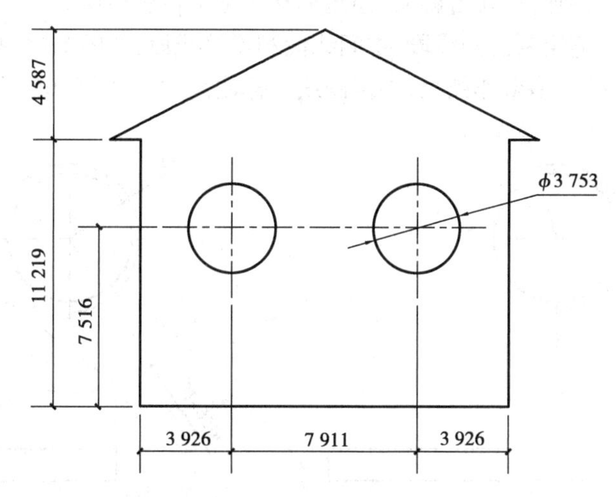

图 1.64　平面几何图形的尺寸分析

(2) 平面几何图形的线段分析

平面几何图形中，线段按所注尺寸和线段间的连接关系分为已知线段、中间线段和连接线段 3 种。

1) 已知线段

已知线段是指具有定形尺寸和齐全的定位尺寸的线段。如图 1.65 所示的尺寸 $R18$，$\phi32$，

70 和 8。

2)中间线段

中间线段是指具有定形尺寸和不齐全的定位尺寸的线段。如图 1.65 所示的尺寸 *R*56。

3)连接线段

连接线段是指只有定形尺寸而没有定位尺寸的线段。如图 1.65 所示的尺寸 *R*35 和 *R*36。

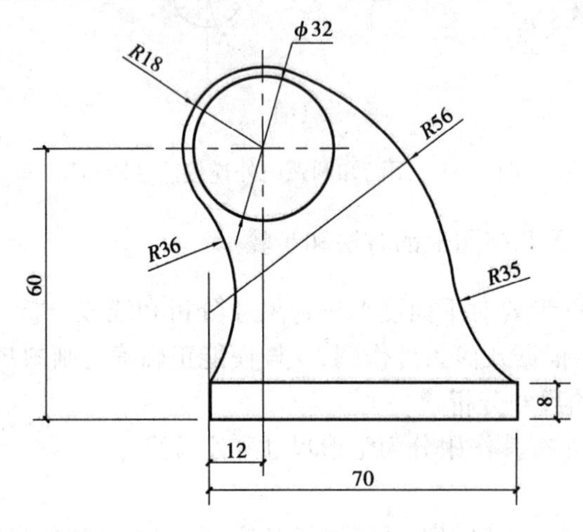

图 1.65　平面几何图形的线段分析

(3)平面几何图形的绘图步骤

①分析平面几何图形中的已知线段、中间线段和连接线段以及各部分的尺寸大小,如图 1.65 所示。

②选定图幅和绘图比例,布置幅面,使图形在图纸上位置适中。

③用 2H 或 H 铅笔绘制已知线段、中间线段和连接线段,如图 1.66 所示。

④检查无误后,擦除多余作图线,加深图线并标注尺寸,如图 1.65 所示。

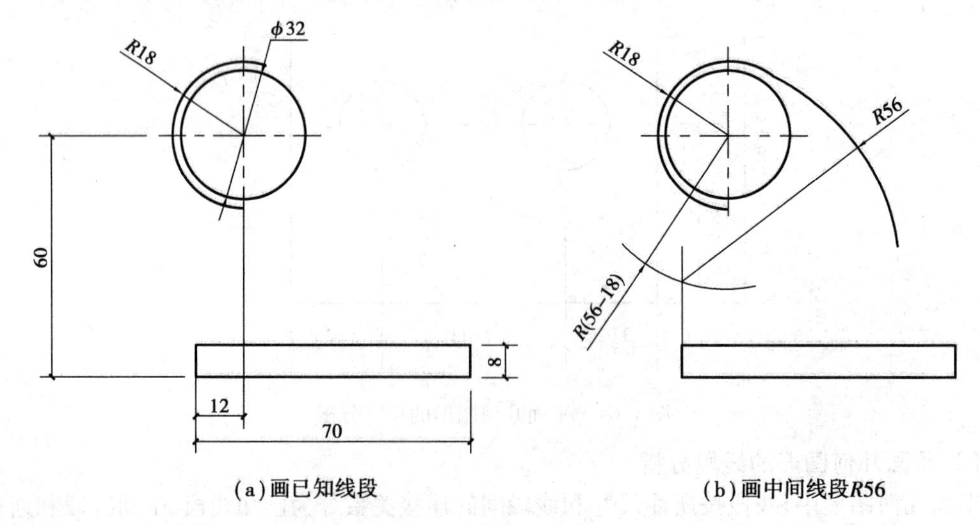

(a)画已知线段　　(b)画中间线段*R*56

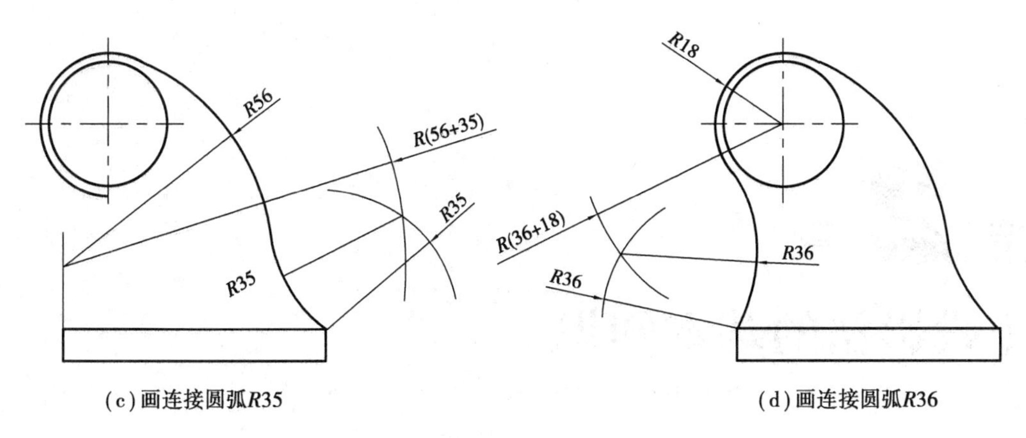

(c) 画连接圆弧$R35$　　(d) 画连接圆弧$R36$

图 1.66　平面几何图形的绘图步骤

思考题

1. 请列出与建筑制图相关的国家标准代号和名称。

2. 图纸幅面的代号有哪几种?

3. 一个完整的尺寸,一般包括哪 4 个组成部分? 它们分别有哪些规定?

4. 按照国家标准的有关规定,建筑工程图中的中文和非中文矢量字体的高度有哪些?

5. 建筑工程图中角度、半径和直径尺寸标注与线性尺寸标注的主要区别是什么?

6. 用丁字尺和三角板配合绘制 15°,75°和 105°的斜线。

7. 简述绘制平面几何图形的基本步骤。

8. 圆弧连接指什么? 在图样上的圆弧连接处,为何必须准确地作出连接圆弧的圆心和切点? 在平面图形圆弧连接处的线段可分为哪 3 类? 它们的分类依据是什么? 在作图时,应按什么顺序画这 3 类线段?

第2章 正投影法的基本知识

2.1 投影法

2.1.1 投影法的基本知识

(1)投影的形成

在日常生活中,人们可以看到物体在太阳光或灯光照射下,在地面或墙壁上产生物体的影子,这就是一种投影现象,如图2.1所示。投影法就是根据这一现象,经过科学的抽象,将物体表示在平面上的方法。投影法是在平面上表达空间物体的基本方法,是绘制工程图样的基础。根据投影法所得到的图形称为投影图。投影法称光线为投射线或投射方向,地面或墙面为投影面,影子为物体在投影面上的投影。

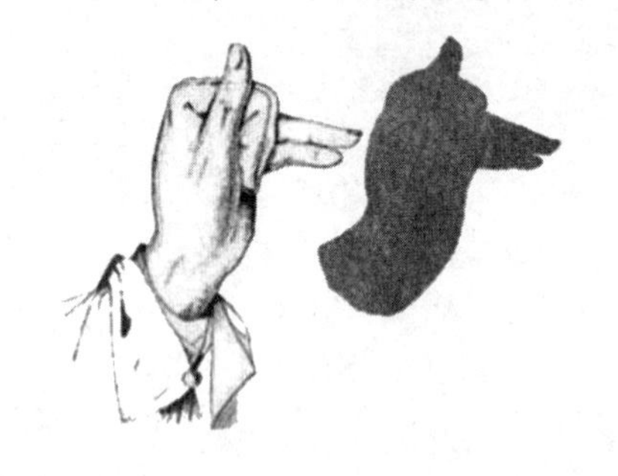
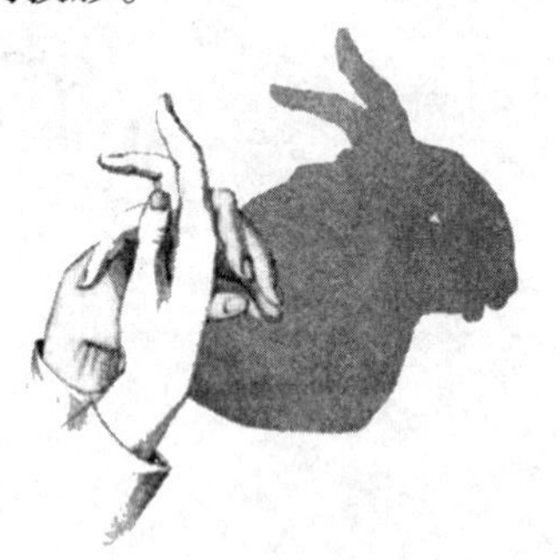

图2.1 投影现象

如图2.2所示,假定空间点S为光源,发出的光线将空间中的$\triangle ABC$上的顶点和边线的影子投射到平面P上,在该平面上得到$\triangle abc$的方法就是投影法。需要注意的是,生活中的影子和工程制图中的投影是有区别的,投影必须将物体的各个组成部分的轮廓全部表示出来。而影子只能表达物体的整体轮廓,并且内部为一个整体,如图2.2所示。

(2)投影的分类

根据《技术制图　投影法》(GB/T 14692—2008)的有关规定,可将投影法分为中心投影法和平行投影法两大类。

1) 中心投影法

所有投射线从同一投影中心出发的投影方法,称为中心投影法。按中心投影法得到的投影,称为中心投影。如图 2.2 所示为中心投影法,其中 $\triangle ABC$ 在投影面 P 上的中心投影为 $\triangle abc$。用中心投影法得到的物体的投影大小与物体的位置有关。在投影中心与投影面不变的情况下,当 $\triangle ABC$ 靠近或远离投影面时,它的投影 $\triangle abc$ 就会变大或变小,且一般不能反映 $\triangle ABC$ 的实际大小。这种投影法主要用于绘制建筑物的透视图。因此,在一般的工程图样中,不宜采用中心投影法。

2) 平行投影法

如果将中心投影法的投影中心 S 移至无穷远,则所有投射线可视为相互平行,这种投影法称为平行投影法。如图 2.3 所示,设 S 为投影中心,$\triangle ABC$ 在投影面 P 上的平行投影为 $\triangle abc$。在平行投影法中,当平行移动物体时,它投影的形状和大小都不会改变。平行投影法主要用于绘制工程图样。

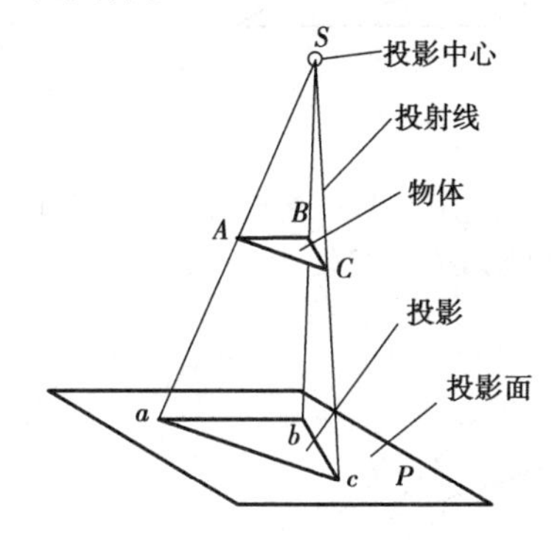

图 2.2　投影的形成过程

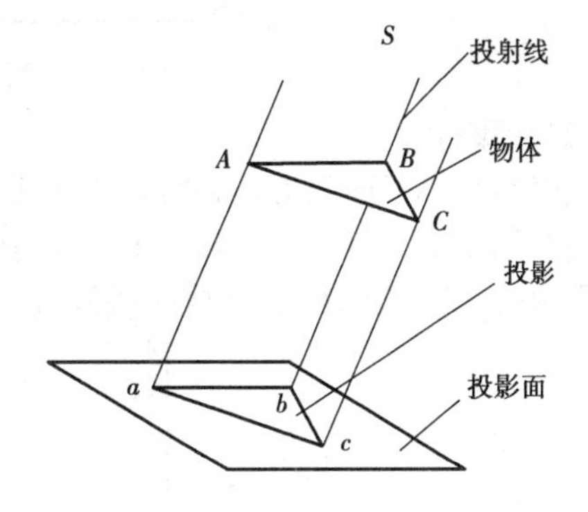

图 2.3　平行投影法

平行投影法按投影方向与投影面是否垂直,可分为斜投影法和正投影法,如图 2.4 所示。其中,投射线与投影面成倾斜关系的平行投影法,称为斜投影;投射线与投影面成垂直关系的平行投影法,称为正投影。

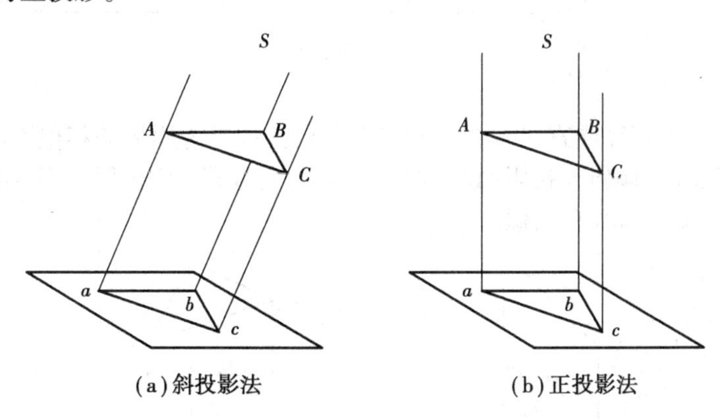

(a) 斜投影法　　(b) 正投影法

图 2.4　正投影法和斜投影法

正投影法能在投影面上较“真实”地表达空间物体的大小和形状,且作图简便,度量性好,在工程中得到广泛的采用。因此,《房屋建筑制图统一标准》(GB/T 50001—2017) 中明确规定,房屋建筑的投影视图应按正投影法绘制。本课程主要学习这种投影方法。

2.1.2 投影的基本性质

任何物体的形状都是由点、线和面等几何元素构成的。因此，物体的投影就是组成物体的点、线和面的投影总和。研究投影的基本性质，主要是研究线和面的投影特性。

(1) 真实性

真实性是当平面图形(或直线)与投影面平行时，其投影反映实形(或实长)的投影性质。如图 2.5 所示，当线段 AC 和平面 $\triangle ABC$ 平行于投影面时，其投影 ac 和 $\triangle abc$ 分别反映线段 AC 的实际长度和平面 $\triangle ABC$ 的实际形状。

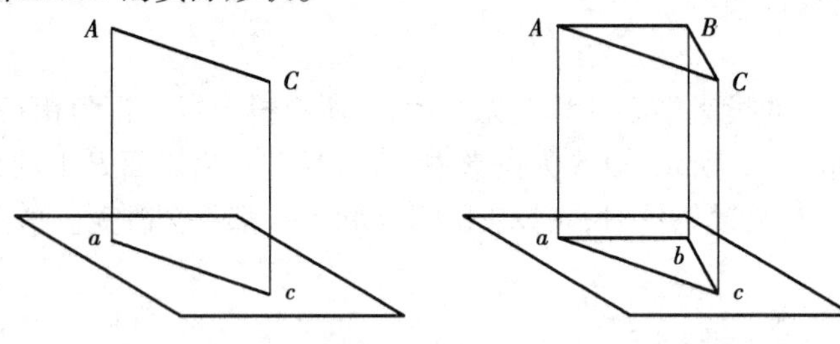

图 2.5 真实性

(2) 积聚性

积聚性是当平面图形(或直线)与投影面垂直时，其投影积聚成一条直线(或一个点)的投影性质。如图 2.6 所示，当线段 AC 垂直于投影面时，其投影 $a(c)$ 积聚为一点。当 $\triangle ABC$ 垂直于投影面时，其投影 abc 积聚成一条线段。

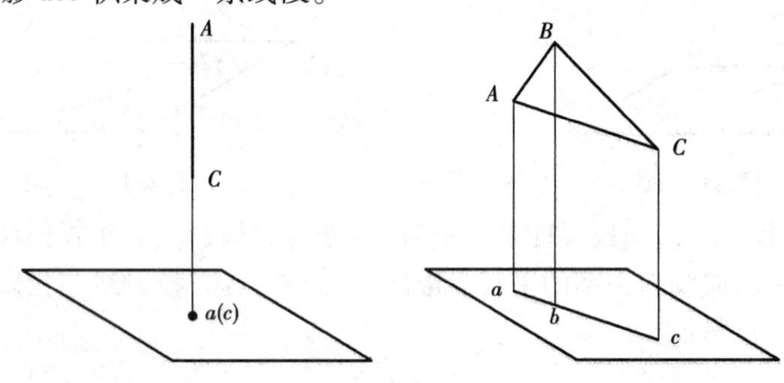

图 2.6 积聚性

(3) 类似性

类似性是当平面图形(或直线)与投影面倾斜时，其投影为原形的相似形的投影性质。如图 2.7 所示，当线段 AC 倾斜于投影面时，则其投影 ac 与线段 AC 相似。当 $\triangle ABC$ 倾斜于投影面时，则其投影 $\triangle abc$ 与 $\triangle ABC$ 类似。

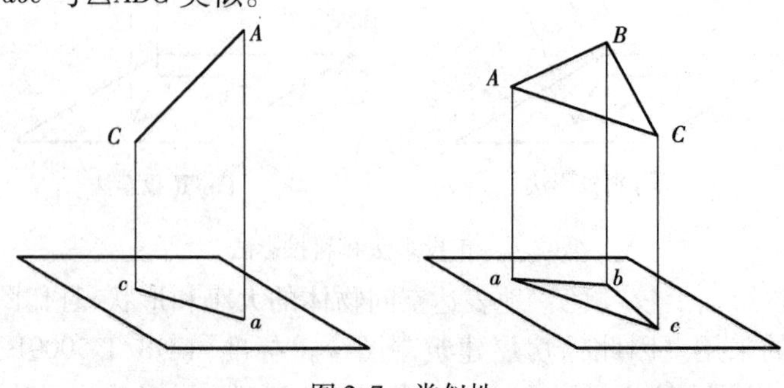

图 2.7 类似性

2.2　工程图中常用的投影图

2.2.1　透视图

在《技术制图　投影图》(GB/T 14692—2008)中明确规定,用中心投影法将空间形体投射到单一投影面上得到的图形称为透视图,如图2.8所示。透视图与人的视觉习惯相符,能体现近大远小的效果,形象逼真,具有丰富的立体感,但作图比较麻烦,且度量性差,常用于绘制建筑效果图。

(a)花园景观透视图　　(b)客厅透视图

图2.8　透视图

2.2.2　轴测图

在国家标准GB/T 14692—2008中规定,轴测图是将物体连同其参考直角坐标系,沿不平行于任一坐标面的方向,用平行投影法将其投射在单一投影面上所得的具有立体感的图形。如图2.9所示为房屋建筑的轴测图,形体上互相平行且长度相等的线段在轴测图上仍互相平行且长度相等。轴测图虽不符合近大远小的视觉习惯,但仍具有很强的直观性,因此在工程上得到广泛应用。

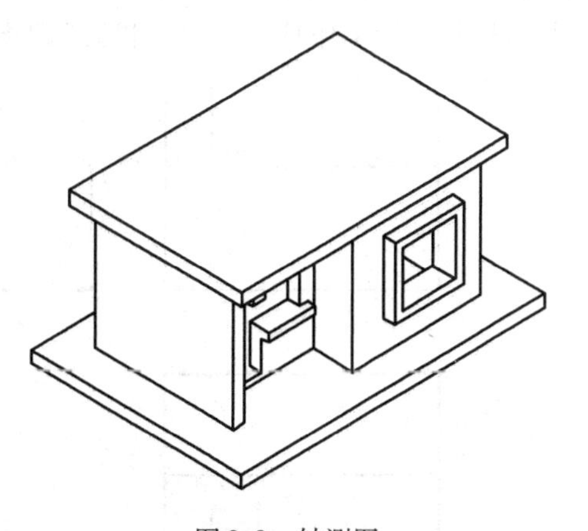

图2.9　轴测图

2.2.3　标高投影图

在《技术制图　投影图》(GB/T 14692—2008)中明确规定,用正投影法将局部地面的等高线投射在水平的投影面上,并标注出各等高线的高程,从而表达该局部的地形,这种用标高来表示地面形状的正投影图,称为标高投影图,如图2.10所示。

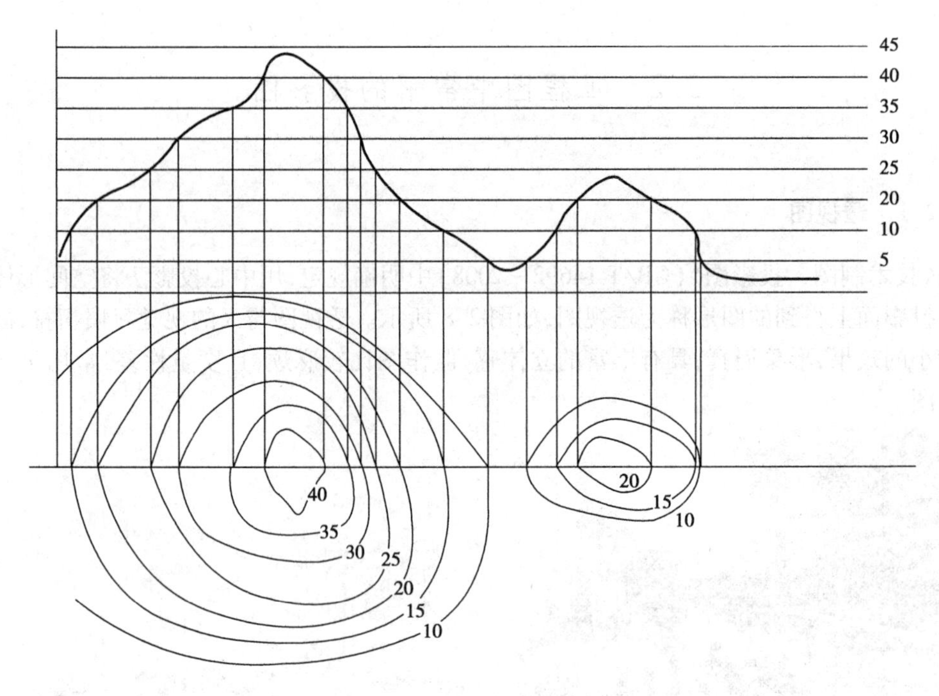

图 2.10　标高投影图

2.2.4　正投影图

在《技术制图　投影图》(GB/T 14692—2008)中明确规定,根据正投影法所得到的投影图形称为正投影图。如图 2.11(a)所示为房屋的正投影图。正投影图直观性不强,但能正确反映物体的形状和大小,并且作图方便,度量性好,因此工程上应用最广。绘制房屋建筑图主要用正投影,今后不作特别说明,“投影”即指“正投影”。

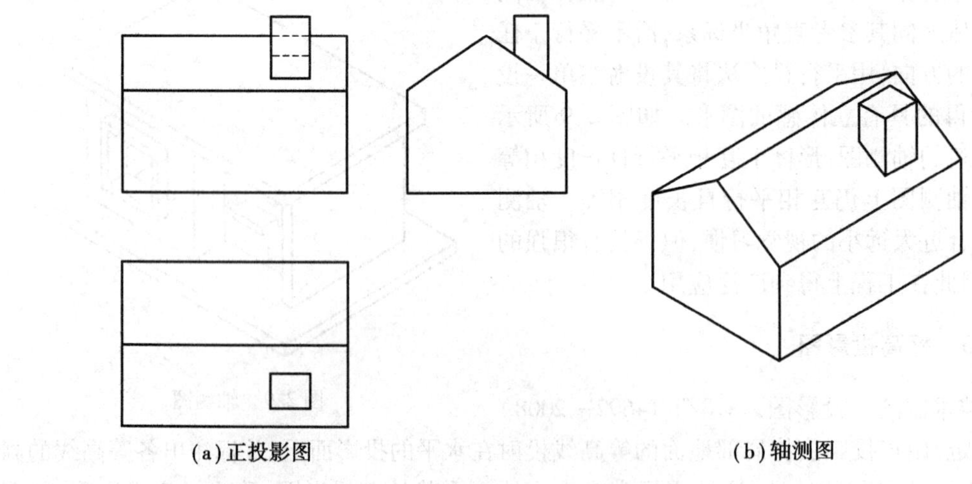

(a)正投影图　　(b)轴测图

图 2.11　正投影图

2.3　正投影图的形成及其投影规律

图样是施工操作的主要依据,它尽可能地反映物体各部分的形状和大小。如果一个物体只向一个投影面投影就只能反映它一个面的形状和大小。如图2.12所示,空间中不同形状的两个物体,它们向同一投影面投射,其投影图是相同的,但是该投影不能反映两个不同物体的形状和大小。

如果一个物体只向两个投影面投射,就只能反映它两个面的形状和大小,也不能完整地表示它的形状和大小。如图2.13所示,空间中3个不同形状的物体,它们向同样的两个投影面进行投影,其两个投影都是相同的,但是也不能反映3个不同物体的形状和大小。

如果把物体放在3个相互垂直的投影面之间,分别向3个投影面进行投影,由此可得到物体3个不同方向的正投影图(见图2.14),这样就能唯一确定物体的形状了。

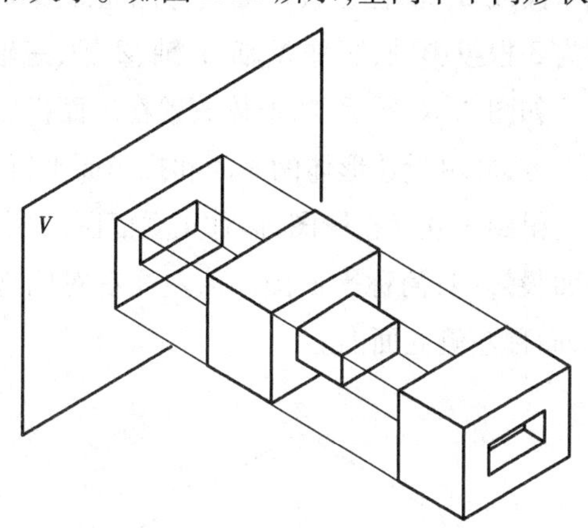

图2.12　物体的一个投影不能确定其空间形状

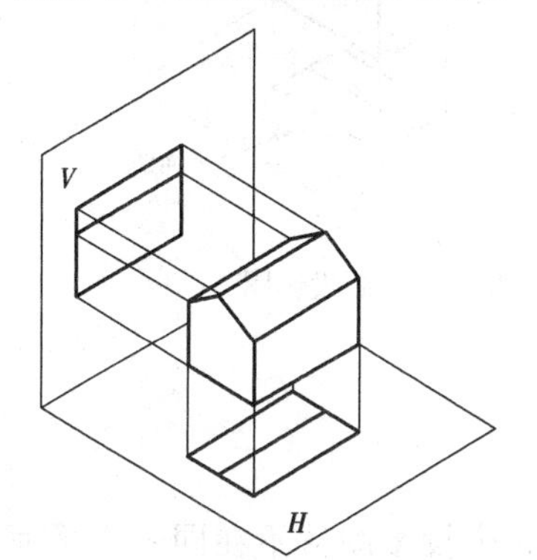

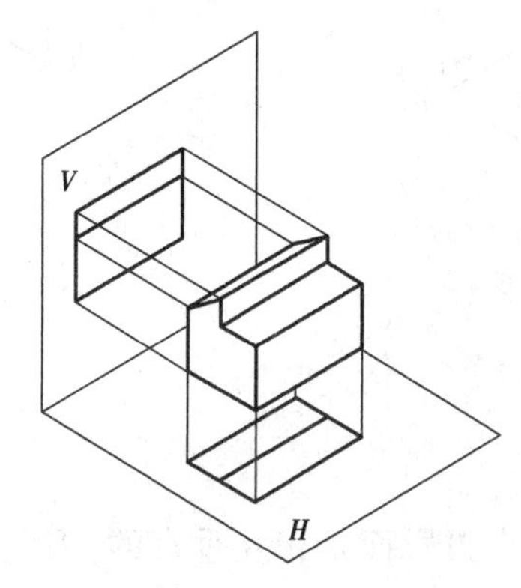

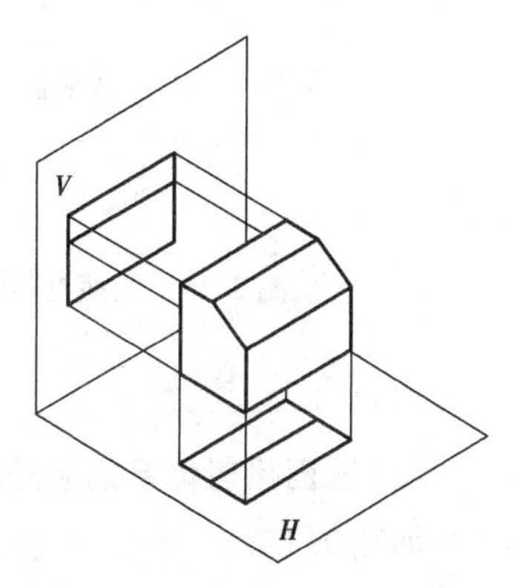

图2.13　物体的两个投影不能确定其空间形状

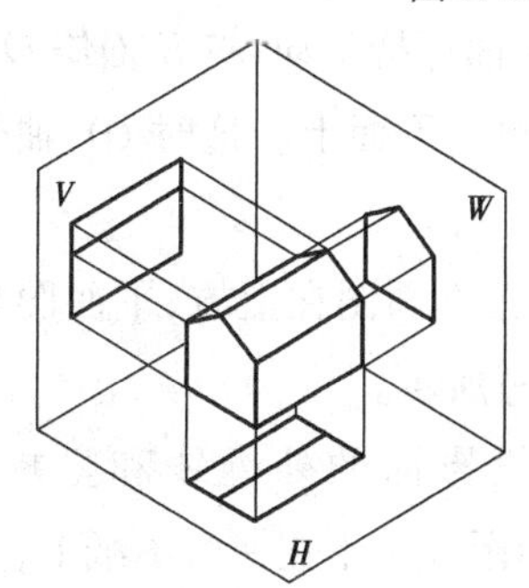

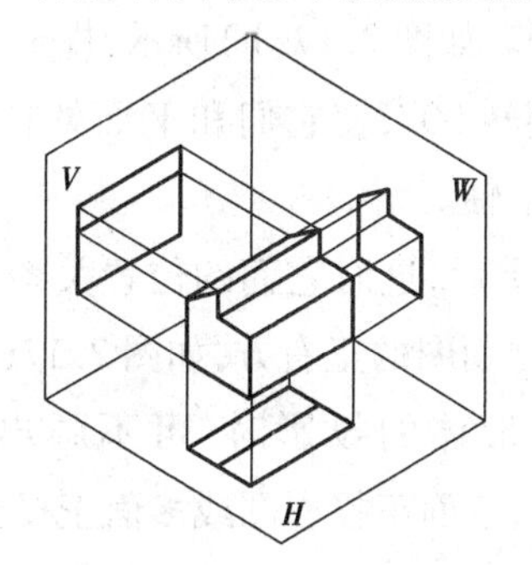

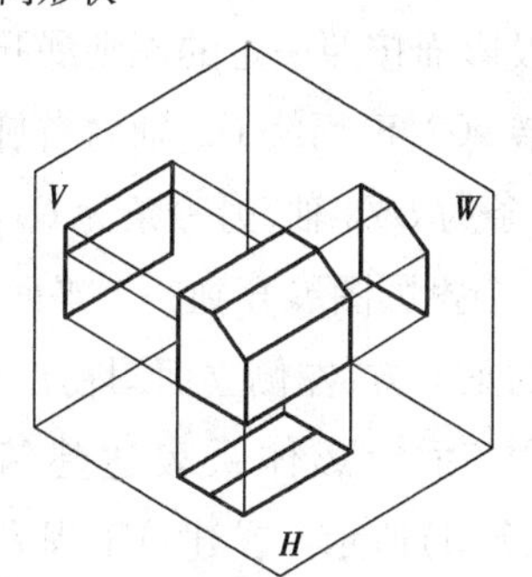

图2.14　物体的3个不同方向的正投影图

2.3.1　三面投影体系的形成

(1)三面投影体系的建立

如图2.15所示,由正立投影面V、水平投影面H和侧立投影面W这3个互相垂直的投影面构成的投影面体系,称为三投影面体系。正立投影面简称正立面或V面,水平投影面简称水平面或H面,侧立投影面简称侧立面或W面。三投影面两两相交产生的交线OX,OY,OZ,称为3根投影轴,简称X轴、Y轴、Z轴;三轴的交点O,称为原点。

如图2.16所示,将形体放置在三面投影体系中,即放置在H面的上方,V面的前面,W面的左方,并尽量让形体的表面和投影面平行或垂直。从前往后对正立投影面进行投射,在正立面上得到正立面投影图,简称正立面图。从上往下对水平投影面进行投射,在水平面上得到水平面投影图,简称平面图。从左往右对侧立投影面进行投射,在侧立面上得到左侧立面投影图,简称左侧立面图。

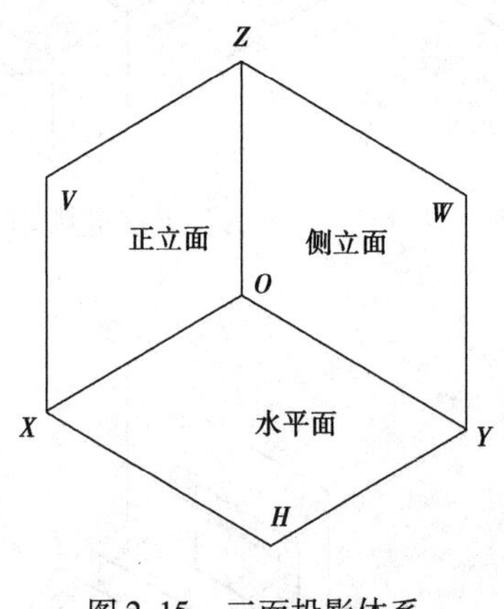

图2.15　三面投影体系

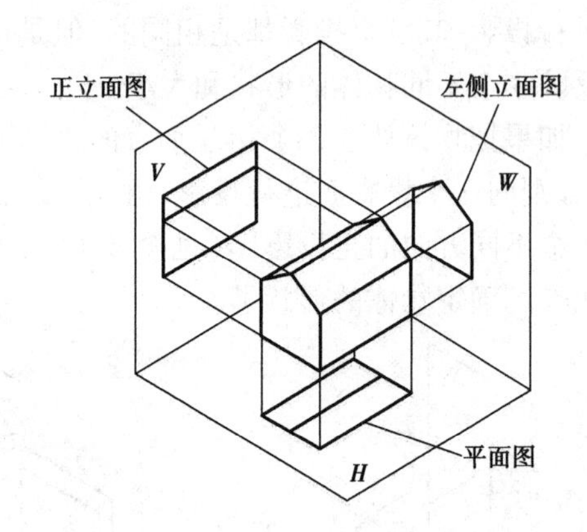

图2.16　三面投影图

(2)三面投影体系的展开

如图2.17(a)所示,由于3个投影面是相互垂直的,因此3个投影图就不在同一个平面上,这样很不方便查看投影图形。为了把3个投影图画在同一个平面上,就必须将3个互相垂直的投影面按照一定的规则展开。如图2.17(b)所示,规定V面保持不动,将H面绕OX轴向下旋转90°,W面绕OZ轴向右旋转90°,使它们和V面处在同一平面上。这时OY轴分为两条;一条为OY_H轴,另一条为OY_W轴。

3个投影图展开到一个平面上后,这时它们的位置关系:正立面图在上方,平面图在正立面图的正下方,左侧立面图在正立面图的正右方,如图2.17(c)所示。

用三面投影体系表达建筑形体的投影时,可不画出投影面的外框线和坐标轴,如图2.17(d)所示。在建筑工程中,三面正投影图或多面正投影图经常不在一张图纸上,这样在每个正投影图的下方必须要标注图名。

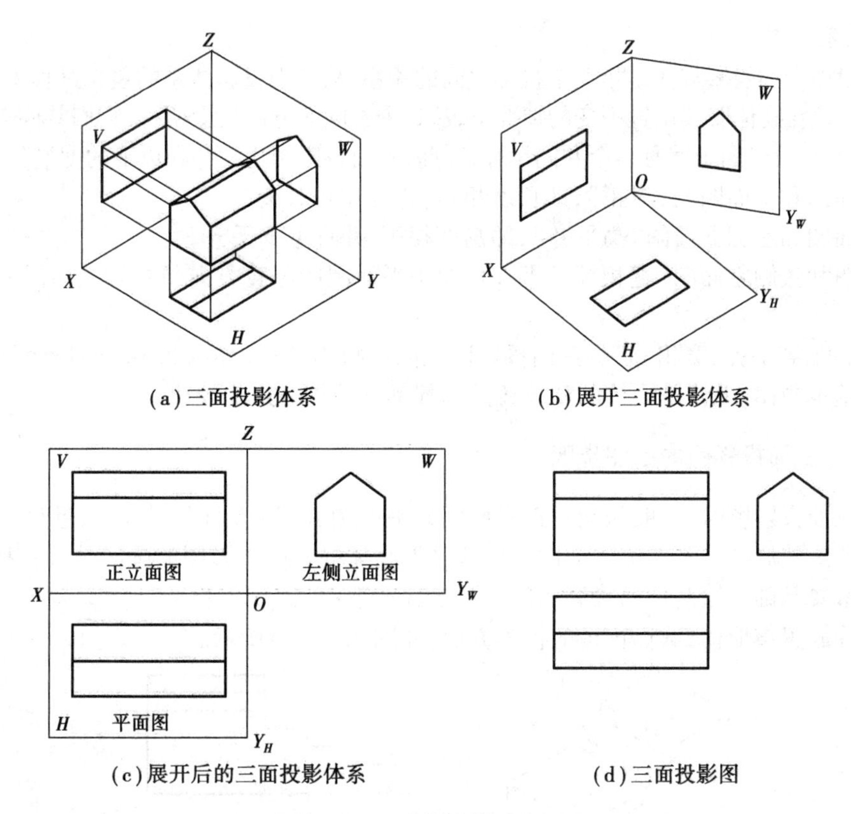

(a)三面投影体系　(b)展开三面投影体系

(c)展开后的三面投影体系　(d)三面投影图

图2.17　三面投影体系的展开

2.3.2　三面投影的基本规律

(1)方位关系

如图2.18(a)所示,任何一个物体的空间位置可包括上下、左右和前后的方位关系,物体的尺寸包括长、宽和高。如图2.18(b)所示,正立面图反映物体的长、高尺寸和上下、左右位置关系;平面图反映物体的长、宽尺寸和左右、前后位置关系;左侧立面图反映物体的高、宽尺寸和前后、上下位置关系。

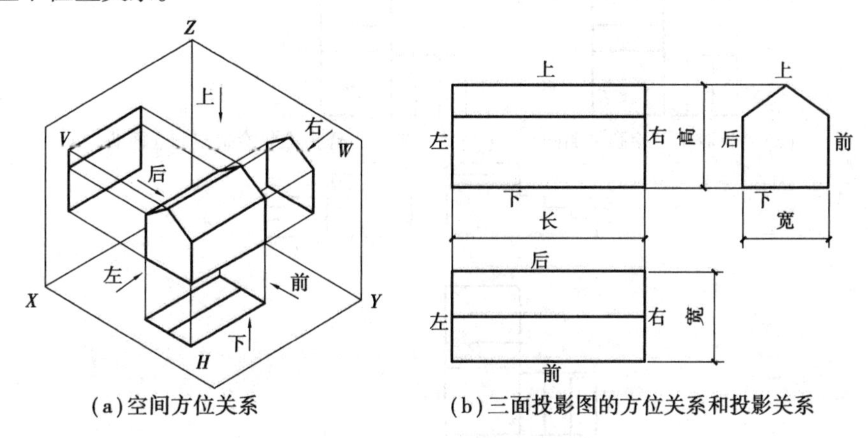

(a)空间方位关系　(b)三面投影图的方位关系和投影关系

图2.18　三面投影图的方位关系和投影关系

(2)投影关系

三面投影图的投影规律是指3个投影之间的关系,从三面投影体系的建立过程中可以看出,三面投影图是在物体安放位置不变的情况下,从3个不同的方向投影所得,它们共同表达一个物体,并且每两个投影图中就有一个共同尺寸,因此,三面投影图之间存在以下的度量关系:

正立面图和平面图"长对正",即长度相等,并且左右对正。

正立面图和左侧立面图"高平齐",即高度相等,并且上下平齐。

平面图和左侧立面图"宽相等",即在作图中平面图的竖直方向与左侧立面图的水平方向对应相等。

"长对正、高平齐、宽相等"是三面投影图之间的投影规律,如图2.18(b)所示。这是画图和读图的基本规律,无论是物体的整体还是局部都必须符合这个规律。

2.3.3 三面投影图的绘图步骤

绘制三面投影图时,一般先绘制正立面图或平面图,因为这两个图等长,且反映物体形状的主要特征。然后再绘制左侧立面图。熟练掌握物体的三面投影图的画法是绘制和识读建筑工程图的重要基础。绘制三面投影图的主要步骤如下:

①正确放置该形体,选择正视的投影方向,如图2.19(a)所示。

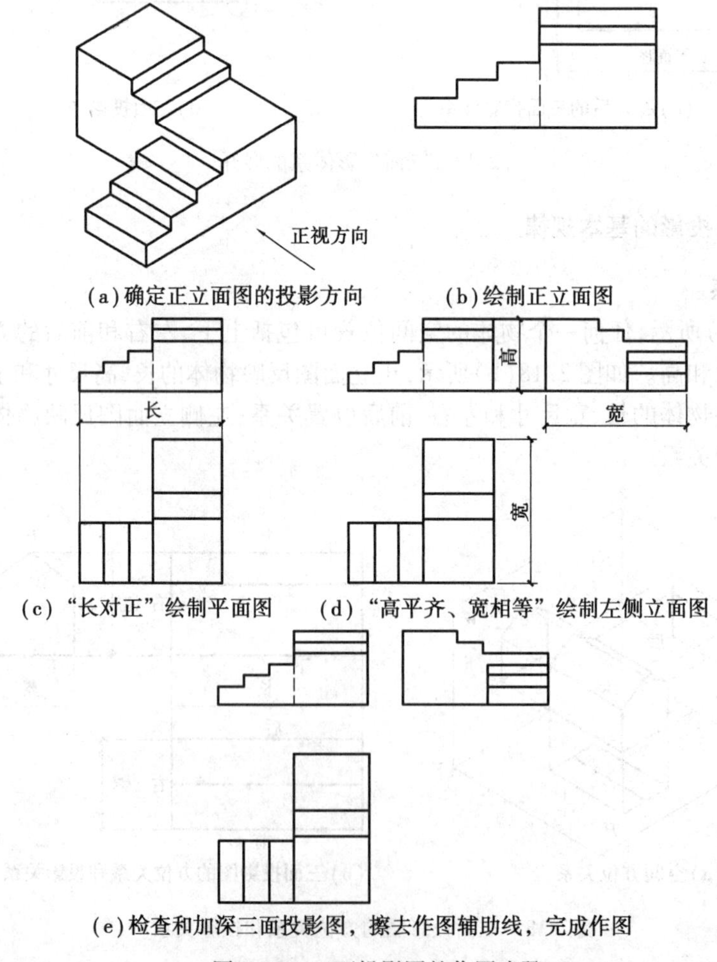

(a)确定正立面图的投影方向　(b)绘制正立面图

(c)"长对正"绘制平面图　(d)"高平齐、宽相等"绘制左侧立面图

(e)检查和加深三面投影图，擦去作图辅助线，完成作图

图2.19　三面投影图的作图步骤

②绘制正立面图,如图2.19(b)所示。

③根据“长对正”的投影规律绘制平面图,如图2.19(c)所示。

④根据“高平齐、宽相等” 的投影规律绘制左侧立面图,如图2.19(d)所示。

⑤检查和加深三面投影图,擦去作图辅助线,即可完成作图,如图2.19(e)所示。

思考题

1. 简述生活中的投影现象和工程制图中的投影的区别。
2. 一般位置直线、投影面平行线、投影面垂直线分别有哪些投影特性?
3. 一般位置平面、投影面平行面、投影面垂直面分别有哪些投影特性?
4. 投影法主要包括哪些种类?它们之间的区别是什么?
5. 工程中常见的投影图有哪些?
6. 简述三面投影的基本规律。

第 3 章
基本形体的投影

3.1　基本形体的投影图

在建筑工程中，经常会接触到各种形状的建筑物，这些建筑物及其构配件的形状虽然复杂，但是一般都是由一些形状简单、形成也简单的几何体组合而成的。在建筑制图中常把这些工程上经常使用的单一几何形体如棱柱、棱锥、圆柱、圆锥、球和圆环等称为基本几何体，简称基本形体。

基本形体按其表面的性质不同，可分为平面立体和曲面立体。把表面全部由平面围成的基本几何体，称为平面立体，简称平面体。工程中常见的平面立体主要有棱柱、棱锥和棱台等，如图 3.1(a)所示。把表面全部或部分由曲面围成的基本几何体称为曲面立体，简称曲面体。工程中，常见的曲面立体主要有圆柱、圆锥和圆球等，如图 3.1(b)所示。

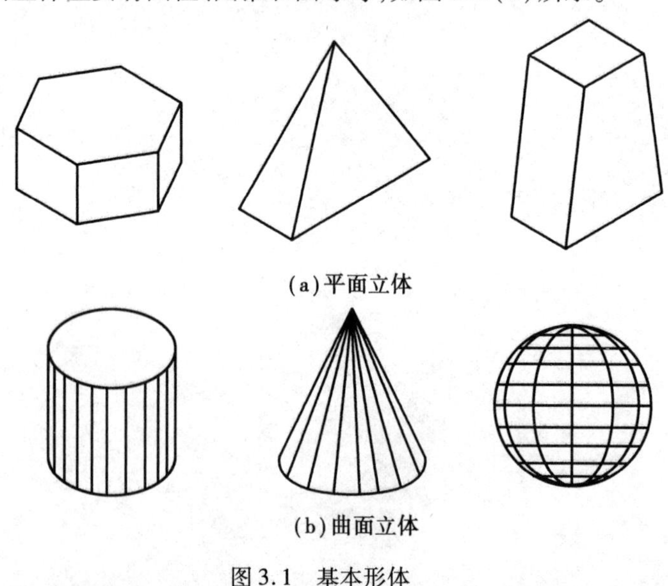

(a)平面立体

(b)曲面立体

图 3.1　基本形体

如图 3.2 所示为一个房屋建筑的模型，它可被分解为两个四棱柱和一个五棱柱。因此，理解并掌握基本形体的投影规律，对认识和理解建筑物的投影规律，更好地掌握识图与制图技能很有帮助。

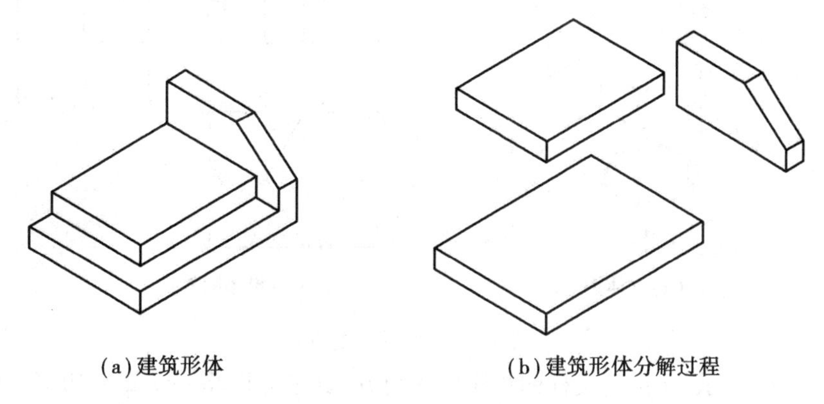

(a) 建筑形体　　(b) 建筑形体分解过程

图 3.2　建筑形体的分解

3.1.1　平面立体的投影

如图 3.1(a) 所示，平面立体的各表面均为多边形，称为棱面。各棱面的交线称为棱线。棱线与棱线的交点称为顶点。求作平面立体的投影就是作出组成平面立体的各表面、各棱线和各顶点的投影，由于点、线和面是构成平面立体表面的几何元素，因此绘制平面立体的投影，归根结底是绘制直线和平面的投影。其中，可见的棱线投影画成粗实线，不可见的棱线的投影画成细虚线，以区分可见表面和不可见表面。当粗实线和虚线重合时，可只画粗实线。

(1) 棱柱

棱柱由两个相互平行的底面和若干个侧棱面围成，相邻两侧棱面的交线称为侧棱线，简称棱线。棱柱的棱线相互平行。如图 3.3 所示，建筑工程中常见的棱柱有三棱柱、四棱柱、五棱柱及六棱柱等。

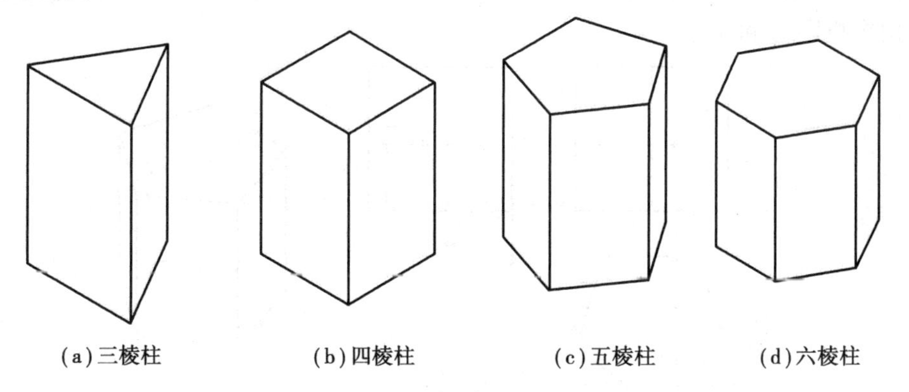

(a) 三棱柱　　(b) 四棱柱　　(c) 五棱柱　　(d) 六棱柱

图 3.3　工程中常见的棱柱

1) 棱柱的投影

以正六棱柱为例，如图 3.4(a) 所示为正六棱柱的立体图。它是由上下两个正六边形底面和 6 个四边形的棱面构成。选择形体的正视方向时，需要考虑两个因素：一要使形体处于稳定状态，二要考虑形体的工作状态。为了作图方便，应尽量使形体的表面平行或垂直投影面。

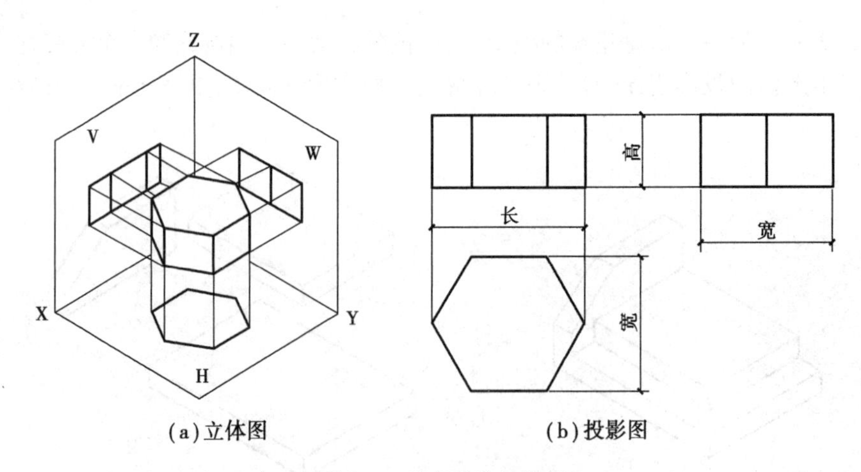

(a)立体图　　(b)投影图

图3.4　正六棱柱的投影

如图3.4(b)所示,从正六棱柱的投影图中可知,其平面图是一个正六边形。它是正六棱柱上下底面的投影,正六边形的6条边分别是6个棱面的积聚性投影,正六边形的6个顶点分别是正六棱柱的6条棱线的水平面投影。它反映了投影的积聚性。正立面图中3个并立的矩形是正六棱柱左、中和右3个棱面的投影,正立面图的外形轮廓分别是正六棱柱上下底面和左右棱线的投影。左侧立面图的两个并列的矩形是正六棱柱左右4个棱面的重叠投影,上下两条水平线是正六棱柱上下底面的积聚性投影,前后两条投影垂直线分别是正六棱柱前后棱面的积聚性投影,中间的垂直投影线则是正六棱柱左右两条棱线的重叠投影。

2)棱柱表面上求点

棱柱表面上求点可利用柱体表面的积聚性投影来作图。立体表面上的点一般用大写字母表示,如 M。正立面图上立体表面上的点一般用小写字母加一撇表示,如 m'。平面图上立体表面上的点一般用小写字母表示,如 m。左侧立面图上立体表面上的点一般用小写字母加两撇表示,如 m''。

如图3.5所示,已知正五棱柱的三面投影及其表面 $ABCD$ 上点 M 的正立面投影 m',求作它的另两个投影 m 和 m''。

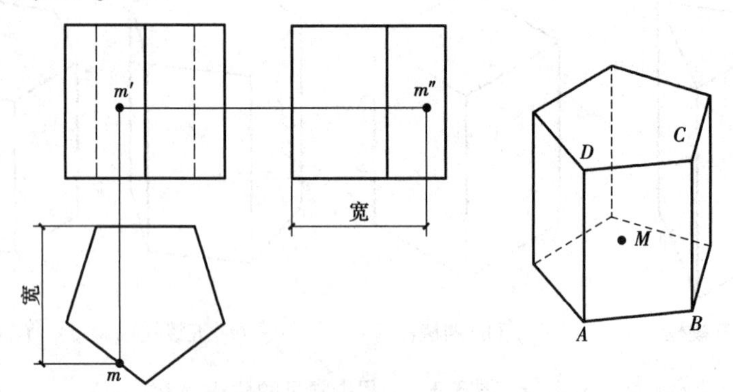

图3.5　正五棱柱表面上求点

根据已知条件,同时依据点 M 的正立面投影点 m'的可见性条件,推断出 M 点必在三棱柱前面的棱面上。利用棱柱各棱面的水平投影具有积聚性特点,可向下作辅助线直接找到点 M 的水平面投影 m,最后可按"高平齐、宽相等"的投影规律求出点的左侧立面投影点 m''。

(2)棱锥

棱锥由一个底面和若干个三角形侧棱面围成,且所有棱面相交于一点,称为锥顶,常记为S。棱锥相邻两棱面的交线称为棱线,所有的棱线都交于锥顶S。工程中,常用的棱锥包括三棱锥、四棱锥和五棱锥等。

1)棱锥的投影

由如图3.6所示的正三棱锥的三面投影图中可知,其平面图是由3个全等的三角形组成。它们分别是3个棱面的水平投影,形状为等边三角形的外形轮廓则是三棱锥底面的投影。它反映了底面的实际形状。正立面图由两个三角形组成。它们是三棱锥左右三棱面的投影,而外形轮廓的等腰三角形则是后棱面的投影,其底边为三棱锥底面的投影。左侧立面图是一个三角形。它是左右两个棱面的重叠投影,靠里侧的斜边是侧垂位置的后棱面的投影,底边仍为三棱锥底面的投影。

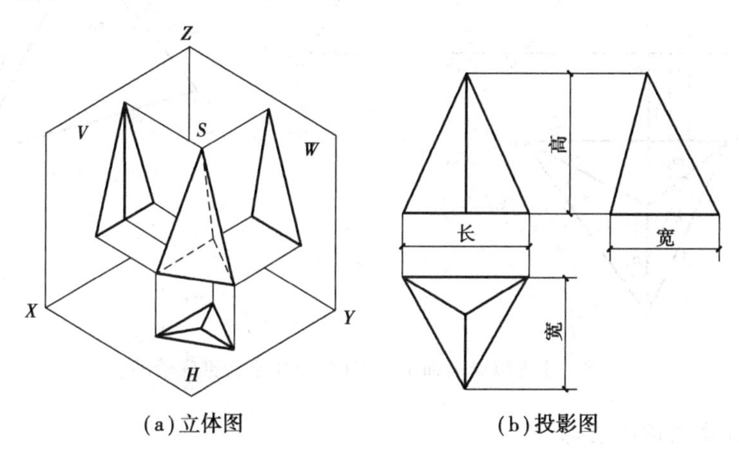

(a)立体图　　(b)投影图

图3.6　正三棱锥的投影

2)棱锥表面上求点

棱锥表面上求点可在锥体表面上过点任意作一条直线作为解题的辅助线。为了作图方便,一般这条辅助线可绘制成过锥顶的直线或过点作平行于锥底的直线。

如图3.7所示为过锥顶作辅助线法求作三棱锥表面上的点。已知三棱锥表面上的点K的

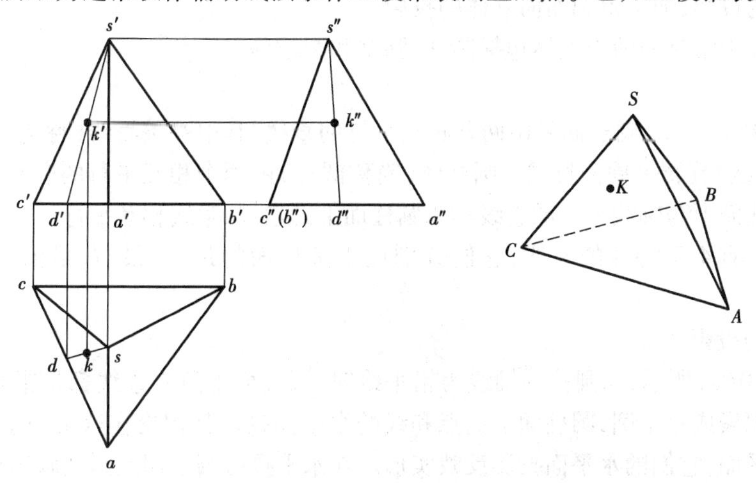

图3.7　正三棱锥表面上求点(过锥顶作辅助线法)

正立面投影 k',求作点 K 的水平面投影点 k 和左侧立面图的投影点 k''。首先在正立面图上过锥顶作辅助线 $s'd'$,接着利用“长对正”的投影规律求出点 d 和点 k,最后利用“高平齐,宽相等”的投影规律求出点 d''和点 k''。

如图3.8 所示为过点作平行锥底辅助线法求作三棱锥表面上的点。已知点 K 的正立面投影点 k',求作水平面投影点 k 和左侧立面投影点 k''。首先在正立面图上作辅助线 $m'n'//a'c'$,接着利用“长对正”的投影规律求作点 m,然后在平面图上作 $mn//ac$ 以求作点 n 和点 k,最后利用“高平齐、宽相等”的投影规律求作左侧立面投影图上的点 m''、点 n''和点 k''。

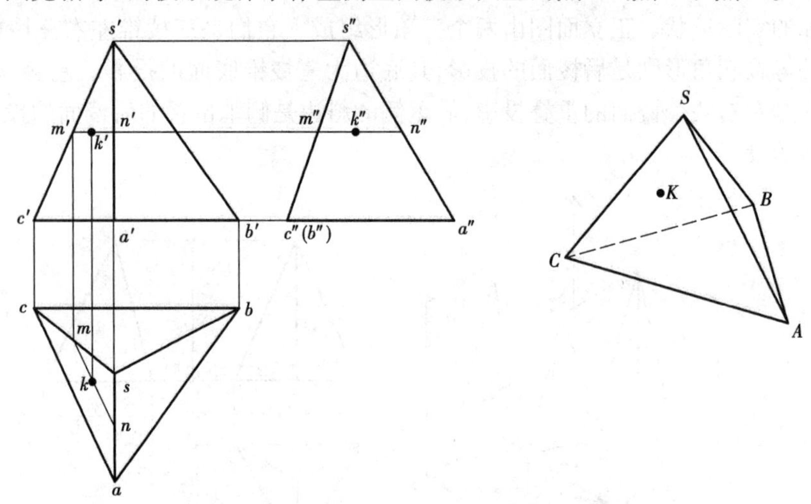

图 3.8　正三棱锥表面上求点(过点作平行锥底辅助线法)

3.1.2　曲面立体的投影

建筑工程中有很多种曲面,从几何形成来分,曲面可分为规则曲面和不规则曲面。建筑工程中常用的曲面一般是规则曲面。

由曲面围成或由曲面和平面围成的立体称为曲面立体,如圆柱体由圆形平面和柱面构成,圆环体由圆环面构成,圆锥体由圆锥面和锥底平面构成。只要作出围成曲面立体表面的所有曲面和平面的投影,便可得到曲面立体的投影。

建筑工程中常见的曲面立体包括圆柱、圆锥和圆球等。

(1)圆柱

如图3.9(a)所示,圆柱面是由两条相互平行的直线,其中一条直线(称为母线)绕另一条直线(称为轴线)旋转一周而形成。圆柱体(简称圆柱)由两个相互平行的底平面(圆)和圆柱面围成。圆柱面上与轴线平行的直线称为圆柱面上的素线,素线相互平行。

圆柱面上有4条特殊的素线,它们分别位于圆柱面的最左、最右、最前和最后处,如图3.9(b)所示。

1)圆柱的投影

如图3.10(a)所示,当圆柱的轴线为铅垂线时,圆柱面上所有素线都是铅垂线,圆柱面的水平面投影积聚成一个圆,圆柱面上的点和线的水平面投影都积聚在这个圆上。圆柱的顶面和底面是水平面,它们的水平面投影反映实形。在水平投影圆上用点画线画出对称中心线,对称中心线的交点是圆柱轴线的水平面投影。

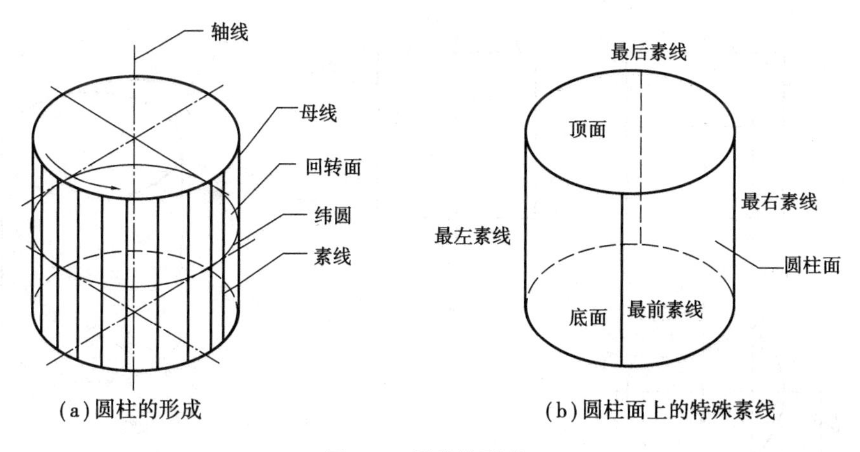

(a)圆柱的形成　　(b)圆柱面上的特殊素线

图3.9　圆柱的形成

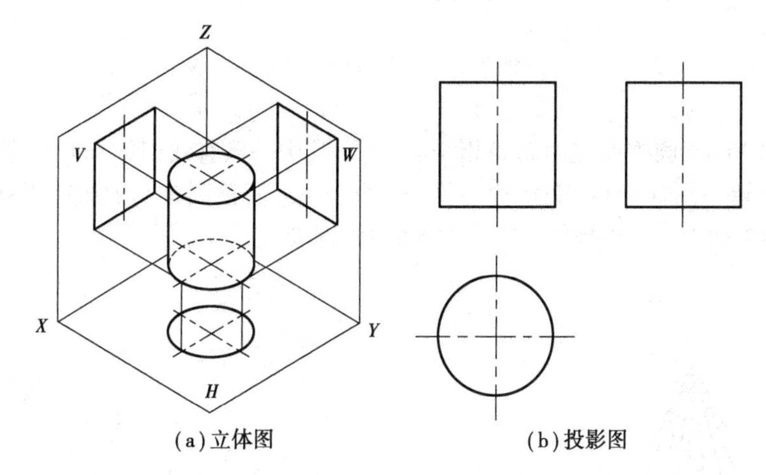

(a)立体图　　(b)投影图

图3.10　圆柱的投影

圆柱的顶面和底面的正立面投影和左侧立面投影都积聚成直线。圆柱的轴线和素线的正立面投影和左侧立面投影仍是铅垂线,用点画线画出轴线的正立面投影和左侧立面投影。

圆柱的正立面图的左右两侧的投影线分别是圆柱面上最左、最右素线的正立面投影。圆柱的左侧立面图的前后两侧的投影线分别是圆柱面上最前、最后素线的左侧立面投影。

2)圆柱表面上求点

圆柱面上点的投影可利用投影的积聚性求出。

如图3.11所示,若已知圆柱面上点A的正立面投影a',求出它的水平面投影a和左侧立面投影a''。

根据已知条件a'可知,由此可知A点在前半个圆柱面上。利用圆柱的水平面投影具有积聚性可直接求出水平面投影点a,接着根据点A的两面投影a和a'即可求出左侧立面投影点a''。

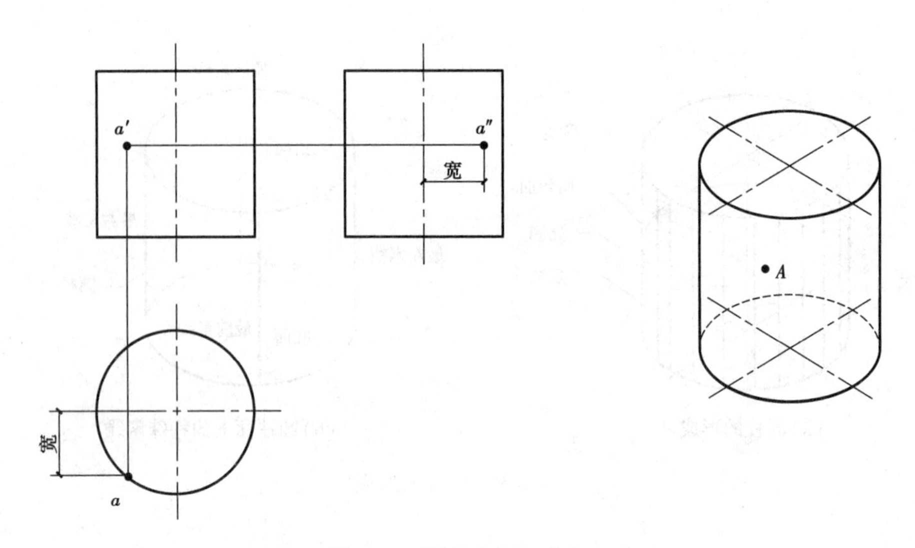

图 3.11　圆柱表面上求点

(2)圆锥

如图 3.12 所示,圆锥面是由两条相交的直线,其中一条直线(简称母线)绕另一条直线(称为轴线)旋转一周而形成,交点称为锥顶。圆锥体(简称圆锥)由圆锥面和一个底平面(圆)围成。圆锥面上交于锥顶的直线称为锥面上的素线。

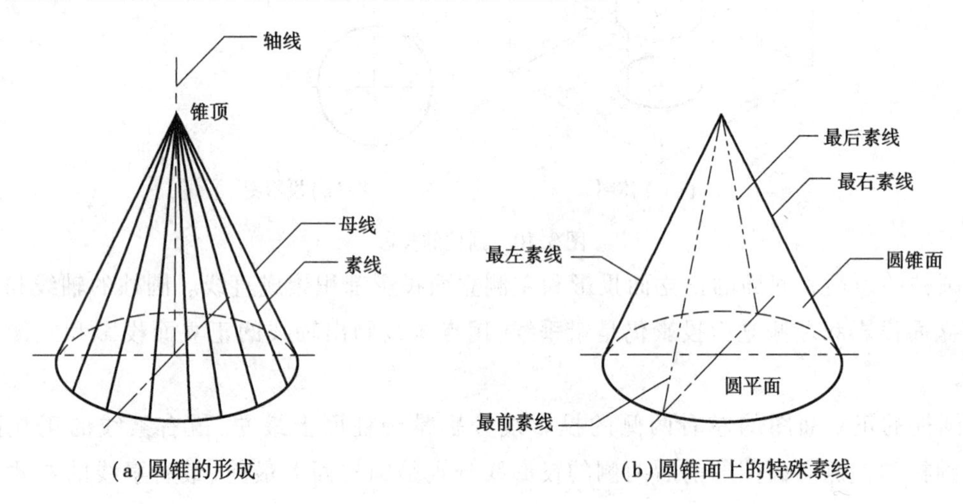

(a)圆锥的形成　　(b)圆锥面上的特殊素线

图 3.12　圆锥的形成

1)圆锥的投影

如图 3.13 所示,圆锥的平面图反映圆锥底面的实形。在平面图中,用点画线画出对称中心线,对称中心线的交点,既是轴线的水平投影,又是锥顶的水平面投影。

与圆柱的投影相似,圆锥正立面图中,等腰三角形的两腰是圆锥面上最左、最右两条素线的投影。它们是圆锥面的正立面投影轮廓线。最左、最右两条素线的左侧立面投影与轴线的左侧立面投影重合,不必画出。

圆锥左侧立面图中,等腰三角形的两腰是圆锥面上最前、最后两条素线的投影。它们是圆锥面的侧立面投影轮廓线。最前、最后两条素线的正立面投影与轴线的左侧立面投影重合,不必画出。

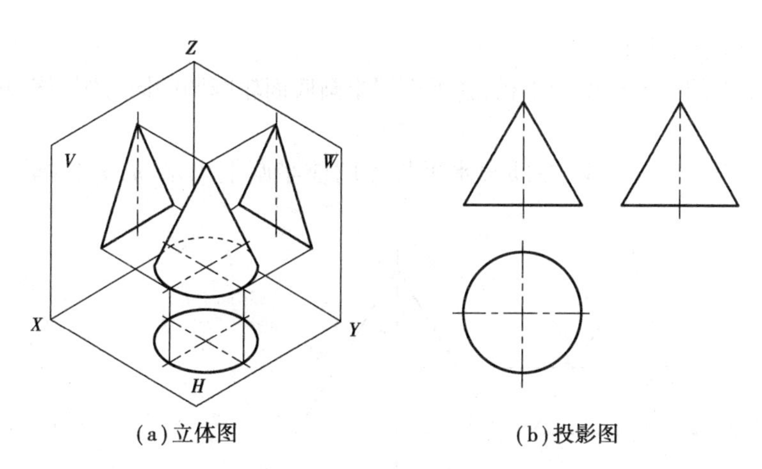

图3.13　圆锥的投影

2)圆锥表面上求点

在圆锥面上求作已知点的其余两面投影,作图方法有素线法和纬圆法。

如图3.14所示为素线法求作圆锥表面上的点。若已知圆锥面上M点的正立面投影m',求作它的水平面投影m和左侧立面投影m''。根据已知条件m'可知,故M点位于前半个圆锥面上,m必在水平投影中前半个圆内,且投影为可见。m''在左侧立面投影中靠三角形外侧,投影也为可见。作图步骤如下:

①连$s'm'$并延长,使与底圆的正面投影相交于a'点。利用“长对正”的投影基本规律求出sa和点m。

②根据点m'和m,应用“宽相等、高平齐”的投影规律求作点m''。

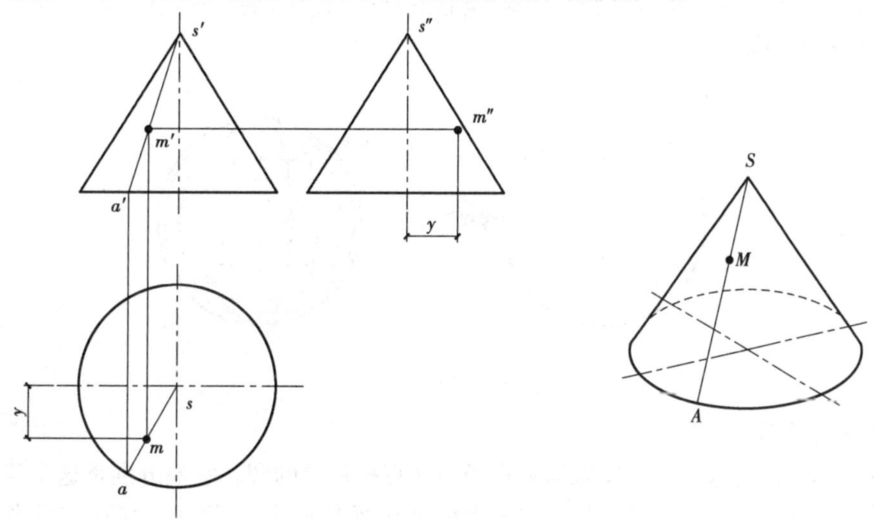

图3.14　圆锥表面上求点(素线法)

如图3.15所示为纬圆法求作圆锥表面上的点。若已知圆锥面上M点的正立面投影m',求作它的水平面投影m和左侧立面投影m''。根据已知条件m'可知,故M点位于前半个圆锥面上,m必在水平投影中前半个圆内,且投影为可见。m''在左侧立面投影中靠三角形外侧,投影也可见。其作图步骤如下:

①作过M点的纬圆。在正立面图中过m'作水平线,与正面投影轮廓线相交(该直线段即

纬圆的正面投影)于点 1′和点 2′。

②取线段 1′2′的一半长度为半径,在平面图中画底面轮廓圆的同心圆(该圆是纬圆的水平面投影)。

③过 m' 向下引投影连线,在纬圆水平投影的前半圆上求出 m,并根据 m' 和 m 即可求出 m''。

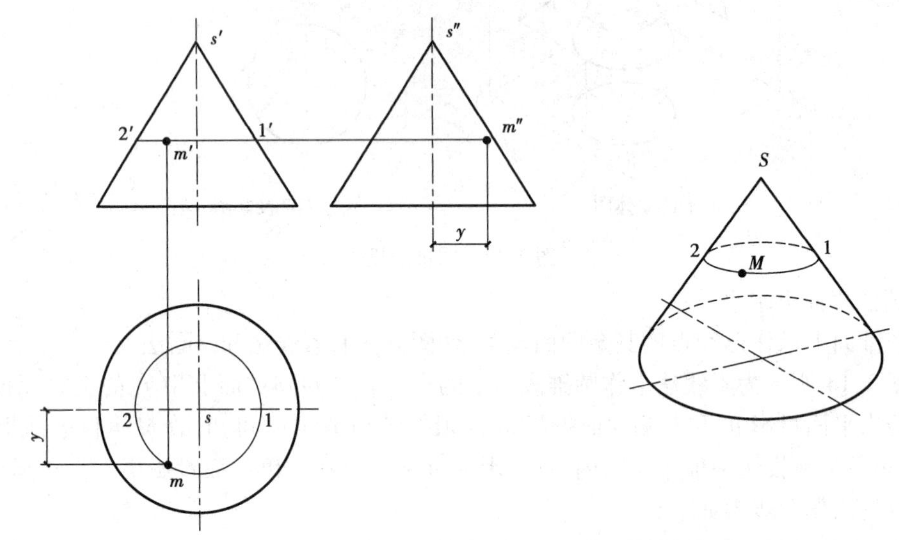

图 3.15　圆锥表面上求点(纬圆法)

(3)圆球

如图 3.16 所示,圆球面是由圆(母线)绕它的直径(轴线)旋转一周而形成。圆球体(简称圆球)由圆球面围成。

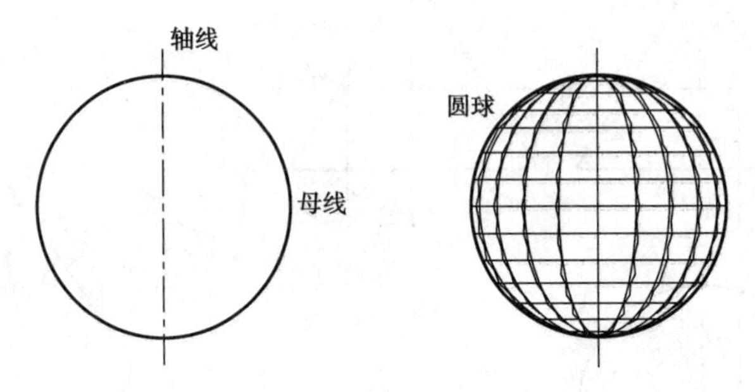

图 3.16　圆球的形成

1)圆球的投影

如图 3.17 所示,球的三面投影都是直径与球直径相等的圆。它们分别是这个球面的 3 个投影的转向轮廓线。正立面投影的转向轮廓线是球面上平行于正面的大圆(前后半球面的分界线)的正立面投影。水平面投影的转向轮廓线是球面上平行于水平面的大圆(上下半球面的分界线)的水平面投影。左侧立面投影的转向轮廓线是球面上平行于左侧面的大圆(左右半球面的分界线)的左侧立面投影。在球的三面投影中,应分别用点画线画出对称中心线,对称中心线的交点是球心的投影。

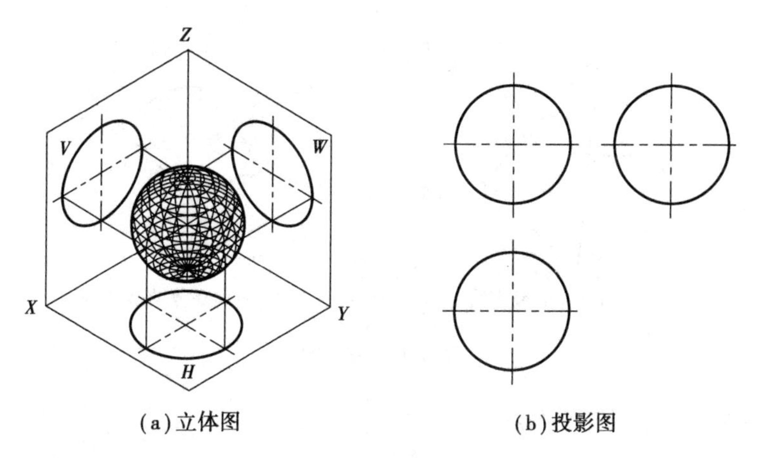

(a)立体图　　(b)投影图

图3.17　圆球的投影

2)圆球表面上求点

圆球表面上求点只有一种方法,即纬圆法。

如图3.18所示,已知圆球面上点A的正立面投影a'。求作它的另两面投影。

根据题意得知,点a'为可见,因此A点位于前半球,而且还在上半球,故其水平面投影应为可见。又因a'还在左半球上,故其左侧立面投影也必为可见。其作图步骤如下:

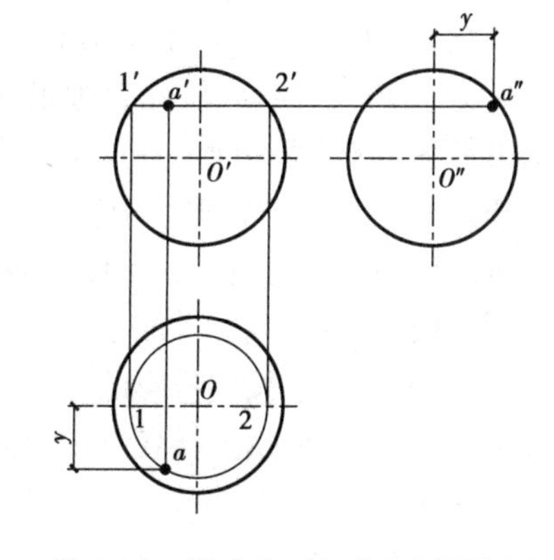

图3.18　圆球表面上求点(纬圆法)

①过a'作水平辅助纬圆,该圆的正立面投影为过a'且垂直于铅垂轴线的水平线,其两端与正面转向轮廓圆交于$1'$,$2'$两点。

②以$1'2'$线段的一半长度为半径,以水平面投影轮廓圆的中心为圆心画圆,此即为辅助纬圆的水平面投影。

③由a'向下引投影连线与辅助圆的前半圆相交得点a,然后再根据a'及a即可按照投影的“三等关系”求作侧立面投影a''。

3.2　截交线

如图3.19所示,在建筑形体表面上,经常见到平面与立体表面相交。这时,可认为是立体被平面截切,此平面通常称为截平面;截平面与立体表面的交线,称为截交线;立体被截切后的断面,称为截断面。

由图3.19可知,截交线既属于截平面,又属于立体表面,因此,截交线上的每个点都是截平面和立体表面的共有点。这些共有点的连线就是截交线。求作截交线的投影就是求截交线上一系列共有点的投影,并按一定顺序连接成线。由于立体具有一定的大小和范围,因此,截交线一般是封闭的平面图形。

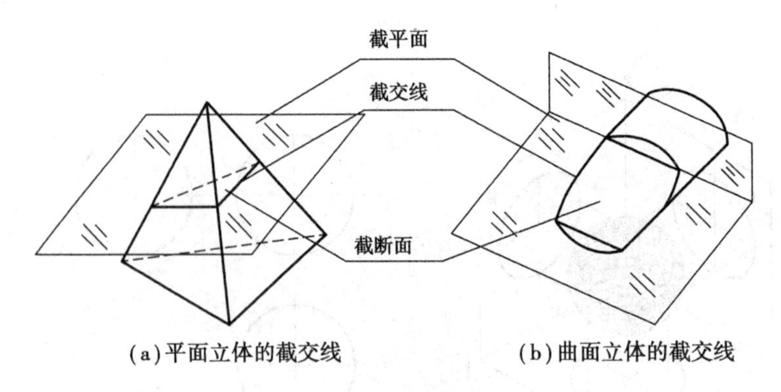

(a)平面立体的截交线　　(b)曲面立体的截交线

图 3.19　截交线

3.2.1　平面立体的截交线画法

如图 3.19(a)所示,平面立体的表面是平面图形,因此,平面立体的截交线为封闭的平面多边形。多边形的各个顶点是截平面与立体的棱线或底边的交点,多边形的各条边是截平面与平面立体表面的交线。

(1)棱柱的截交线画法

求作棱柱的截交线就是求出截平面与棱柱表面的一系列共有点,然后依次连接即可。

如图 3.20(a)所示,已知斜截正四棱柱的两面投影,完成其左侧立面图。通过分析已知的两面投影图可知,截平面为一正垂面,截交线是一个五边形,五边形上的 5 个顶点是截平面与棱柱棱线及上表面的交线,如图 3.20(b)所示。

截交线的正立面投影积聚成一条。根据投影的类似性原理,截交线的水平面投影是一个五边形。同理,截交线的左侧立面投影为与其类似的五边形。根据截交线各顶点的正立面投影及水平面投影,并按照投影的"长对正、高平齐、宽相等"的投影规律,即可求得截交线顶点的左侧立面投影,依次连接各点即可绘制出截交线的左侧立面图,如图 3.20(c)所示。

因为棱柱的左、上部被切去,所以截交线的左侧立面投影可见。四棱柱右棱线的上半部分在左侧立面投影不可见,故画成虚线,如图 3.20(c)所示。

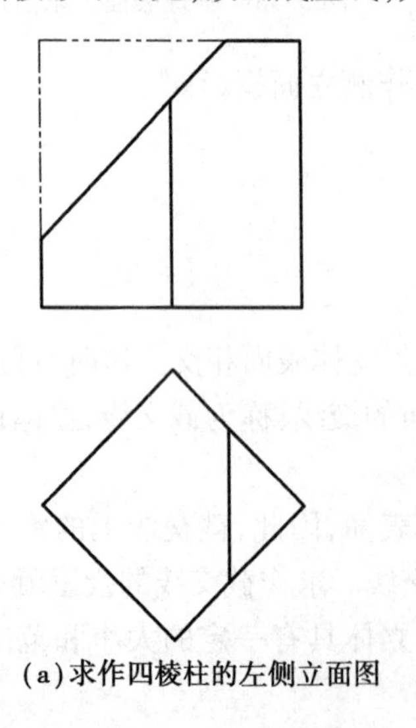

(a)求作四棱柱的左侧立面图

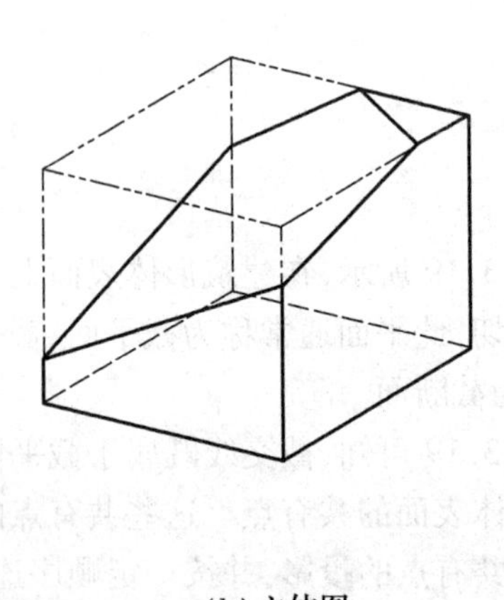

(b)立体图

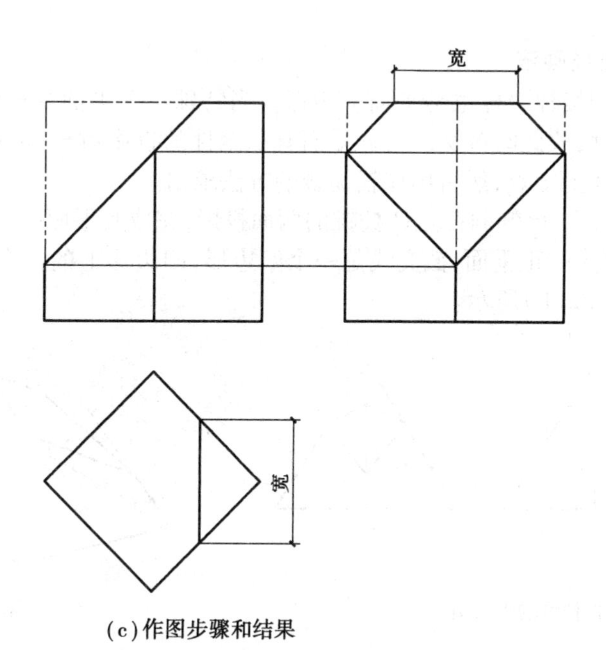

(c)作图步骤和结果

图3.20 棱柱的截交线画法

如图3.21(a)—(d)所示为棱柱的截交线画法范例。

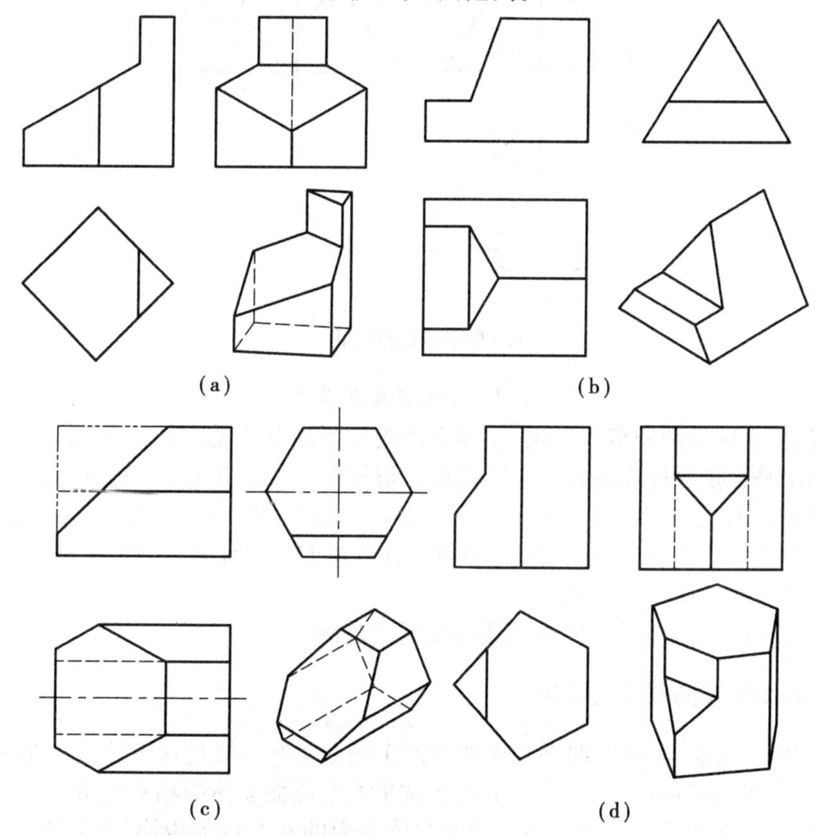

图3.21 棱柱的截交线画法范例

(2)棱锥的截交线画法

棱锥的截交线同棱柱一样也是平面多边形。当特殊位置平面与棱锥相交时,因棱锥的3个投影都没有积聚性,故此时截交线与截平面有积聚性的投影重合,可直接得出,其余两个投影则需先在棱锥表面上定点,然后用作辅助线的方法求出。

如图3.22(a)所示,已知斜截正四棱锥的两面投影,完成其平面图。通过分析已知的两面投影图可知,截平面为一正垂面,截交线是一个四边形,四边形上的4个顶点是截平面与棱锥棱线的交线,如图3.22(b)所示。

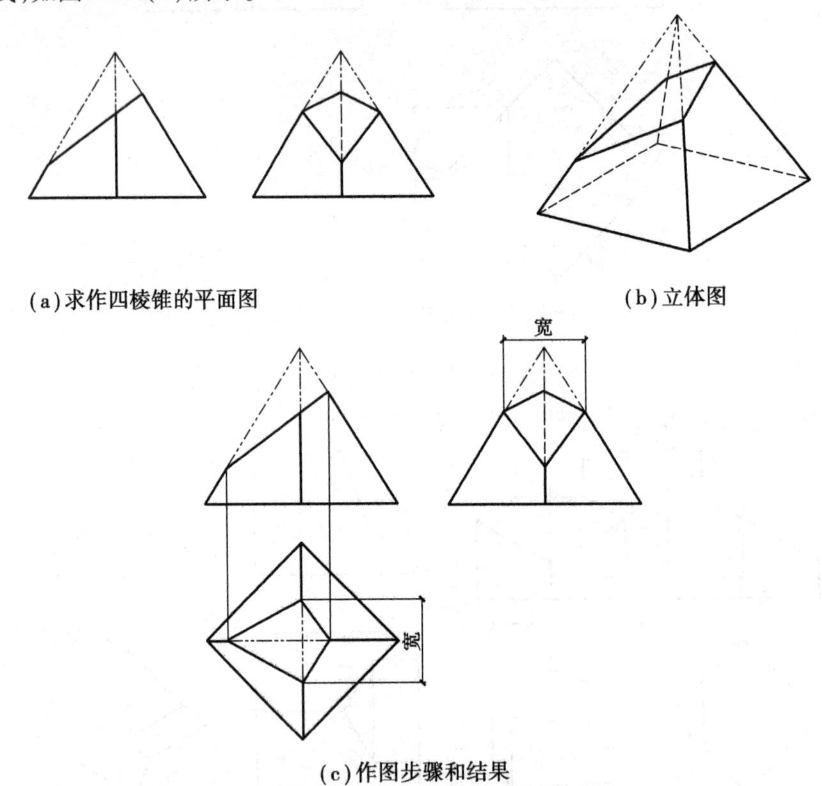

(a)求作四棱锥的平面图　　(b)立体图

(c)作图步骤和结果

图3.22　棱锥的截交线画法

截交线的正立面投影积聚成一条,左侧立面投影反映其类似形状。根据投影的类似性原理,截交线的水平面投影也应该是一个四边形。根据截交线各顶点的正立面投影及左侧立面投影,并按照投影的"长对正、高平齐、宽相等"的投影规律,即可求得截交线顶点的水平面投影,依次连接各点即可绘制出截交线的平面图,如图3.22(c)所示。因为棱锥的左、上部被切去,所以截交线的水平面投影可见。

如图3.23(a)—(d)所示为棱锥的截交线画法范例。

3.2.2　曲面立体的截交线画法

如图3.19(b)所示,平面与曲面立体相交产生的截交线一般是封闭的平面曲线,也可能是由曲线与直线围成的平面图形,其形状取决于截平面与曲面立体的相对位置。

曲面立体的截交线就是求截平面与曲面立体表面的共有点的投影,然后把各点的投影依次光滑连接起来。当截平面或曲面立体的表面垂直于某一投影面时,则截交线在该投影面上的投影具有积聚性,可直接利用面上取点的方法作图。

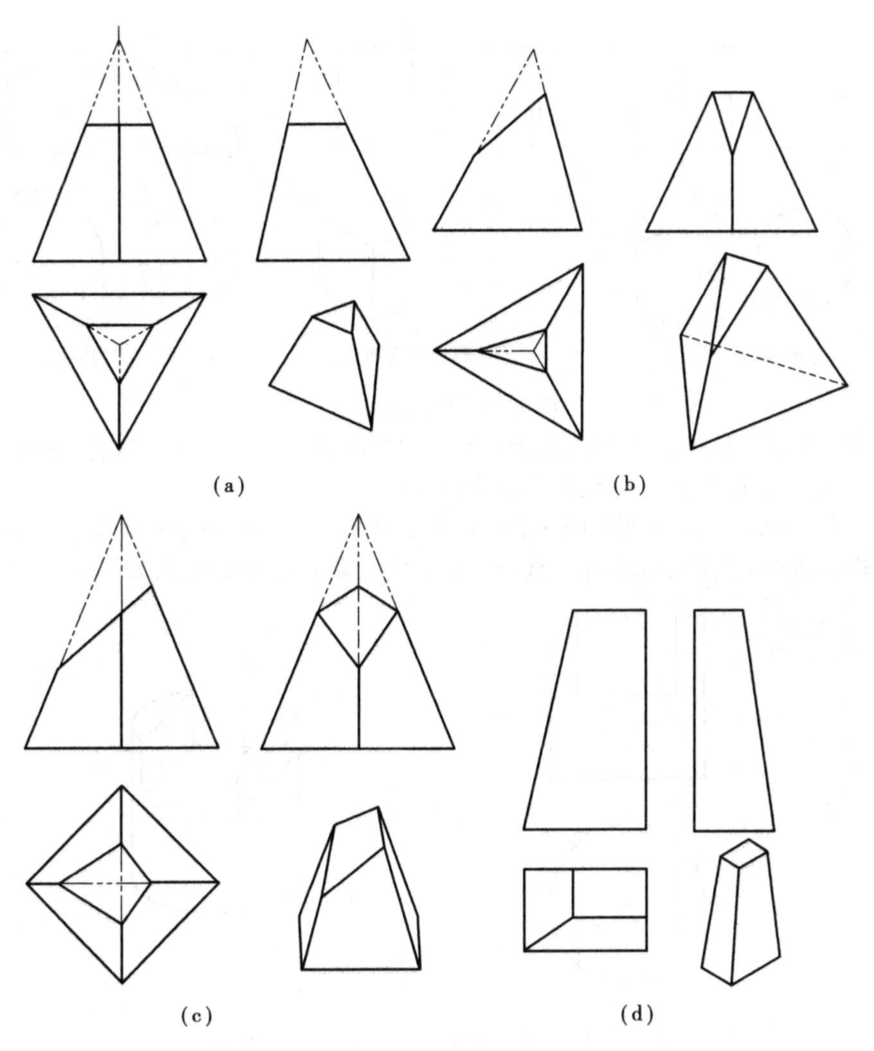

图 3.23　棱锥的截交线画法范例

(1)圆柱的截交线画法

如图 3.24 所示,平面截切圆柱时,根据截平面与圆柱轴线的相对位置不同,其截交线有 3 种不同的形状。

如图 3.24(a)所示,当截平面垂直于圆柱轴线时,截交线为圆,其水平面投影与圆柱面的水平面投影重合,正立面投影和左侧立面投影分别积聚成直线段。

如图 3.24(b)所示,当截平面平行于圆柱轴线时,截平面与圆柱面的交线为平行于圆柱轴线的两条平行线,与圆柱的截交线为矩形。由于截平面平行于正立投影面,因此,截交线的正立面投影反映实形,水平面投影和左侧立面投影分别积聚成直线段。

如图 3.24(c)所示,当截平面倾斜于圆柱轴线时,截交线为椭圆,其正立面投影积聚为直线段,水平投影面与圆柱面的水平面投影重合,左侧立面投影仍为椭圆。

如图 3.25(a)所示,补画开槽圆柱的左侧立面图。

如图 3.25(b)所示,圆柱的开槽部分是由两个平行于轴线的侧平面和一个垂直于轴线的水平面截切而成的。侧平面与圆柱的截交线是直线,其截平面都是矩形。水平面与圆柱面的截交线分别是槽底平面的前后两段圆弧。

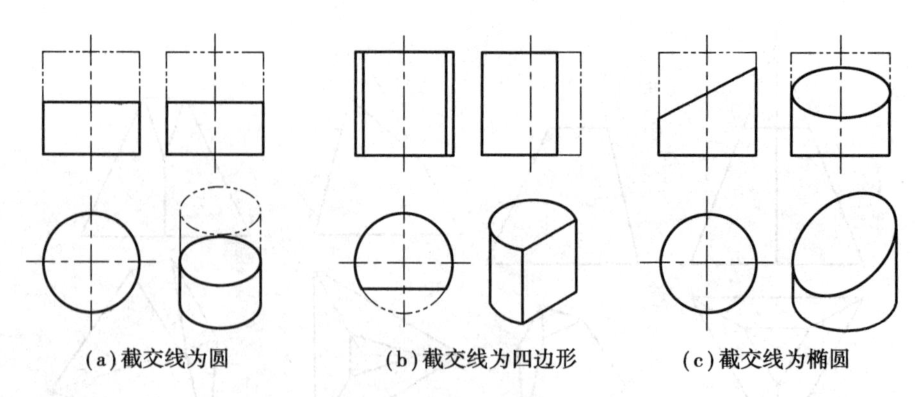

图 3.24　圆柱的截交线

因为矩形截断面是侧平面,其正立面投影有积聚性,投影为直线段。圆柱开槽的底面是一个水平面,其正立面投影有积聚性,投影也为直线段。

根据以上分析结果,先按照如图 3.25(c)所示画出完整圆柱的左侧立面图。接着根据槽的正立面投影和水平面投影求作截交线的左侧立面投影即可完成作图,如图 3.25(d)所示。

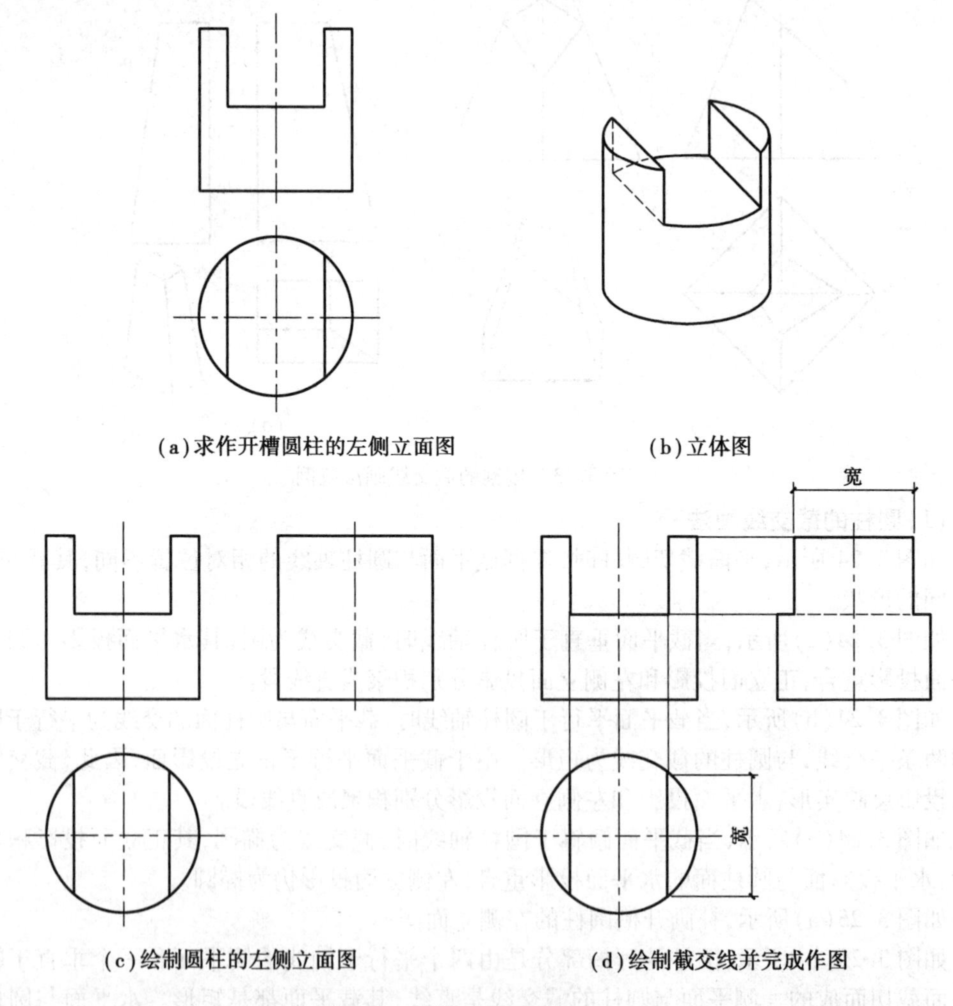

图 3.25　圆柱的截交线画法

如图3.26(a)—(d)所示为圆柱的截交线画法范例。

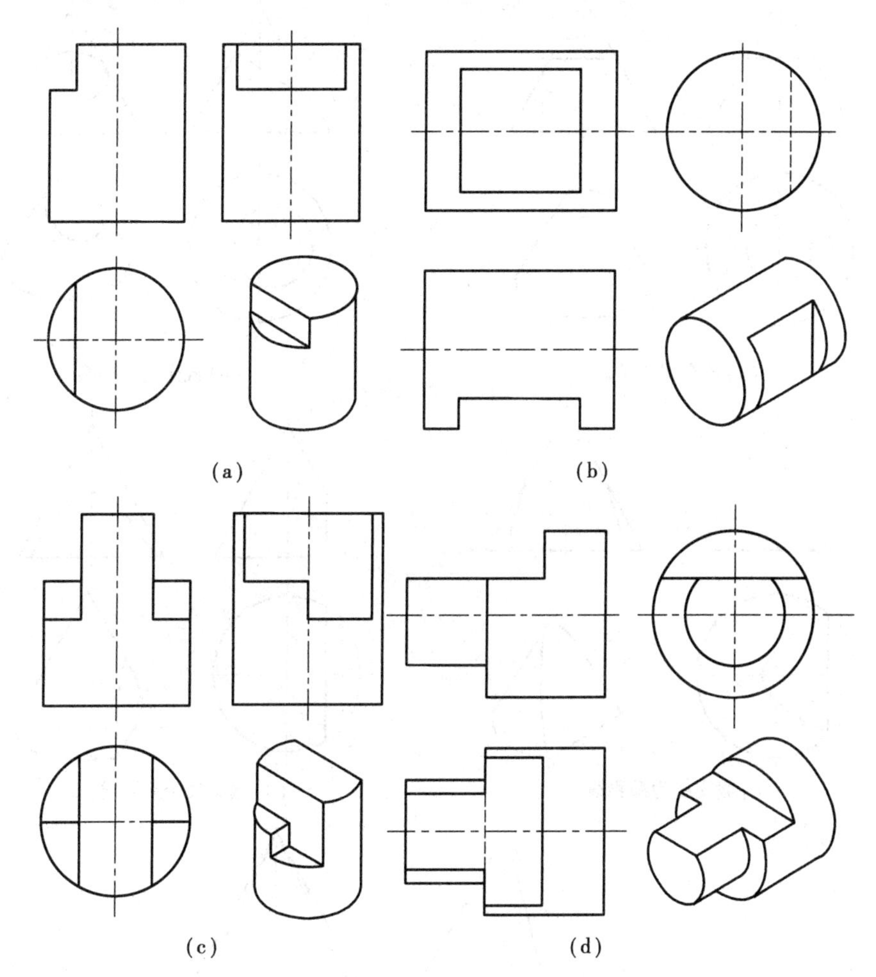

图3.26　圆柱的截交线画法范例

(2)圆锥的截交线画法

圆锥被平面截切后产生的截交线,因截平面与圆锥轴线的相对位置不同而有5种不同的形状。当截平面垂直于圆锥轴线时,截交线是一个圆,如图3.27(a)所示。当截平面与圆锥轴线斜交时,截交线是一个椭圆,如图3.27(b)所示。当截平面与圆锥轴线斜交,且平行一条素线时,截交线是一条抛物线,如图3.27(c)所示。当截平面与圆锥轴线平行时,截交线为双曲线,如图3.27(d)所示。当截平面过锥顶时,截交线是等腰三角形,如图3.27(e)所示。

如图3.28(a)所示,求作被正平面截切的圆锥的平面图。

如图3.28(b)—(c)所示,由于截平面与圆锥面的轴线垂直,截交线是圆弧和直线,因此,其正立面投影和左侧立面投影具有积聚性,投影为直线段。如图3.28(d)所示,截交线与水平面平行,因此,其水平面投影反映实形,为两个大小不等的圆弧面。

根据以上分析结果,先按照如图3.28(c)所示画出完整圆锥的平面图。接着根据截交线的正立面投影和左侧立面投影求作截交线的水平面投影即可完成作图,如图3.28(d)所示。

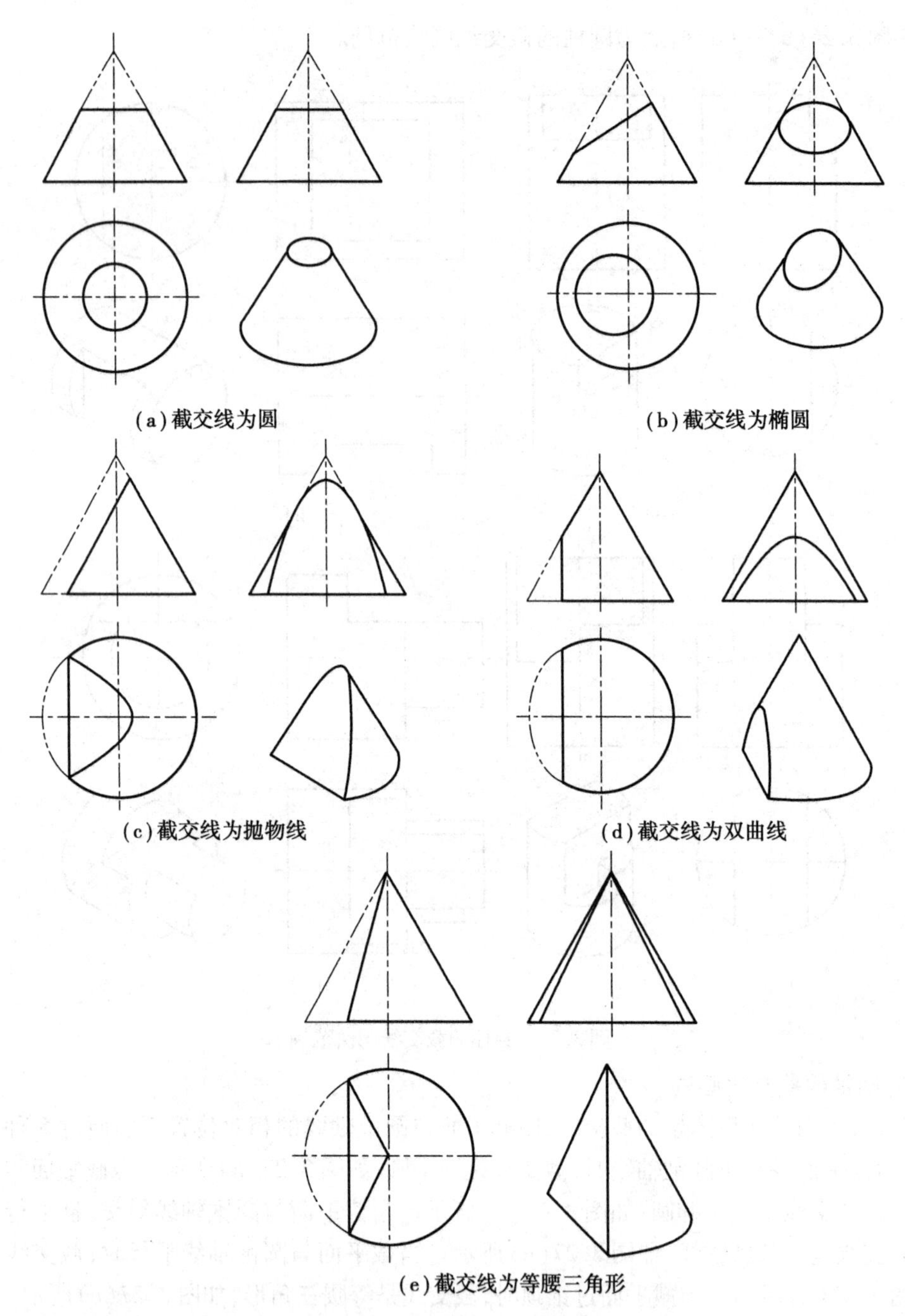

图 3.27　圆锥的截交线

(3)圆球的截交线画法

如图 3.29 所示,截平面与圆球相交,不论截平面与圆球的相对位置如何,其截交线在空间都是一个圆。当截平面平行于投影面时,截交线在该投影面上的投影为圆的实形。当截平面垂直于投影面时,截交线在该投影面上的投影积聚为直线。当截平面倾斜于投影面时,截交线在该面上的投影为椭圆。

如图 3.30(a)所示,求作圆球截切后的平面图。

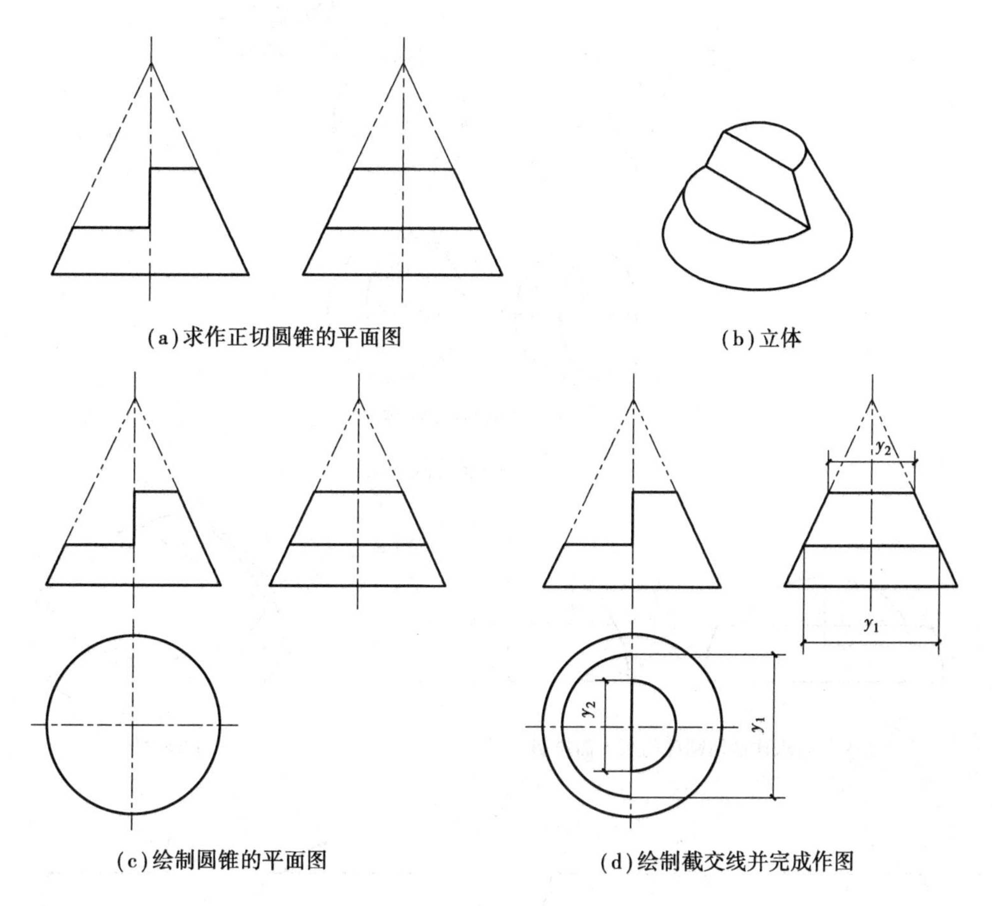

(a)求作正切圆锥的平面图 (b)立体

(c)绘制圆锥的平面图 (d)绘制截交线并完成作图

图3.28 圆锥的截交线画法

如图3.30(b)所示,圆球被侧垂面和水平面截切,其截平面分别是水平圆弧面和垂直圆弧面,它们的水平投影分别是圆和直线段。

根据以上分析结果,先按照如图3.30(c)所示画出完整圆球的平面图。接着根据截交线的正立面投影和左侧立面投影求作截交线的水平面投影即可完成作图,如图3.28(d)所示。

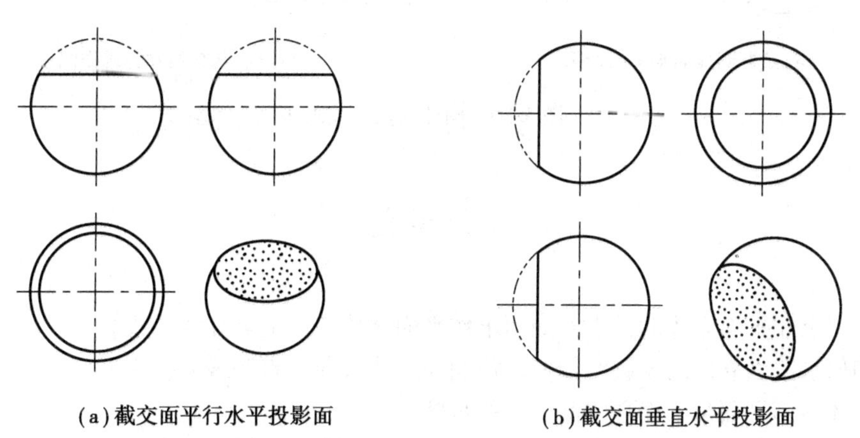

(a)截交面平行水平投影面 (b)截交面垂直水平投影面

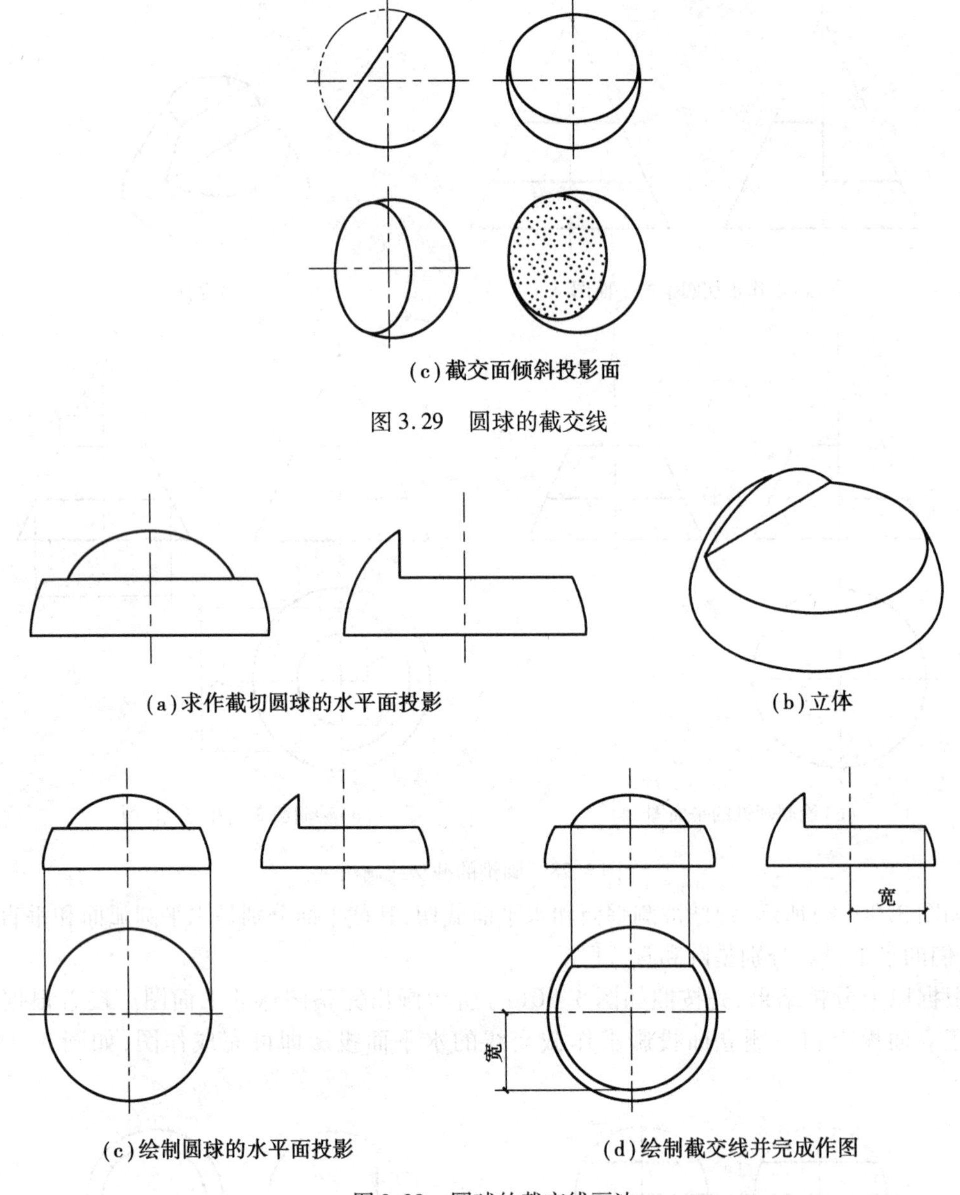

(c)截交面倾斜投影面

图 3.29　圆球的截交线

(a)求作截切圆球的水平面投影

(b)立体

(c)绘制圆球的水平面投影

(d)绘制截交线并完成作图

图 3.30　圆球的截交线画法

思考题

1. 如何求作平面立体的投影？如何求作平面立体表面上点和线的投影？

2. 如何求曲面立体的投影？如何求作曲面立体表面上点和线的投影？

3. 简述绘制平面与平面立体截交线的步骤。

4. 简述求作曲面立体截交线的步骤。平面与圆柱面的交线有哪 3 种情况？为什么用表面取点、取线的方法就能简捷地作出轴线垂直于投影面的圆柱的截交线？

5. 平面与圆锥面的交线有哪5种情况？圆锥面的3个投影都没有积聚性，可用哪两种方法在圆锥面上取点来求作截交线？

6. 平面与球面的截交线是什么？分别叙述当截平面平行、垂直和倾斜于投影面时，平面与球面的交线的投影情况。

第 4 章 组合体的投影

4.1 组合体的组合形式

任何复杂的物体都是由一些简单的平面立体和曲面立体组成的。将由两个或两个以上的简单立体组合而形成的物体,称为组合体。组合体的组成方式主要分为3种:叠加型、切割型和综合型。

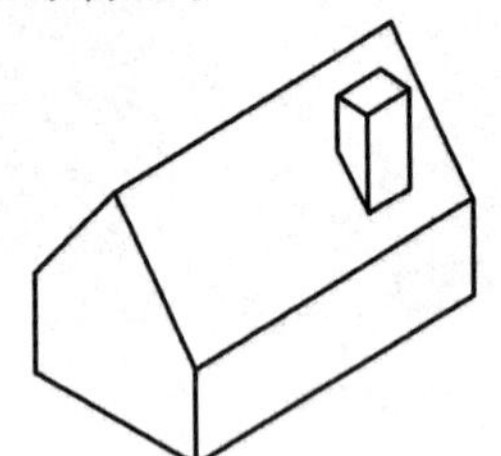

图4.1 叠加型组合体

4.1.1 叠加型组合体

叠加型组合体是由若干个基本形体相互堆积、叠加而成的组合体,如图4.1所示。

4.1.2 切割型组合体

切割型组合体是从较大基本形体中挖切出若干个较小形体而形成的组合体,如图4.2所示。

4.1.3 综合型组合体

综合型组合体是既有叠加又有切割的组合体,如图4.3所示。

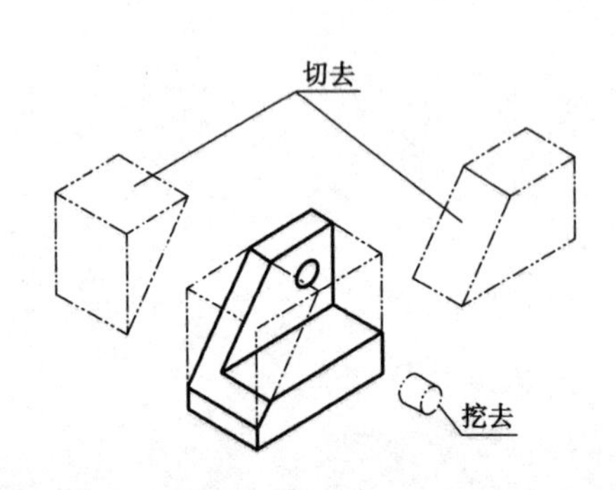

图4.2 切割型组合体

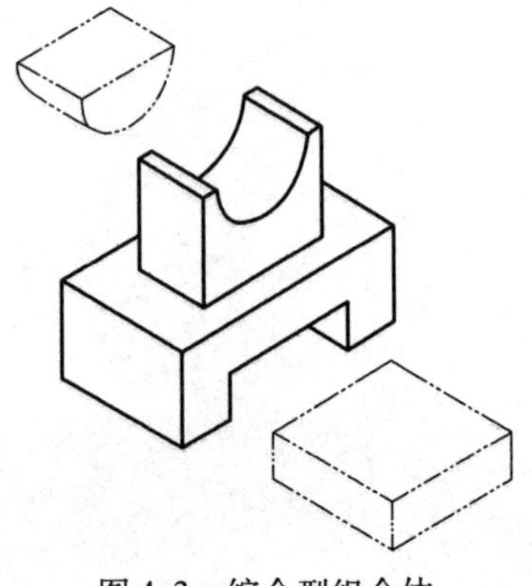

图4.3 综合型组合体

4.2　组合体中面与面之间的连接关系

组合体中相邻两基本形体面与面之间的连接关系可分为平齐、相交和相切3种。

4.2.1　平齐与不平齐关系

两形体的表面连接时,如果互相平齐连成一个平面,则连接处无分界线,如图4.4所示。当两表面不平齐时,它们之间应该有线隔开,如图4.5所示。

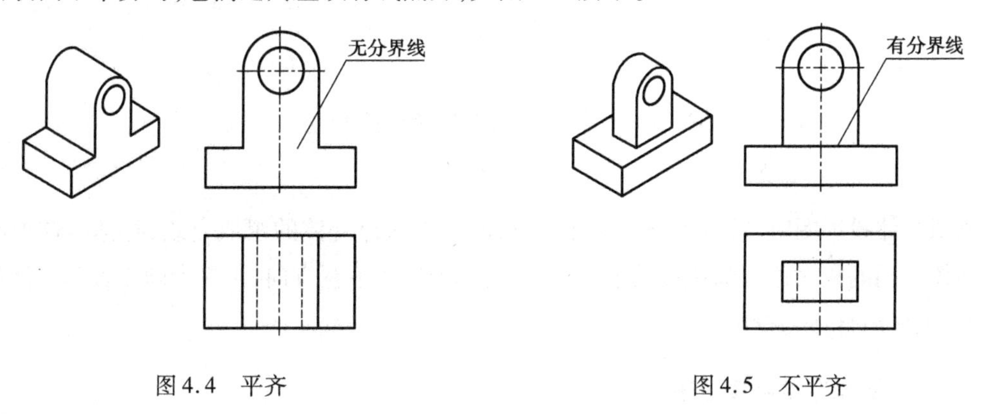

图4.4　平齐　　　　图4.5　不平齐

4.2.2　相切关系

两形体的表面相切时,其相切处是圆滑过渡,无分界线,在视图上相切处一般不画分界线,如图4.6所示。

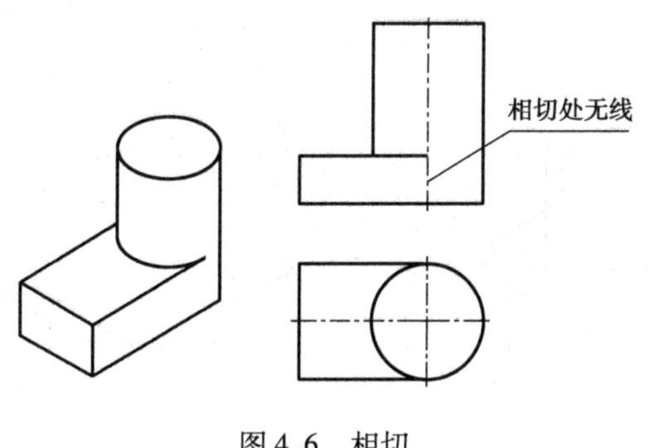

图4.6　相切

4.2.3　相交关系

两形体表面相交时,在相交处必然会产生各种性质的交线,在视图上应画出交线的投影。交线分为截交线和相贯线两种,截交线是平面与立体相交产生的交线,如图4.7所示;相贯线是立体与立体相交产生的交线,如图4.8所示。

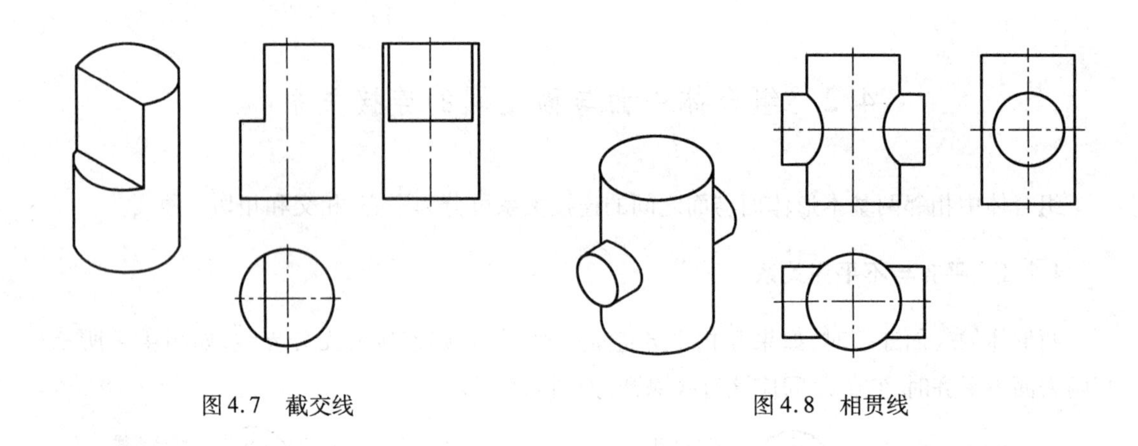

图 4.7　截交线　　　　图 4.8　相贯线

4.3　组合体投影图的画法

画组合体投影图时，首先要进行形体分析，即分析该组合体的组成方式、各基本体形状以及基本体之间的相对位置和连接关系，然后再选择合适的主视方向，再逐个画出各基本体的投影，最后组成组合体的投影图。

4.3.1　叠加型组合体画法

(1) 进行形体分析

由图 4.9 可知，挡土墙是由底板、直墙和支承板 3 个部分组成。其中，底板、直墙属于共面叠加，前后端面分别平齐，没有交线；底板和支承板属于不共面叠加，前后端面不平齐，应有交线。直墙和支承板在上端面共面，因此也没有交线。

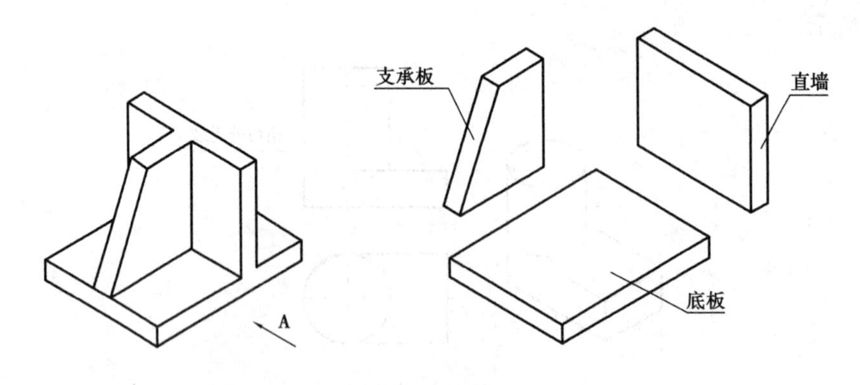

图 4.9　挡土墙的形体分析

(2) 选择正立面图的投影方向

画图时，首先要确定正立面图的投影方向。将挡土墙按自然位置摆正后，其正立面图按最能反映出组合体的结构特征和形状特征的原则选择。

(3) 绘图步骤

叠加型组合体的画图步骤如图 4.10 所示。

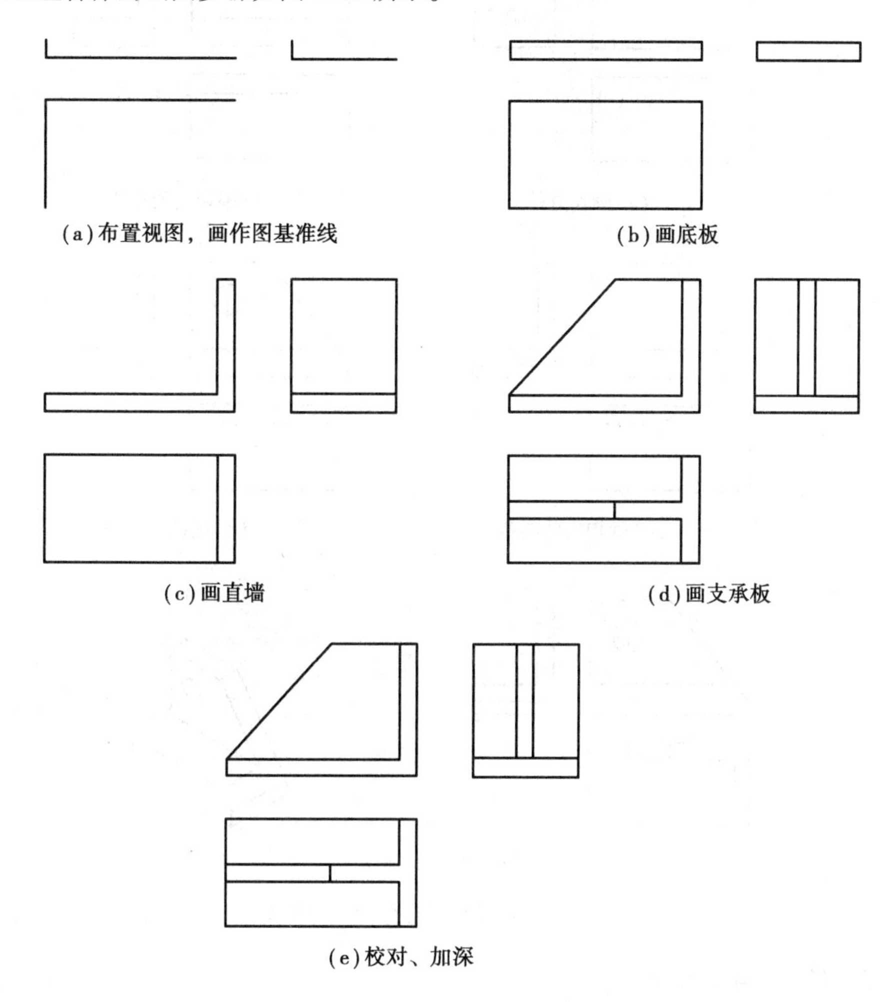

(a) 布置视图，画作图基准线　(b) 画底板

(c) 画直墙　(d) 画支承板

(e) 校对、加深

图 4.10　叠加型组合体的画图步骤

画图时,应注意以下两点:

①画叠加型组合体时,按照形体分析的结果逐个画出各组成部分。

②画每一基本体时,先从反映其形状特征的投影图开始,再按投影规律画出其他投影图。

4.3.2　切割型组合体画法

在进行形体分析和选择正立面图的投影方向后,画切割型组合体的投影图,一般按照"先整体后切割"的原则:先画出完整基本体的投影图,再依次画出被切割部分的投影图。作图时,应注意线型的变化,并从具有积聚性或反映形状特征最明显的投影图画起。如图 4.11 所示为切割型组合体的绘图步骤。

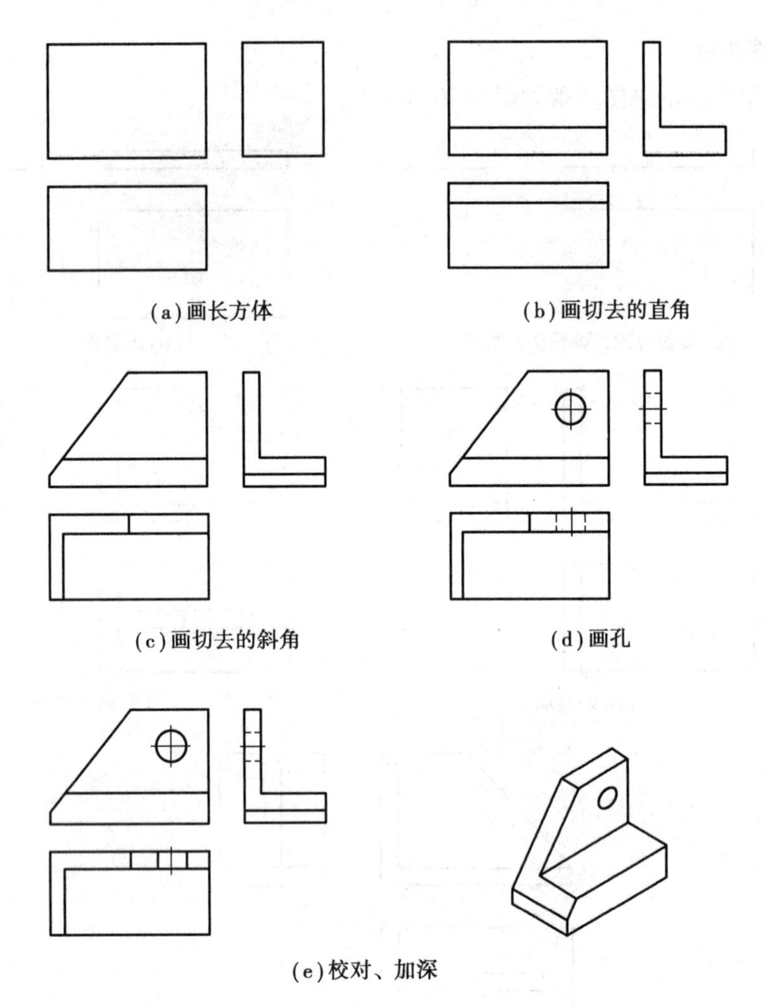

图4.11　切割型组合体的画图步骤

4.3.3　综合型组合体画法

对既有叠加又有切割的综合型组合体,同样需要进行形体分析和选择正立面图的投影方向,然后遵循先实(实形体)后虚(挖空部分)、先大(大形体)后小(小形体)、先轮廓后细节、3个视图联系起来画的绘图原则逐个画出各结构单元的投影图。

4.4　组合体投影图的读图方法

4.4.1　组合体读图的基本方法

画图是将空间的物体用正投影的方法表达在平面上,是把三维空间物体"压平"至二维平面图的过程;而读图则是画图的逆过程,需根据平面图形想象出空间物体的结构形状,是把二维平面图"拉伸"成三维空间物体的过程。因此,读图的过程就是拉伸平面图框的过程,如图4.12所示。

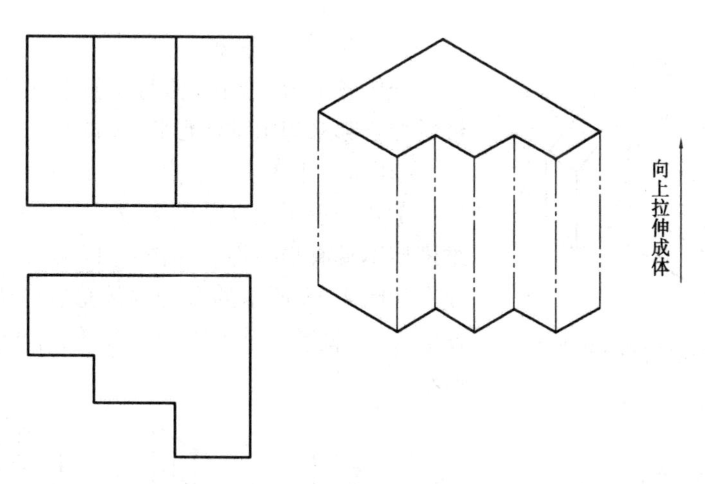

图4.12　读图的过程

对简单立体,图框容易找到,而对复杂立体,要区分图框就要运用读图的基本方法——形体分析法。首先在投影图上划分出封闭线框,即按线框将组合体划分成若干基本形体,然后运用投影规律,找出对应投影,想出各部分的形状,最后根据相对位置和连接形式综合想象出组合体的整体形状。

4.4.2　组合体综合读图

例4.1　读如图4.13所示台阶的投影图,想出该组合体的形状。

1)分线框、划形体

从图4.13的3个投影可以看出,此组合体是由3个部分叠加组成的,如图4.14所示。

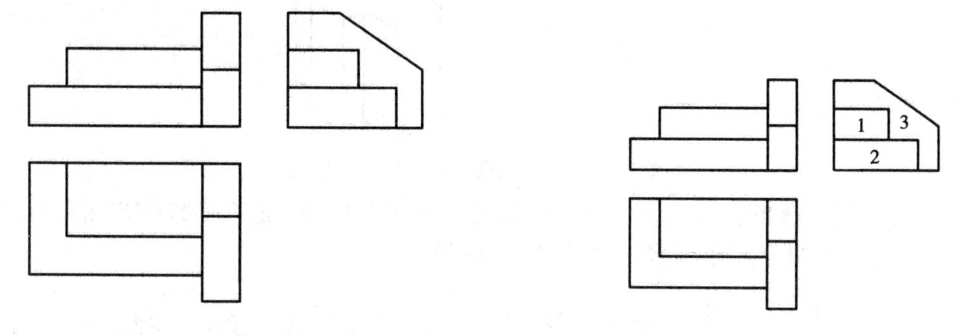

图4.13　台阶投影图　　图4.14　投影图的线框划分

2)对投影、想形状

根据所分线框,按投影关系,找出各形体的三向投影图,分块拉伸成体,如图4.15所示。

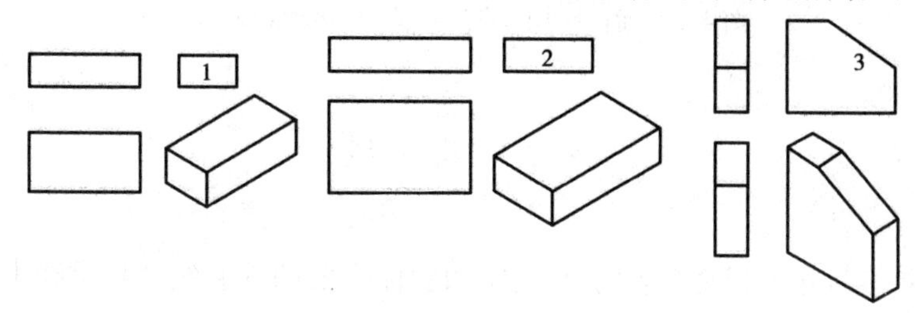

图4.15　各部分拉伸成体

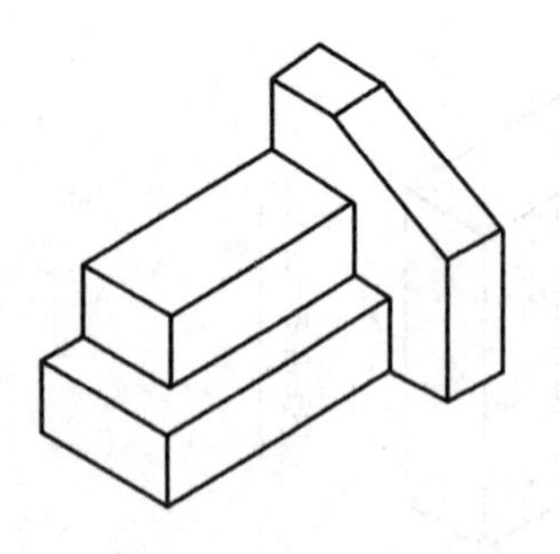

图 4.16　台阶的整体形状

3）定位置、想整体

分析各部分之间的相对位置和表面间的连接关系，最后综合起来想出整体形状，如图 4.16 所示。

读图时，注意以下 3 点：

①几个投影图联系起来读。一个投影图所构建的三维模型不具有唯一性。如图 4.17 所示的正立面图，可构建出如图 4.18 所示的多种立体形状。因此，读图应运用投影规律，联系几个投影图一起读，才能正确想出其立体形状。

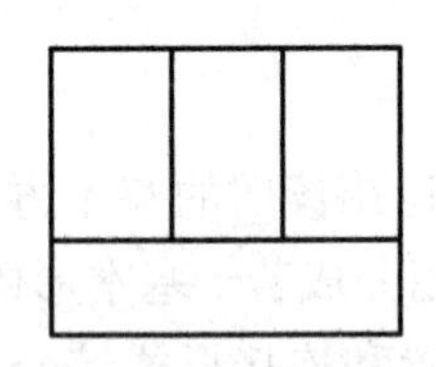

图 4.17　正立面图

图 4.18　由正立面图想象多种立体形状

②读图时，要从反映组合体特征最明显的投影图开始，如图 4.19 所示。

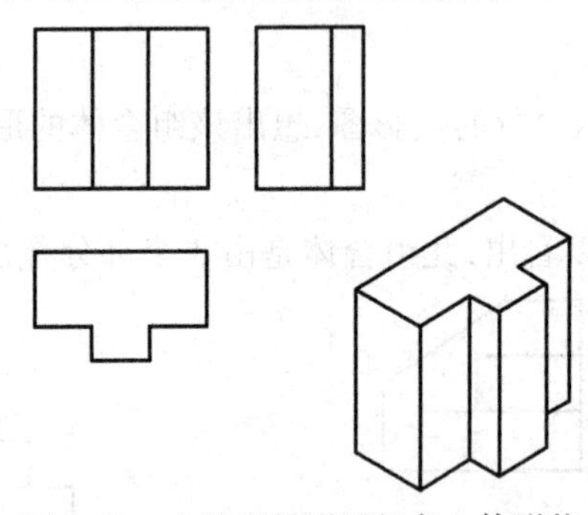

图 4.19　由特征投影图想象立体形状

③注意构建立体的拉伸方式。拉伸时的想象不能仅限于“正方形拉伸出来的就是正方体”。由正方形可“拉伸”出很多立体，如图 4.20 所示。

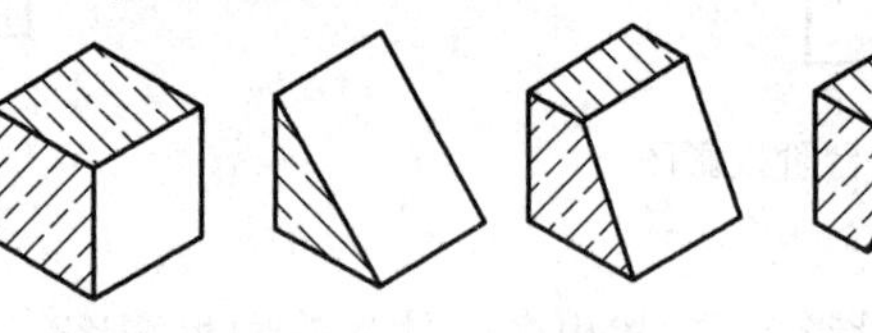

图 4.20　由一个正方形“拉伸”出多种立体形状

4.5　相贯线

相贯线是立体与立体相交产生的交线，是两立体表面的共有线。相贯线上的点是两立体表面的共有点。

立体与立体相交,根据立体的几何性质不同,可分为 3 种：平面立体与平面立体相交,平面立体与曲面立体相交,曲面立体与曲面立体相交,如图 4.21 所示。

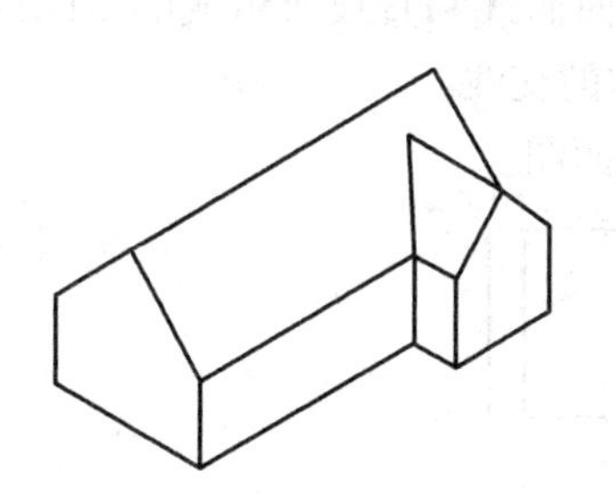
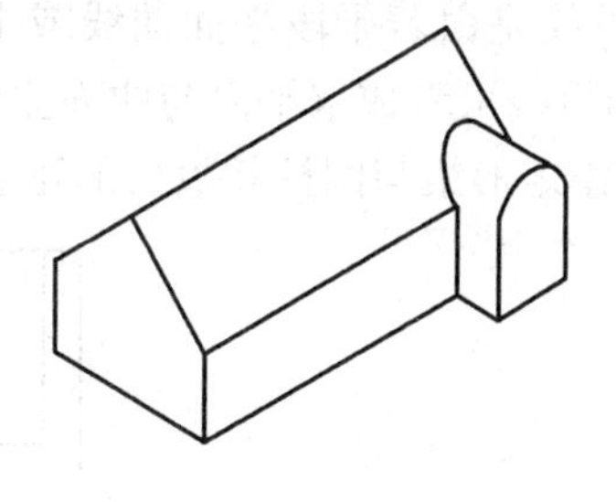
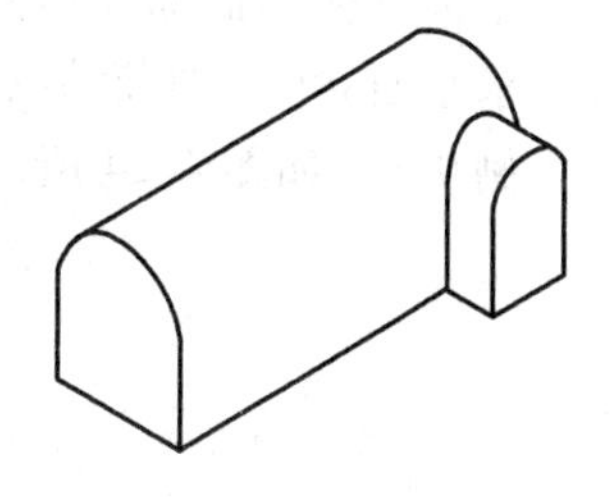

图 4.21　立体与立体相交

4.5.1　平面立体与平面立体的相贯线

平面立体与平面立体的相贯线可看成求平面与平面立体的交线,一般是封闭的多边形。多边形的顶点是一个立体的侧平面与另一平面立体的棱线的交点。

由于常见的情况下,立体的侧平面为特殊位置平面,投影具有积聚性。因此,侧平面与棱线的交点可利用侧平面的有积聚性的投影定位求出。

例 4.2　如图 4.22 所示,求作房屋模型的平面图。

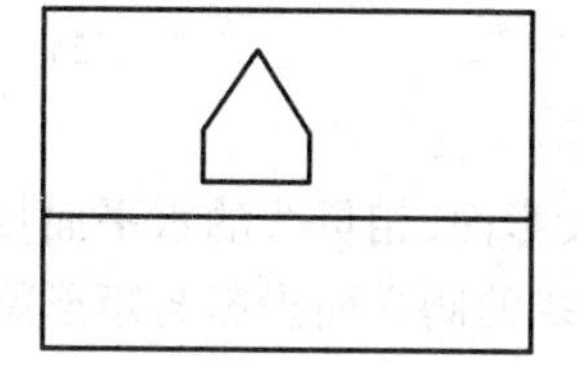
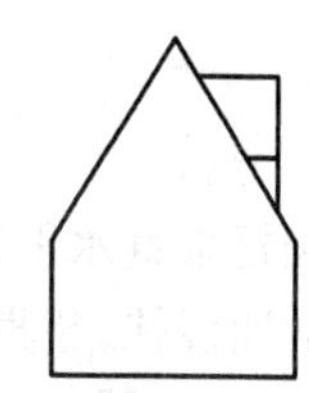

图 4.22　求作房屋模型的平面图

1)分析

气窗是棱线垂直正面的五棱柱,相贯线的正面投影与气窗的正面投影重合;坡屋面是棱线垂直侧面的五棱柱,相贯线的侧面投影与坡屋面的侧面投影重合。只需求出坡屋面、气窗及相贯线的平面图。

2)作图过程

作图过程如图 4.23 所示。

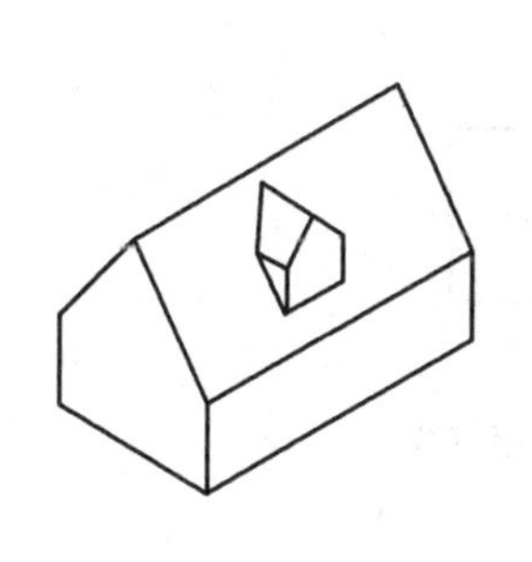
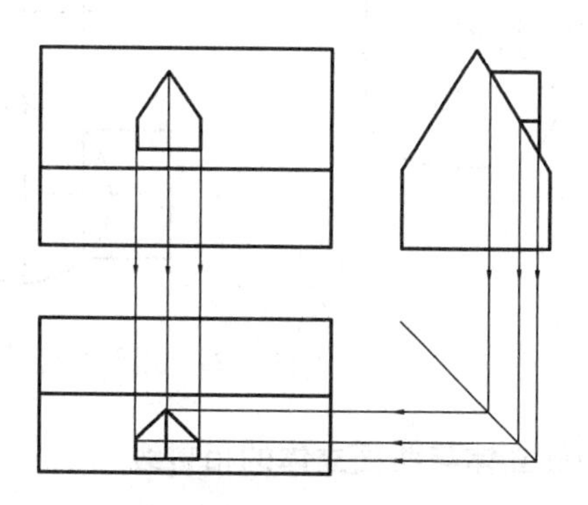

图 4.23　坡屋面与气窗的相贯线

4.5.2 平面立体与曲面立体的相贯线

平面立体与曲面立体的相贯线是由若干段平面曲线或平面曲线和直线所组成的空间曲线。求平面立体与曲面立体的相贯线可看成求平面与曲面立体的交线。

例 4.3 如图 4.24 所示，求作矩形梁与圆柱相贯后的正立面图。

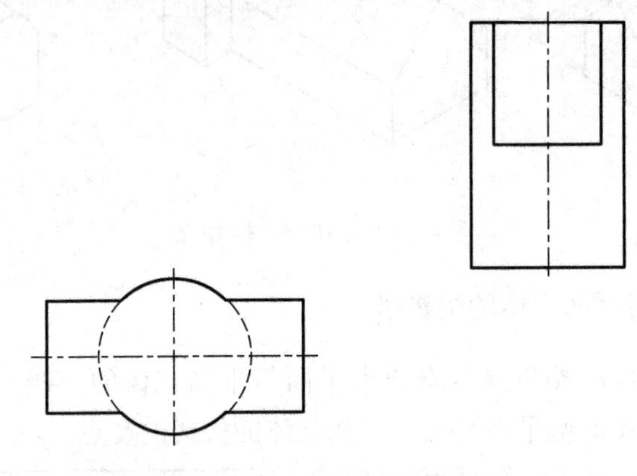

图 4.24 求作正立面图

1）分析

圆柱垂直水平投影面，相贯线的水平面投影与圆柱的水平面投影重合；矩形梁是棱线垂直侧面的四棱柱，相贯线的侧立面投影与矩形梁的侧立面投影重合。只需求出矩形梁、圆柱及相贯线的正立面图。

2）作图过程

作图过程如图 4.25 所示。

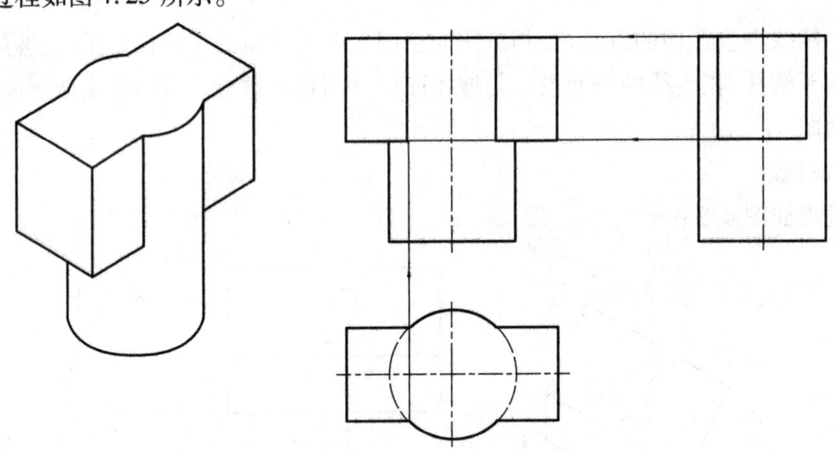

图 4.25 矩形梁与圆柱的相贯线

4.5.3 曲面立体与曲面立体的相贯线

两曲面立体相交，在一般情况下其相贯线是封闭的空间曲线。从相贯线的性质可知，求作两曲面立体相贯线的作图可归结为求两曲面的共有点问题。

例 4.4 如图 4.26 所示，求作轴线垂直正交的两圆柱相贯后的正立面图。

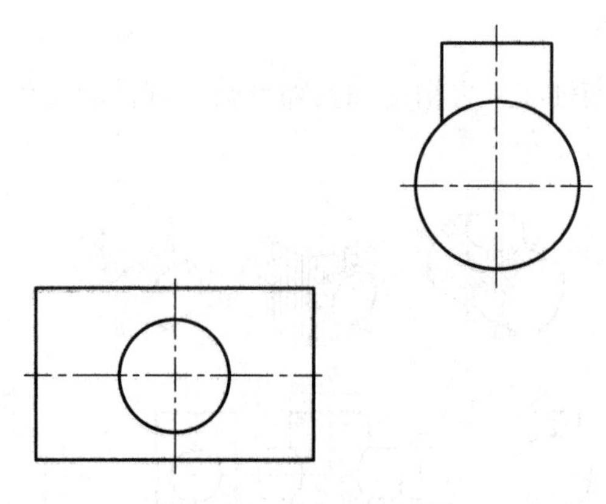

图 4.26　求作正立面图

1)分析

小圆柱垂直水平投影面,相贯线的水平投影是小圆柱的水平投影;大圆柱垂直侧面投影面,相贯线的侧面投影是大圆柱与小圆柱的公共部分的侧面投影,即一段圆弧。只需求出两圆柱及相贯线的正面投影。

2)作图过程

作图过程如图 4.27 所示。

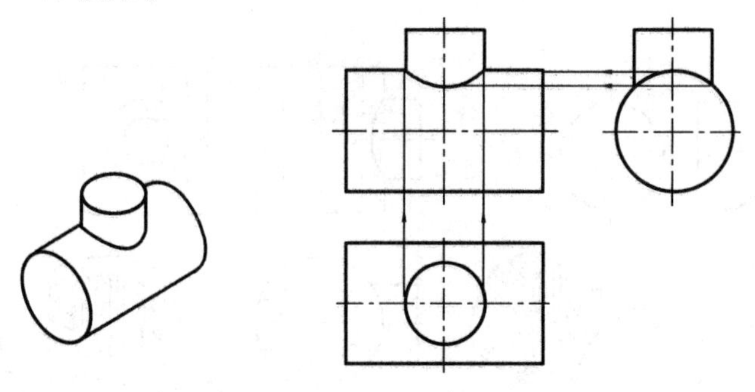

图 4.27　轴线垂直正交的两圆柱的相贯线

两圆柱正交的相贯线最常见,在不致引起误解的情况下,可采用简化画法。

①两正交的圆柱,其直径不等且相差不大时,以较大圆柱的半径为半径画圆弧,代替相贯线,如图 4.28(a)所示。

②当小圆柱直径与大圆柱直径相差很大时,相贯线可用直线代替,如图 4.28(b)所示。

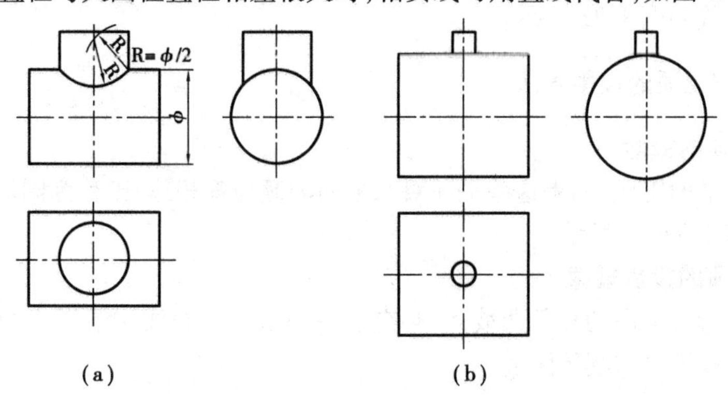

图 4.28　两圆柱正交时相贯线的简化画法

相贯线的示例如下：

①两实心圆柱正交(两轴线垂直相交)时,随着圆柱直径的变化,相贯线也随之变化,如图4.29所示。

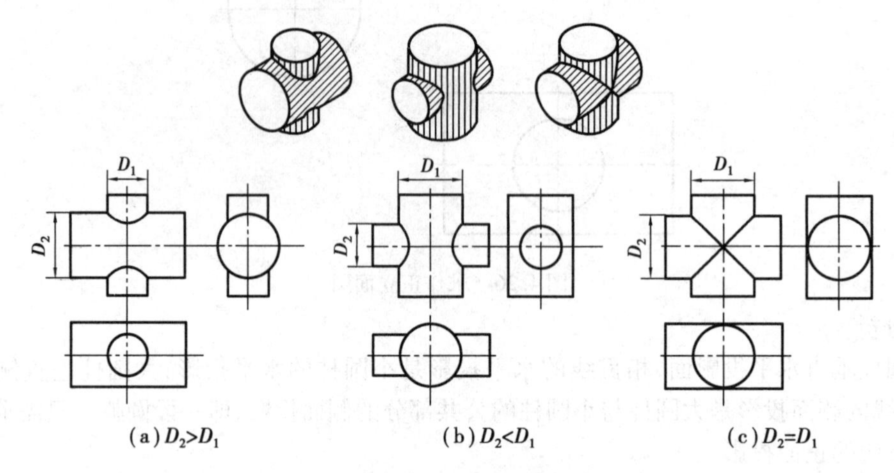

图4.29 两圆柱正交时的相贯线

②空心体的相贯线如图4.30所示。

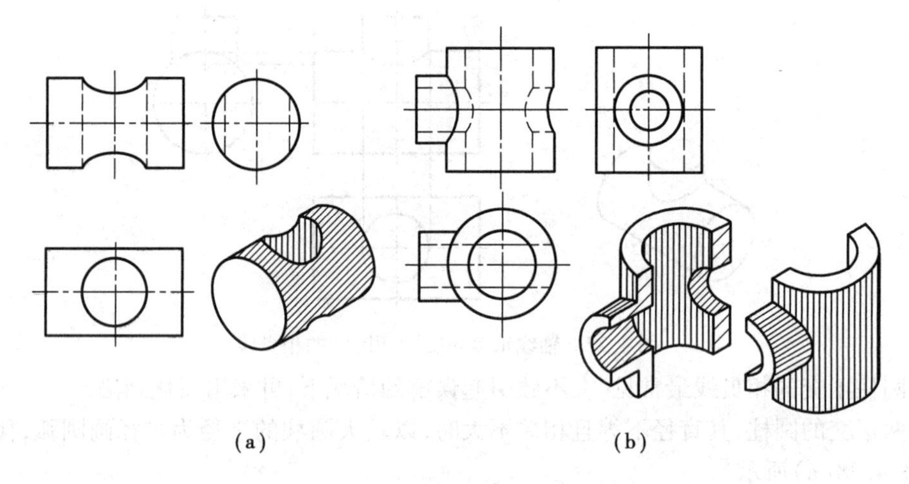

图4.30 空心体的相贯线

③特殊相贯线如图4.31所示。

4.5.4 同坡屋顶的投影画法

(1)同坡屋顶的概念

屋顶由若干平面组成,如果这些平面对水平面的倾角都相等,则称为同坡屋顶。同坡屋顶的名词术语如图4.32(a)所示。

(2)同坡屋顶的投影规律

①屋檐线平行且等高的相邻两坡面,必交于一条水平屋脊线。屋脊线的水平投影平行于两屋檐线的水平投影且与其等距。

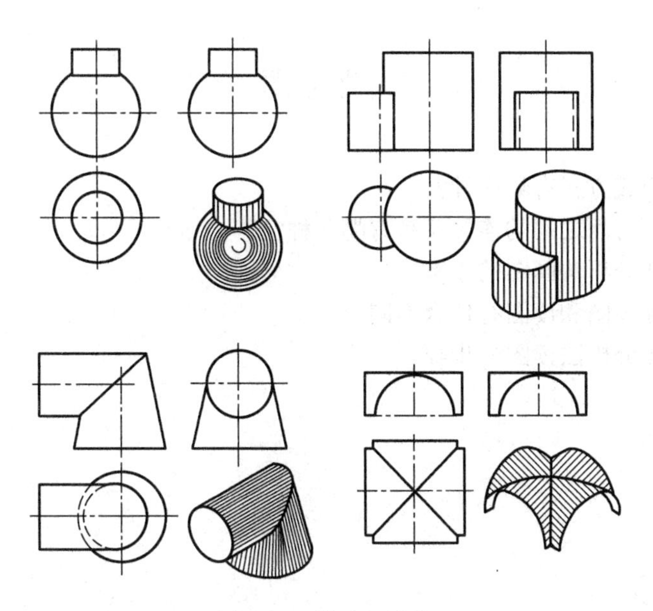

图4.31　特殊相贯线

②屋檐线相交的相邻两坡面，必交于斜脊线或天沟线，其水平投影为两屋檐线水平投影夹角的分角线。如果墙角均为直角，则斜脊线或天沟线的水平投影与屋檐线的水平投影成45°。

③屋面上如果两斜脊、一斜脊一天沟相交于一点，则必有第3条屋脊线通过该点。该点就是3个相邻屋面的共有点。

(3)同坡屋顶的投影画法

同坡屋顶的投影画法如图4.32(b)所示。

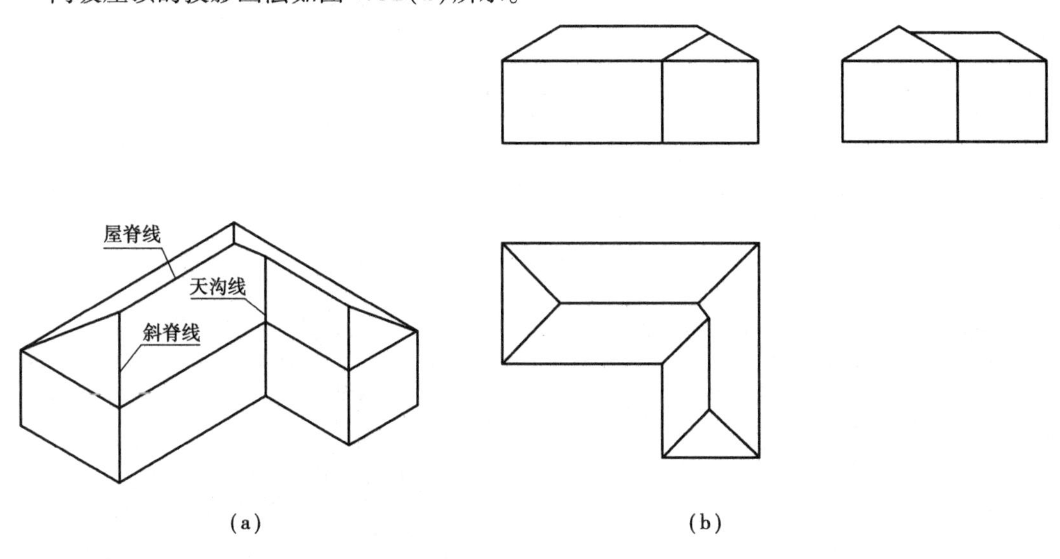

图4.32　同坡屋顶

思考题

1. 组合体的组成方式有哪3种?
2. 组合体中面与面之间的连接关系有哪3种?
3. 简述用形体分析法画图的步骤。
4. 简述组合体画图和读图有什么不同。
5. 简述用形体分析法读图的步骤。

第5章 轴测投影图

5.1 概述(GB/T 14692—2008)

5.1.1 基本概念

(1)轴测投影图的形成

在国家标准GB/T 14692—2008中规定,轴测投影图是将物体连同其参考直角坐标系,沿不平行于任一坐标面的方向,用平行投影法将其投射在单一投影面上所得的具有立体感的图形。如图5.1所示反映了正投影图和轴测投影图的区别。

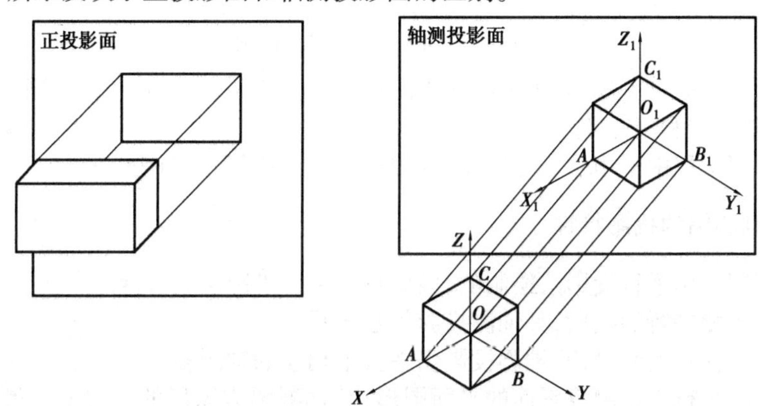

图5.1　正投影图与轴测投影图的比较

轴测投影图立体感强,但它不能同时反映立体各方向的实形,度量性差,而且对形状比较复杂的形体不易表达清楚,因此在建筑工程中一般作为辅助图样使用。

(2)轴测轴、轴间角、轴向伸缩系数

1)轴测轴

如图5.1所示,空间直角坐标轴OX,OY,OZ在轴测投影面上的对应投影O_1X_1,O_1Y_1,O_1Z_1称为轴测轴。

2)轴间角

轴测轴之间的夹角称为轴间角,如$\angle X_1O_1Z_1$,$\angle X_1O_1Y_1$,$\angle Y_1O_1Z_1$。

3)轴向伸缩系数

物体上平行于直角坐标轴的直线段投影长度与其相应的原长之比,称为轴向伸缩系数。如图5.1所示,X轴的轴向伸缩系数$p_1=\frac{O_1A_1}{OA}$,Y轴的轴向伸缩系数$q_1=\frac{O_1B_1}{OB}$,Z轴的轴向伸缩系数$r_1=\frac{O_1C_1}{OC}$。为了便于作图,轴向伸缩系数应采用简化系数替代理论系数,分别用字母p,q,r表示简化后的X轴、Y轴和Z轴的轴向伸缩系数。

5.1.2 轴测投影图的分类(GB/T 14692—2008)

轴测图的投射方向与轴测投影面可以垂直也可以倾斜。当投射方向与轴测投影面垂直时(即正投影法)得到的图形,称为正轴测投影图。此时,物体的3个坐标面都倾斜于轴测投影面。当投射方向倾斜于轴测投影面时(斜投影法)得到的图形,称为斜轴测投影图。此时,一般物体的XOZ面平行于轴测投影面,如图5.2所示。

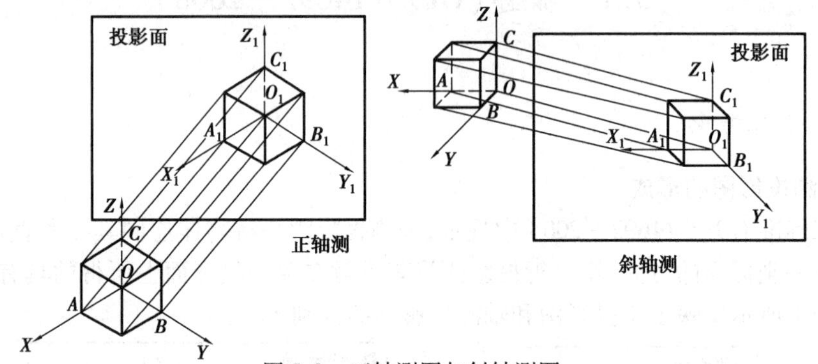

图5.2　正轴测图与斜轴测图

按照国家标准的有关规定,正轴测投影图可分为正等测、正二测和正三测。斜轴测投影图分为斜等测、斜二测和斜三测。

本章仅介绍工程中常用的正等测投影图及斜二测投影图的画法。

5.1.3 轴测图的投影特性

由于轴测图是用平行投影法绘制的,因此具有平行投影法的特性。

①物体上互相平行的线段,其轴测投影仍互相平行。

②平行于坐标轴的线段,其轴测投影仍平行于相应的轴测轴。

③物体上不平行于轴测投影面的平面图形,其轴测图为原形的类似形。如圆的轴测投影为椭圆。

画轴测图时,物体上凡是与X,Y,Z这3个轴平行的线段,就可在轴测图上沿轴向进行度量和作图。所谓“轴测”,即是沿轴向进行测量的含义。

5.1.4 房屋建筑轴测投影图的基本要求(GB/T 50001—2017)

①房屋建筑轴测投影图宜采用正等轴测投影并用简化轴伸缩系数绘制,如图5.3所示。

②轴测图的可见轮廓线宜用$0.5b$线宽的实线绘制,断面轮廓线宜用$0.7b$线宽的实线绘制。不可见轮廓线可不绘出,必要时,可用$0.25b$线宽的虚线绘出所需部分,如图5.4所示。

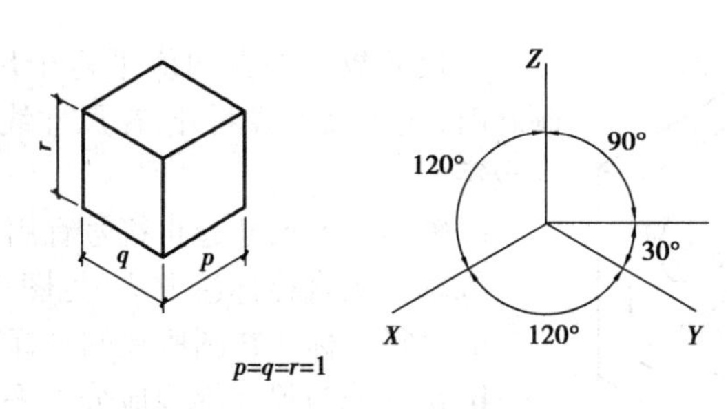

图5.3　正等测的画法

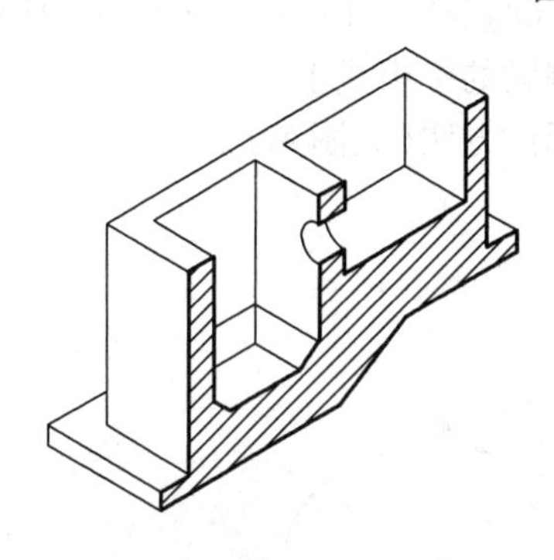
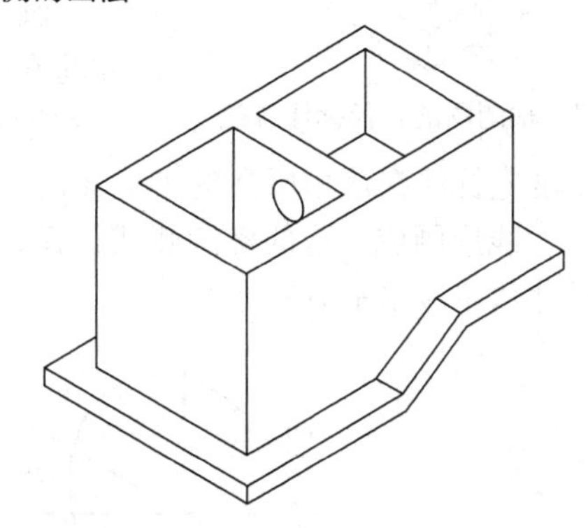

图5.4　轴测图的线型选择

③轴测图的断面上应画出其材料图例线，图例线应按其断面所在坐标面的轴测方向绘制。如以45°斜线为材料图例线时，应按如图5.5所示的规定绘制。

④轴测图的线性尺寸标注方法，如图5.6所示：

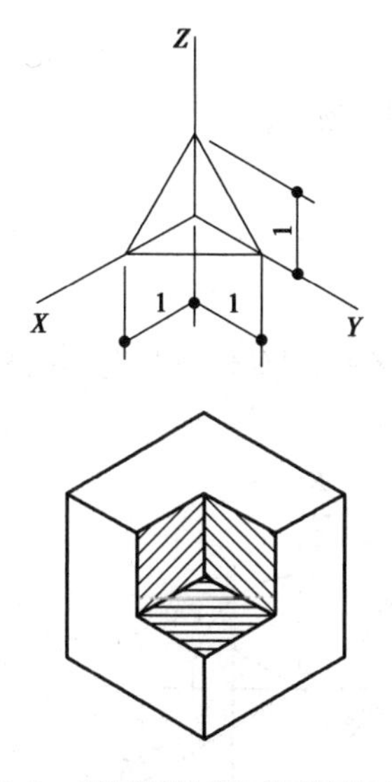

图5.5　轴测图的断面图例线画法

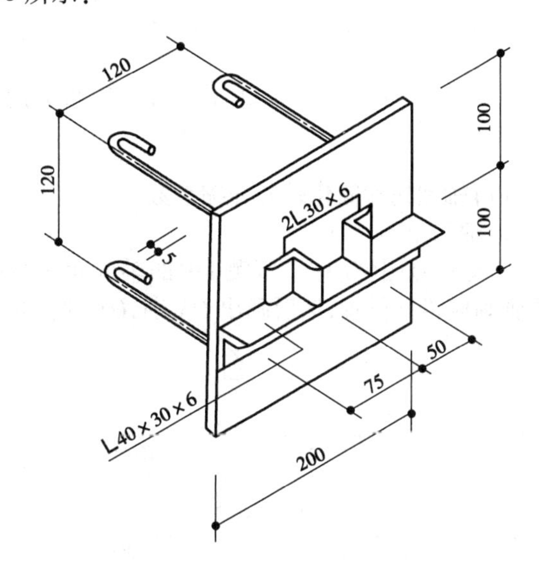

图5.6　轴测图的线性尺寸标注方法

a. 线性尺寸，应标注在各自所在的坐标面内。

b. 尺寸线应与被注长度平行。

c. 尺寸界线应平行于相应的轴测轴。

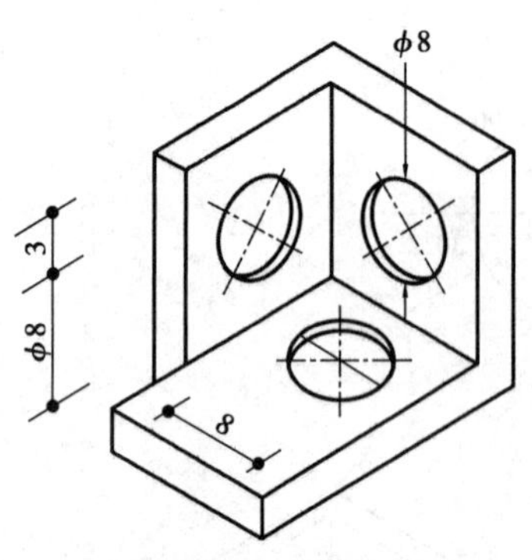

图 5.7　轴测图的直径标注方法

d. 尺寸数字的方向应平行于尺寸线，如出现字头向下倾斜时，应将尺寸线断开，在尺寸线断开处水平方向注写尺寸数字。

e. 轴测图的尺寸起止符号宜用小圆点。

⑤轴测图直径标注方法(见图 5.7)：

a. 直径应标注在圆所在的坐标面内。

b. 尺寸线与尺寸界线应分别平行于各自的轴测轴。

c. 圆弧半径和小圆直径尺寸也可引出标注，但尺寸数字应注写在平行于轴测轴的引出线上。

⑥轴测图角度标注方法(见图 5.8)：

a. 角度应标注在该角所在的坐标面内。

b. 尺寸线应画成相应的椭圆弧或圆弧；

c. 尺寸数字应水平方向注写。

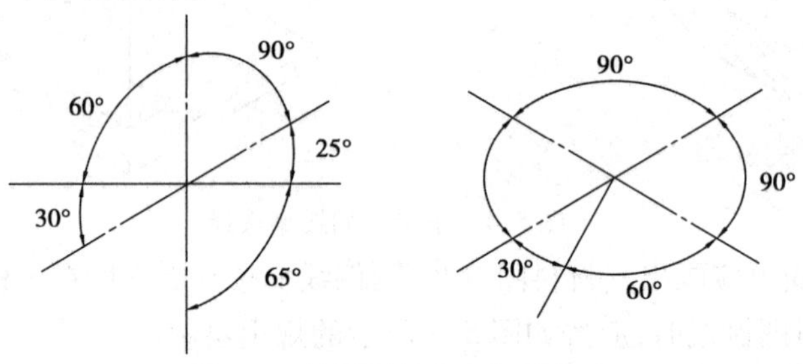

图 5.8　轴测图的角度标注方法

5.2　常用轴测投影图的画法

(1) 轴间角和简化轴向伸缩系数

1) 轴间角

正等轴测图(简称正等测)中的轴间角 $\angle XOY=\angle XOZ=\angle YOZ=120°$。作图时，通常将 OZ 轴画成铅垂位置，然后画出 OX 轴，OY 轴，如图 5.9 所示。

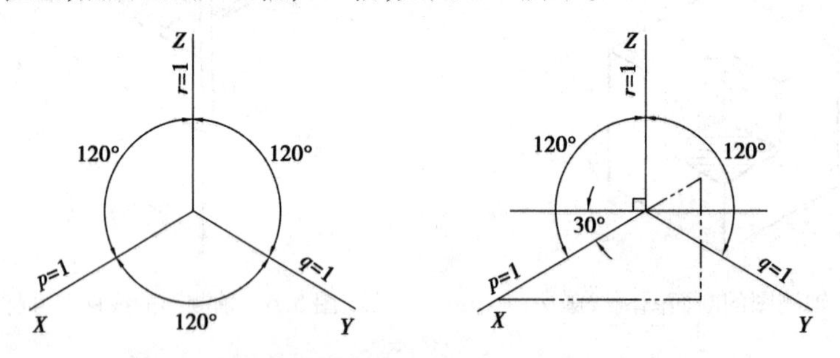

图 5.9　正等轴测图的轴间角和简化伸缩系数

2) 简化轴向伸缩系数

正等测各轴的轴向伸缩系数都相等，由理论证明可知约为 0.82(证明略)。画图时，物体的实际各长、宽、高尺寸在轴测图中均要缩小 0.82 倍。为了作图方便，通常采用简化的轴向伸缩系数,即 $p=q=r=1$。这样作图时,凡平行于坐标轴的线段,可直接按实物上相应线段的实际长度量取,不必换算。按简化系数画出的正等测图,沿各轴向的长度都分别放大了 1/0.82≈1.22 倍,但物体的形状没有改变。

(2)平面立体正等测作图

作图时,首先在立体上确定出空间直角坐标系,并画出轴测轴,再测量立体上各线段长度,1∶1 绘制在相应的轴测轴上,边测边绘。

例 5.1　根据给出的正六棱柱的投影图,画出该立体的正等轴测图。

分析　如图 5.10(a)所示,正六棱柱的前后、左右对称,故将坐标原点定在上底面六边形的中心,以六边形的中心线为 X 轴和 Y 轴,如图 5.10(b)所示。

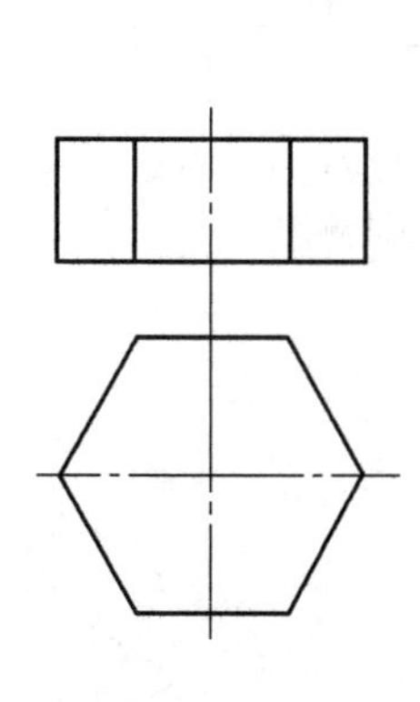

(a)正投影图

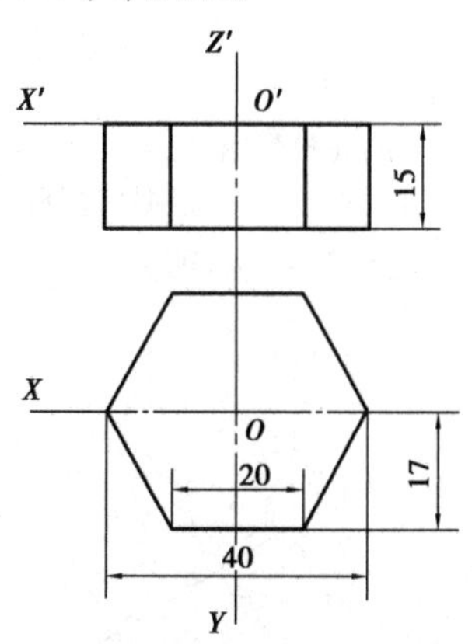

(b)确定直角坐标系(原点选在上表面)

图 5.10　根据六棱柱的正投影图画正等轴测图

作图步骤如图 5.11(a)—(d)所示。

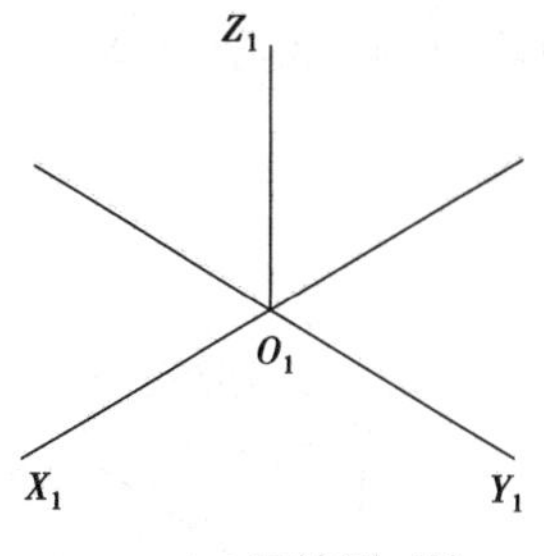

(a)画轴测三轴

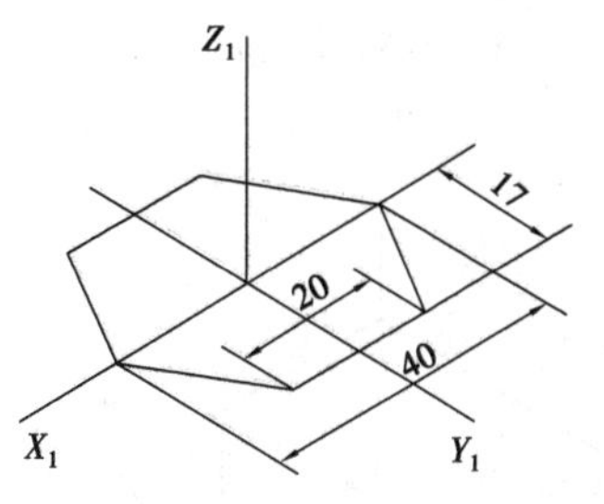

(b)从投影图量取尺寸,画出上底面

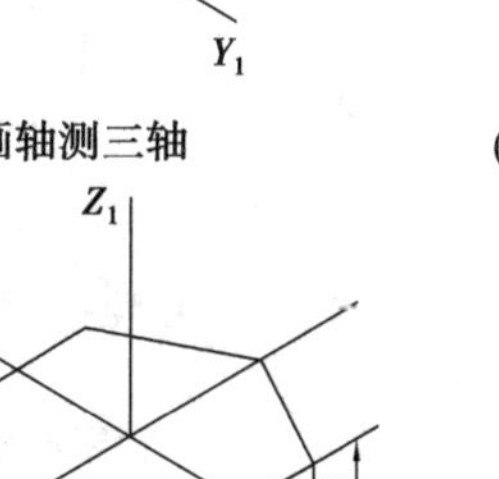

(c)确定高度尺寸,由各顶点画出 Z轴平行线,高度为15

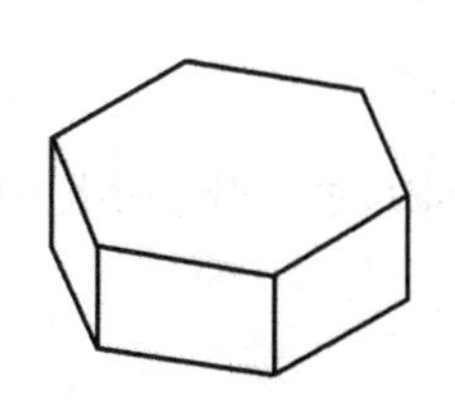

(d)连线,加深,擦去不可见线及轴线

图 5.11　正六棱柱的正等轴测图画法

画图时,采用自上往下画,可减少画出不可见的线条。为了立体效果,轴测图中一般不画虚线,但必要时也可以画出虚线。

例 5.2 根据如图 5.12(a)所示的投影图绘制正等轴测图。

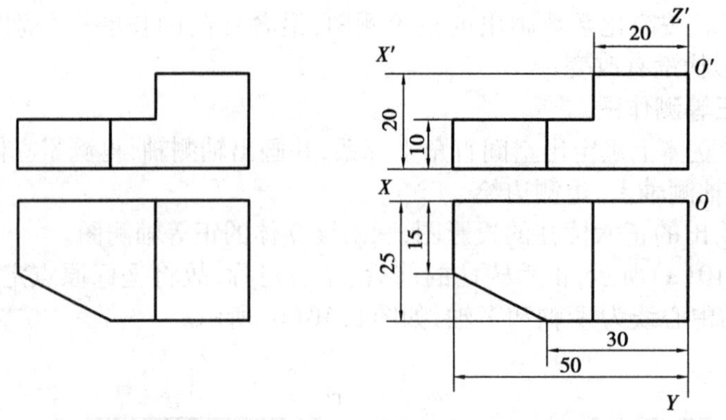

(a)正投影图　　(b)确定直角坐标系（原点选在上表面）

图 5.12　根据切割形体的正投影图画正等轴测图

作图步骤如图 5.13(a)—(e)所示。

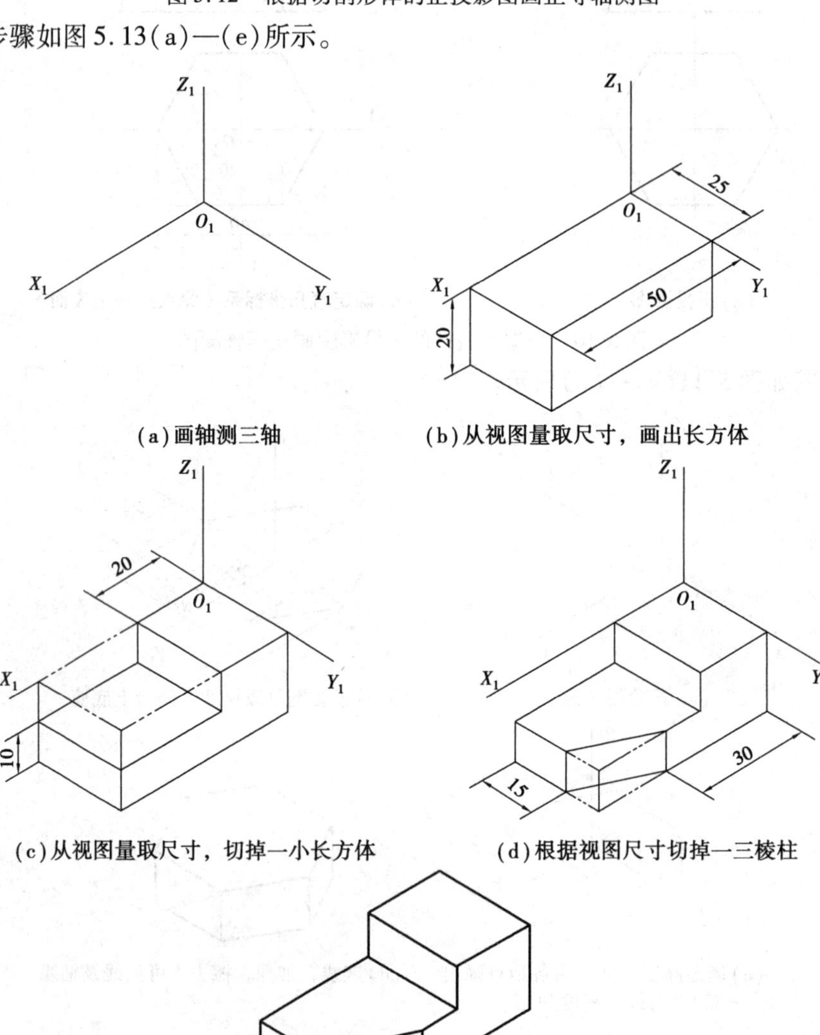

(a)画轴测三轴　　(b)从视图量取尺寸，画出长方体

(c)从视图量取尺寸，切掉一小长方体　　(d)根据视图尺寸切掉一三棱柱

(e)加深，擦去轴线

图 5.13　切割形体的正等轴测图画法

例 5.3　根据如图 5.14(a)所示的投影图,画出切槽长方体的正等轴测图。

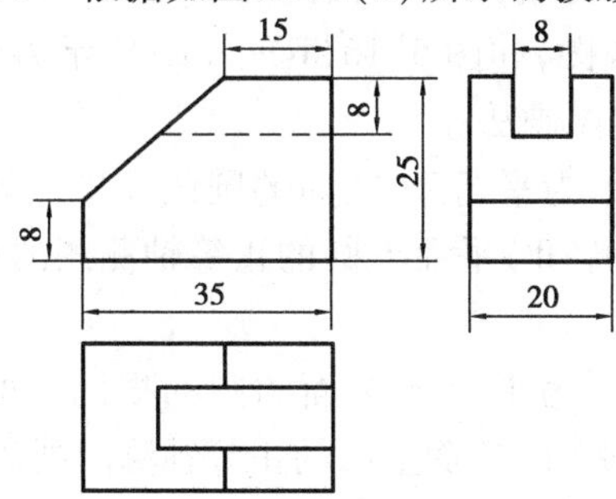

(a)切槽长方体三视图

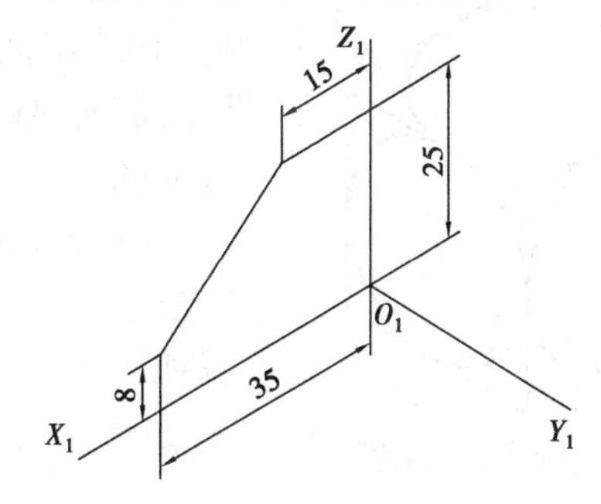

(b)画出视图中封闭线框确定的面，尺寸从图中量取

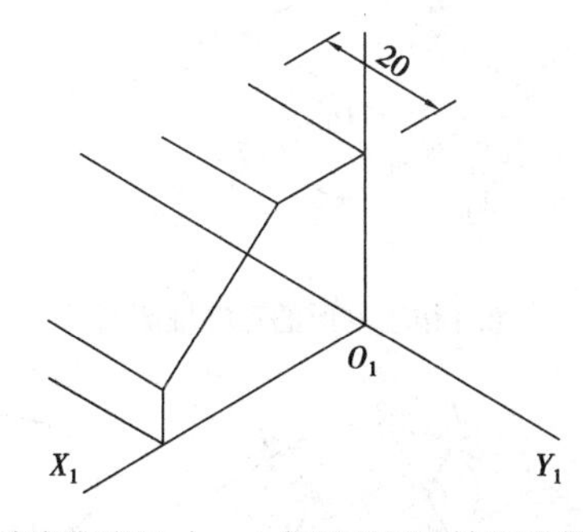

(c)确定宽度尺寸，由各顶点画Y_1轴的平行线，长度20

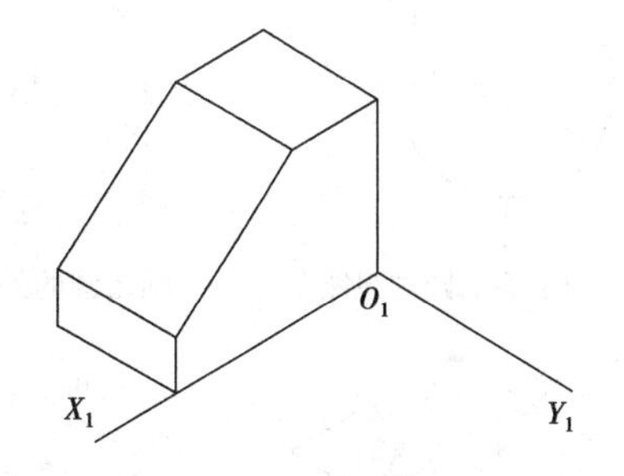

(d)连线形成立体

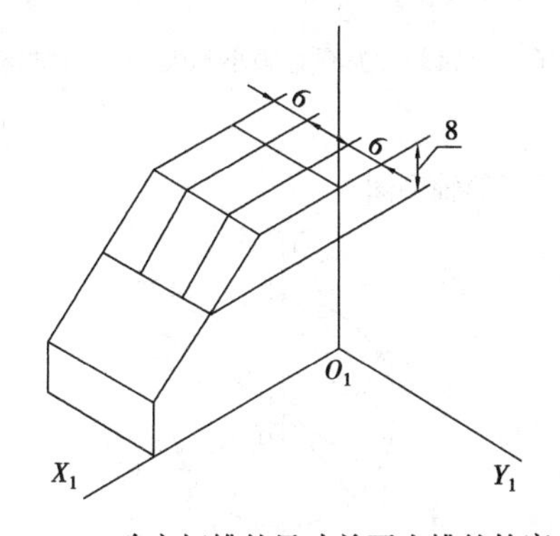

(e)确定切槽的尺寸并画出槽的轮廓

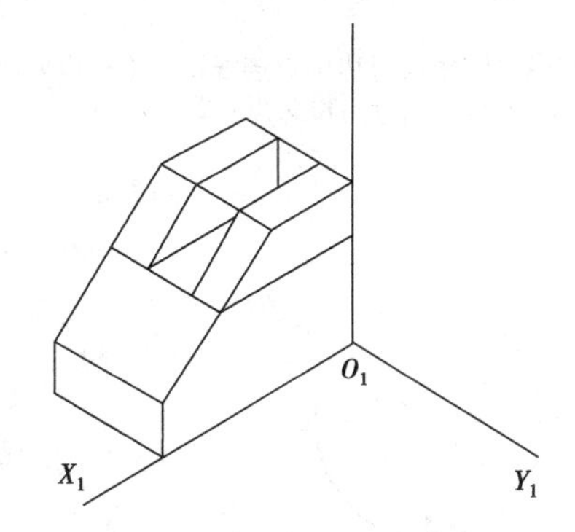

(f)完成切槽形成的面（封闭轮廓）

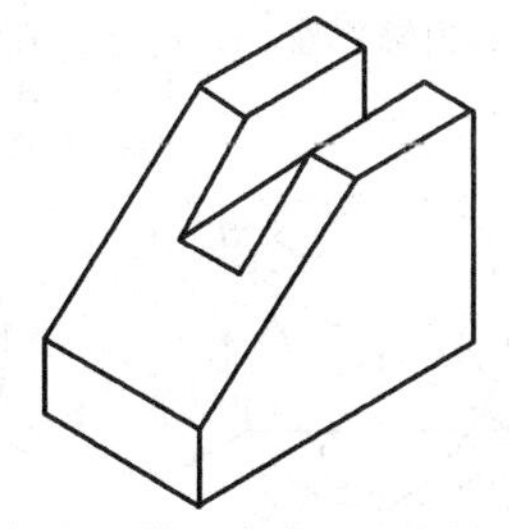

(g)加深，擦去多余的线和轴线

图 5.14　切槽长方体的正等轴测图画法

(3)曲面立体正等测作图

1)圆的正等测图

在正等轴测图中,平行于坐标平面的3个方向的圆都是椭圆,如图5.15所示。

图 5.15　圆的正等轴测图

①如图 5.16(a)所示为平行于 H 面的圆的视图。正等轴测图中的椭圆可用四心圆法作图,如图 5.16(b)—(g)所示为平行于水平(H)面上圆的正等轴测图画法。

②如图 5.17(a)所示为平行于 W 面的圆的视图。如图 5.17(b)—(g)所示为平行于侧(W)平面上圆的正等轴测图的另一种画法(六点法)。

③如图 5.18(a)所示为平行于 V 面的圆的视图。如图 5.18(b)—(g)所示为平行于正(V)平面上圆的正等轴测图画法。

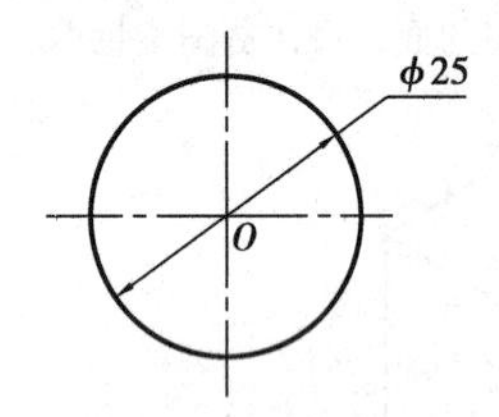

(a)平行于H面的圆的视图

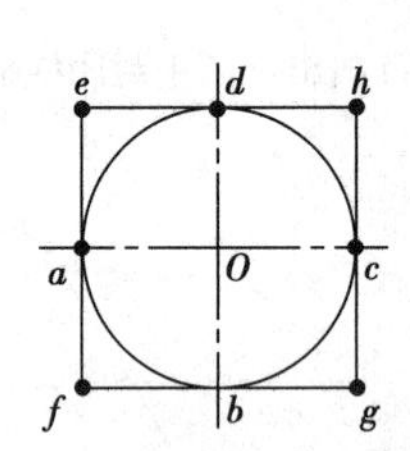

(b)画出圆的外切正方形

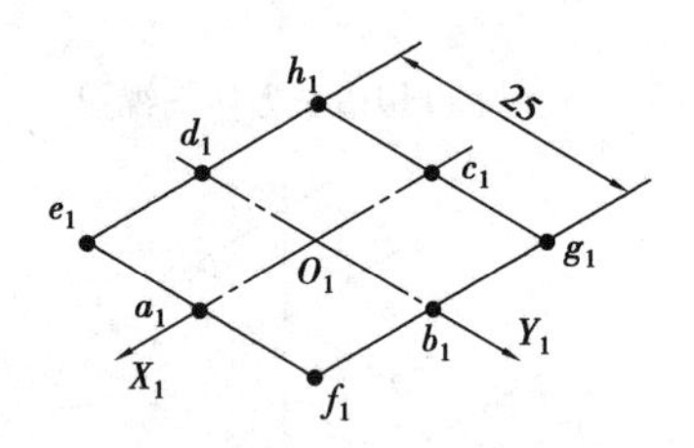

(c)作正方形的正等轴测图

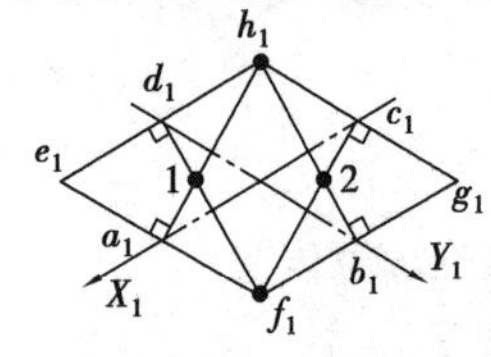

(d)作菱形钝角与对边中点连线即h_1a_1,h_1b_1,f_1d_1,f_1c_1得交点1,2

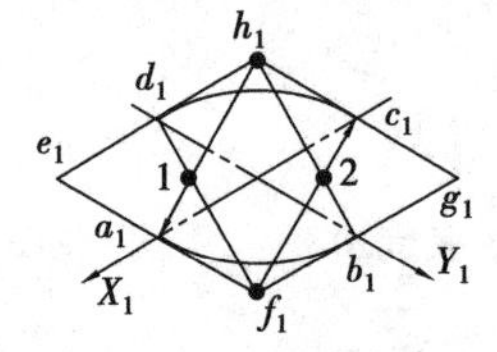

(e)以h_1,f_1为圆心画大圆弧

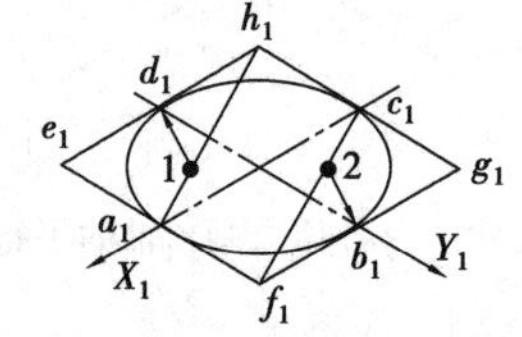

(f)以1,2为圆心画小圆弧

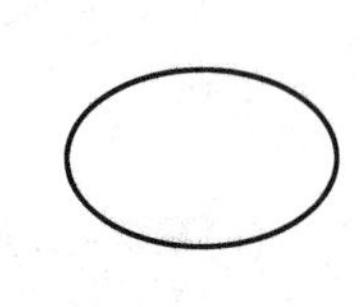

(g)加深图线

图 5.16　平行于 H 面的圆的正等轴测图

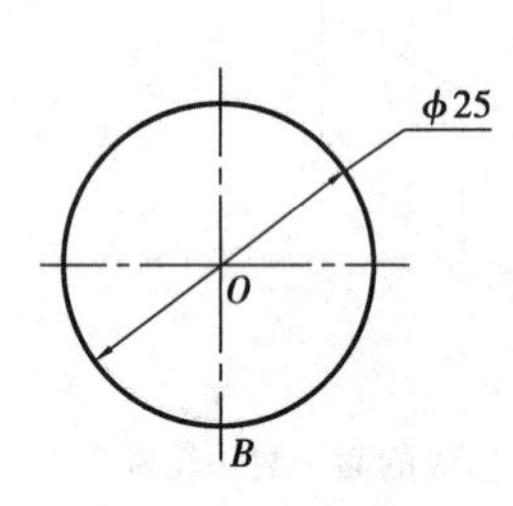

(a)平行于W面的圆的视图

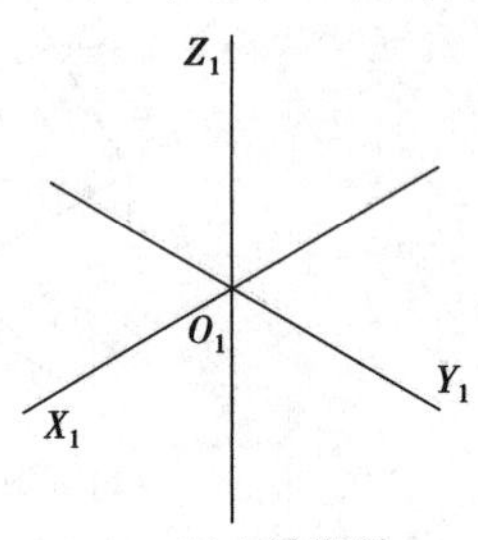

(b)画出轴测轴

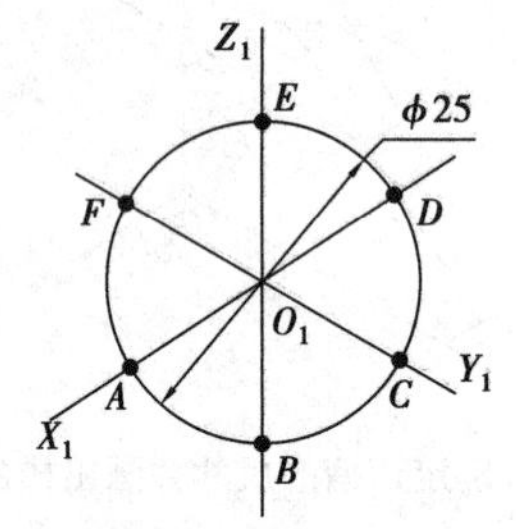

(c)在各轴上取圆的真实半径点得A,B,C,D,E,F这6个点

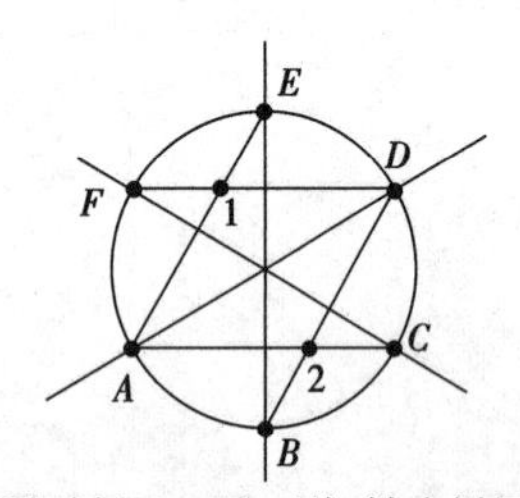

(d)圆平行于W面，则X轴为椭圆的短轴,即A,D为椭圆大圆弧的圆心。连接AE,AC及DB,DF得交点1,2

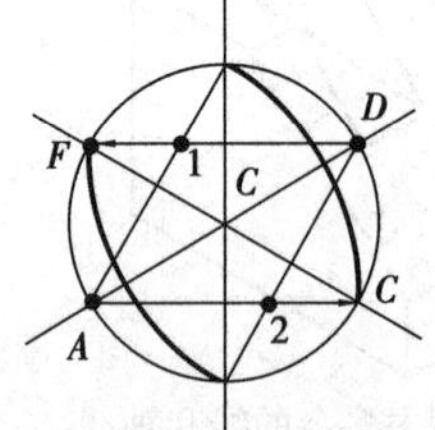

(e)以A,D为圆心画大圆弧

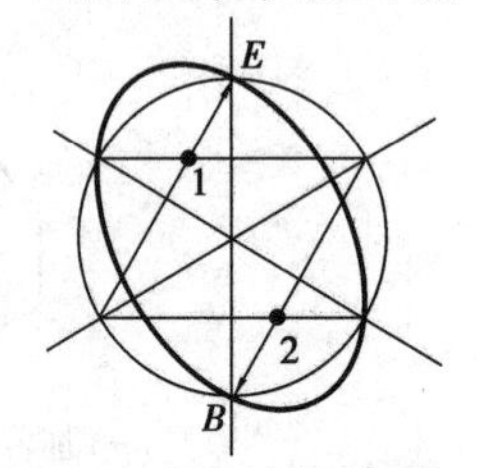

(f)以1,2为圆心画小圆弧

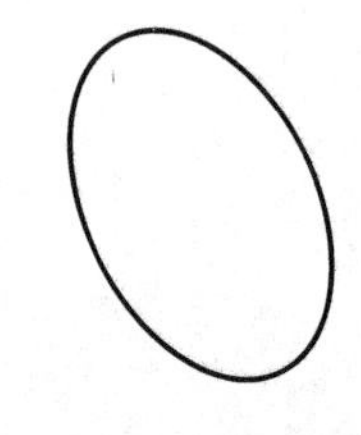

(g)擦去多余图线

图 5.17　平行于 W 面的圆的正等轴测图

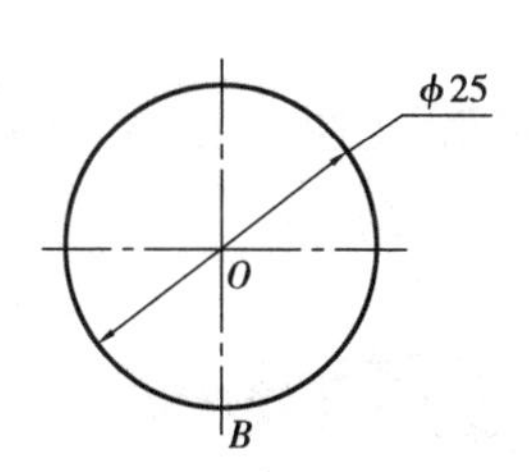

(a)平行于V面的圆的视图

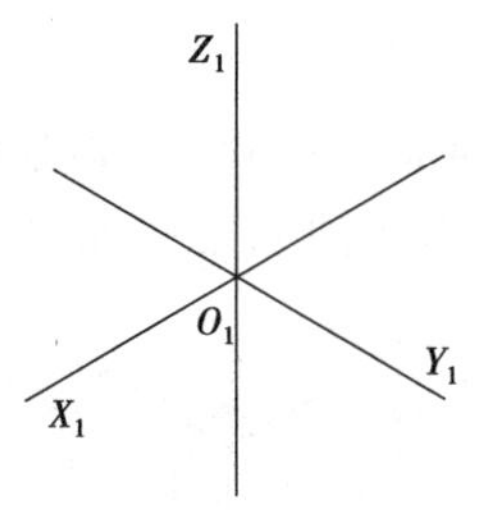

(b)画出轴测轴

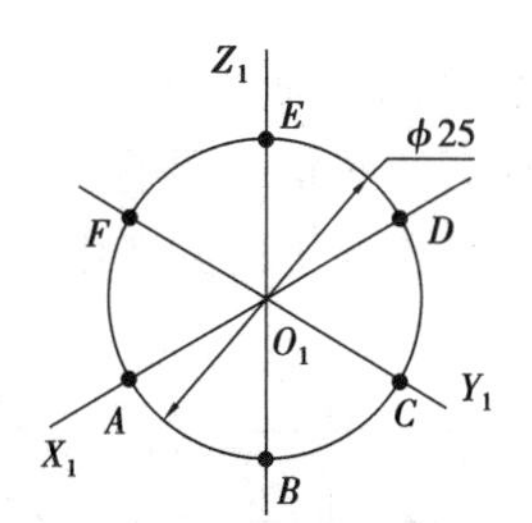

(c)在各轴上取圆的真实半径点得A,B,C,D,E,F

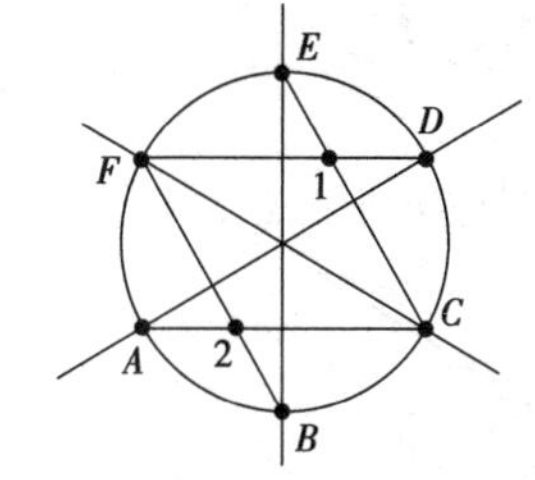

(d)圆平行于V面，则Y轴为椭圆的短轴，即C，F为椭圆大圆弧的圆心。连接CA，CE及FB，FD得交点1，2

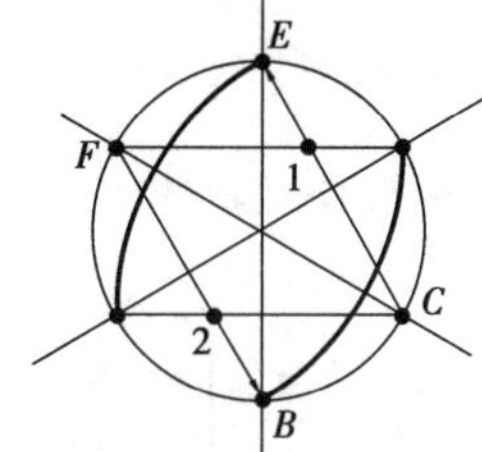

(e)以C,F为圆心画大圆弧

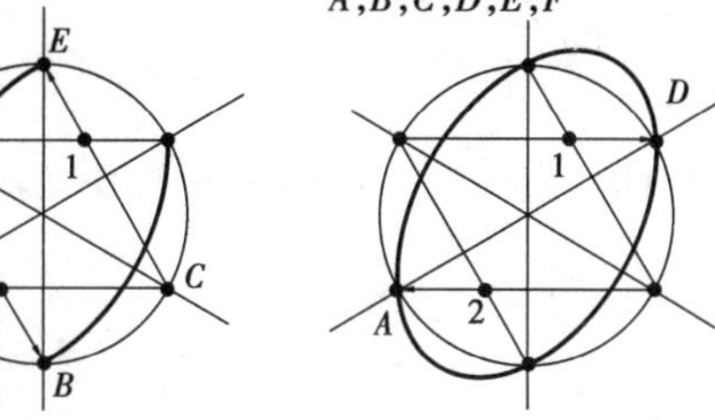

(f)以1,2为圆心画小圆弧

(g)擦去多余图线

图5.18　平行于V面的圆的正等轴测图

2)直立圆柱的正等测图

如图5.19(a)所示,直立圆柱的轴线垂直于水平面,上下底面为两个与水平面平行且大小相同的两个圆,在轴测图中均为椭圆。可根据圆的直径先作出上下两个椭圆,再作两椭圆的公切线即可。画法如图5.19(b)—(g)所示。

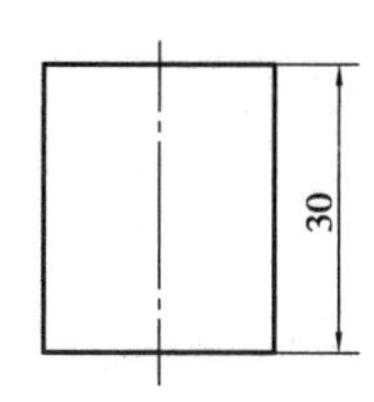

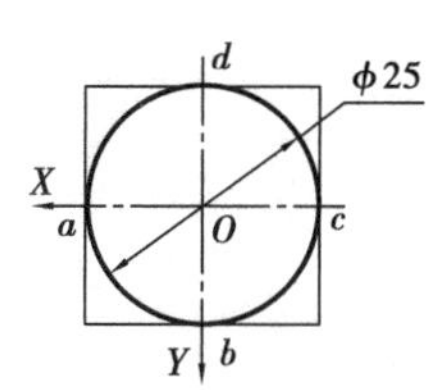

(a)圆柱的两视图，确定坐标轴

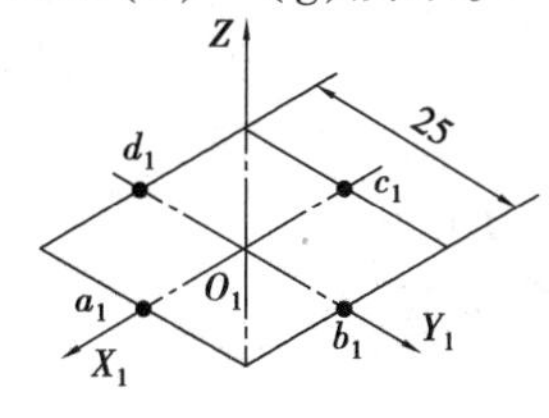

(b)作上底面圆的外切正方形的轴测图

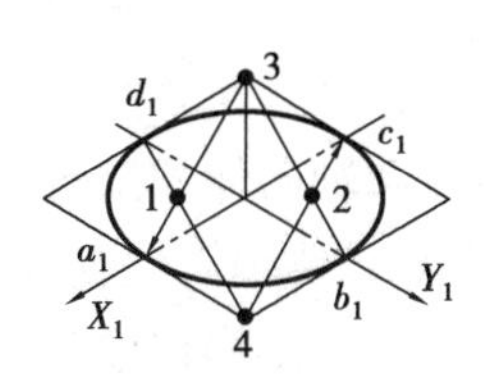

(c)分别以3,4,1,2为圆心画椭圆的大圆弧和小圆弧

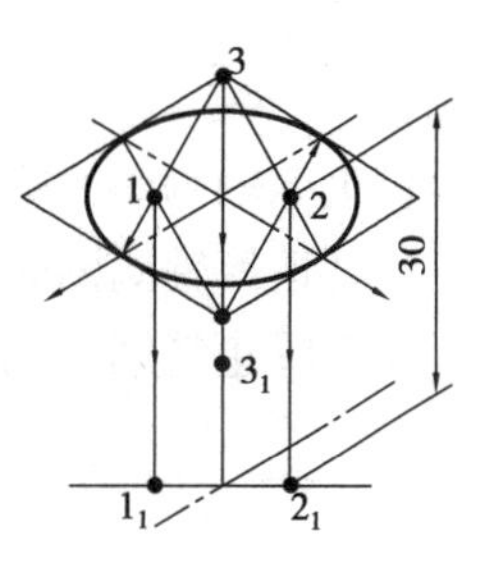

(d)将圆心点1,2,3向下平移圆柱的高度30，得点1_1,2_1,3_1

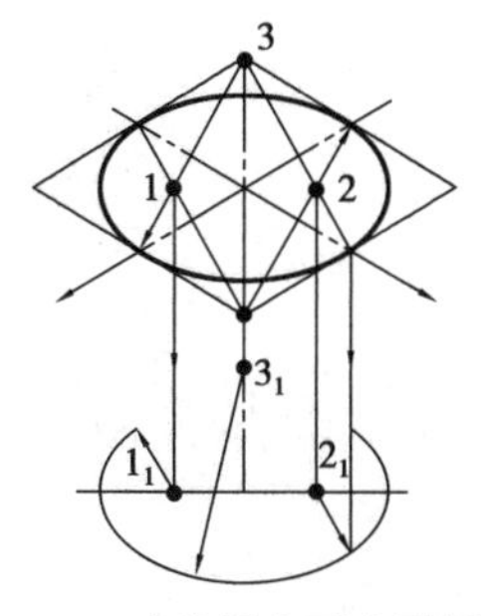

(e)分别以1_1,2_1,3_1点为圆心画小圆弧及大圆弧

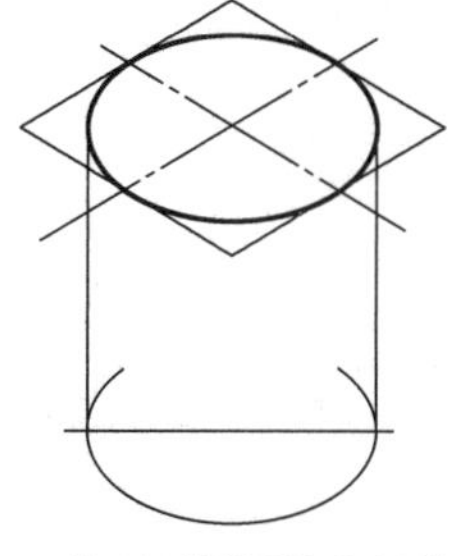

(f)作上下椭圆的公切线

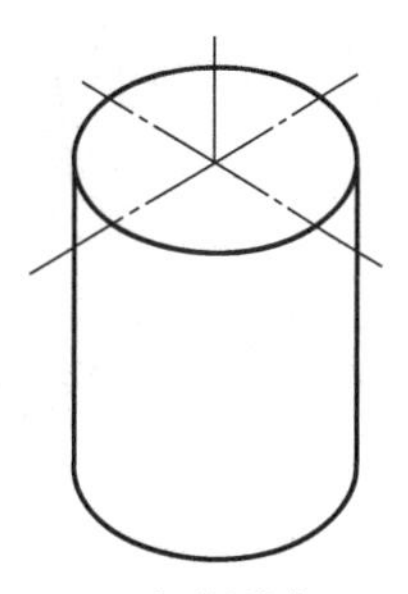

(g)加深线条

图5.19　圆柱的正等轴测图

3)圆角平板的正等轴测图

平行于坐标面的圆角是圆的一部分,特别是常见的1/4圆周的圆角(见图5.20(a)),其正等测图形恰好是椭圆的4段圆弧中的一段。其画法如图5.20(b)—(f)所示。

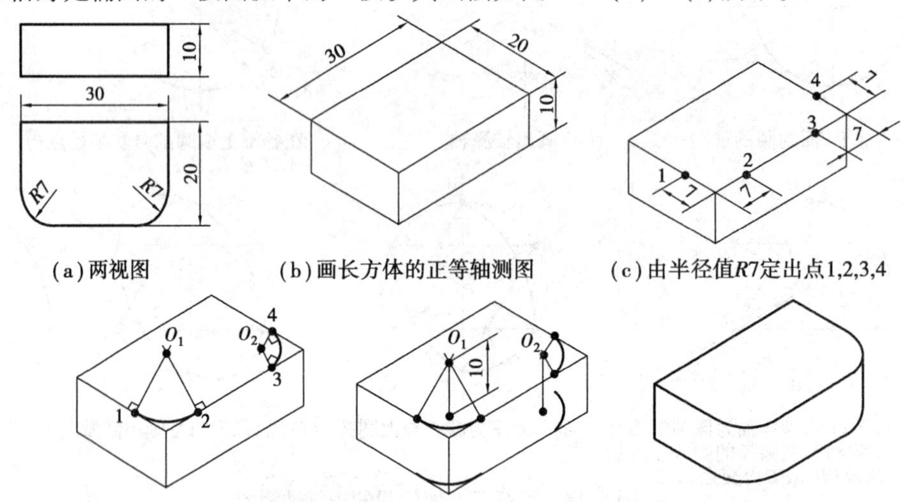

(a)两视图　(b)画长方体的正等轴测图　(c)由半径值$R7$定出点1,2,3,4

(d)确定圆心点O_1，O_2并画上表面圆弧　(e)将O_1，O_2下移10 mm后画圆弧　(f)画公切线，加深线条

图5.20　圆角的正等轴测图

思考题

1. 正等轴测图的轴间角和轴向伸缩系数分别为多少?
2. 画正等轴测图时,为什么要用简化轴向伸缩系数?
3. 房屋建筑轴测投影图宜采用哪种轴测图?

第6章 建筑施工图的基础知识

6.1 概　述

建筑是建筑物与构筑物的总称,是人们为了满足社会生活需要,利用所掌握的物质技术手段,并运用一定的科学规律、风水理念和美学法则创造的人工环境。建筑物有广义和狭义两种含义。广义的建筑物是指人工建筑而成的所有东西,既包括房屋,又包括构筑物。狭义的建筑物是指房屋,不包括构筑物。

房屋是指有基础、墙、顶、门、窗,能够遮风避雨,供人在内居住、工作、学习、娱乐、储藏物品或进行其他活动的空间场所。构筑物是指房屋以外的建筑物,人们一般不直接在内进行生产和生活活动,如烟囱、水塔、桥梁、水坝等。人们对建筑物本身的基本要求是安全、适用、经济和美观,其中,安全的最基本要求是不会倒塌,没有严重污染;适用的基本要求主要包括防水,隔声,保温隔热,日照,采光,通风,功能齐全和空间布局合理等。

根据建筑物的使用性质,可将建筑物分为居住建筑、公共建筑、工业建筑和农业建筑四大类。居住建筑和公共建筑通常统称民用建筑。居住建筑可分为住宅和集体宿舍两类。公共建筑是指办公楼、商店、旅馆、影剧院、体育馆、展览馆、医院等。工业建筑是指工业厂房、仓库等。农业建筑是指种子库、拖拉机站、饲养牲畜用房等。

不同种类的建筑,其表现形式和所采用的建筑材料不尽相同,但其设计、施工的过程以及组成建筑物的内涵基本上是一致的。以下将以民用建筑为例,研究建筑物的组成及其作用。

6.1.1　建筑物的组成及作用

民用建筑是由若干个大小不等的室内空间组合而成的,而其空间的形成,则又需要各种各样的实体来组合,这些实体称为建筑构配件。一般民用建筑由基础、墙体和柱、楼地板层、屋顶、门窗、楼梯等主要构配件组成,附属的建筑物构件和配件还包括走廊、散水、踢脚、勒脚、阳台、烟道、女儿墙、雨篷等,各个组成部分的位置及细部名称,如图6.1所示。

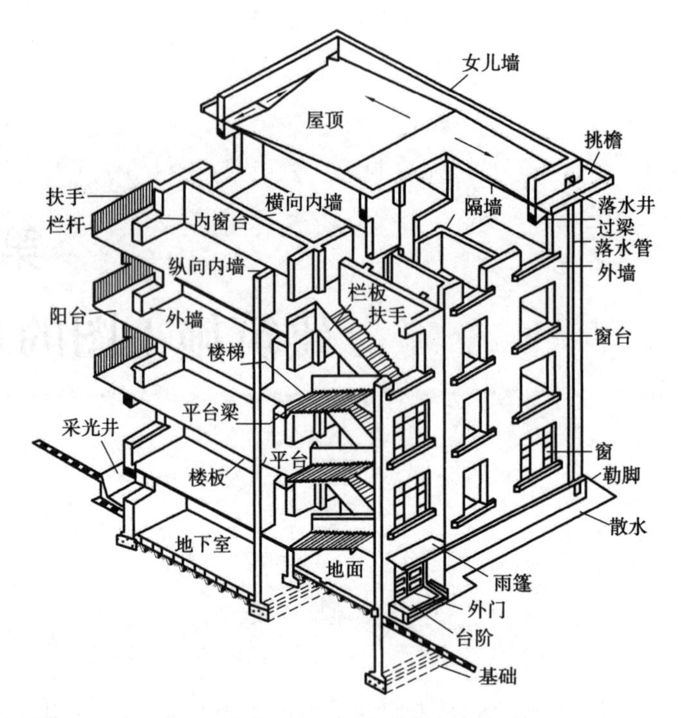

图 6.1　建筑物的组成及各细部名称

(1)基础

基础是建筑物的组成部分,是建筑物地面以下的承重构件,它支承着其上部建筑物的全部荷载,并将这些荷载及基础自重传给下面的地基。基础必须坚固、稳定而可靠。

(2)墙体和柱

墙体和柱均是建筑物的竖向承重构件,它支承着屋顶、楼板等,并将这些荷载及自重传给基础。建筑物的墙体具有承重、维护、分隔及装饰作用。建筑物的墙体必须具备足够的强度和稳定性,同时满足热工方面(保温,隔热,防止产生凝结水)的性能,还须具有一定的隔声性能和防火性能。

墙体按在建筑物中所处的位置可分为外墙和内墙。外墙位于建筑物四周,是建筑物的维护构件,起着挡风、遮雨、保温、隔热及隔声等作用。内墙位于建筑物内部,主要起分隔内部空间的作用,也可起到一定的隔声、防火等作用。

墙体按在建筑物中的方向可分为纵墙和横墙,如图 6.2 所示。纵墙是指沿建筑物长轴方向布置的墙。横墙是指沿建筑物短轴方向布置的墙,其中外横墙通常称为山墙。

墙体按受力情况可分为承重墙和非承重墙。承重墙是指直接承受梁、楼板和屋顶等传下来的荷载的墙。非承重墙是指不承受外来荷载的墙。在非承重墙中,仅承受自身质量并将其传给基础的墙,称为承自重墙。仅起到分隔空间作用,自身质量由楼板或梁来承担的墙,称为隔墙。在框架结构中,墙体不承受外来荷载,其中填充柱之间的墙,称为填充墙。悬挂在建筑物外部以装饰作用为主的轻质墙板组成的墙,称为幕墙。

墙体按使用的材料可分为砖墙、石块墙、小型砌块墙及钢筋混凝土墙。

墙体按构造可分为实体墙、空心墙和复合墙。实体墙是用黏土砖和其他实心砌块砌筑而

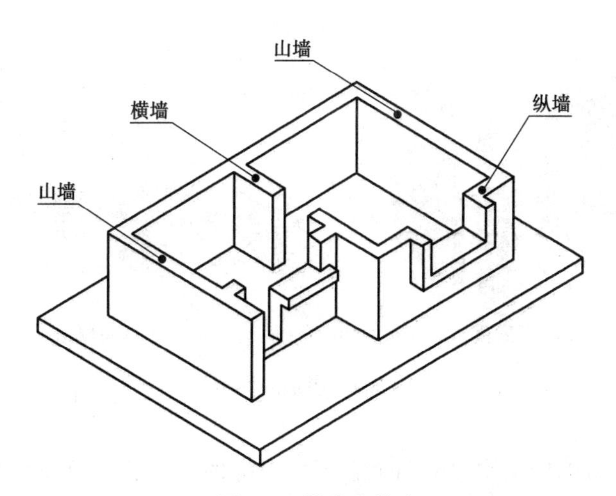

图 6.2　纵墙和横墙

成的墙。空心墙是墙体内部中有空腔的墙,这些空腔可以通过砌块方式形成,也可以用本身带孔的材料组合而成,如空心砌块等。复合墙是指用两种以上材料组合而成的墙,如加气混凝土复合板材墙。

柱是建筑物中直立的起支持作用的构件,它承担、传递梁和板两种构件传来的荷载。

(3)楼地板层

地板层是指建筑物底层的地坪,主要作用是承受人、家具等荷载,并将这些荷载均匀地传给地基。常见的地板层由面层、垫层和基层组成。

楼板层是分隔建筑物上下层空间的水平承重构件,主要作用是承受人、家具等荷载,并将这些荷载及自重传给承重墙或梁、柱、基础。楼板层的基本构造由面层、结构层和顶棚组成,如图 6.3 所示。

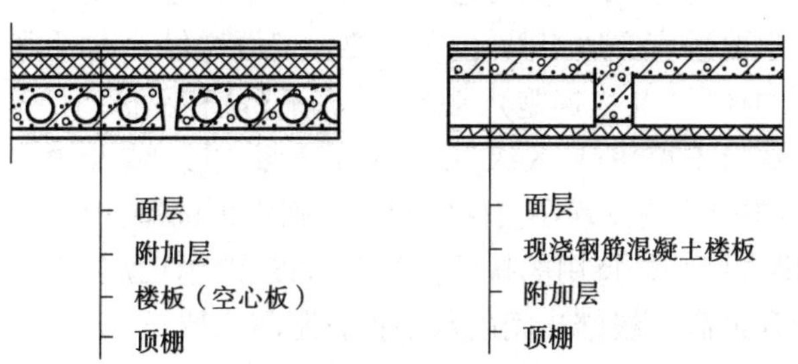

图 6.3　楼板层的基本组成

(4)屋顶

屋顶是建筑物顶部起到覆盖作用的维护构件,一般由屋面板、保温层、防水层等组成。按照屋顶的排水坡度,屋顶的类型主要包括平屋顶和坡屋顶,如图 6.4 所示。平屋顶通常是指排水坡度小于 5% 的屋顶,常用坡度为 2% ~3% 。坡屋顶通常是指屋面坡度大于 10% 的屋顶。随着科学技术的发展,建筑行业也出现了许多新型的屋顶结构形式,如拱结构、薄壳结构、悬索结构、网架结构屋顶等,这类屋顶多用于较大跨度的公共建筑。

屋面的防水方式主要包括卷材防水和刚性防水。卷材防水屋面一般由多层材料叠合而成,其基本构造由结构层、找坡层、找平层、结合层、防水层和保护层组成。刚性防水屋面是指以刚性材料作为防水层的屋面,有防水砂浆、细石混凝土、配筋细石混凝土等防水屋面。

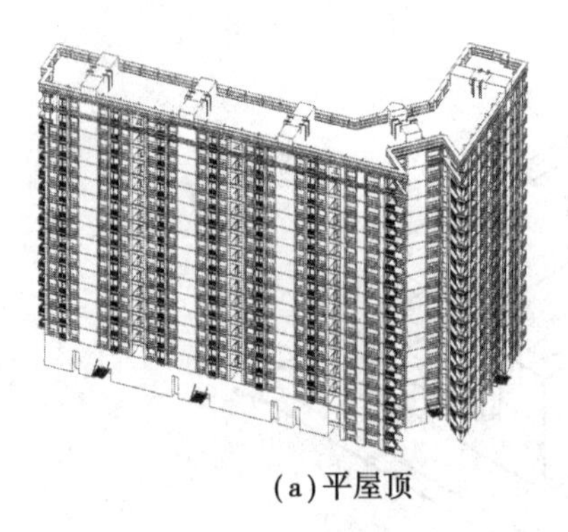

(a)平屋顶

(b)坡屋顶

图6.4　屋顶的类型

(5)门窗

门和窗是房屋建筑围护结构中的两个必不可少配件。门的主要作用是交通联系,兼作采光和通风。窗的主要作用是采光和通风,同时两者还兼有分隔、保温、隔声、防水、防火及防盗等围护功能,也是建筑造型和装饰的重点部位。

门的类型主要包括平开门、弹簧门、推拉门、折叠门、转门及卷帘门等。门的高度不宜小于2 100 mm,有亮子时一般为2 400 ~3 000 mm。单扇门的宽度一般为700 ~1 000 mm,双扇门的宽度一般为1 200 ~1 800 mm。

窗的类型主要包括固定窗、平开窗、推拉窗、立转窗、上悬窗、中悬窗、下悬窗及百叶窗等。平开木窗窗高一般为800 ~1 200 mm,宽度不大于500 mm。上下悬窗的高度一般为300 ~600 mm。推拉窗高度一般不大于1 500 mm。

(6)楼梯

楼梯是建筑物中作为楼层间垂直交通用的构件,它用于楼层之间和高差较大时的交通联系。在设有电梯、自动梯作为主要垂直交通手段的多层和高层建筑中也要设置楼梯。高层建筑尽管采用电梯作为主要垂直交通工具,但仍然要保留楼梯供火灾时逃生之用。

楼梯由连续梯级的梯段(又称梯跑)、平台(休息平台)和围护构件等组成,如图6.5所示。每个楼梯段上的踏步数目不得超过18级,不得少于3级。楼梯平台按其所处位置分为楼层平台和中间平台。栏杆(扶手)是设置在楼梯段和平台临空侧的围护构件,应有一定的强度和刚度,并应在上部设置供人们手扶持用的扶手。扶手是设在栏杆顶部供人们上下楼梯倚扶的连续配件。楼梯的最低和最高一级踏步间的水平投影距离为梯长,梯级的总高为梯高。

楼梯按梯段可分为单跑楼梯、双跑楼梯和多跑楼梯。如图6.6所示为常见的楼梯形式。梯段的平面形状有直线的、折线的和曲线的。单跑楼梯最为简单,适合于层高较低的建筑。双跑楼梯最为常见,有双跑直上、双跑曲折和双跑对折(平行)等,适用于一般民用建筑和工业建筑。三跑楼梯有三折式、丁字式和分合式等,多用于公共建筑。剪刀楼梯系由一对方向相反的双跑平行梯组成,或由一对互相重叠而又不连通的单跑直上梯构成,剖面呈交叉的剪刀形,能同时通过较多的人流并节省空间。螺旋转梯是以扇形踏步支承在中立柱上,虽行走欠舒适,但节省空间,适用于人流较少,使用不频繁的场所。圆形、半圆形和弧形楼梯由曲梁或曲板支承,踏步略呈扇形,花式多样,造型活泼,富于装饰性,适用于公共建筑。

中国战国时期铜器上的重屋形象中已镌刻有楼梯。15—16世纪的意大利,将室内楼梯从传统的封闭空间中解放出来,使之成为形体富于变化带有装饰性的建筑组成部分。

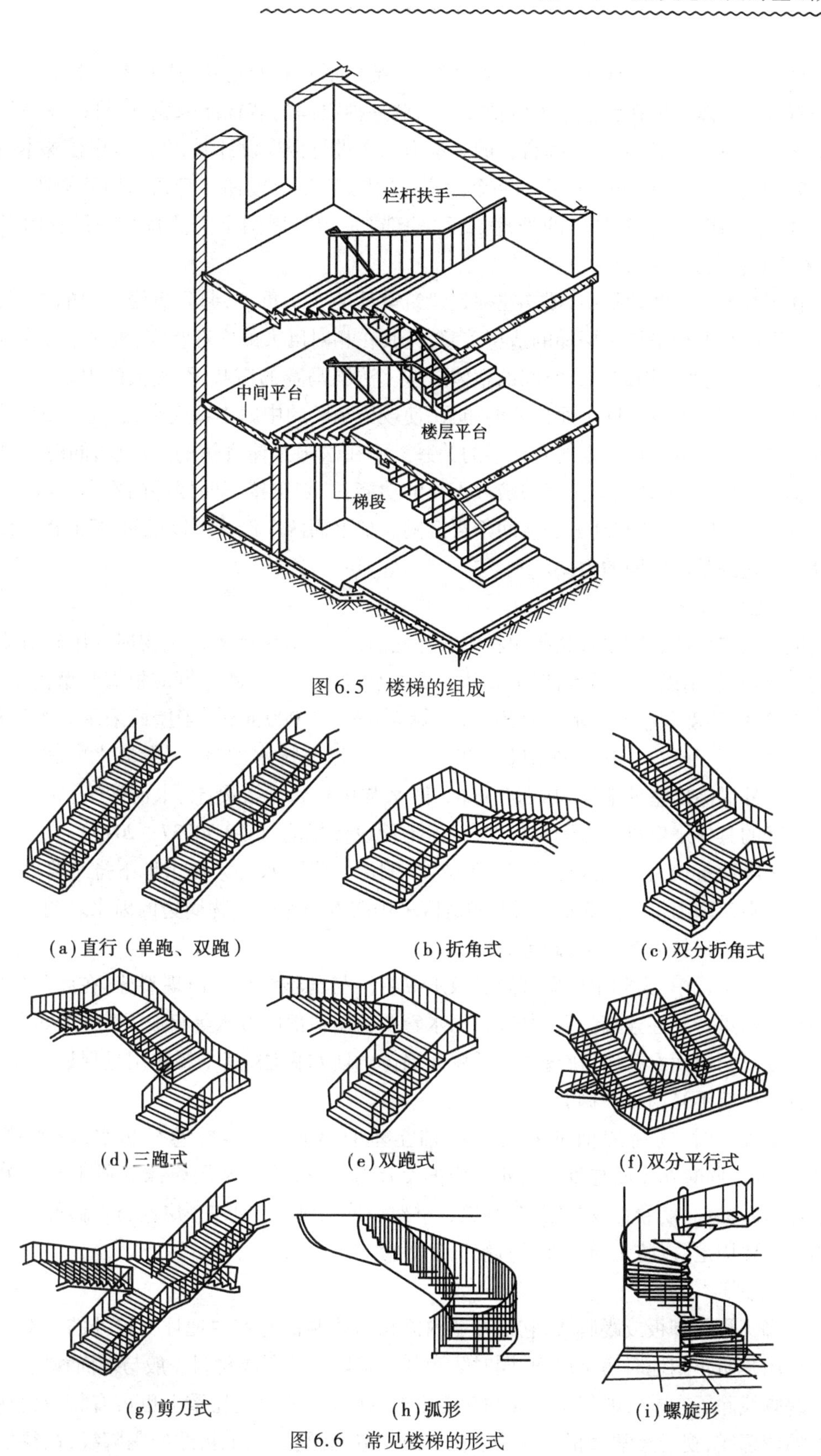

图 6.5　楼梯的组成

(a) 直行（单跑、双跑）
(b) 折角式
(c) 双分折角式
(d) 三跑式
(e) 双跑式
(f) 双分平行式
(g) 剪刀式
(h) 弧形
(i) 螺旋形

图 6.6　常见楼梯的形式

楼梯是建筑中的小建筑,它体量相对较小,结构形式相对简单,这些因素对楼梯造型的限制相对较小。建筑师在创作中可以把楼梯当成一种空间的装饰品来设计,可以在满足其功能的情况下超越纯功能,充分发挥自己的想象力。在进行楼梯设计时,必须考虑楼梯本身及其周围空间的关系,即楼梯“内与外”的两个因素。“内部”是指楼梯本身的结构及构造方式,材料的选择、楼梯踏步及栏杆扶手的处理。而“外部”是指其周围空间的特征。只有两者统一考虑,才能使它们完美结合。

在当今很多公共建筑中,楼梯往往是建筑设计的一个重点,起到点缀空间的作用,而空间也提供了一个舞台来展示楼梯的造型美感,尤其在相对巨大的中庭空间,楼梯也许成为空间的主角,来组织交通及构成中庭空间的整体造型。法国马赛的市政厅,宏大的中庭空间,楼梯及滚动扶梯不同方向及不同平面位置的布置,使较为空旷的中庭丰富起来,而直线楼梯的造型同其他建筑构成部分形成一定的几何形的关系。而在法国某体育馆的大厅里,同时并排几部两折楼梯,一来满足体育馆本身尽快疏散人流的功能,二来连接不同楼层的看台,其以线条为主要构成形式,使相对狭窄高大的空间不再沉闷。从上面两个例子可以说明,好的楼梯设计可以弥补原空间的某些方面的欠缺。

(7)散水和泛水

散水是与外墙勒脚垂直交接倾斜的室外地面部分,是房屋等建筑物周围用砖石或混凝土铺成的保护层,用以排除雨水,保护墙基免受雨水侵蚀。散水的宽度应根据土壤性质、气候条件、建筑物的高度和屋面排水形式确定,一般为600~1 000 mm。当屋面采用无组织排水时,散水宽度应大于檐口挑出长度200~300 mm。为保证排水顺畅,一般散水的坡度为3%~5%,散水外缘高出室外地坪30~50 mm。散水常用材料为混凝土、水泥砂浆、卵石、块石等。散水设计的具体规定可参考国家标准《建筑地面设计规范》(GB 50037—2013)。

在年降雨量较大的地区可采用明沟排水,明沟是将雨水导入城市地下排水管网的排水设施。一般在年降雨量为900 mm以上的地区采用明沟排除建筑物周边的雨水。明沟宽一般为200 mm左右,材料为混凝土、砖等。

在建筑施工中,为防止房屋沉降后散水或明沟与勒脚结合处出现裂缝,在此部位应设缝,用弹性材料进行柔性连接。屋顶坡面、雨水管及外墙根部的散水等组成了建筑物的排水系统。

泛水是指屋面女儿墙、挑檐或高低屋面墙体的防水做法,其主要作用是保证女儿墙、挑檐和高低屋面墙不受雨水冲刷。

泛水施工时,需将屋面的卷材连续铺至垂直墙面上,形成卷材防水,泛水高度不小于350 mm。同时在屋面与垂直女儿墙面的交接缝处,砂浆找平层应抹成圆弧形或45°斜面,上刷卷材胶黏剂,使卷材胶黏密实,避免卷材架空或折断,并加铺一层卷材。做好泛水上口的卷材收头要固定,以防止卷材在垂直墙面上下滑。

(8)踢脚

踢脚又称踢脚板或踢脚线,它是外墙内侧和内墙两侧与室内地坪交接处的构造。踢脚的主要作用是防止扫地时污染墙面,同时防潮和保护墙角。踢脚材料一般与地面相同。

踢脚线除了它本身的保护墙面的功能之外,在家居美观的比重上也占有相当比例。它是地面的轮廓线,视线经常会很自然地落在上面。造型漂亮、做工精致的踢脚线,往往能起到点睛的作用。

(9)勒脚

勒脚是建筑物外墙的墙脚,即建筑物的外墙与室外地面或散水部分的接触墙体部位的加厚部分。勒脚的主要作用是防止地面水、屋檐滴下的雨水对墙面的侵蚀,从而保护墙面,保证室内干燥,提高建筑物的耐久性,同时它还有美化建筑外观的作用。

勒脚经常采用抹水泥砂浆、水刷石或加大墙厚的办法施工而成。勒脚的高度一般为室内地坪与室外地坪之高差,也可以根据立面的需要而提高勒脚的高度尺寸。

(10)阳台

露台又称阳台或阴台,是一种从大厦外壁凸出,由圆柱或托架支承的平台,其边沿则建栏杆,以防止物件和人落出平台范围,实为建筑物的延伸。尽管露台和阳台泛指同一种建筑物,但其实两者有其些微分别,无顶也无遮盖物的平台称露台,有遮盖物者的平台称阳台。

阳台是居住者呼吸新鲜空气、晾晒衣物、摆放盆栽的场所,其设计需要兼顾实用与美观的原则。阳台设计风格多种多样,其中简洁、清新、柔和为主要特点的日式阳台设计是比较常见的。中式或者西式的阳台设计一般都与室内的装饰风格相协调。中式阳台设计以假山、盆景、灯笼这类设计元素为主,讲究将自然的山水风光浓缩在一处。西式的阳台设计常用喷泉、雕塑等。其中,绿色植物大多经过精心修剪,并选用不同的花卉,营造出浪漫雅致的气氛。两种风格都各具特色。

从建筑外立面和阳台的外形来看,最常见的阳台形式包括凸阳台、凹阳台和半凸半凹阳台,如图6.7所示。凸阳台是以向外伸出的悬挑板、悬挑梁板作为阳台的地面,再由各式各样的围板、围栏组成一个半室外空间,空间比较独立,能够灵活布局。凹阳台是指占用住宅套内面积的半开敞式建筑空间,与凸阳台相比,凹阳台无论从建筑本身还是人的感觉上更显得牢固可靠,安全系数可能会大一些,当然没有了转角、直角,景观、视野上则窄得多了。半凸半凹式阳台是指阳台的一部分悬在外面,另一部分占用室内空间,它集凸、凹两类阳台的优点于一身,阳台的进深和宽度都达到了足够多的量,使用、布局更加灵活自如,空间显得有所变化。为避免雨水泛入室内,阳台地面应低于室内楼层地面30~60 mm,向排水方向做平缓斜坡,外缘设挡水边坎,将水导入雨水管排出。

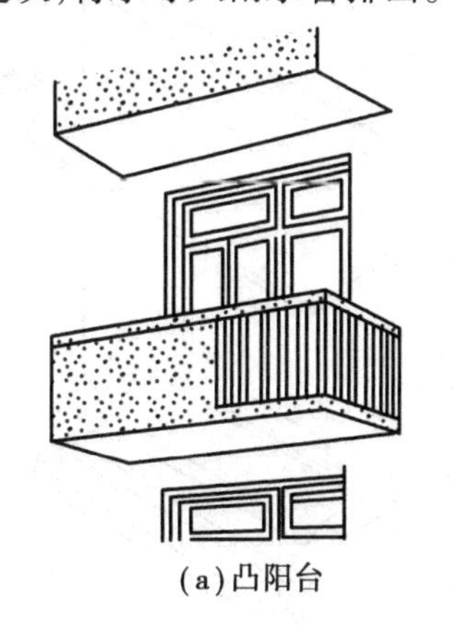
(a)凸阳台

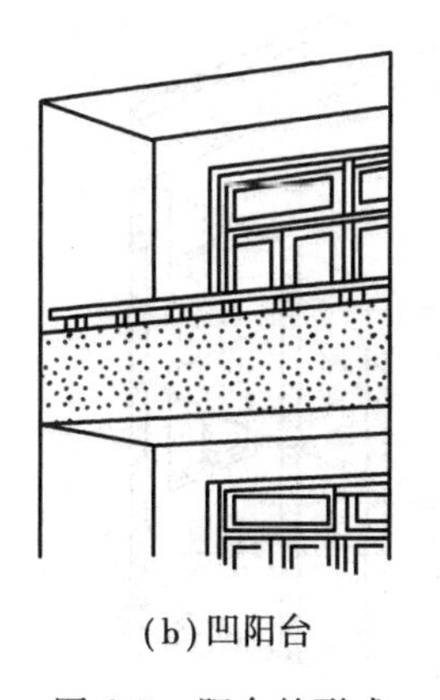
(b)凹阳台

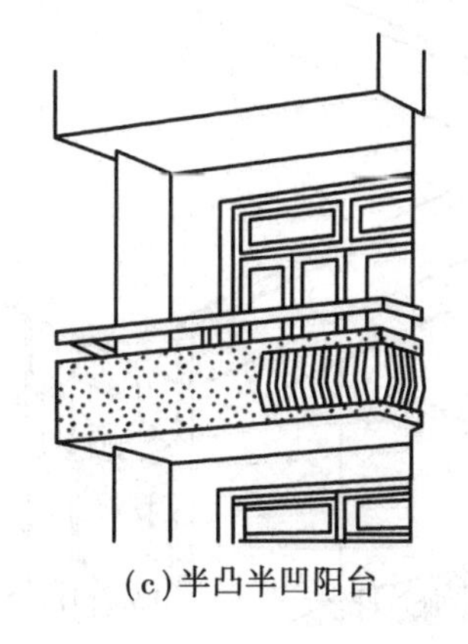
(c)半凸半凹阳台

图6.7　阳台的形式

我国历史上关于“阳台”的史料典故也非常多。例如,战国后期楚国辞赋作家宋玉所著的《高唐赋》中有写道:“昔者先王尝游高唐,怠而昼寝,梦见一妇人,曰:‘妾巫山之女也,为高唐之客,闻君游高唐,愿荐枕席。’王因幸之。去而辞曰:‘妾在巫山之阳,高丘之岨,旦为朝云,暮为行雨,朝朝暮暮,阳台之下。’”后遂以“阳台”指男女欢会之所。唐代诗人李商隐的《寄永道士》诗中有关于“阳台”的描述:“共上云山独下迟,阳台白道细如丝。”南唐的严续姬也在《赠别》诗中描写到了“阳台”:“风柳摇摇无定枝,阳台云雨梦中归。”

(11)烟道

烟道是废气和烟雾排放的管状装置。住宅烟道是指用于排除厨房烟气或卫生间废气的竖向管道制品,也称排风道、通风道或住宅排气道。住宅烟道是住宅厨房、卫生间共用排气管道系统的主要组成部分。

(12)女儿墙

女儿墙在古代时称为“女墙”,包含着窥视之义,是仿照女子“睥睨”之形态,在城墙上筑起的墙垛,因此,后来便演变成一种建筑专用术语,特指房屋外墙高出屋面的矮墙,在现存的明清古建筑物中还能看到。

在建筑术语中,女儿墙的含义指的是建筑物屋顶外围的矮墙,如图6.8所示。其中,可以上人的女儿墙的作用是保护人员的安全,并对建筑立面起装饰作用;而不上人的女儿墙的作用除立面装饰作用外,还起固定油毡的作用。女儿墙的高度取决于是否上人,不上人的女儿墙高度应不小于800 mm,而上人的女儿墙高度应不小于1 300 mm。

如今女儿墙已成为建筑的专用术语,伴随着社会的发展和进步,女儿墙的浪漫和诗情画意也不再是人们津津乐道的内容了,只是国家建筑规范中的900 mm高的砖混结构式的一堵矮墙而已。它回归了建筑的本原,在建筑物上起着它应起的作用。一般在一些单元楼的屋顶上,成为建筑施工工序中一种必不可少的并且具有封闭性的一部分。

(13)雨篷

雨篷是设置在建筑物进出口上部的遮雨和遮阳篷,它是建筑物入口处和顶层阳台上部用以遮挡雨水和保护外门免受雨水侵蚀的水平构件,如图6.9所示。

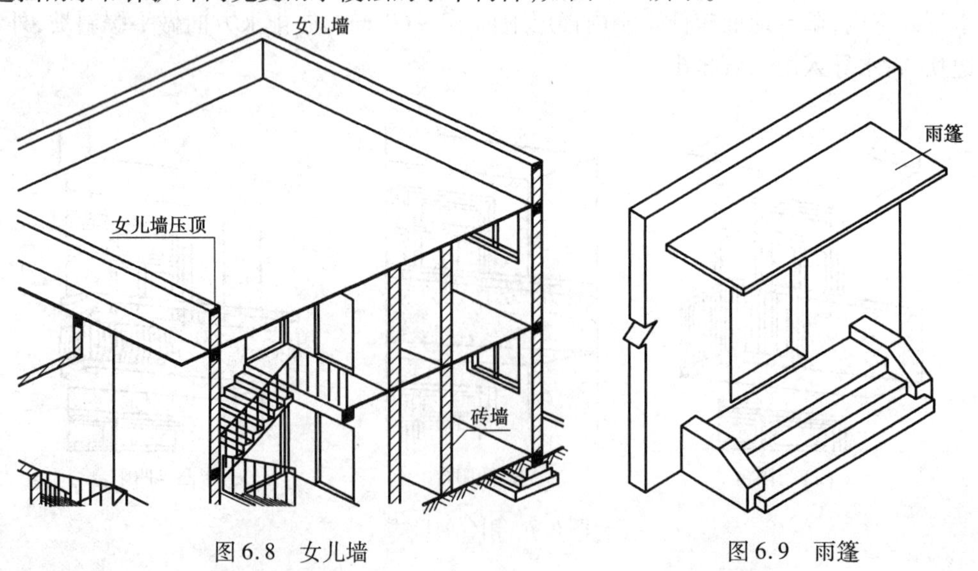

图6.8　女儿墙　　　　图6.9　雨篷

6.1.2　常用建筑名词和术语

为了能够熟练识读建筑施工图,需要理解下面常用的建筑名词和术语。

(1)开间和进深

住宅设计中,住宅的宽度是指一间房屋内一面墙的定位轴线到另一面墙的定位轴线之间的实际距离,因为是就一自然间的宽度而言,故又称开间,如图6.10所示。住宅的开间在住宅设计上有严格的规定,根据《住宅建筑模数协调标准》(GBJ 100—87)规定,住宅建筑的开间常采用下列参数:2.1,2.4,2.7,3.0,3.3,3.6,3.9,4.2 m。

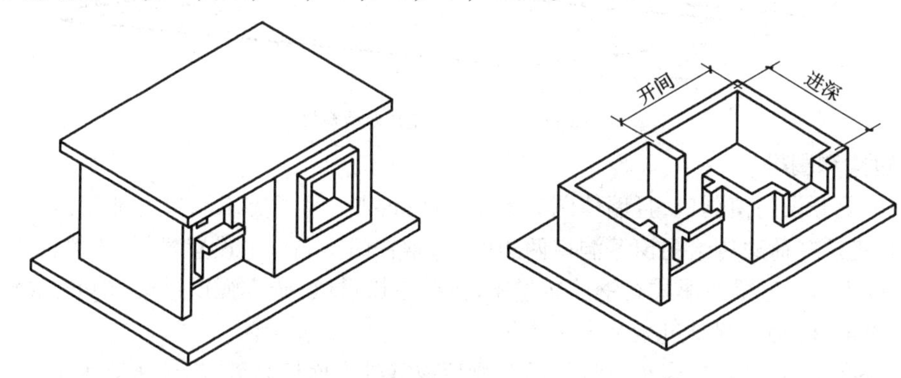

图6.10　开间和进深示意图

住宅的进深,在建筑学上是指一间独立的房屋或一幢居住建筑从前墙定位轴线到后墙定位轴线之间的距离。进深大的住宅可以有效地节约用地,但为了保证建成的住宅可以有良好的自然采光和通风条件,住宅的进深在设计上有一定的要求,不宜过大。目前,我国大量城镇住宅房间的进深一般要限定在5 m左右,不能任意扩大。在《住宅建筑协调标准》(GBJ 100—87)中规定了砖混结构住宅建筑的进深常用参数:3.0,3.3,3.6,3.9,4.2,4.5,4.8,5.1,5.4,5.7,6.0 m。住宅的进深不宜超过14 m,因为这关系到室内的空气流通,进深超过14 m,不利于组织穿堂风。

(2)层高和净高

层高是指住宅高度以“层”为单位计量,它通常包括下层地板面或楼板面到上层楼板面之间的距离。在《住宅设计规范》(GB 50096—2011)中规定,住宅层高宜为2.80 m。

有些建筑物无法测量出层高,如地下室的入口处、窑洞等建筑物就测不出层高。为保证人最基本的活动空间,建筑物空间的高度应使用楼层净高这一标准取代层高标准。净高指下层地板面或楼板上表面到上层楼板下表面之间的距离,净高与层高的关系可以用公式来表示:净高=层高-楼板厚度,即层高和楼板厚度的差称为净高。

(3)柱、主梁和次梁

柱是建筑物中垂直的主结构件,承托它上方物件的质量。主梁指的是在上部结构中,支承各种荷载并将其传递至墩、台的梁。次梁在主梁的上部,主要起传递荷载的作用,在主梁和次梁的交接处,可以把主梁看成是次梁的支座。

在框架梁结构里,主梁搁置在框架柱子上,次梁搁置在主梁上,如图6.11所示。

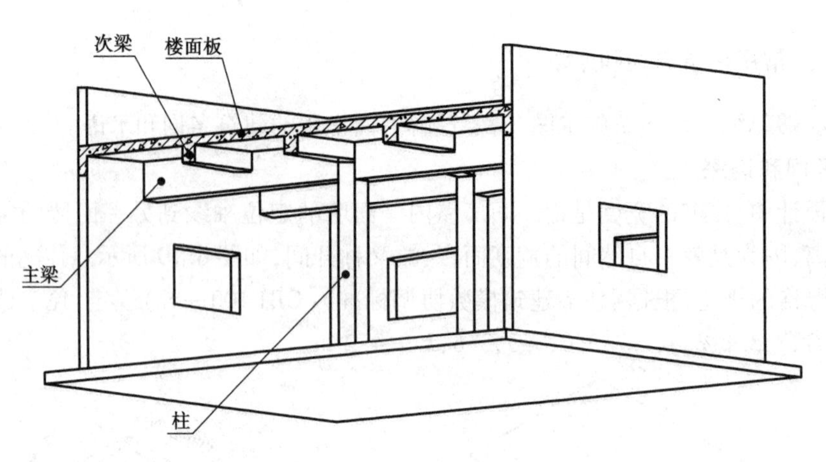

图 6.11　柱、主梁和次梁示意图

(4)过梁和圈梁

当墙体上开设门窗洞口,且墙体洞口大于 300 mm 时,为了支承洞口上部砌体所传来的各种荷载,并将这些荷载传给门窗等洞口两边的墙,常在门窗洞口上设置横梁,该梁称为过梁,如图 6.12(a)所示。过梁的形式有钢筋砖过梁、砌砖平拱过梁、砖砌弧拱过梁、钢筋混凝土过梁、砖砌楔拱过梁、砖砌半圆拱过梁及木过梁等。

圈梁是在房屋的檐口、窗顶、楼层、吊车梁顶或基础顶面标高处,沿砌体墙水平方向设置封闭状的按构造配筋的混凝土梁式构件,如图 6.12(b)所示。圈梁通常设置在基础墙、檐口和楼板处,其数量和位置与建筑物的高度、层数、地基状况和地震强度有关。圈梁是沿建筑物外墙四周及部分内横墙设置的连续封闭的梁,其目的是增强建筑的整体刚度及墙身的稳定性。圈梁可以减少因基础不均匀沉降或较大振动荷载对建筑物的不利影响及其所引起的墙身开裂。在抗震设防地区,利用圈梁加固墙身就显得更加必要。因为圈梁是连续围合的梁,故也称为环梁。

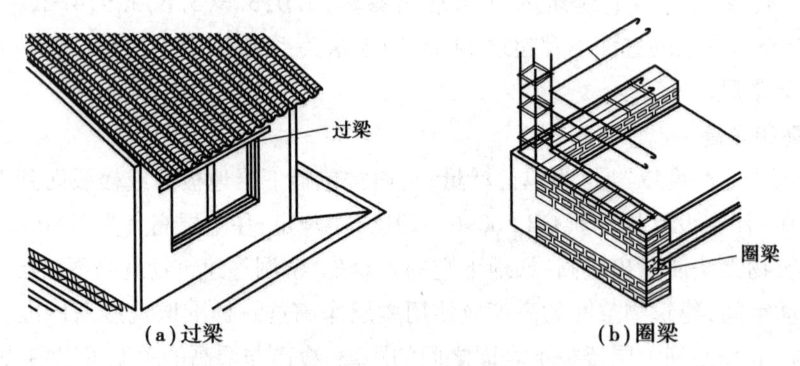

图 6.12　过梁和圈梁

(5)道路红线、建筑红线和用地红线

道路红线是指规划的城市道路(含居住区级道路)用地的边界线。

建筑红线也称"建筑控制线",是指城市规划管理中控制城市道路两侧沿街建筑物或构筑物(如外墙、台阶等)靠临街面的界线。任何临街建筑物或构筑物不得超过建筑红线。

用地红线是指各类建筑工程项目用地使用权属范围的边界线。

(6)建筑高度

建筑高度指建筑物室外地坪面至外墙顶部的总高度。计算建筑高度时,应遵循以下规则:

①烟囱、避雷针、旗杆、风向器、天线等在屋顶上的凸出构筑物不计入建筑高度。

②楼梯间、电梯塔、装饰塔、眺望塔、屋顶窗、水箱间等建筑物屋顶上凸出部分的水平投影面积合计小于标准层面积25%的,不计入建筑高度、层数。

③平顶房屋按建筑室外设计地面处至屋面面层计算。

④坡顶房屋建筑按外墙散水至建筑屋檐和屋脊平均高度计算。

(7)建筑面积、使用面积、使用率、辅助面积和结构面积

建筑面积也称建筑展开面积,是指住宅建筑外墙勒脚以上外围水平面测定的各层平面面积之和。它是表示一个建筑物建筑规模大小的经济指标。建筑面积由使用面积、辅助面积和结构面积组成。

使用面积是指建筑物各层平面中直接为生产或生活使用的净面积之和。计算住宅使用面积,可以比较直观地反映住宅的使用状况。

使用率是使用面积与建筑面积之比,用百分数表示。使用率可反映商品房使用面积的大小,具有一定参考性。

辅助面积是指建筑物各层平面为辅助生产或生活活动所占的净面积的总和,如居住建筑中的楼梯、走道、厕所及厨房等。

结构面积是指建筑物各层平面中的墙、柱等结构所占面积的总和。

(8)房屋层数

房屋层数是指房屋的自然层数,一般按室内地坪±0.000以上计算,其中采光窗在室外地坪以上的半地下室,其室内层高在2.20 m以上(不含2.20 m)的,计算自然层数。房屋总层数为房屋地上层数与地下层数之和。假层、附层(夹层)、插层、阁楼(暗楼)、装饰性塔楼以及凸出屋面的楼梯间、水箱间不计层数。

(9)砖混结构、框架结构和钢结构

砖混结构是混合结构的一种,是采用砖墙来承重,钢筋混凝土梁柱板等构件构成的混合结构体系。也就是说砖混结构是以小部分钢筋混凝土及大部分砖墙承重的结构。砖混结构在做建筑设计时,楼高不能超过6层,隔音效果是中等的。

框架结构是指由梁和柱以刚接或者铰接相连接而成构成承重体系的结构,即由梁和柱组成框架共同抵抗使用过程中出现的水平荷载和竖向荷载。采用框架结构的房屋墙体不承重,仅起到围护和分隔作用,一般用预制的加气混凝土、膨胀珍珠岩、空心砖或多孔砖、浮石、蛭石、陶粒等轻质板材等材料砌筑或装配而成。

钢结构是以钢材制作为主的结构,是主要的建筑结构类型之一。钢结构与普通钢筋混凝土结构相比,其具有匀质、高强、施工速度快、抗震性好和回收率高等优越性,钢比砖石和混凝土的强度和弹性模量要高出很多倍,因此在荷载相同的条件下,钢构件的质量轻。从被破坏方面看,钢结构是在事先有较大变形预兆,属于延性破坏结构,能够预先发现危险,从而避免。

(10)容积率、建筑密度和绿地率

容积率指项目用地范围内总建筑面积与项目总用地面积的比值,即“容积率=总建筑面积÷土地面积”。对于发展商来说,容积率决定地价成本在房屋中占的比例,而对于住户来说,容积率直接涉及居住的舒适度。容积率越高,居民的舒适度越低,反之则舒适度越高。

建筑密度是指建筑物的覆盖率,具体指项目用地范围内所有建筑的基底总面积与规划建设用地面积之比,它可以反映出一定用地范围内的空地率和建筑密集程度。建筑密度是反映建筑占用地面积比例的一个概念。建筑密度大,说明用地中房子盖得"满",反之则说明房子盖得"稀"。

绿地率是指居住区用地范围内各类绿地的总和与居住区用地的比率。绿地率所指的"居住区用地范围内各类绿地"主要包括公共绿地、宅旁绿地等。

(11)建筑模数

建筑工业化指用现代工业的生产方式来建造房屋,它的内容包括4个方面,即建筑设计标准化、构件生产工厂化、施工机械化及管理科学化。为保证建筑设计标准化和构件生产工厂化,建筑物及其各组成的尺寸必须统一协调,为此我国制订了《建筑模数协调统一标准》(GBJ 2—86)作为建筑设计的依据。

建筑模数是指建筑设计中,为了实现工业化大规模生产,使不同材料、不同形式和不同制造方法的建筑构配件、组合件具有一定的通用性和互换性,统一选定的协调建筑尺度的增值单位。

在建筑模数协调中选用的基本尺寸单位,其数值为100 mm,符号为M,即1 M=100 mm,当前世界上大部分国家均以此为基本模数。基本模数的整数值称为扩大模数。整数除基本模数的数值称为分模数。模数是一种度量单位,这个度量单位的数值扩展成一个系列就构成了模数系列。模数系列可由基本模数M的倍数得出。模数可作为建筑设计依据的度量,它决定每个建筑构件的精确尺寸,决定体系中和建筑物本身内建筑构件的位置。建筑设计中的主要建筑构件如承重墙、柱、梁、门窗洞口都应符合模数化的要求,严格遵守模数协调规则,以利于建筑构配件的工业化生产和装配化施工。

建筑模数主要的类型如下:

1)基本模数

基本模数的数值规定为100 mm,表示符号为M,即1 M等于100 mm,整个建筑物或其中一部分以及建筑组合件的模数化尺寸均应是基本模数的倍数。

2)扩大模数

扩大模数指基本模数的整倍数。扩大模数的基数应符合以下规定:

①水平扩大模数为3 M,6 M,12 M,15 M,30 M,60 M这6个,其相应的尺寸分别为300,600,1 200,1 500,3 000,6 000 mm。

②竖向扩大模数的基数为3 M,6 M两个,其相应的尺寸为300,600 mm。

3)分模数

分模数指整数除基本模数的数值。分模数的基数为M/10,M/5,M/2这3个,其相应的尺寸为10,20,50 mm。

4)模数数列

模数数列指由基本模数、扩大模数、分模数为基础扩展成的一系列尺寸,模数数列的幅度及适用范围如下:

①水平基本模数的数列幅度为(1~20)M。它主要适用于门窗洞口和构配件断面尺寸。

②竖向基本模数的数列幅度为(1~36)M。它主要适用于建筑物的层高、门窗洞口、构配件等尺寸。

③水平扩大模数数列的幅度:3 M 为(3～75)M;6 M 为(6～96)M;12 M 为(12～120)M;15 M 为(15～120)M;30 M 为(30～360)M;60 M 为(60～360)M,必要时幅度不限。它主要适用于建筑物的开间或柱距、进深或跨度、构配件尺寸和门窗洞口尺寸。

④竖向扩大模数数列的幅度不受限制。它主要适用于建筑物的高度、层高、门窗洞口尺寸。

⑤分模数数列的幅度:M/10 为(1/10～2)M;M/5 为(1/5～4)M;M/2 为(1/2～10)M。它主要适用于缝隙、构造节点、构配件断面尺寸。

(12)标志尺寸、构造尺寸和实际尺寸

为了保证建筑制品、构配件等有关尺寸的统一协调,《建筑模数协调统一标准》规定了标志尺寸、构造尺寸、实际尺寸及其相互间的关系。

1)标志尺寸

标志尺寸是用以标注建筑物定位轴线间的距离(如开间或柱距、进深或跨度、层高等)以及建筑构配件、建筑组合件、建筑制品、有关设备位置界限之间的尺寸。标志尺寸应符合模数数列的规定。

2)构造尺寸

构造尺寸是建筑构配件、建筑组合件、建筑制品等的设计尺寸,一般情况下标志尺寸减去缝隙为构造尺寸。缝隙尺寸应符合模数数列的规定。

3)实际尺寸

实际尺寸是建筑构配件、建筑组合件、建筑制品等生产制作后的实际尺寸。这一尺寸因生产误差造成与设计的构造尺寸有差值,这个差值应符合施工验收规范的规定。

(13)构造柱和马牙槎

为提高多层建筑砌体结构的抗震性能,建筑规范要求应在房屋的砌体内适宜部位设置钢筋混凝土柱并与圈梁连接,共同加强建筑物的稳定性,这种钢筋混凝土柱通常就被称为构造柱,如图6.13所示。构造柱主要不是承担竖向荷载的,而是抗击剪力、抗震等横向荷载的。构造柱通常设置在楼梯间的休息平台处,纵横墙交接处,墙的转角处,墙长达到5 m的中间部位也要设构造柱。

马牙槎是砖墙留槎处的一种砌筑方法,如图6.13所示。当砌体不能同时砌筑时,在交接处一般要预留马牙槎,以保持砌体的整体性与稳定性。马牙槎常用在构造柱与墙体的连接中,是指构造柱上凸出的部分,其目的是在浇筑构造柱时使墙体与构造柱结合得更牢固,更利于抗震。

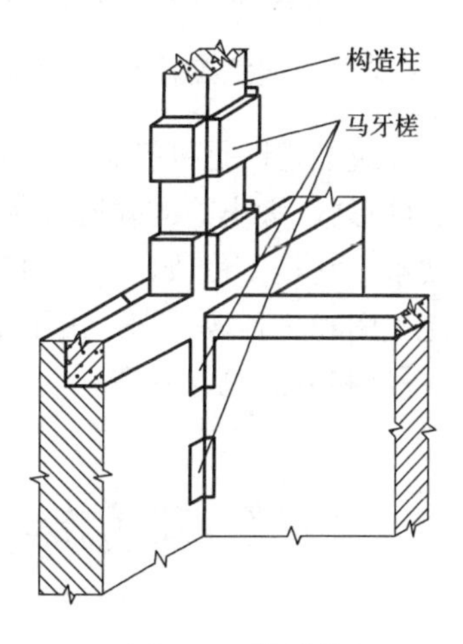

图6.13　构造柱

(14)地貌、地物和地形

地貌是地表面高低起伏的自然形态。地物是地表面自然形成和人工建造的固定性物体。不同地貌和地物的错综结合,就会形成不同的地形,如平原、丘陵、山地、高原及盆地等。

6.2 建筑工程图的分类及特点

建筑工程图是用于表示建筑物的内部布置情况、外部形状以及装修、构造、施工要求等内容的有关图纸。在建筑工程项目立项时,它是审批建筑工程项目的主要依据。在建筑工程施工时,它是备料和施工的主要依据。当建筑工程竣工时,要按照建筑工程图的设计要求进行质量检查和验收,并以此评价工程质量优劣。建筑工程图还是编制工程概算、预算和决算及审核工程造价的依据,建筑工程图是具有法律效力的技术文件。

6.2.1 建筑工程图的分类

建造一幢房屋从设计到施工,要由许多专业和工种共同配合来完成。按专业分工的不同,建筑工程图可分为建筑施工图、结构施工图和设备施工图。

建筑施工图简称“建施”,它主要用来表示房屋的规划位置、外部造型、内部布置、内外装修、细部构造、固定设施及施工要求等。它包括施工图首页、总平面图、平面图、立面图、剖面图和详图。

结构施工图简称“结施”,它主要表示房屋承重结构的布置、构件类型、数量、大小及做法等。它包括基础平面图,基础剖面图,屋盖结构布置图,楼层结构布置图,柱、梁、板配筋图,楼梯图,结构构件图或表以及必要的详图。

设备施工图简称“设施”,它主要表示各种设备、管道和线路的布置、走向以及安装施工要求等。设备施工图又分为给水排水施工图、供暖施工图、通风与空调施工图、电气施工图等。设备施工图一般包括平面布置图、系统图和详图。

由此可以看出,一套完整的房屋施工图,其内容和数量很多。而且工程的规模和复杂程度不同,工程的标准化程度不同,都可导致图样数量和内容的差异。为了能准确地表达建筑物的形体,设计时图样的数量和内容应完整、详尽和充分,一般在能够清楚表达工程对象的前提下,一套图样的数量及内容越少越好。

6.2.2 建筑工程图的特点

建筑工程图是以投影原理为基础,按国家规定的制图标准,把已经建成或尚未建成的建筑工程的形状、大小等准确地表达在平面上的图样,并同时标明工程所用的材料以及生产、安装等要求。它是工程项目建设的技术依据和重要的技术资料。建筑工程图包括方案设计图、各类施工图和工程竣工图。由于工程建设各个阶段的任务要求不同,因此,各类图纸所表达的内容、深度和方式也有差别。

6.3 建筑施工图中的常用符号(GB/T 50001—2017)

建筑施工图作为专业的建筑工程图样,具有严格的符号使用规则,这些专用的建筑符号是保证不同的建筑工程师能够读懂图纸的必要手段。下面简单介绍建筑施工图中比较常用的符号。

6.3.1　定位轴线

建筑施工图的定位轴线是建造房屋时砌筑墙身、浇注柱梁、安装构配件等施工定位的依据。凡是墙、柱、梁或屋架等主要承重构件都应画出定位轴线，并编号确定其位置。对非承重的分隔墙、次要的承重构件，可编绘附加轴线，有时也可以不编绘附加轴线，而直接注明其与附近的定位轴线之间的尺寸。根据《房屋建筑制图统一标准》(GB/T 50001—2017)中的要求，定位轴线应按照以下规定进行绘制：

①定位轴线应用0.25b线宽的细单点长画线绘制。定位轴线应编号，编号应注写在轴线端部的圆内。圆应用0.25b线宽的细实线绘制，直径为8～10 mm。定位轴线圆的圆心应在定位轴线的延长线或延长线的折线上。除较复杂需采用分区编号或圆形、折线形外，平面图上定位轴线的编号，宜标注在图样的下方或左侧，或在图样的四面标注。横向编号应用阿拉伯数字，从左至右顺序编写；竖向编号应用大写英文字母，从下至上顺序编写，如图6.14所示。

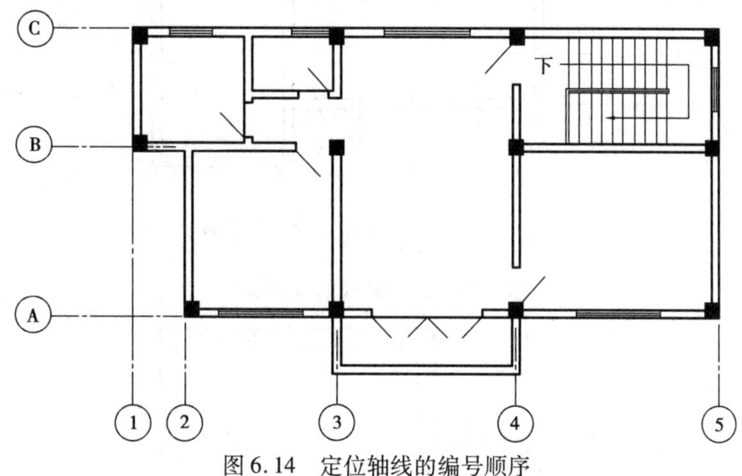

图6.14　定位轴线的编号顺序

②英文字母作为轴线号时，应全部采用大写字母，不应用同一个字母的大小写来区分轴线号，如图6.14所示。拉丁字母的I,O,Z不得用作轴线编号。当字母数量不够使用，可增用双字母或单字母加数字注脚，如“HA，K_1”。

③组合较复杂的平面图中定位轴线也可采用分区编号，如图6.15所示。编号的注写形式应为“分区号-该分区定位轴线编号”。分区号宜采用阿拉伯数字或大写英文字母表示。多子项的平面图中定位轴线可采用子项编号，编号的注写形式为“子项号-该子项定位轴线编号”，子项号采用阿拉伯数字或大写英文字母表示，如“1—1”“1—A”或“A—1”“A—2”。当采用分区编号或子项编号，同一根轴线有不止1个编号时，相应编号应同时注明。

④如图6.16所示，附加定位轴线的编号应以分数形式表示，并应符合以下规定：

a. 两根轴线的附加轴线，应以分母表示前一轴线的编号，分子表示附加轴线的编号。编号宜用阿拉伯数字顺序编写。

b. 1号轴线或A号轴线之前的附加轴线的分母应以01或0A表示。

⑤一个详图适用于几根轴线时，应同时注明各有关轴线的编号，如图6.17所示。通用详图中的定位轴线应只画圆，不注写轴线编号。

⑥圆形和弧形平面图中的定位轴线，其径向轴线应以角度进行定位，其编号宜用阿拉伯数

字表示,从左下角或-90°(若径向轴线很密,角度间隔很小)开始,按逆时针顺序编写;其环向轴线宜用大写拉丁字母表示,从外向内顺序编写,如图 6.18 所示。圆形与弧形平面图的圆心宜选用大写英文字母编号(I、O、Z 除外),有不止一个圆心时,可在字母后加注阿拉伯数字进行区分,如 P1 、P2 、P3 。

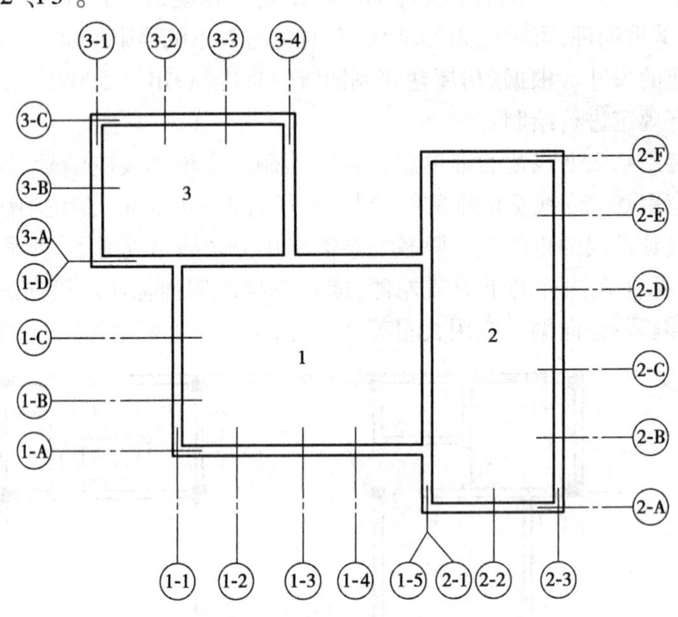

图 6.15　定位轴线的分区编号

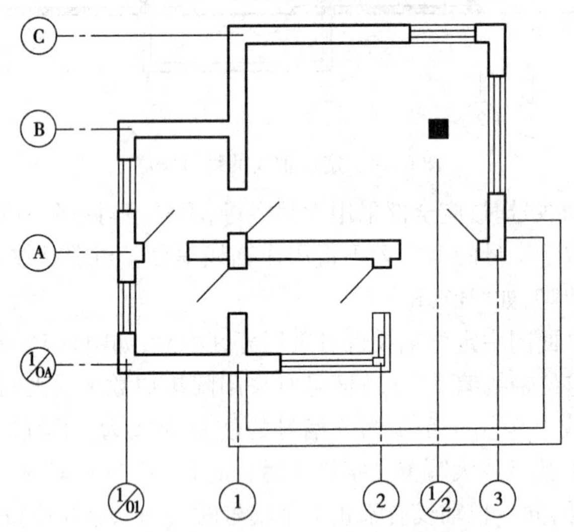

图 6.16　附加定位轴线的标注

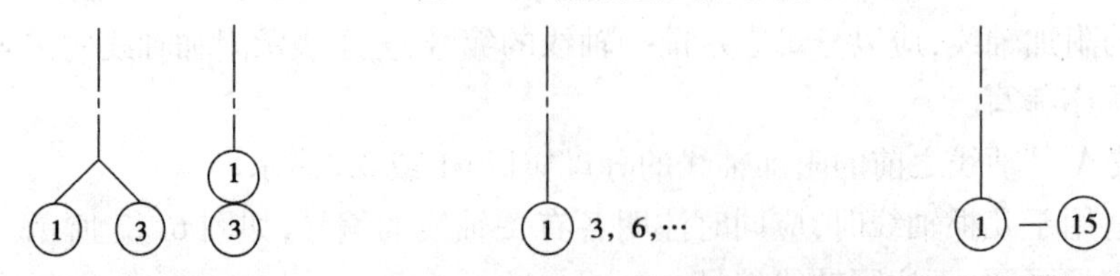

(a)用于两根轴线时　(b)用于3根或3根以上轴线时　(c)用于3根以上连续编号的轴线时

图 6.17　详图的轴线编号

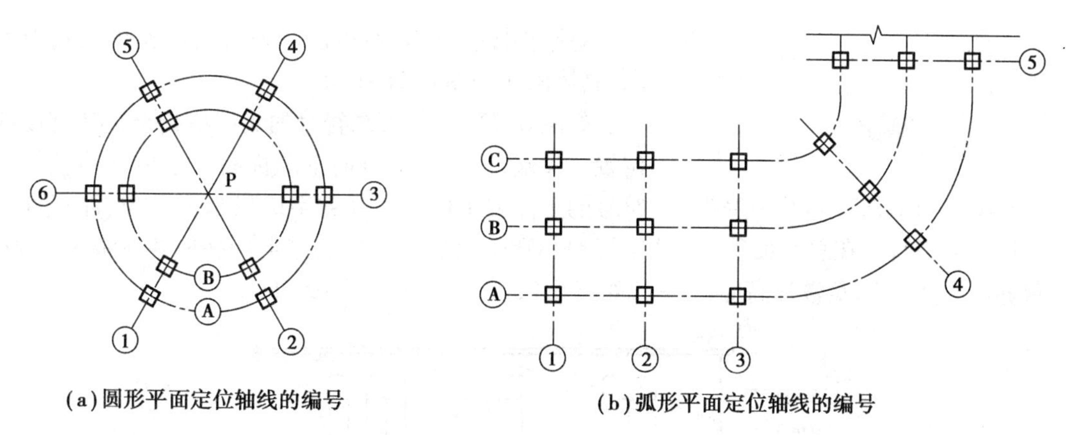

图6.18　圆形和弧形平面定位轴线的编号

⑦折线形平面图中定位轴线的编号可按如图6.19所示的形式编写。

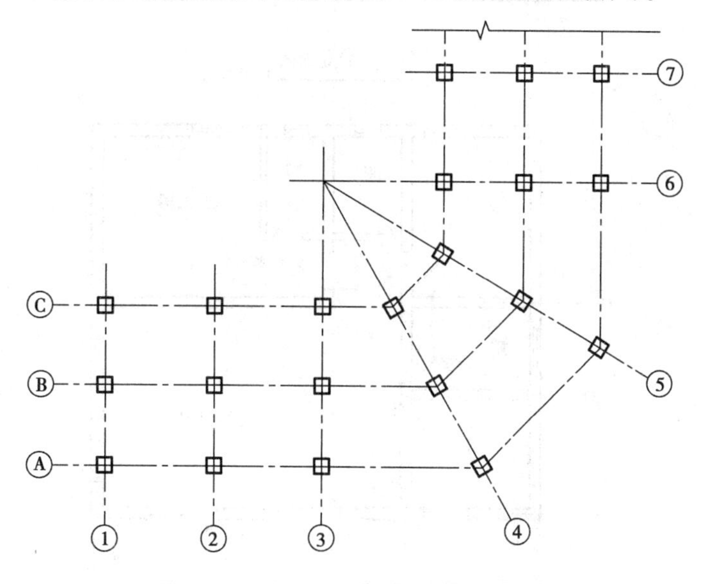

图6.19　折线形平面定位轴线的编号

6.3.2　标高符号

标高符号应以等腰直角三角形表示，按如图6.20(a)所示形式用细实线绘制，如标注位置不够，也可按如图6.20(b)所示形式绘制。标高符号的具体画法如图6.20(c)、(d)所示。

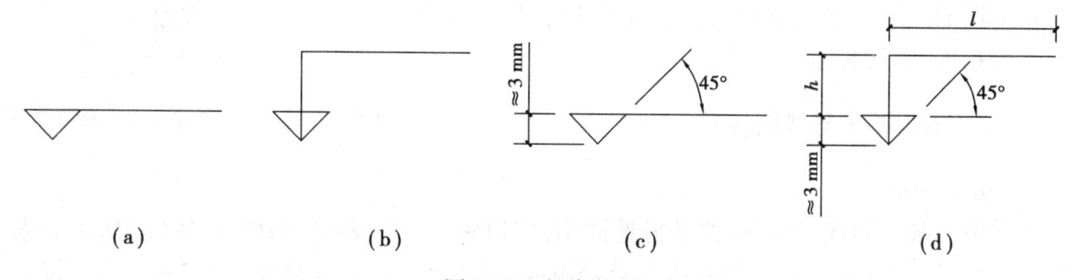

图6.20　标高符号

l—取适当长度注写标高数字；h—根据需要取适当高度

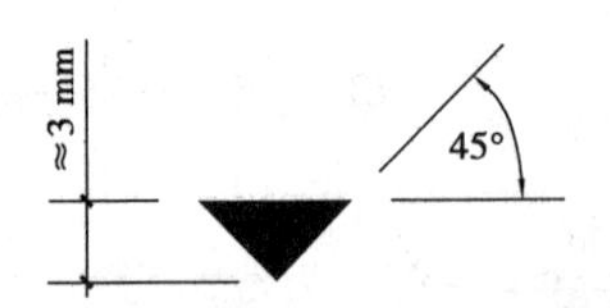

图 6.21　总平面图室外地坪标高符号

总平面图室外地坪标高符号，宜用涂黑的三角形表示，具体画法如图 6.21 所示。

如图 6.22 所示，标高符号的尖端应指至被注高度的位置。尖端宜向下，也可向上。标高数字应注写在标高符号的上侧或下侧。标高数字应以米为单位，注写到小数点以后第三位。在总平面图中，可注写到小数点以后第二位。零点标高应注写成±0.000，正数标高不注“+”，负数标高应注“-”，如图 6.22 所示的 0.900，-0.300。

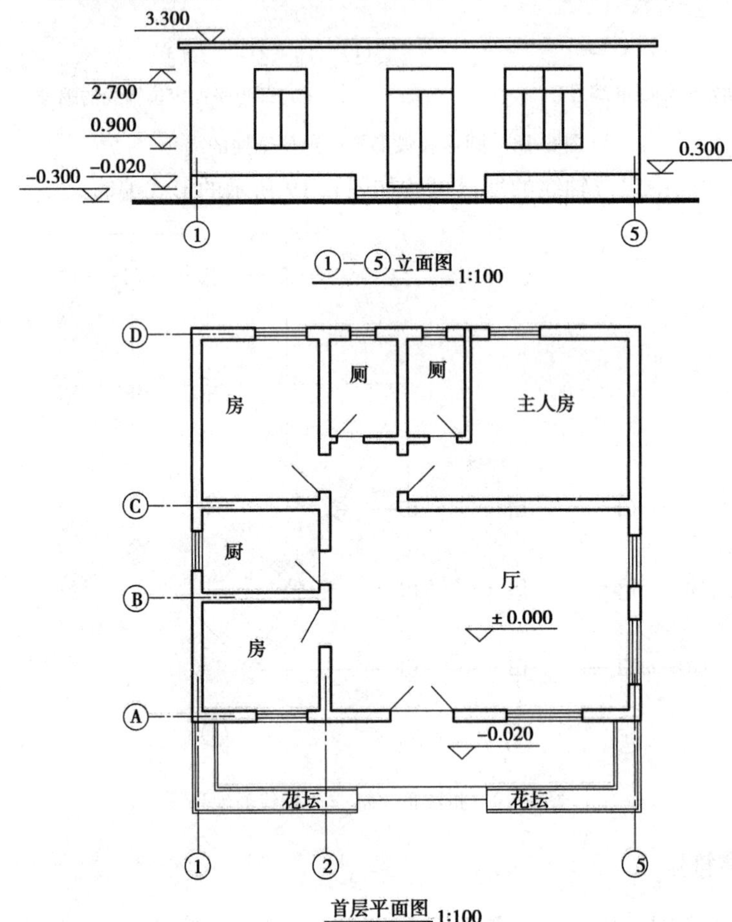

图 6.22　标高的指向

在图样的同一位置需表示几个不同标高时，标高数字可按如图 6.23 所示的形式注写。

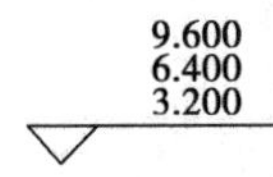

图 6.23　同一位置注写多个标高数字

6.3.3　索引符号与详图符号

(1) 索引符号

图样中的某一局部或构件，如需另见详图，应以索引符号索引，如图 6.24(a)所示。索引符号是由直径为 8 ~ 10 mm 的圆和水平直径组成，圆及水平直径线宽宜为 0.25b。索引符号应按以下规定编写：

①索引出的详图如与被索引的详图同在一张图纸内，应在索引符号的上半圆中用阿拉伯数字注明该详图的编号，并在下半圆中间画一段水平细实线，如图6.24(b)所示。

②索引出的详图如与被索引的详图不在同一张图纸内，应在索引符号的上半圆中用阿拉伯数字注明该详图的编号，在索引符号的下半圆用阿拉伯数字注明该详图所在图纸的编号，如图6.24(c)所示。当数字较多时，可加文字标注。

③索引出的详图如采用标准图，应在索引符号水平直径的延长线上加注该标准图册的编号，如图6.24(d)所示。需要标注比例时，文字在索引符号右侧或延长线下方，与符号下对齐。

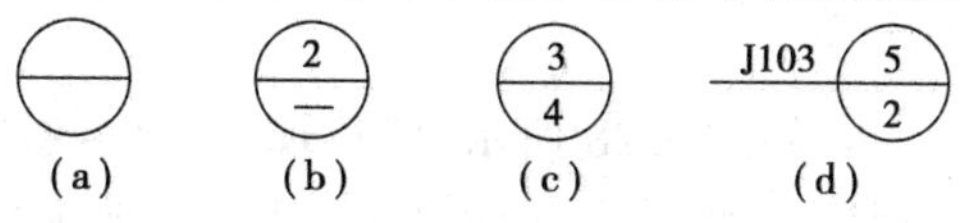

图6.24　索引符号

索引符号如用于索引剖视详图，应在被剖切的部位绘制剖切位置线，并以引出线引出索引符号，引出线所在的一侧应为剖视方向，如图6.25所示。零件、钢筋、杆件及消火栓、配电箱、管井等设备的编号宜以直径为4～6 mm的圆表示，圆线宽为0.25*b*，同一图样应保持一致，其编号应用阿拉伯数字按顺序编写，如图6.25(e)所示。

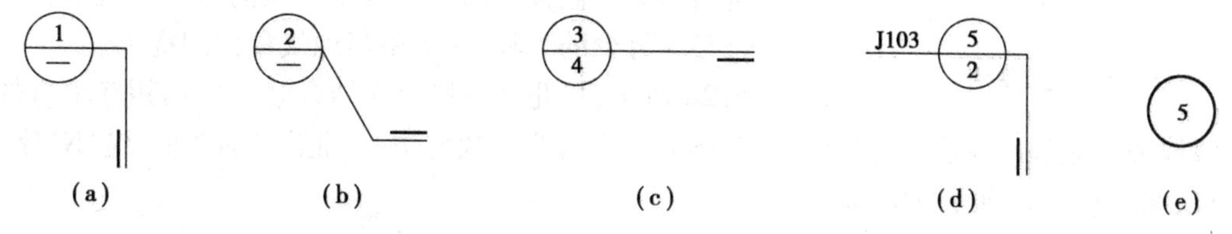

图6.25　用于索引剖面详图的索引符号

(2)详图符号

详图的位置和编号，应以详图符号表示。详图符号的圆的直径应为14 mm，线宽为*b*。详图应按以下规定编号：

①详图与被索引的图样同在一张图纸内时，应在详图符号内用阿拉伯数字注明详图的编号，如图6.26(a)所示。

②详图与被索引的图样不在同一张图纸内时，应用细实线在详图符号内画一水平直径，在上半圆中注明详图编号，在下半圆中注明被索引的图纸的编号，如图6.26(b)所示。

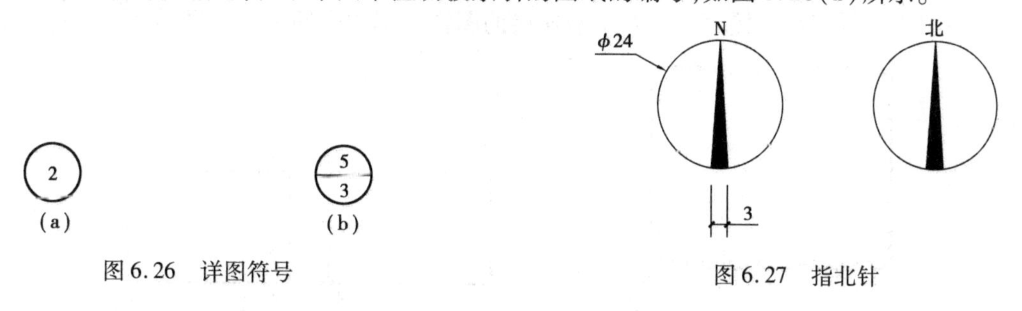

图6.26　详图符号

图6.27　指北针

6.3.4　指北针与风玫瑰图

(1)指北针

指北针应绘制在建筑物±0.000标高的平面图上，并放在明显位置，所指的方向应与总图一致。指北针的形状应符合如图6.27的规定，其圆的直径宜为24 mm，用细实线绘制；指针尾部的宽度宜为 3 mm,指针头部应注“北”或“N”字。需用较大直径绘制指北针时,指针尾部的宽度宜为直径的 1/8。

(2)风玫瑰图

风玫瑰图分为风向玫瑰图和风速玫瑰图两种,一般多用风向玫瑰图。风向玫瑰图表示风向和风向的频率。风向频率是在一定时间内各种风向出现的次数占所有观察次数的百分比。根据各方向风的出现频率,以相应的比例长度,按风向从外向中心吹,描在用 8 个或 16 个方位所表示的图上,然后将各相邻方向的端点用直线连接起来,绘成一个形式宛如玫瑰的闭合折线,就是风玫瑰图。

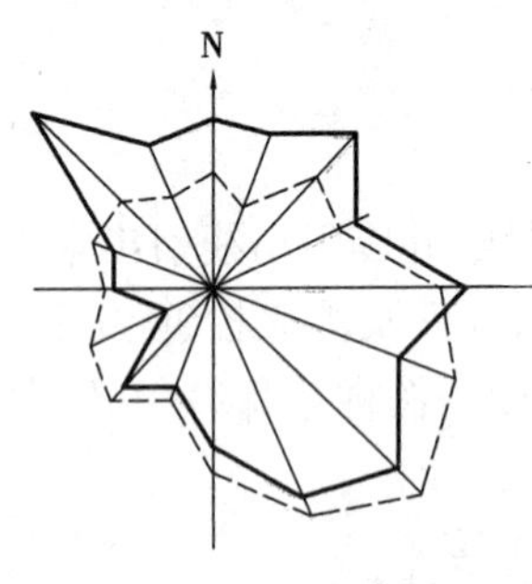

图 6.28 风玫瑰图

如图 6.28 所示,风玫瑰图中的线段最长者,即外面到中心的距离越大,表示风频越大,其为当地主导风向;外面到中心的距离越小,表示风频越小,其为当地最小风频。风玫瑰图按上北下南绘制,图中实线表示的是全年风向频率,细虚线表示的是夏季(6,7,8 月)风向频率。由于风玫瑰图同时也表明了建筑物的朝向情况,因此,如果在总平面图上绘制了风玫瑰图,则不必再绘制指北针。

风玫瑰图是消防监督部门根据国家有关消防技术规范在开展建审工作时必不可少的工具,一般由当地气象部门提供。

如图 6.28 所示,指北针与风玫瑰结合时宜采用相互垂直的线段,线段两端应超出风玫瑰轮廓线 2 ~ 3 mm,垂点宜为风玫瑰中心,北向应注“北”或“N”字,组成风玫瑰所有线宽均宜为 0.5*b*。

6.3.5 变更云线与连接符号

(1)变更云线

对图纸中局部变更部分宜采用云线,并宜注明修改版次。如图 6.29 所示,修改次数为 1。修改版次符号宜为边长 0.8 cm 的正等边三角形,修改版次应采用数字表示。变更云线的线宽宜按 0.7*b* 绘制。

(2)连接符号

连接符号应以折断线表示需连接的部位。两部位相距过远时,折断线两端靠图样一侧应标注大写拉丁字母表示连接编号。两个被连接的图样应用相同的字母编号,如图 6.30 所示。

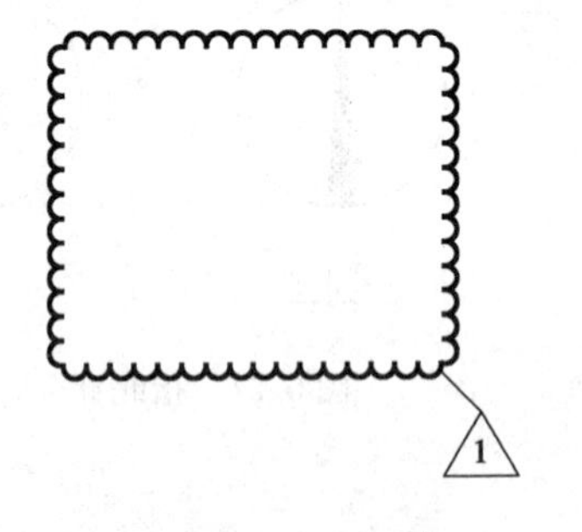

图 6.29 变更云线

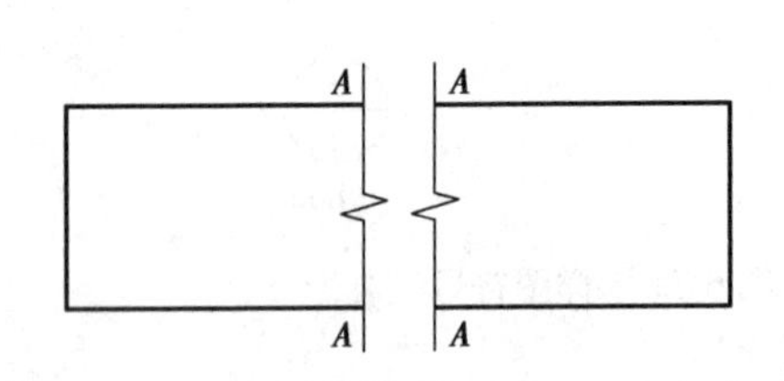

图 6.30 连接符号

6.3.6　引出线与对称符号

(1)引出线

引出线线宽应为 0.25b,宜采用水平方向的直线,或与水平方向成 30°,45°,60°,90°的直线,或经上述角度再折为水平线。文字说明宜注写在水平线的上方(见图 6.31(a)),也可注写在水平线的端部(见图 6.31(b))。索引详图的引出线应与水平直径线相连接(见图 6.31(c))。

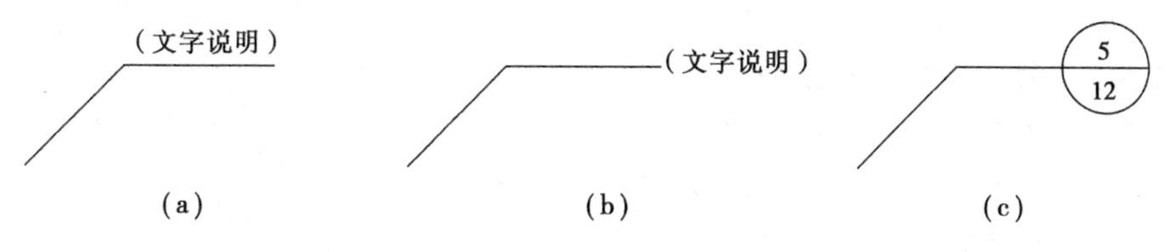

图 6.31　引出线

同时引出的几个相同部分的引出线,宜互相平行(见图 6.32(a)),也可画成集中于一点的放射线(见图 6.32(b))。

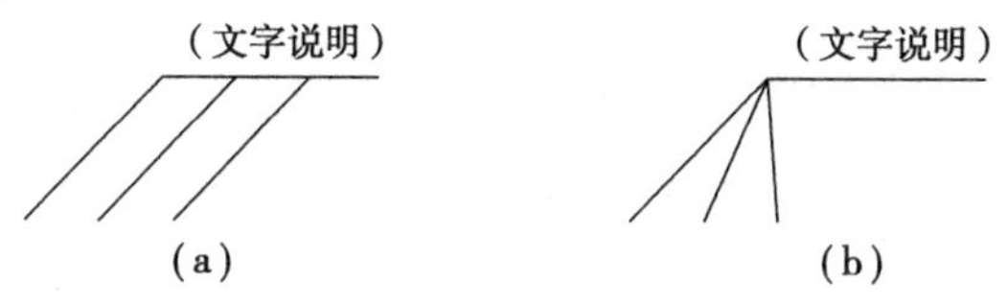

图 6.32　共用引出线

多层构造或多层管道共用引出线应通过被引出的各层,并用圆点示意对应各层次。文字说明宜注写在水平线的上方(见图 6.33(b)),或注写在水平线的端部(见图 6.33(a)、(c)),说明的顺序应由上至下,并应与被说明的层次对应一致(见图 6.33(a)、(b))。如层次为横向排序,则由上至下的说明顺序应与由左至右的层次对应一致(见图 6.33(c))。

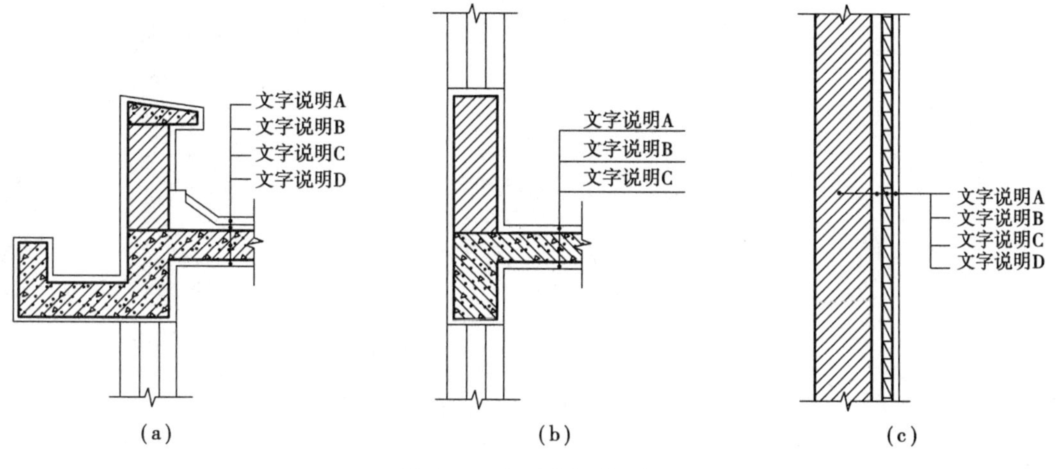

图 6.33　多层共用引出线

(2)对称符号

如图 6.34 所示,对称符号由对称线和两端的两对平行线组成。对称线用细单点长画线绘制,线宽宜为 0.25b;平行线用细实线绘制,线宽宜为 0.5b,其长度宜为 6 ~ 10 mm,每对的间距宜为 2 ~ 3 mm;对称线垂直平分于两对平行线,两端超出平行线宜为 2 ~ 3 mm。

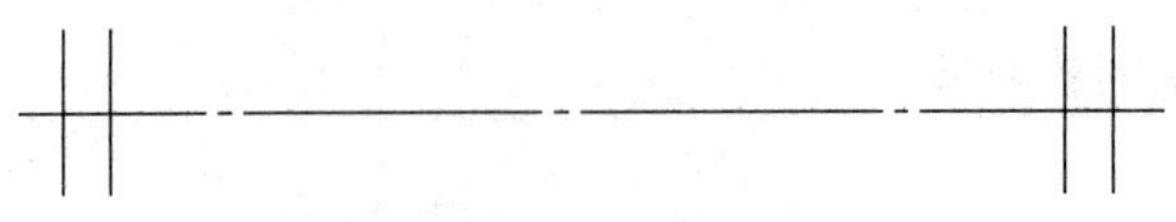

图 6.34　对称符号

思考题

1. 简述建筑物的组成及其作用。
2. 简述门窗的分类及基本设计要求。
3. 查阅资料,简述关于阳台和女儿墙的历史典故。
4. 什么是开间、进深和建筑模数?
5. 简述建筑工程图的类型及其特点。
6. 查阅有关国家标准,简述建筑施工图中常用的符号及其应用特点。

第7章

建筑施工图的表达方法(GB/T 50001—2017)

7.1 视　图

在建筑制图中,对较复杂的建筑形体,仅用前面所述的三面投影的方法还不能准确、恰当地在图纸上表达建筑形体的内外结构形状。为此,在《房屋建筑制图统一标准》(GB/T 50001—2017)中规定了多种建筑形体的表达方法,绘图时可根据具体情况适当选用。

7.1.1　多面正投影视图

由于房屋建筑形体一般都比较复杂,采用三面投影图难以表达清楚,因此需要多个视图才能表达清楚。

房屋建筑的视图应按正投影法并用第一角画法绘制。如图7.1所示,在3个基本投影图的基础上,再增加3个投影图,从而得到六面投影图。

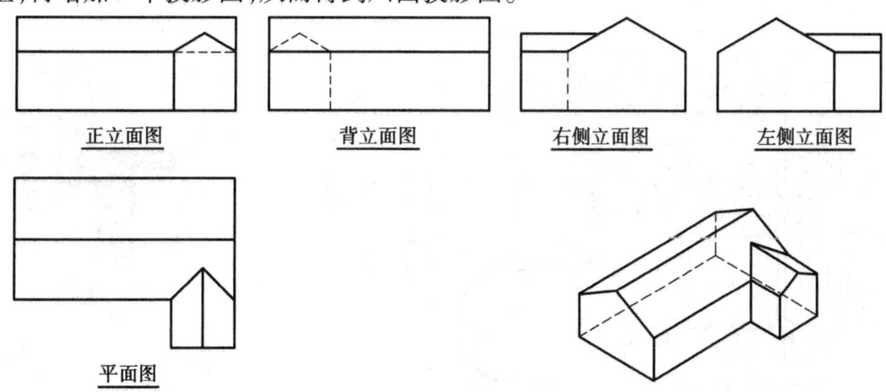

图7.1　多面正投影视图的基本概念

在《房屋建筑制图统一标准》(GB/T 50001—2017)中规定,由前向后投射得到的视图称为正立面图,由上向下投射得到的视图称为平面图。由左向右投射得到的视图称为左侧立面图,由右向左投射得到的视图称为右侧立面图。由后向前投射得到的视图称为背立面图,由下向上投射得到的视图称为底面图。

如图 7.2 和图 7.3 所示,建筑施工图中的每个视图均应标注图名。各视图图名的命名主要包括平面图、立面图、剖面图或断面图、详图。图名宜标注在视图的下方或一侧,并在图名下用粗实线绘一条横线,其长度应以图名所占长度为准。如图 7.3 所示,使用详图符号作图名时,符号下不宜再画线。

当在同一张图纸上绘制若干视图时,各视图的位置宜按如图 7.2 所示的顺序进行配置。

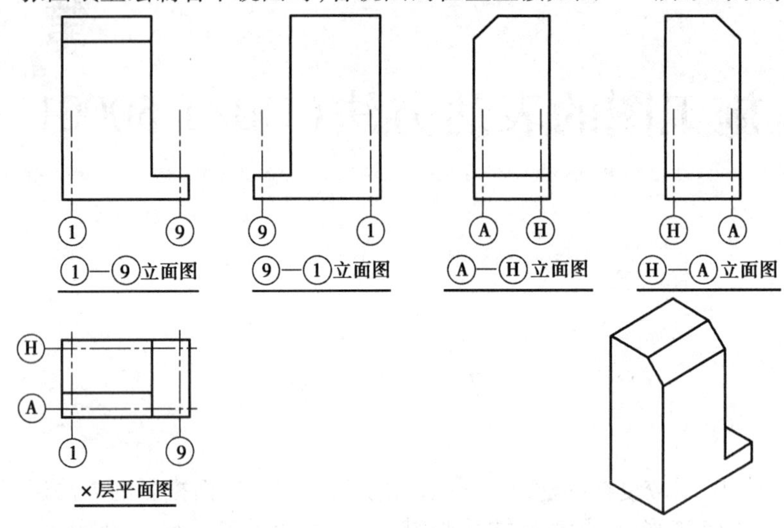

图 7.2　建筑施工图中多面正投影视图的布置

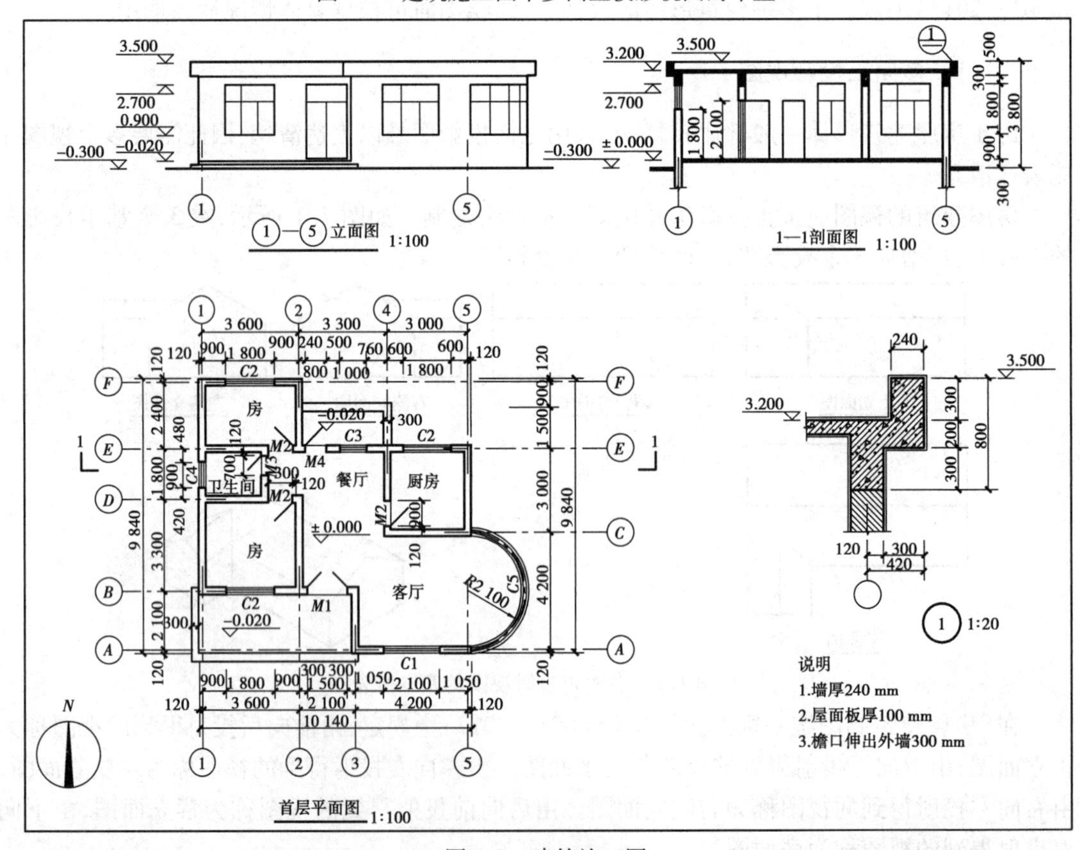

图 7.3　建筑施工图

同一种视图多个图的图名前应加编号以示区分。如图7.2、图7.3所示,平面图应以楼层编号,包括地下二层平面图、地下一层平面图、首层平面图、二层平面图等。立面图应以该图两端头的轴线号编号,剖面图或断面图应以剖切号编号,详图应以索引号编号。

7.1.2　镜像投影视图

当某些工程结构形状的视图用第一角画法不易表达时,可用镜像投影法绘制,如图7.4所示。但应在图名后注写“镜像”或画出镜像投影识别符号。镜像投影视图主要应用在装饰工程中,如吊顶平面图。

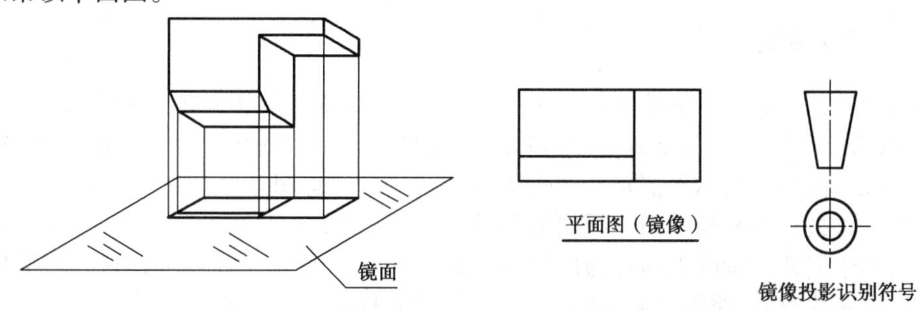

图7.4　镜像投影法

7.1.3　视图布置的补充说明

①分区绘制的建筑平面图,应绘制组合示意图,指出该区在建筑平面图中的位置,并注明关键部位的轴号。各分区视图的分区部位及编号均应一致,并应与组合示意图一致,如图7.5所示。

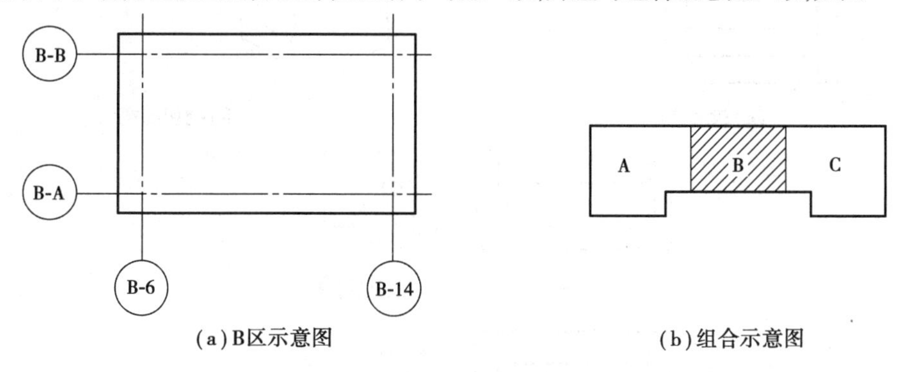

图7.5　分区绘制建筑平面图

②建筑总平面图应反映建筑物在室外地坪上的墙基外包线,宜以0.7b线宽的实线表示,室外地坪上的墙基外包线以外的可见轮廓线宜以0.5b线宽的实线表示。同一工程不同专业的总平面图,在图纸上的布图方向均应一致。单体建(构)筑物平面图在图纸上的布图方向,必要时可与其在总平面图上的布图方向不一致,但必须标明方位。不同专业的单体建(构)筑物平面图,在图纸上的布图方向均应一致。

③建(构)筑物的某些部分,如与投影面不平行,在画立面图时,可将该部分展至与投影面平行,再以正投影法绘制,并应在图名后注写“展开”字样。

④建筑吊顶(顶棚)灯具、风口等设计绘制布置图,应是反映在地面上的镜面图,不是仰视图。

7.2 剖面图

在建筑工程图中,建筑形体的可见轮廓线用粗实线绘制,不可见轮廓线则用细虚线绘制。当形体的内部结构比较复杂时,视图中会出现很多虚线,视图中的实线和虚线纵横交错,混淆不清,给绘图、读图和标注尺寸都带来很多的不便。另外建筑工程中还常常要求表示出建筑构件的建筑材料。为解决以上问题,可采用剖面图的方法来表达。

7.2.1 基本概念

如图7.6所示,假想用剖切面剖开台阶,将处在观察者与剖切面之间的部分移去,而将其余部分向投影面投射所得的投影称为剖面图。如图7.6(a)所示为台阶的投影视图,左侧立面图出现了虚线,使形体表达不清楚。如图7.6(b)所示,假想用一个与台阶左右对称的剖切面将台阶剖开,移去观察者与平面之间的部分,而将其余部分向 *W* 面投射,即可得到左侧立面图的剖面图,其中剖开台阶的平面称为剖切面。如图7.6(c)所示,台阶被剖切后,其踏步部分变为可见,用粗实线绘制,避免了画虚线,这样使得台阶的表达更清晰。

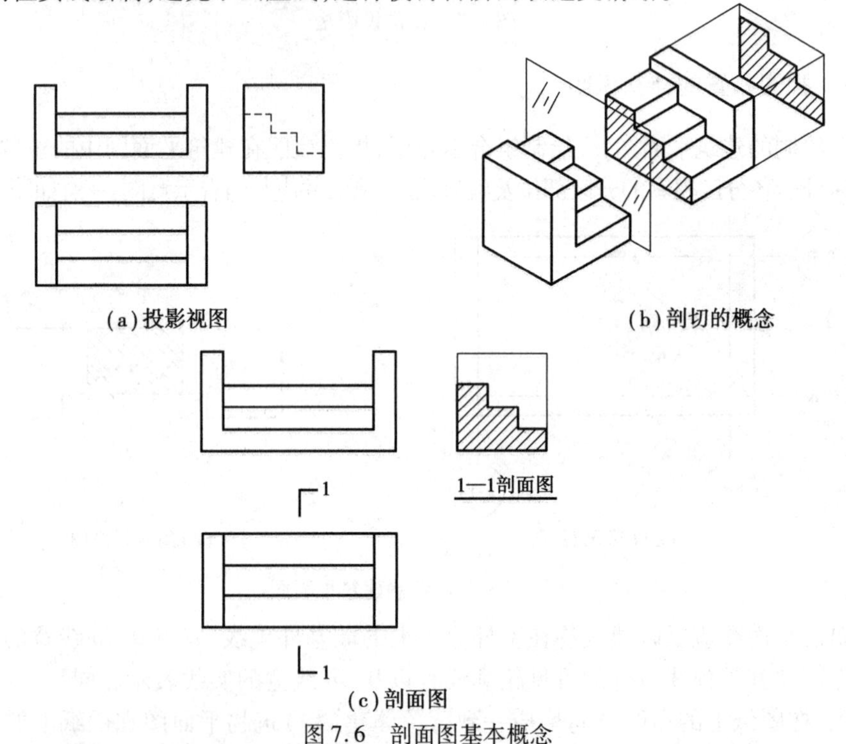

图7.6　剖面图基本概念

如图7.6(c)所示,剖面图除应画出剖切面切到部分的图形外,还应画出沿投射方向看到的部分,被剖切面切到部分的轮廓线用0.7*b*线宽的实线绘制,剖切面没有切到但沿投射方向可以看到的部分,用0.5*b*线宽的实线绘制。剖面图中一般不画虚线。

剖面图的剖切过程是一个假想的过程,因此当一个视图画成剖面图时,其他视图仍应完整画出。剖面图的剖切面一般选与对称面重合或通过孔洞的中心线,使剖切后的图形尽量完整,并反映实形。

7.2.2　常用建筑材料图例

如图7.6(b)所示,剖面图的剖切面与物体的接触部分称为剖切区域。剖切区域应绘制表示建筑材料的图例,常用的建筑材料图例见表7.1。

表7.1　常用建筑材料图例

序　号	名　称	图　例	备　注
1	自然土壤	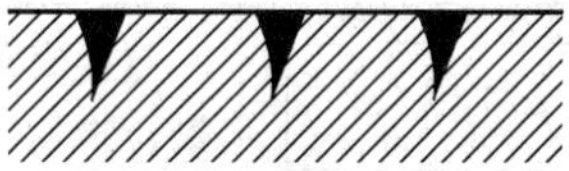	包括各种自然土壤
2	夯实土壤	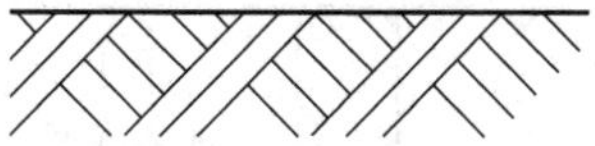	
3	沙、灰土	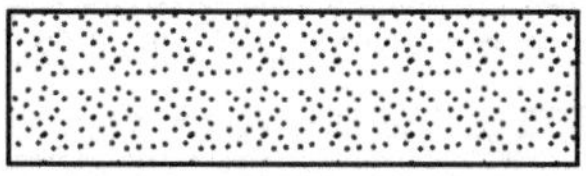	
4	沙砾石、碎砖三合土	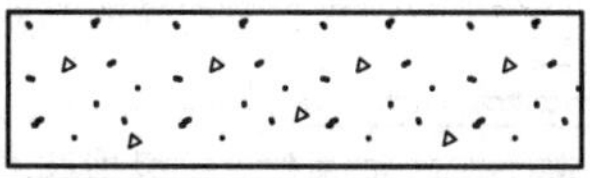	
5	石材	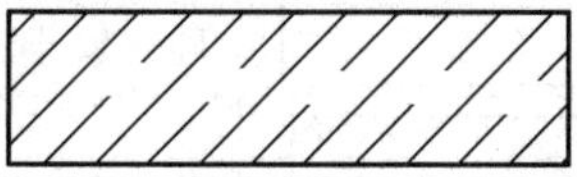	
6	毛石	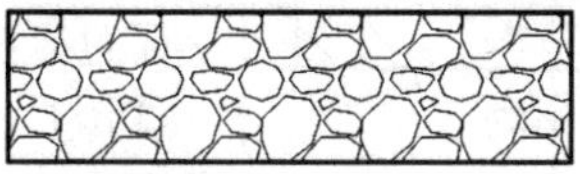	
7	实心砖、多孔砖	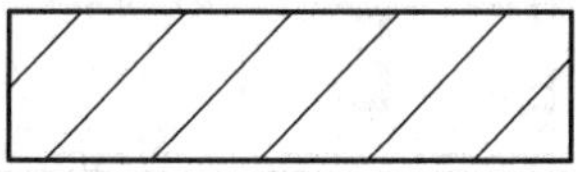	包括普通砖、多孔砖、混凝土砖等砌体
8	耐火砖	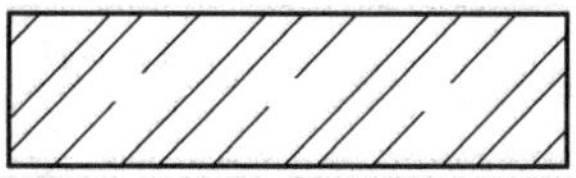	包括耐酸砖等砌体
9	空心砖、空心砌块	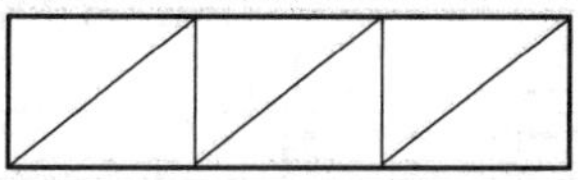	包括空心砖、普通或轻骨料混凝土小型空心砌块等砌体
10	加气混凝土	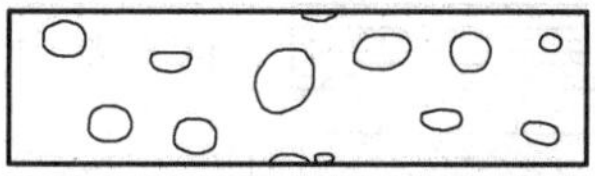	包括加气混凝土砌块砌体、加气混凝土墙板及加气混凝土材料制品等
11	饰面砖	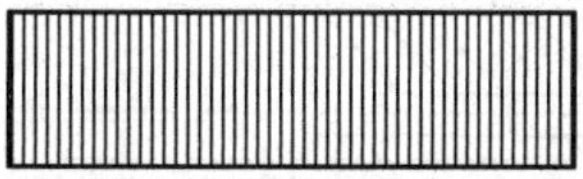	包括铺地砖、马赛克、陶瓷锦砖、人造大理石等
12	焦渣、矿渣	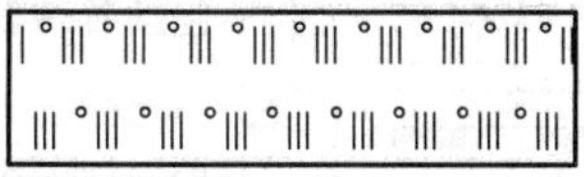	包括与水泥、石灰等混合而成的材料
13	混凝土	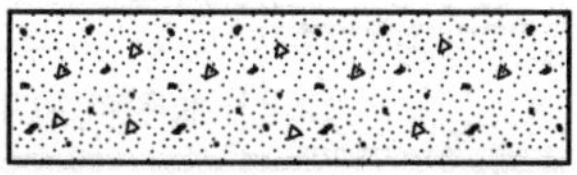	①包括各种强度等级、骨料、添加剂的混凝土 ②在剖面图上绘制钢筋时,则不需绘制图例线 ③断面图形小,不易绘制表达图例线时,可涂黑或深灰(灰度宜70%)
14	钢筋混凝土	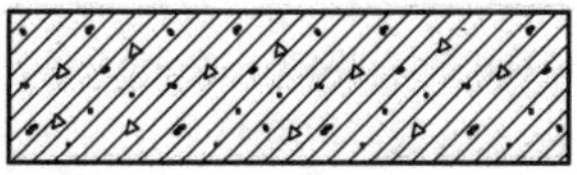	

续表

序　号	名　称	图　例	备　注
15	多孔材料		包括水泥珍珠岩、沥青珍珠岩、泡沫混凝土、软木、蛭石制品等
16	纤维材料		包括矿棉、岩棉、玻璃棉、麻丝、木丝板、纤维板等
17	泡沫塑料材料		包括聚苯乙烯、聚乙烯、聚氨酯等多孔聚合物类材料
18	木材		①上图为横断面,左上图为垫木、木砖或木龙骨 ②下图为纵断面
19	胶合板		应注明为×层胶合板
20	石膏板		包括圆孔或方孔石膏板、防水石膏板、硅钙板、防火石膏板等
21	金属		①包括各种金属 ②图形小时,可涂黑或深灰(灰度宜为70%)
22	网状材料		①包括金属、塑料网状材料 ②应注明具体材料名称
23	液体		应注明具体液体名称
24	玻璃		包括平板玻璃、磨砂玻璃、夹丝玻璃、钢化玻璃、中空玻璃、夹层玻璃、镀膜玻璃等
25	橡胶		
26	塑料		包括各种软、硬塑料及有机玻璃等
27	防水材料		构造层次多或比例大时,采用上面的图例
28	粉刷		本图例采用较稀的点

注:1. 本表中所列图例通常在1∶50及以上比例的详图中绘制表达。

2. 如需表达砖、砌块等砌体的承重情况时,可通过在原有建筑材料图例上增加填灰等方式进行区分,灰度宜为25%左右。

3. 序号1,2,5,7,8,14,15,21图例中的斜线、短斜线、交叉线等均为45°。

4. 多孔砖通常是指有较小孔洞的承重砖,空心砖则通常是指具有较大孔洞、作填充用的非承重砖。

(1)一般规定

①建筑材料的图例画法,对其尺度比例不作具体规定。使用时,应根据图样大小而定,如图7.6(c)所示。

②建筑图例的图线应间隔均匀,疏密适度,做到图例正确,表示清楚。

③不同品种的同类材料使用同一图例时(如某些特定部位的石膏板必须注明是防水石膏板时),应在图上附加必要的说明。

④两个相同的图例相接时,图例线宜错开或使倾斜方向相反,如图7.7(a)所示。

⑤两个相邻的涂黑图例间应留有空隙,其净宽度不得小于0.5 mm,如图7.7(b)所示。

⑥下列情况可不加图例,但应加文字说明:

a.一张图纸内的图样只采用一种图例时。

b.图形较小无法绘制表达建筑材料图例时。

⑦需画出的建筑材料图例面积过大时,可在断面轮廓线内沿轮廓线作局部表示,如图7.7(c)所示。

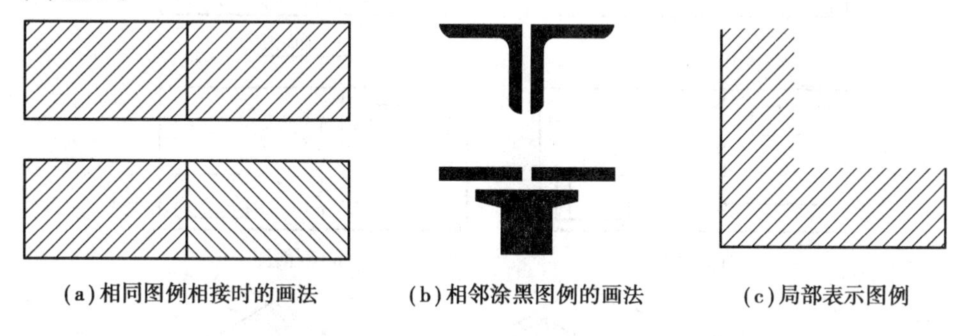

(a)相同图例相接时的画法　(b)相邻涂黑图例的画法　(c)局部表示图例

图7.7　建筑图例一般规定

⑧当选用《房屋建筑制图统一标准》(GB/T 50001—2017)标准中未包括的建筑材料时,可自编图例。但不得与标准所列的图例重复。绘制时,应在适当位置画出该材料图例,并加以说明。

(2)常用建筑材料图例

常用建筑材料应按表7.1所示图例画法绘制。

7.2.3　剖面图的种类及画法

由于建筑形体内部形状一般都比较复杂,因此,常常需要选用不同数量、不同位置的剖切面来剖切形体,才能把它们内部的结构形状表达清楚。根据《房屋建筑制图统一标准》(GB/T 50001—2017)中的有关规定,建筑剖面图应按下面几种方法剖切后进行绘制。

(1)用一个剖切面剖切

如图7.8所示的建筑形体,用一个垂直剖切面和一个水平剖切面剖开形体后,分别得到了1—1剖面图和2—2剖面图。

(2)用两个或两个以上平行的剖切面剖切

有的建筑形体内部结构层次较多,用一个剖切面剖开形体还不能将其内部全部表达清楚,可以采取用两个或两个以上平行剖切面剖切形体的方法,如图7.9所示。

采用两个或两个以上平行剖切画剖面图应注意以下两点:

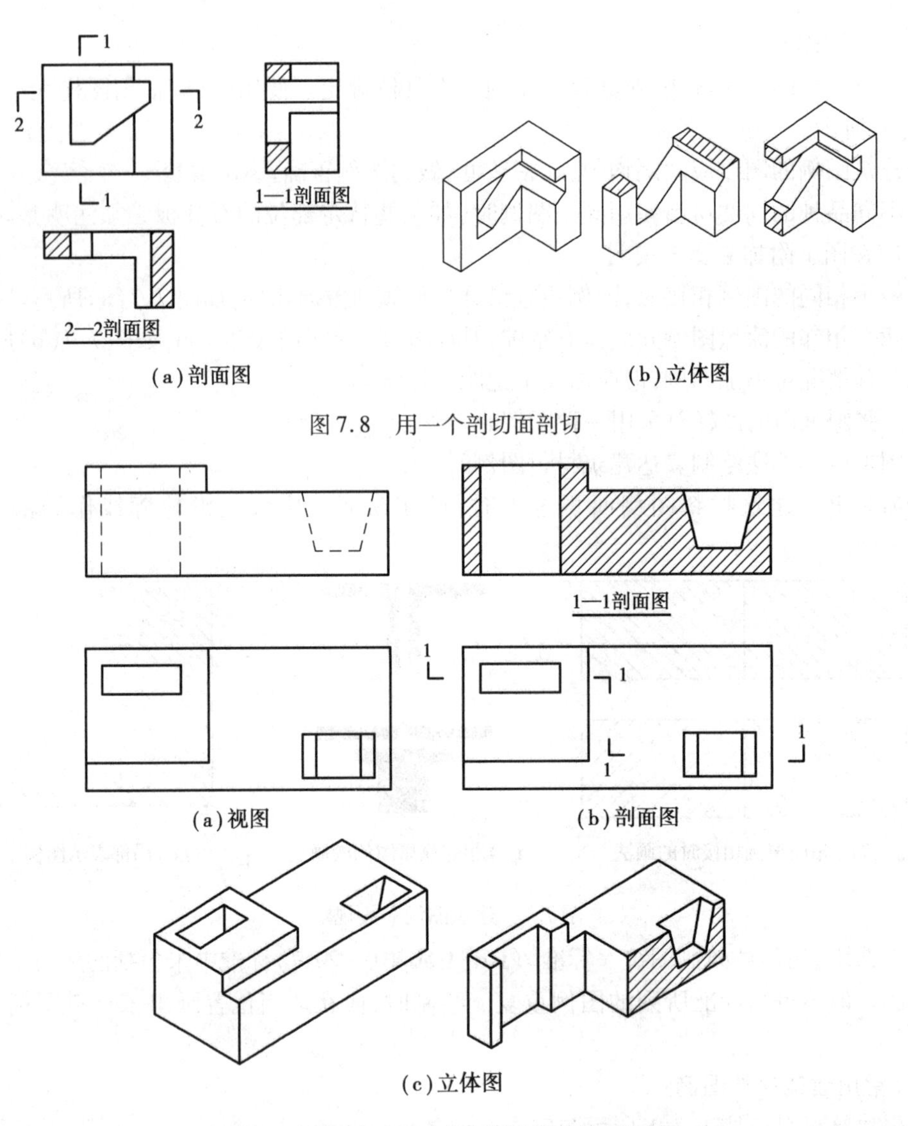

图7.8　用一个剖切面剖切

图7.9　用两个或两个以上平行的剖切面剖切

①画剖面图时，应把几个平行的剖切平面视为一个剖切平面。在剖面图中，不可画出两平行的剖切面所剖到的两断面在转折处的分界线。同时，剖切平面转折处不应与图形轮廓线重合。

②在剖切平面起、迄、转折处都应画上剖切位置线，投射方向线与图形外的起、迄剖切位置线垂直，每个符号处应注上同样的编号，图名应为“×—×剖面图”。

(3)用两个相交的剖切面剖切

采用两个相交的剖切面(交线垂直于某一投影面)剖切建筑形体，剖切后应将倾斜投影面的形体绕交线旋转到与基本投影面平行的位置后再投影，如图7.10所示。画图时，应先旋转，后投影。用此方法作图时，应在图名后注明“展开”字样。

(4)分层剖切

用几个互相平行的剖切平面分别将物体局部剖开，把几个局部剖面图重叠画在一个视图上，用波浪线将各层的投影分开，这样的剖切方法称为分层剖切，如图7.11所示。

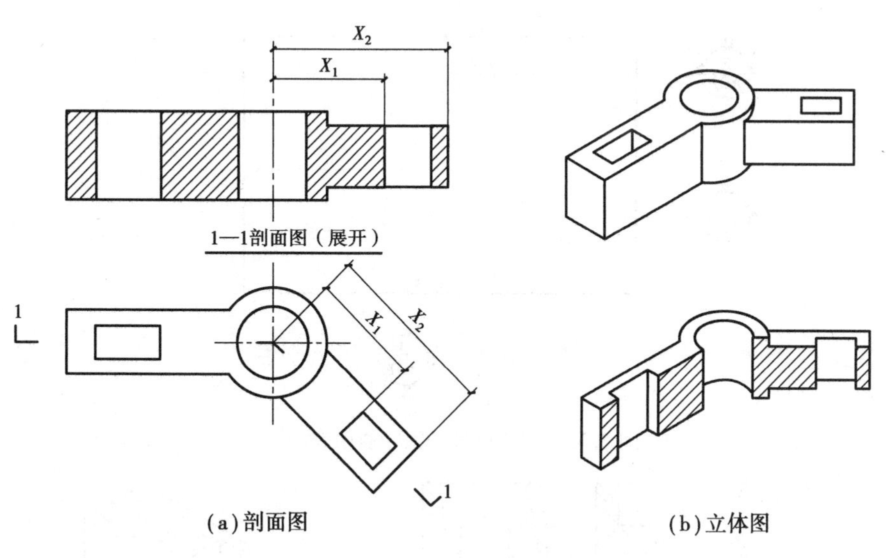

(a)剖面图　　(b)立体图

图7.10　用两个相交的剖切面剖切

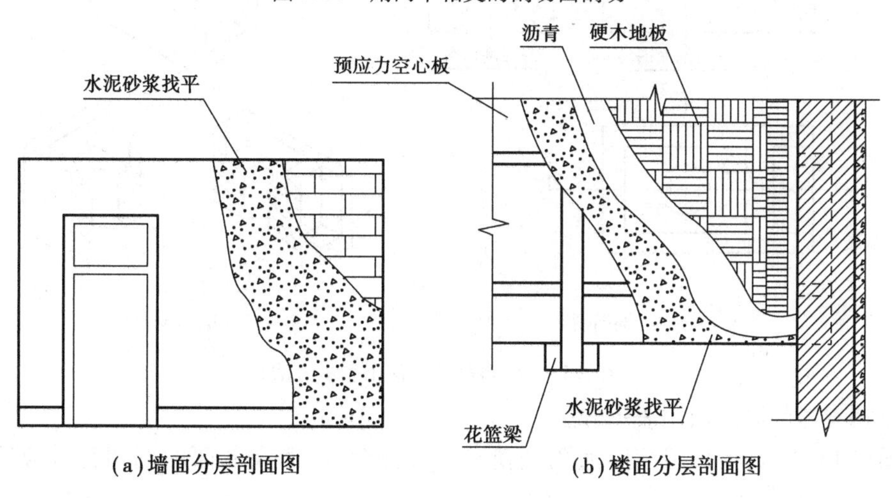

(a)墙面分层剖面图　　(b)楼面分层剖面图

图7.11　分层剖切的剖面图

分层剖切主要用来表达物体各层不同的构造做法。分层剖切一般不标注。分层剖切的剖面图,应按层次以波浪线将各层隔开,波浪线不应与任何图线重合。

7.2.4　剖面图的标注

(1)剖切符号

剖切符号宜优先选择国际通用方法表示(见图7.12),也可采用常用方法表示(见图7.13),同一套图纸应选用一种表示方法。

1)剖切符号的常用表示方法

采用常用方法表示时,剖面图的剖切符号应由剖切位置线及剖视方向线组成,均应以粗实线绘制,线宽宜为 b。如图7.13所示,剖面图的剖切符号应符合下列规定:

①剖切位置线的长度宜为6~10 mm。

②剖视方向线应垂直于剖切位置线,长度应短于剖切位置线,宜为4~6 mm。

③剖视剖切符号不应与其他图线相接触。

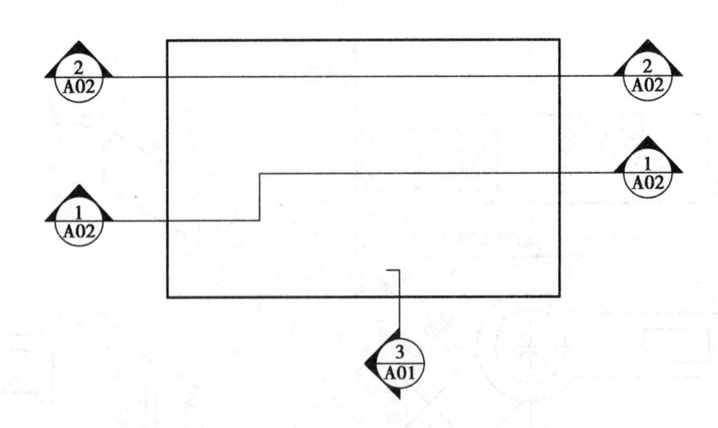

图 7.12　剖切符号的国际通用表示方法

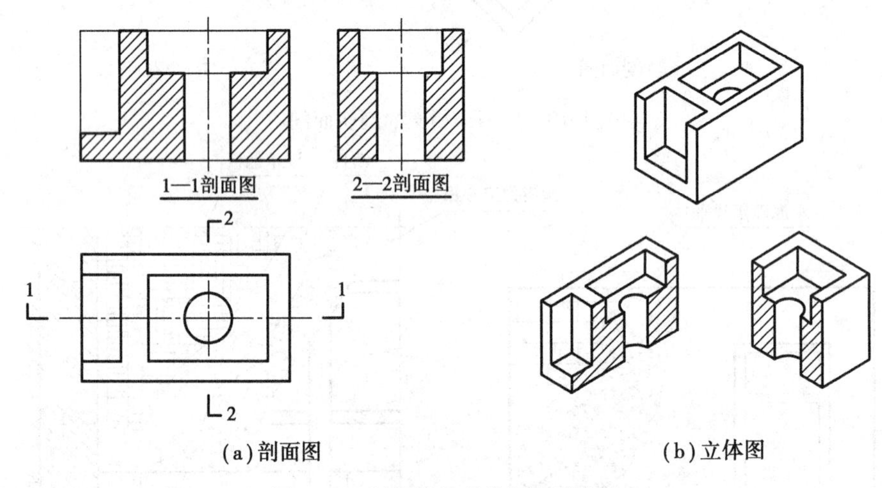

图 7.13　剖切符号的常用表示方法

2)剖切符号的国际通用表示方法

如图 7.13 所示,当采用国际通用剖视表示方法时,剖面及断面的剖切符号应符合下列规定:

①剖面剖切索引符号应由直径为 8 ~ 10 mm 的圆和水平直径以及两条相互垂直且外切圆的线段组成,水平直径上方应为索引编号,下方应为图纸编号,详细规定见本书 6.3.3 小节中的有关规定。线段与圆之间应填充黑色并形成箭头表示剖视方向,索引符号应位于剖线两端;断面及剖视详图剖切符号的索引符号应位于平面图外侧一端,另一端为剖视方向线,长度宜为 7 ~ 9 mm,宽度宜为 2 mm。

②剖切线与符号线线宽应为 0.25b。

③需要转折的剖切位置线应连续绘制。

④部切符号的编号宜由左至右、由下向上连续编排,如图 7.14 所示。

建(构)筑物剖面图的剖切符号及其编号应注在±0.000 标高的平面图或首层平面图上,如图 7.15 所示。

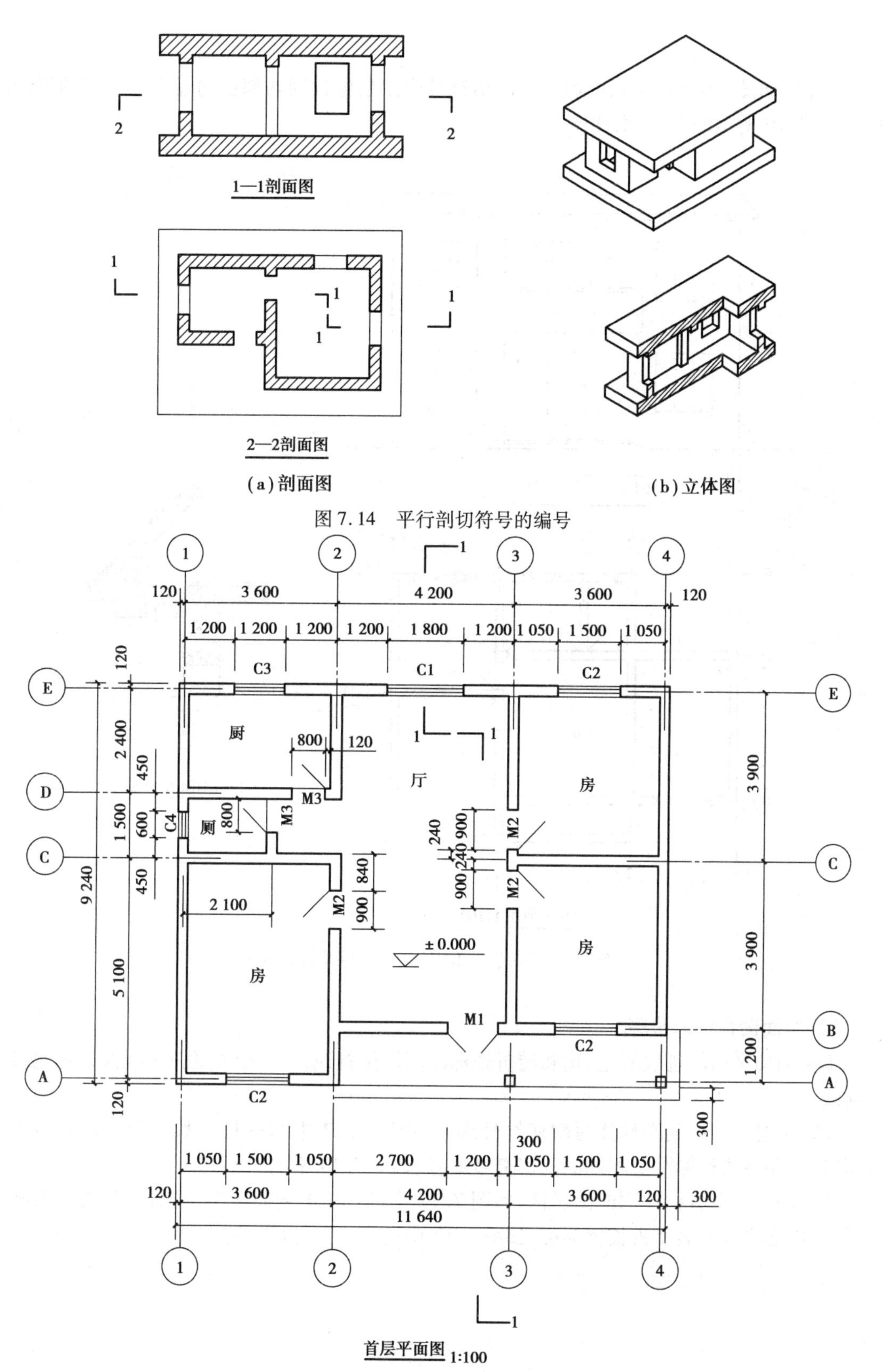

图7.14　平行剖切符号的编号

图7.15　建筑剖面图的剖切符号及其编号

局部剖面图(不含首层)、断面层的剖切符号应注在包含剖切部位的最下面一层的平面图上,如图 7.16 所示的 1—1 剖面图。

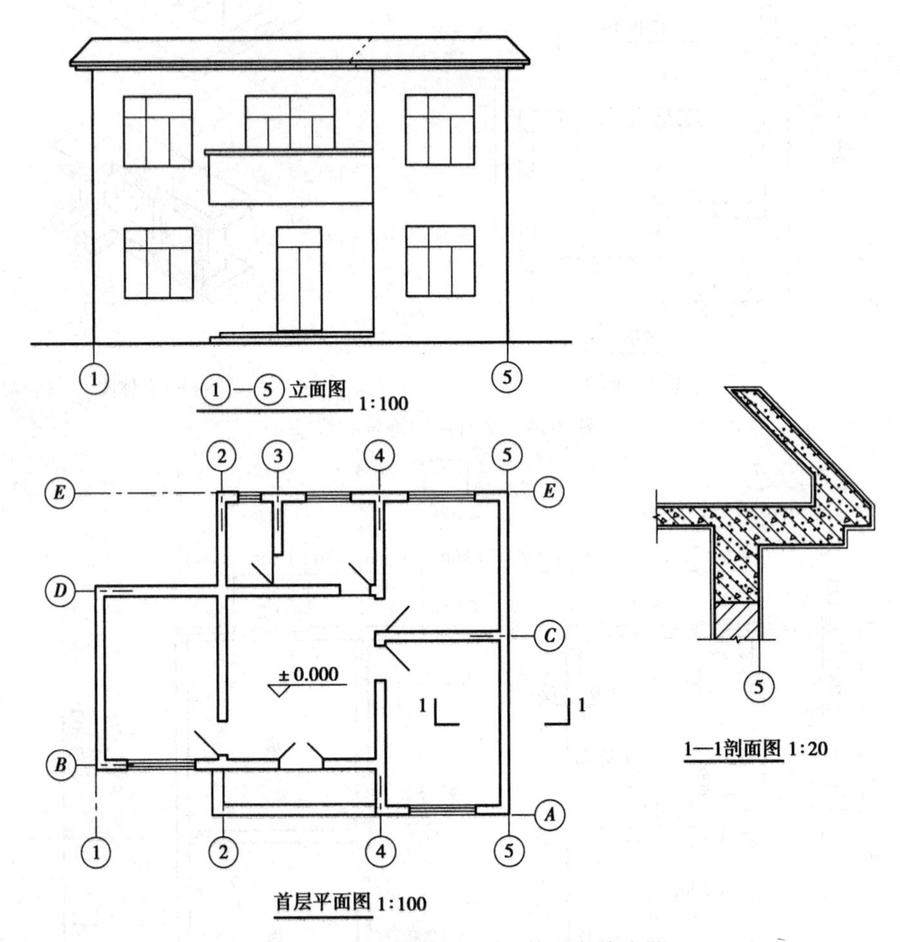

图 7.16　局部剖面图的剖切符号及其编号

(2)剖面图标注的步骤

①在剖切平面的迹线的起、迄和转折处标注剖切位置线,在图形外的位置线两端画出投射方向线,如图 7.17 所示。

②在投射方向线的端部注写剖切符号编号,如图 7.17 中“1—1”。如果剖切位置线需要转折时,应在转角外侧注上相同的剖切符号编号,如图 7.14 中的“1—1”。

③在剖面图下方标注剖面图名称,如图 7.17 中的“1—1 剖面图”, 在图名下绘一水平粗实线,其长度应以图名所占长度为准,如图 7.17 中的“2—2 剖面图”。

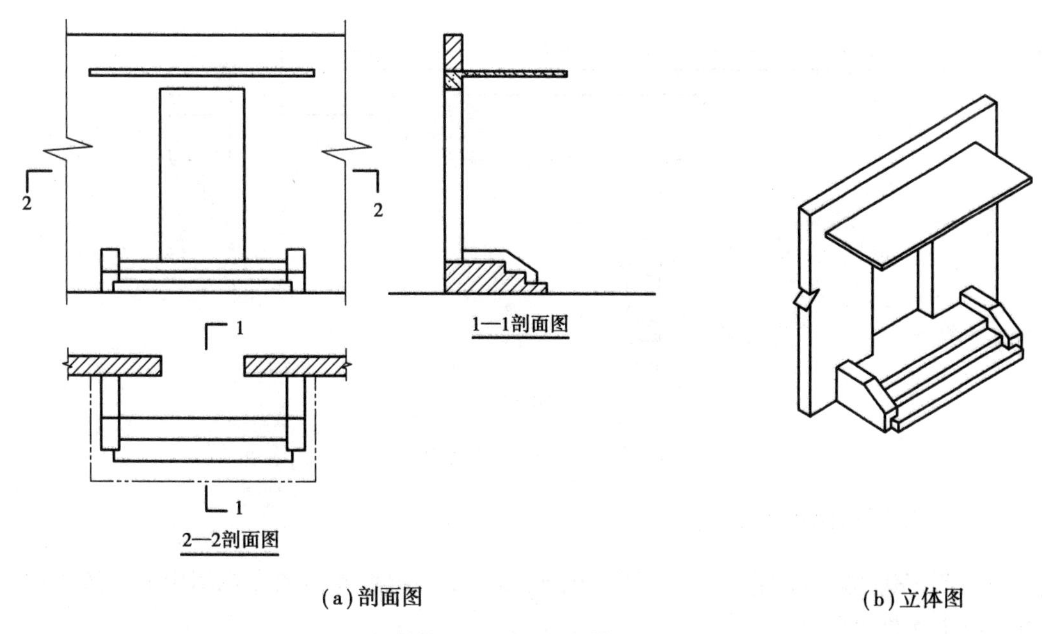

(a)剖面图　　(b)立体图

图7.17　剖面图的标注

7.3　断面图

7.3.1　基本概念

断面图是假想用剖切面将物体某部分切断,仅画出该剖切面与物体接触部分的图形,如图7.18所示为钢筋混凝土梁的断面图。断面图常用来表示建筑及装饰工程中梁、板和柱等某一部位的断面实形,需要单独绘制。

断面图只需用0.7*b*线宽的实线画出剖切面切到部分的图形,断面图的剖切区域内也要绘出建筑材料图例,其画法同剖面图。

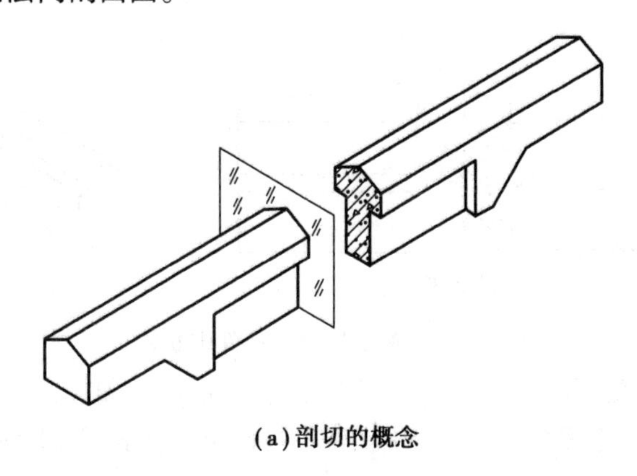

(a)剖切的概念

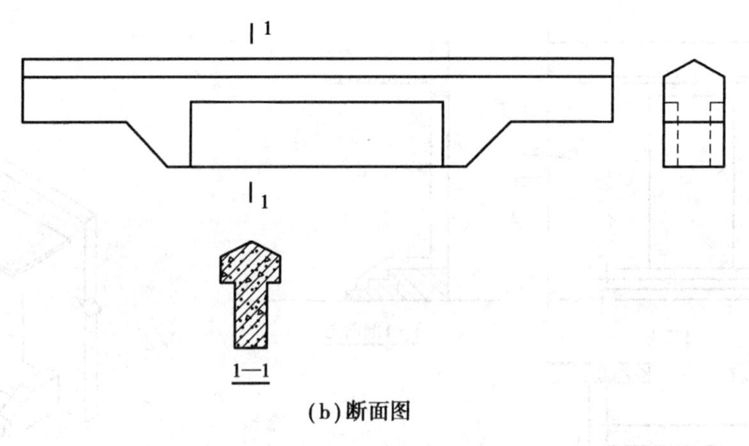

(b)断面图

图 7.18　断面图基本概念

7.3.2　断面图的种类及画法

断面图主要用来表示物体某一部位的截断面形状。根据断面图在视图中的位置不同，主要分为以下 3 种情况：

①杆件的断面图可绘制在靠近杆件的一侧或端部处并按顺序依次排列。如图 7.19 所示为钢筋混凝土梁的断面图画法。

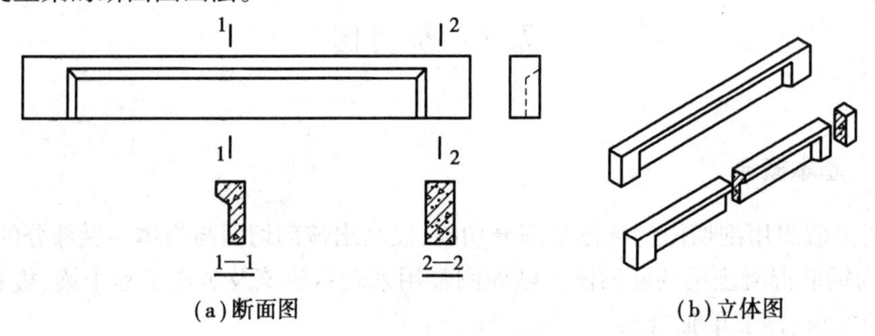

(a)断面图　　(b)立体图

图 7.19　断面图按顺序排列

②杆件的断面图也可绘制在杆件的中断处，此种断面图无须标注。如图 7.20 所示为钢筋混凝土梁的断面图画法。

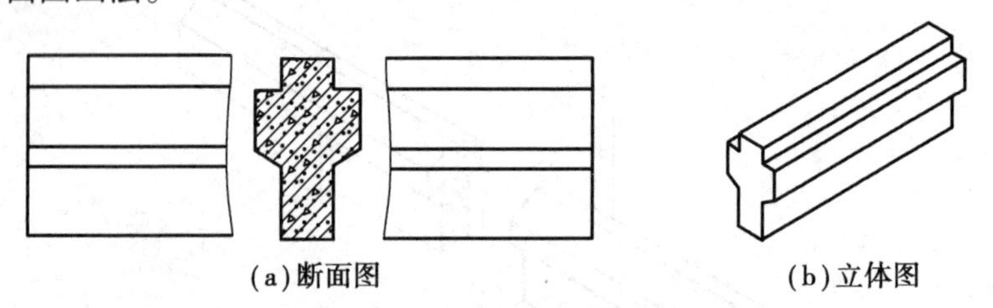

(a)断面图　　(b)立体图

图 7.20　断面图画在杆件中断处

③结构梁板的断面图可画在结构布置图上，此种断面图无须标注，当视图中的轮廓线与断面轮廓线重合时，视图的轮廓线仍应连续画出，不可间断。如图 7.21 所示为钢筋混凝土梁的断面图画法。

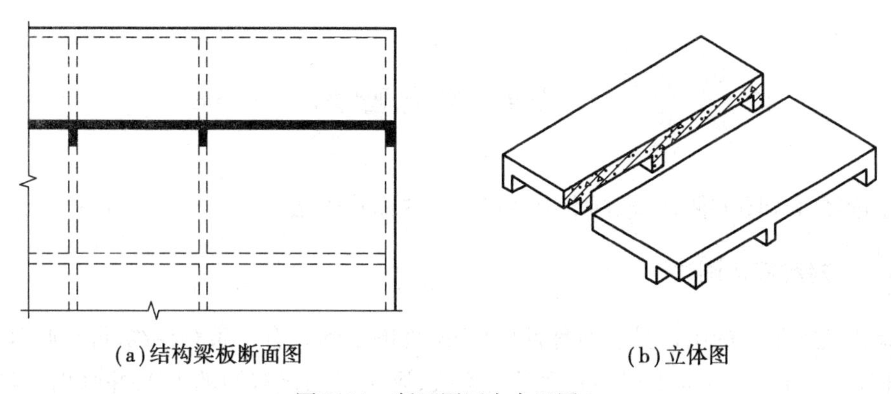

(a)结构梁板断面图　　(b)立体图

图 7.21 断面图画在布置图上

7.3.3 断面图的标注

(1)剖切符号

断面图的剖切符号应只用剖切位置线表示,并应以粗实线绘制,线宽宜为 b,长度宜为 6 ~ 10 mm,如图 7.22 所示的 1—1 和 2—2 断面图。

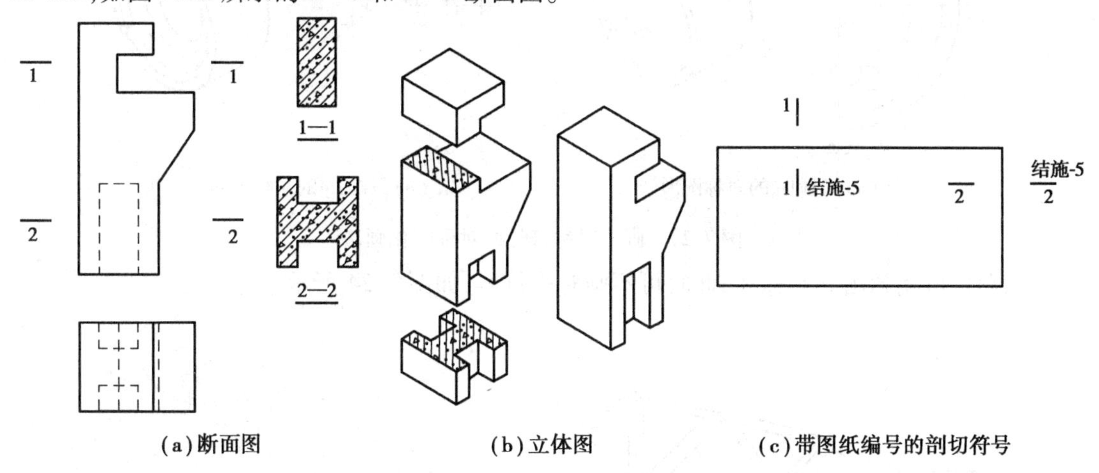

(a)断面图　　(b)立体图　　(c)带图纸编号的剖切符号

图 7.22 断面图的剖切符号及其编号

(2)剖切符号的编号

断面图剖切符号的编号宜采用粗阿拉伯数字,按顺序连续编排,并应注写在剖切位置线的一侧,编号所在的一侧应为该断面图的剖视方向,如图 7.22 所示。

当与被剖切图样不在同一张图内,应在剖切位置线的另一侧注明其所在图纸的编号,也可在图上集中说明,如图 7.22(c)所示。

(3)断面图标注的步骤

①在剖切平面的迹线上标注剖切位置线,如图 7.22 所示。

②在剖切位置线一侧注写剖切符号编号,编号所在一侧表示该断面剖切后的投射方向。

③在断面图下方标注断面图名称,如图 7.22 所示的"1—1"和"2—2",并在图名下画一条水平粗实线,其长度以图名所占长度为准。

7.4 简化画法

为了读图及绘图方便,国家标准中规定了一些简化画法。

7.4.1 对称简化画法

如果建筑构配件的图形具有对称性,且构配件的视图只有一条对称线,可只画该视图的一半,如图7.23(a)所示。如果视图有两条对称线,则可只画该视图的1/4,并画出对称符号,如图7.23(b)所示。

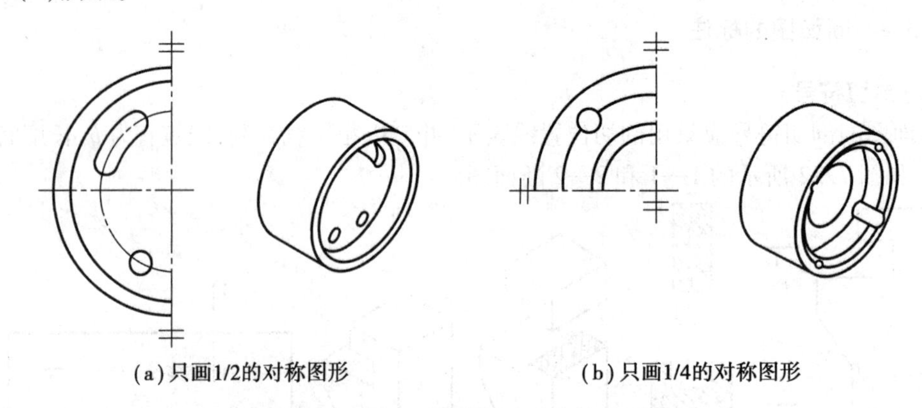

(a)只画1/2的对称图形　　(b)只画1/4的对称图形

图7.23　画出对称符号的对称简化画法

图形也可稍超出其对称线,此时可不画对称符号,如图7.24所示。

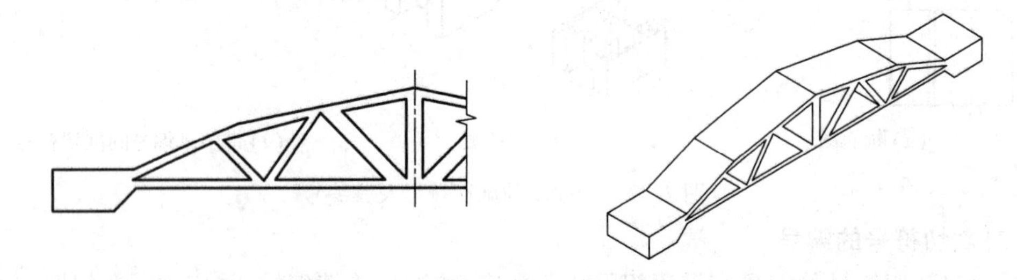

图7.24　不画对称符号的对称简化画法

对称的形体需画剖面图或断面图时,可以对称符号为界,一半画视图(外形图),一半画剖面图或断面图,如图7.25所示。

对称符号的画法规定可参看6.3.6小节的相关内容。

如图7.23所示,对称符号由对称线和两端的两对平行线组成。对称线用细单点长画线绘制。平行线用细实线绘制,其长度宜为6~10 mm,每对的间距宜为2~3 mm。对称线垂直平分于两对平行线,两端宜超出平行线2~3 mm。

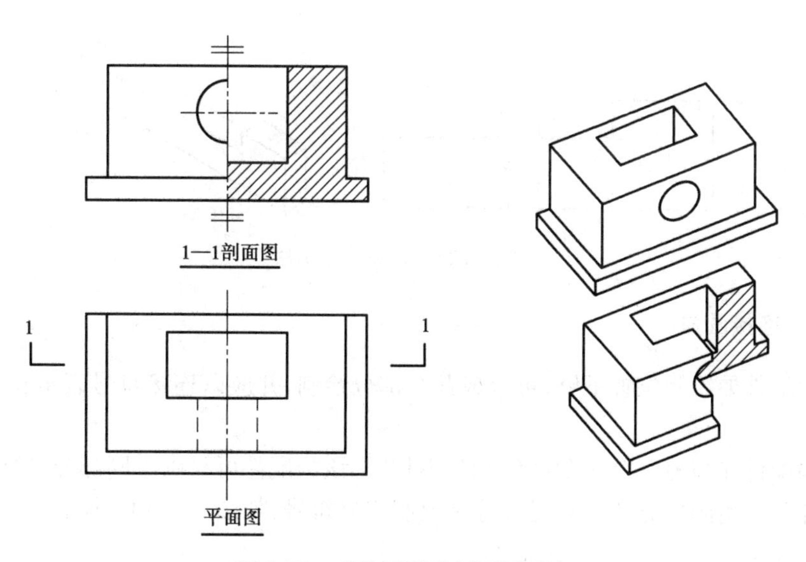

图7.25　对称图形的剖面图画法

7.4.2　相同要素画法

如果建筑构配件内具有多个完全相同而连续排列的构造要素,可仅在两端或适当位置画出其完整形状,其余部分以中心线或中心线交点表示,如图7.26(a)—(c)所示。

当相同构造要素少于中心线交点时,则其余部分应在相同构造要素位置的中心线交点处用小圆点表示,如图7.26(d)所示。

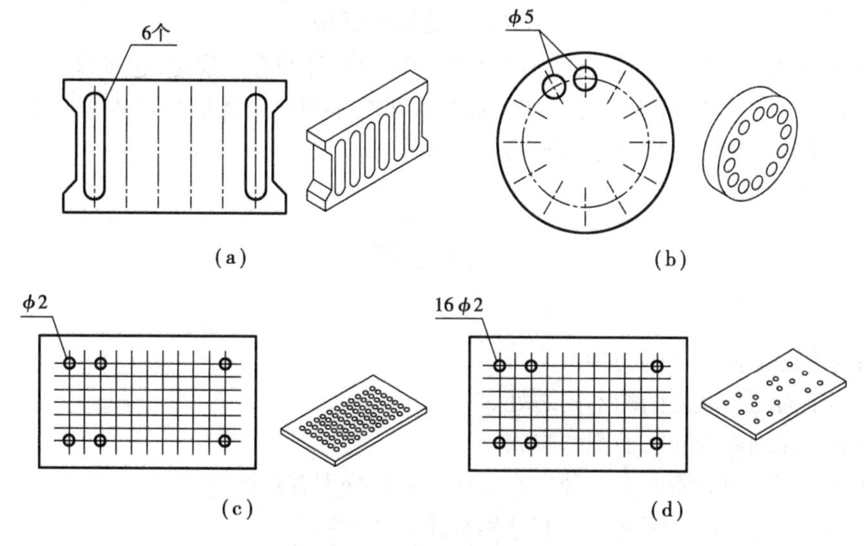

图7.26　相同要素简化画法

7.4.3　折断画法

对较长的构件,当沿长度方向的形状相同或按一定规律变化时,可断开省略绘制,断开处应以折断线表示,如图7.27所示。

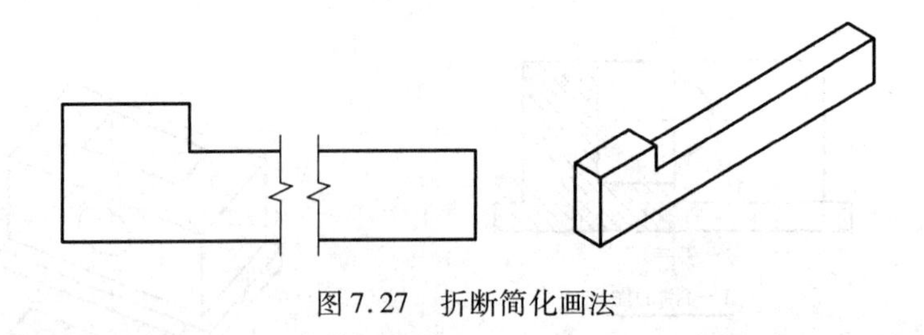

图7.27　折断简化画法

7.4.4　连接画法

一个构配件如绘制位置不够,可分成几个部分绘制,并应以连接符号表示相连,如图7.28(a)所示。

一个构配件如与另一个构配件仅部分不相同,该构配件可只画不同部分,但应在两个构配件的相同部分与不同部分的分界线处分别绘制连接符号,如图7.28(b)所示。

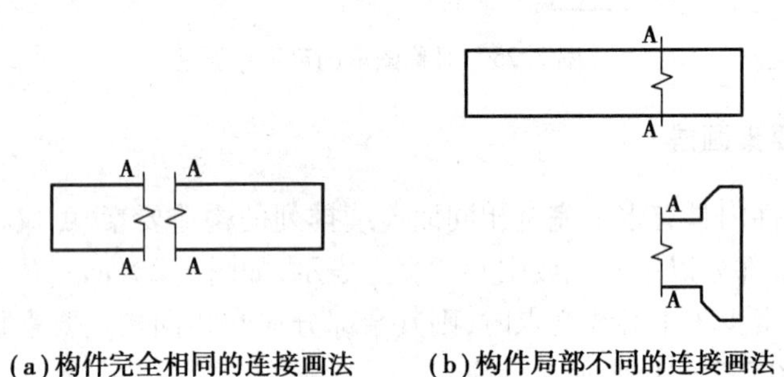

(a)构件完全相同的连接画法　　(b)构件局部不同的连接画法

图7.28　连接简化画法

根据《房屋建筑制图统一标准》(GB/T 50001—2017)的有关规定,连接符号应以折断线表示需连接的部位。当两部位相距过远时,折断线两端靠图样一侧应标注大写拉丁字母表示连接编号。两个被连接的图样应用相同的字母编号。

思考题

1. 简述多面正投影视图的特点。
2. 简述剖面图与断面图的不同之处。
3. 简述标注剖面图和断面图的步骤。
4. 常用的剖面图和断面图的种类有哪些?它们分别有什么特点?
5. 常用的简化画法有哪些?它们分别有什么特点?

第8章
建筑施工图

房屋建筑工程图是工程技术的“语言”,它能够准确地表达建筑物的外形轮廓、尺寸大小、结构构造、装修做法等,故要求有关施工人员必须熟悉建筑施工图的全部内容。

建筑施工图简称“建施”,一般由设计部门的建筑专业人员进行设计绘图。建筑施工图主要反映一个工程的总体布局,表明建筑物的外部形状、内部布置情况以及建筑构造、装修、材料、施工要求等,用来作为施工定位放线、内外装饰做法的依据,同时也是结构施工图和设备施工图的依据。建筑施工图主要包括首页(图纸目录、设计总说明、门窗表等)、建筑总平面图、建筑平面图、建筑立面图、建筑剖面图等基本图纸,以及楼梯、门窗、台阶、散水和浴厕等建筑详图与材料、做法说明等。

8.1 建筑总平面图(GB/T 50103—2010)

建筑总平面图是将新建工程四周一定范围内的新建、拟建、原有和拆除的建筑物、构筑物连同其周围的地形、地物状况用水平投影方法和相应的图例所画出的工程图样,简称总平面图或总图。

建筑总平面图主要是表达了新建房屋的位置、朝向、与原有建筑物的关系,以及周围道路、绿化和给水、排水、供电条件等方面的情况。

建筑总平面图是拟建房屋定位、施工放线、土方施工以绘制水、电、暖等管线总平面图和施工总平面图的依据。

8.1.1 建筑总平面图的有关规定和画图特点

(1)比例

由于建筑总平面图所包括的区域面积较大,因此一般都采用较小的画图比例。常用的比例有 1∶500,1∶1 000,1∶2 000,1∶5 000 等。在工程实践中,因有关部门提供的地形图一般采用1∶500 的比例绘制,故建筑总平面图的常用比例是1∶500。

按照《总图制图标准》(GB/T 50103—2010)中的有关规定,建筑总平面图采用的绘图比例宜符合表8.1 的规定。一个图样宜选用一种比例,铁路、道路、土方等的纵断面图,可在水平方向和垂直方向选用不同比例。

表 8.1　总图制图比例

图　名	比　例
现状图	1 : 500,1 : 1 000,1 : 2 000
地理交通位置图	1 : 25 000 ~ 1 : 200 000
总体规划、总体布置、区域位置图	1 : 2 000,1 : 5 000,1 : 10 000,1 : 25 000,1 : 50 000
总平面图、竖向布置图、管线综合图、土方图、铁路和道路平面图	1 : 300,1 : 500,1 : 1 000,1 : 2 000
场地园林景观总平面图、场地园林景观竖向布置图、种植总平面图	1 : 300,1 : 500,1 : 1 000
铁路、道路纵断面图	垂直:1 : 100,1 : 200,1 : 500 水平:1 : 1 000,1 : 2 000,1 : 5 000
铁路、道路横断面图	1 : 20,1 : 50,1 : 100,1 : 200
场地断面图	1 : 100,1 : 200,1 : 500,1 : 1 000
详图	1 : 1,1 : 2,1 : 5,1 : 10,1 : 20,1 : 50,1 : 100,1 : 200

(2)图例

由于总平面图的绘图比例很小,因此,图形主要是以图例的形式表示。当 GB/T 50103—2010 标准中所列的图例不够用时,也可自编图例,但应加以说明。在总平面图上一般应画上所采用的主要图例及其名称。

(3)图线

建筑总平面图中的图线宽度 b 应根据图样的复杂程度和比例,按现行国家标准《房屋建筑制图统一标准》(GB/T 50001—2017)中图线的有关规定选用。总图制图应根据图纸功能,按表 8.2 的规定选用合适的线型。

表 8.2　总图制图的图线

名　称		线　型	线　宽	用　途
实线	粗	————	b	①新建建筑物±0.00 高度可见轮廓线 ②新建铁路、管线
	中粗 或中	———— ————	$0.7b$ $0.5b$	①新建构筑物、道路、桥涵、边坡、围墙、运输设施的可见轮廓线 ②原有标准轨距铁路
	细	————	$0.25b$	①新建建筑物±0.00 高度以上的可见建筑物、构筑物轮廓线 ②原有建筑物、构筑物、原有窄轨、铁路、道路、桥涵、围墙的可见轮廓线 ③新建人行道、排水沟、坐标系、尺寸线、等高线

续表

名称		线型	线宽	用途
虚线	粗		b	新建建筑物、构筑物地下轮廓线
	中		$0.5b$	计划预留扩建的建筑物、构筑物、铁路、道路、运输设施、管线、建筑红线及预留用地各线
	细		$0.25b$	原有建筑物、构筑物、管线的地下轮廓线
单点长画线	粗		b	露天矿开采界限
	中		$0.5b$	土方挖填区的零点线
	细		$0.25b$	分水线、中心线、对称线、定位轴线
双点长画线	粗		b	用地红线
	中粗		$0.7b$	地下开采区塌落界限
	中		$0.5b$	建筑红线
折断线	中		$0.5b$	断线
不规则曲线	中		$0.5b$	建筑人工水体轮廓线

(4)计量单位

总图中的坐标、标高、距离以米为单位。坐标以小数点标注3位,不足以“0”补齐。标高、距离以小数点后两位数标注,不足以“0”补齐。详图可以毫米(mm)为单位。

建筑物、构筑物、铁路、道路方位角(或方向角)和铁路、道路转向角的度数,宜注写到“秒”,特殊情况应另加说明。

铁路纵坡度宜以千分计,道路纵坡度、场地平整坡度、排水沟沟底纵坡度宜以百分计,并应取小数点后一位,不足时以“0”补齐。

(5)坐标标注

建筑总平面图中坐标的主要作用是标定平面图内各建筑物之间的相对位置及与平面图外其他建筑物或参照物的相对位置关系。一般建筑总平面图中使用的坐标有建筑坐标系和测量坐标系两种,它们都属于平面坐标系,均以方格网络的形式表示,如图8.2所示。

测量坐标系是与建筑地形图同比例的50 m×50 m或100 m×100 m的方格网。X为南北方向轴线,X的增量在X轴线上。Y为东西方向轴线,Y的增量在Y轴线上。测量坐标网交叉处画成十字线。

测量坐标的原点位于大地原点,也称大地基准点,是利用高斯平面直角坐标的方法建立的全国统一坐标系,即现在使用的“1980国家大地坐标系”,简称“80系”。大地原点是人为界定的一个点,20世纪70年代,中国决定建立自己独立的大地坐标系统。通过实地考察、综合分析,最后将我国的大地原点确定在陕西省泾阳县永乐镇北洪流村境内,具体位置在北纬34°32′27.00″,东经108°55′25.00″,如图8.1所示。

建筑坐标系一般是由设计者自行制订的坐标系,两轴分别以A,B表示。建筑坐标系主要是在建筑物、构筑物平面两个方向与测量坐标网不平行时常用。其中A轴相当于测量坐标中

的 X 轴,B 轴相当于测量坐标中的 Y 轴。建筑坐标系需设计者自行选适当位置作为坐标原点,并画垂直的细实线。如果总平面图中有两种坐标系,一般都要给出两者之间的换算公式。

如图 8.2 所示,建筑总平面图中的坐标网格应以细实线表示。其中,测量坐标网应画成交叉十字线,坐标代号宜用“X,Y”表示。建筑坐标网应画成网格通线,自设坐标代号宜用“A,B”表示。坐标值为负数时,应注“-”号;坐标值为正数时,“+”号可省略。

图 8.1　中国大地原点

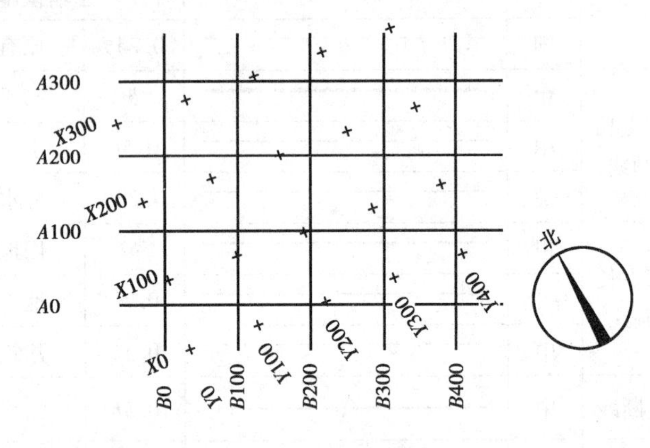

图 8.2　坐标网格

表示建筑物、构筑物位置的坐标应根据设计不同阶段的要求标注,当建筑物与构筑物同坐标轴线平行时,可注其对角坐标。与坐标轴线成角度或建筑平面复杂时,宜标注 3 个以上坐标,坐标宜标注在图纸上。根据工程具体情况,建筑物、构筑物也可用相对尺寸定位。建筑物、构筑物、铁路、道路和管线等应标注以下部位的坐标或定位尺寸:

①建筑物、构筑物的外墙轴线交点。

②圆形建筑物、构筑物的中心。

③皮带走廊的中线或其交点。

④铁路道岔的理论中心,铁路、道路的中线或转折点。

⑤管线(包括管沟、管架或管桥)的中线交叉点和转折点。

⑥挡土墙起始点、转折点墙顶外侧边缘(结构面)。

建筑总平面图中坐标的读取方法与数学中的平面坐标系的读取方法是一样的。假设已知建筑物的四角的坐标,就可通过三角关系的计算得出建筑物的长、宽或与其他建筑物的距离等。

(6)尺寸标注

建筑总平面图中尺寸标注的内容包括新建建筑物的总长和总宽;新建建筑物与原有建筑物或道路的间距;新增道路的宽度等。

(7)标高标注

建筑总平面图中标注的标高应为绝对标高,当标注相对标高时,则应注明相对标高与绝对标高的换算关系。其中绝对标高的零点在我国青岛附近某处黄海的平均海平面,其他各地标高都以它作为基准。

在建筑物的施工图上要注明许多标高,如果全用绝对标高,不但数字烦琐,而且不容易得出各部分的高差。因此,除总平面图外,一般都采用相对标高,即把底层室内主要地坪标高定为相对标高的零点,并在建筑工程的总说明中说明相对标高和绝对标高的关系,由建筑物附近的水准点来测定拟建工程的底层地面的绝对标高。

建筑物、构筑物、铁路、道路、水池等应按以下规定标注有关部位的标高：

①建筑物标注室内±0.00处的绝对标高在一栋建筑物内宜标注一个±0.00标高，当有不同地坪标高以相对±0.00的数值标注。

②建筑物室外散水标注建筑物四周转角或两对角的散水坡脚处标高。

③构筑物标注其有代表性的标高，并用文字注明标高所指的位置。

④铁路标注轨顶标高。

⑤道路标注路面中心线交点及变坡点标高。

⑥挡土墙标注墙顶和墙趾标高，路堤、边坡标注坡顶和坡脚标高，排水沟标注沟顶和沟底标高。

⑦场地平整标注其控制位置标高，铺砌场地标注其铺砌面标高。

总平面图中的标高符号应按现行国家标准《房屋建筑制图统一标准》(GB/T 50001—2017)的有关规定进行标注。

(8)建(构)筑物名称和编号

建筑总平面图上的建筑物、构筑物应注写名称，名称宜直接标注在图上。当图样比例小或图面无足够位置时，也可编号列表标注在图内。当图形过小时，可标注在图形外侧附近处。

一个工程中，整套总图图纸所注写的场地、建筑物、构筑物、铁路、道路等的名称应统一，各设计阶段的上述名称和编号应一致。

(9)地形

地面上高低起伏的形状称为地形。地形是用等高线来表示的。等高线是预定高度的水平面与所表示表面的截交线。

在总平面图中，有时为了表明复杂的地表起伏变化状态，可假想用一组高差相等的水平面去截切地形表面，画出一圈一圈的截交线就是等高线。

阅读地形图是土方工程设计的前提，因此会看地形图非常必要。地形图的阅读主要是根据地面等高线的疏密变化大致判断出地面地势的变化。等高线的间距越大，说明地面越平缓；相反等高线的间距越小，说明地面越陡峭。从等高线上标注的数值可以判断出地形是上凸还是下凹。数值由外圈向内圈逐渐增大，说明此处地形为上凸；相反数值由外圈向内圈减小，则说明此处地形为下凹。

(10)指北针或风玫瑰图

总平面图应按上北下南方向绘制。根据场地形状或布局，可向左或右偏转，但不宜超过45°。总图中应绘制指北针或风玫瑰图，由于风向玫瑰图也能表明房屋和地物的朝向情况，因此，在已经绘制了风向玫瑰图的图样上则不必再绘制指北针。在建筑总平面图上，通常应绘制当地的风向玫瑰图。没有风向玫瑰图的城市和地区，则在建筑总平面图上画上指北针。

(11)绿化规划与补充图例

以上所列的内容并不是完整无缺的，在实际工程设计中，往往还需要完成绿化设计、规划设计和补充图例等工作。

8.1.2　建筑总平面图中的常用图例

在建筑总平面图中，对有些建筑细部、构件形状以及建筑材料等往往不能如实画出，也难以用文字注释来表达清楚,故都按统一规定的图例和代号来表示,以得到简单明了的效果,因此在《总图制图标准》(GB/T 50103—2010)中规定了各种图例。常用图例见表 8.3。

表 8.3　总平面图常用图例

序号	名　称	图　例	备　注
1	新建建筑物	X= Y= ① 12F/2D H=59.00 m	①新建建筑物以粗实线表示与室外地坪相接处±0.00 外墙定位轮廓线 ②建筑物一般以±0.00 高度处的外墙定位轴线交叉点坐标定位。轴线用细实线表示,并标明轴线号 ③根据不同设计阶段标注建筑编号,地上、地下层数,建筑高度,建筑出入口位置(两种表示方法均可,但同一图纸采用一种表示方法) ④地下建筑物以粗虚线表示其轮廓 ⑤建筑上部(±0.00 以上)外挑建筑用细实线表示 ⑥建筑物上部连廊用细虚线表示并标注位置
2	原有建筑物		用细实线表示
3	计划扩建的预留地或建筑物		用中粗虚线表示
4	拆除的建筑物		用细实线表示
5	建筑物下面的通道		
6	散装材料露天堆场		需要时可注明材料名称
7	其他材料露天堆场或露天作业场		需要时可注明材料名称
8	铺砌场地		
9	敞棚或敞廊		
10	冷却塔(池)		应注明冷却塔或冷却池

续表

序号	名　称	图　例	备　注
11	水塔、储罐		左图为卧式储罐，右图为水塔或立式储罐
12	水池、坑槽		也可以不涂黑
13	烟囱		实线为烟囱下部直径，虚线为基础，必要时可注写烟囱高度和上下口直径
14	围墙及大门		
15	台阶及无障碍坡道	1. 2.	1—台阶（级数为示意） 2—无障碍坡道
16	坐标	1. X=105.00 Y=425.00 2. A=105.00 B=425.00	1—地形测量坐标系 2—自设坐标系 坐标数字平行于建筑标注
17	方格网交叉点标高	-0.50 77.85 78.35	"78.35"为原地面标高 "77.85"为设计标高 "-0.50"为施工高度 "-"表示挖方（"+"表示填方）
18	填方区、挖方区、未整平区及零线	+ - + -	"+"表示填方区 "-"表示挖方区 中间为未整平区 点画线为零点线
19	填挖边坡		
20	雨水口	1. 2. 3.	1—雨水口 2—原有雨水口 3—双落式雨水口

续表

序号	名　称	图　例	备　注
21	消火栓井		
22	室内地坪标高	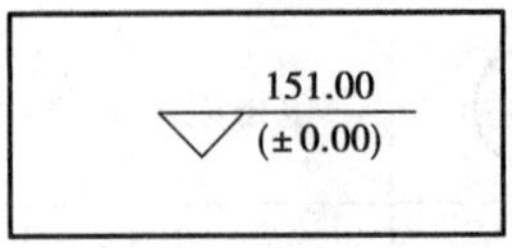 151.00 (±0.00)	数字平行于建筑物书写
23	室外地坪标高	 143.00	室外标高也可采用等高线
24	盲道	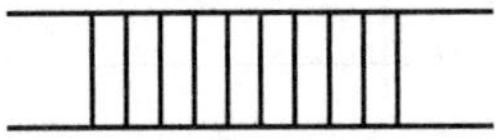	
25	地下车库入口	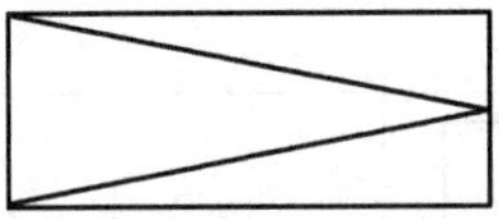	机动车停车场
26	地面露天停车场	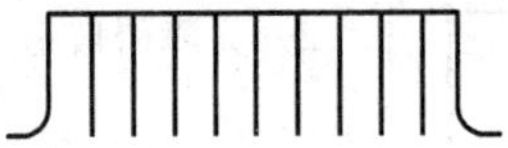	
27	新建的道路	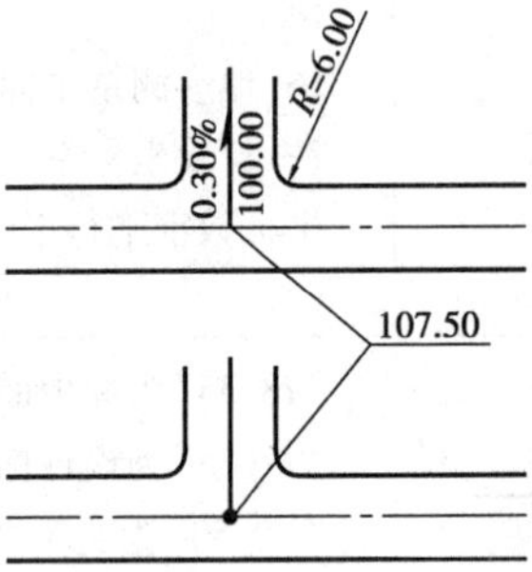 R=6.00 0.30% 100.00 107.50	①道路转弯半径 R=6.00 ②道路中心线交叉点设计标高=107.50，两种表示方式均可，同一图纸采用一种方式表示 ③变坡点之间的距离=100.00 ④道路坡度=0.30% ⑤⟶表示坡向
28	原有的道路		
29	计划扩建的道路		
30	拆除的道路		
31	人行道	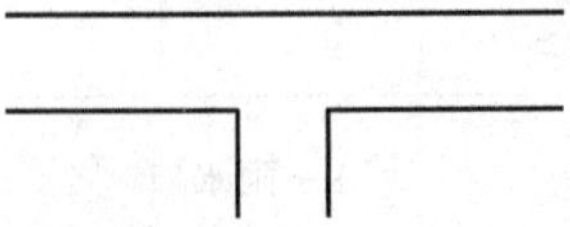	
32	道路隧道	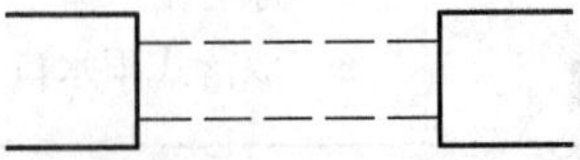	

续表

序号	名　称	图　例	备　注
33	桥梁	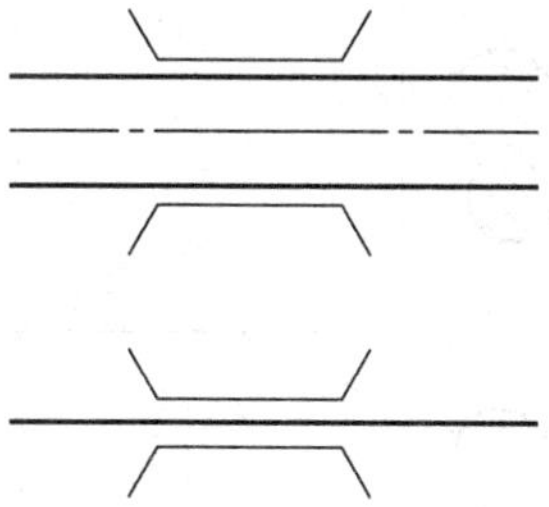	用于旱桥时应注明。上图为公路桥,下图为铁路桥
34	常绿针叶乔木	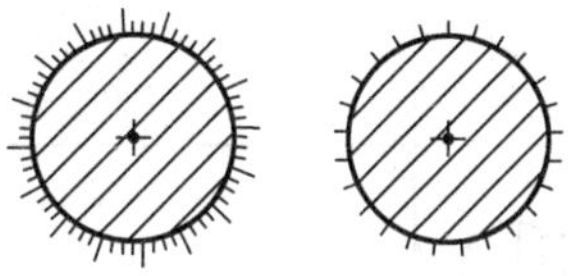	
35	落叶针叶乔木	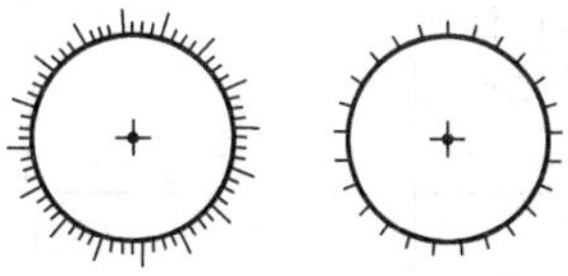	
36	常绿阔叶乔木	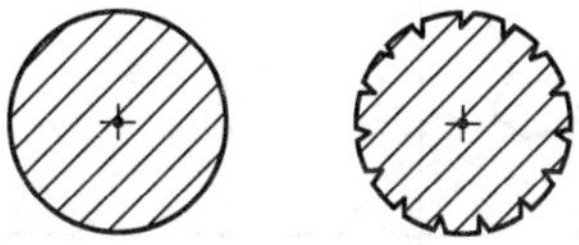	
37	落叶阔叶乔木	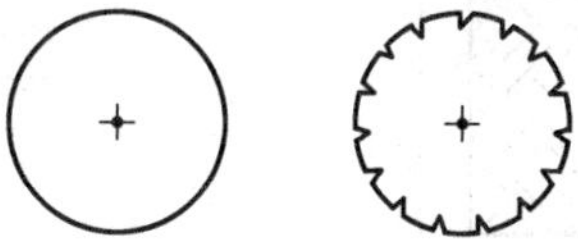	
38	常绿阔叶灌木	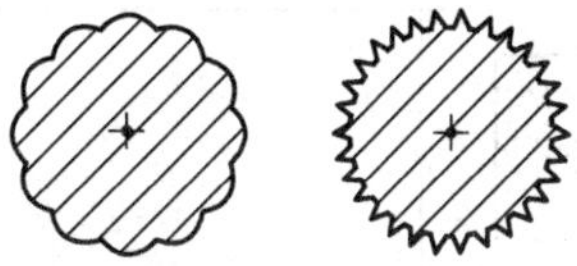	
39	落叶阔叶灌木	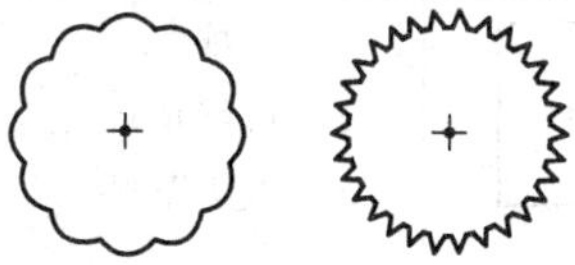	
40	落叶阔叶乔木林		
41	常绿阔叶乔木林		

续表

序号	名　称	图　例	备　注
42	常绿针叶乔木林		
43	落叶针叶乔木林		
44	针阔混交林		
45	落叶灌木林		
46	整形绿篱		
47	草坪	1. 2. 3.	1—草坪 2—自然草坪 3—人工草坪
48	花卉		

续表

序号	名　称	图　例	备　注
49	竹丛		
50	棕榈植物		
51	水生植物		
52	植草砖		
53	喷泉		

8.1.3　建筑总平面图识读示例

如图 8.3 所示为某住宅小区的总平面图，位于东滨路和前海路交会处的西南角，选用绘图比例为 1∶500。图中用粗实线画出的图形分别是两栋相同的新建住宅 A 及 6 栋相同的新建住宅 B 的外形轮廓。细实线绘制的是原有住宅和会所的外形轮廓，以及围墙、绿化和地下车库入口等。中粗虚线绘制的是计划扩建的建筑物。

从图 8.3 中可知，总平面图是按上北下南的方向绘制，图中所示该地区全年最大的风向频率为西北风和东南风，夏季最大的风向频率为东南风。新建住宅的室内地坪，标注在建筑图中 ±0.00 处的绝对标高是 14.10 m。室外地坪的绝对标高为 13.50 m，标注符号与室内标高符号是不一样的。

从图 8.3 中的尺寸标注可知，新建住宅 A 的总长为 24.50 m，总宽为 12.10 m，住宅的入口设计在西面。新建住宅 B 的总长为 17.50 m，总宽也同样为 12.10 m，住宅的入口设计在西面和南面。新建住宅的位置可用定位尺寸确定。定位尺寸应标注与原有建筑物的间距，新建建筑物A与其南面原有会所的间距为12.50 m,与其北面原有建筑的间距为6.50 m,与新建建筑物B的间距为7.50 m。新建建筑物B与其北面原有建筑物的间距为6.50 m,新建住宅之间的间距分别为6.00 m和6.50 m。

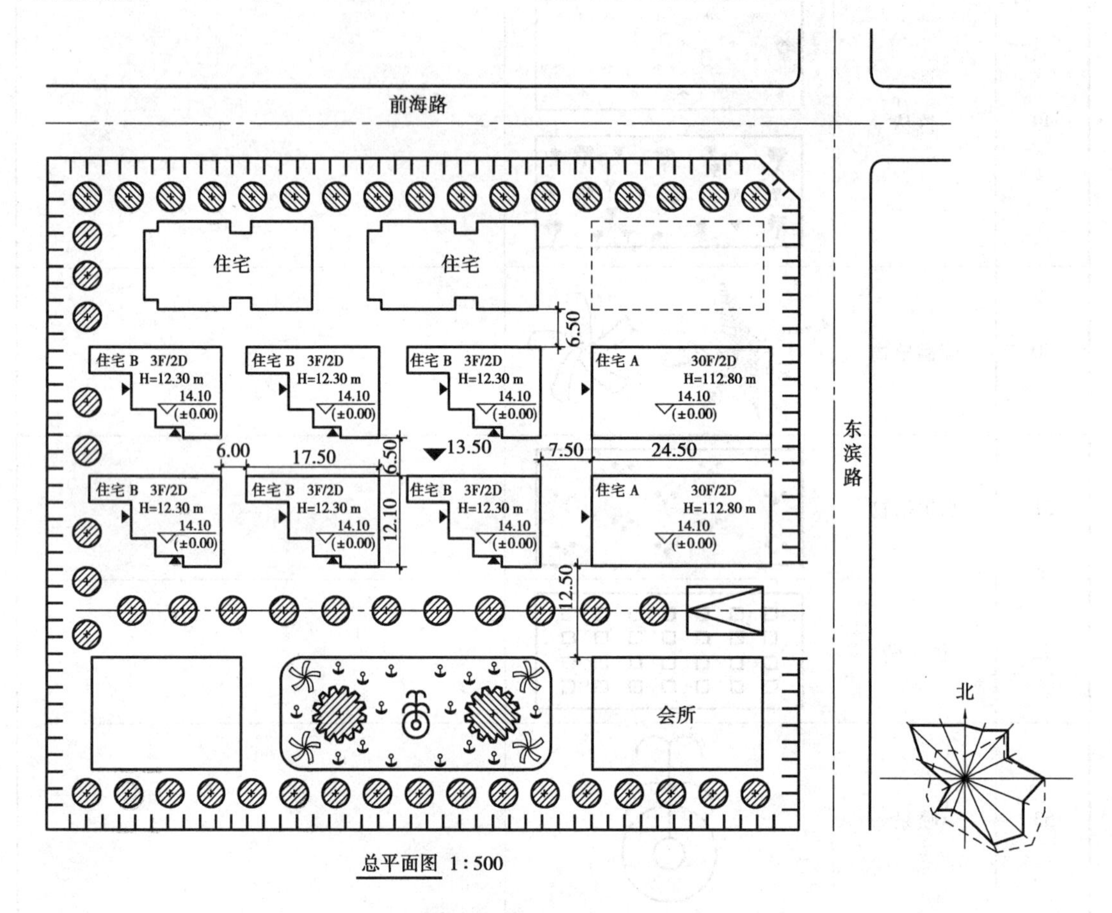

图8.3 某住宅小区总平面图

从新建建筑物的标注可知,住宅A的总高为112.80 m,其中,地上30层,地下两层。住宅B总高为12.30 m,其中,地上3层,地下两层。

从图8.3中可知,该小区实行了人车分流,其中地下车库出入口设计在小区的大门口处,面向东滨路。

从图8.3中还可以了解到周围环境的情况。如新建建筑物B的西南面有一待拆的房屋。小区的南面有一绿化场地,种植了常绿阔叶乔木、棕榈植物和花卉等,绿化场地中央还设计了一处喷泉。小区的南面、北面、西面和中央都种植了数量众多的常绿阔叶乔木。

8.2 建筑平面图(GB/T 50104—2010)

建筑平面图是房屋的水平剖面图,也就是假想用一个水平剖切平面沿门窗洞口的位置剖开整幢房屋,将剖切平面以下部分向水平投影面进行投影所得到的图样,如图8.4所示。

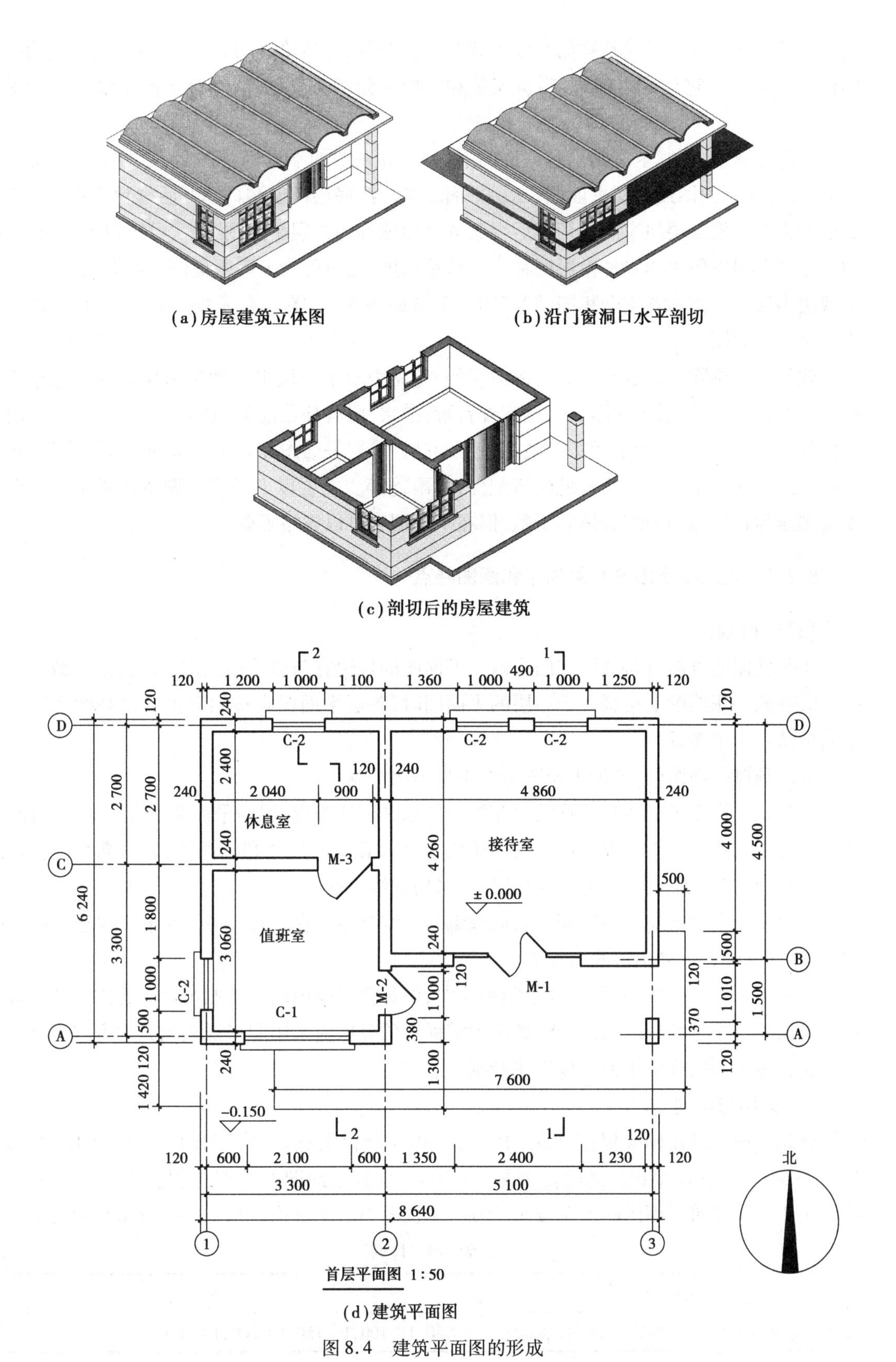

图 8.4　建筑平面图的形成

建筑平面图反映了建筑物的平面形状和平面布置,包括墙、柱和门窗以及其他建筑构配件的位置和大小。它是墙体砌筑、门窗安装和室内装修的重要依据,是施工图中最基本的图样之一。

对多层建筑,原则上应画出每一层的平面图,并在图的下方标注图名,图名通常按层次来命名,如底层平面图或首层平面图、二层平面图等。沿底层门窗洞口切开后得到的平面图称为底层平面图。沿二层门窗洞口切开后得到的平面图称为二层平面图,依次可以得到三层、四层的平面图。房屋屋顶的水平投影图称为屋顶平面图,也可称为天面平面图。习惯上,如果有两层或更多层的平面布置完全相同,则可用一个平面图表示,图名为 X 层 ~ Y 层平面图,也可称为标准层平面图。

建筑平面图除了表示本层的内部情况外,还需表示下一层平面图中未反映的可见建筑构配件,如雨篷等。底层平面图需表达室外台阶、散水、明沟和花池等,底层平面图已经表达清楚的配件如台阶等,在二层平面图中就不重复绘制。二层平面图除表示二层的内部结构外,还需表示底层平面图中未表示的可见建筑配件,如雨篷等。二层以上的平面图依次类推。阳台或女儿墙压顶在立面图中需要绘制清楚,但在平面图中可以省略不画。

8.2.1 建筑平面图的有关规定和画图特点

(1)一般规定

①平面图的方向宜与总图方向一致。平面图的长边宜与横式幅面图纸的长边一致。

②在同一张图纸上绘制多于一层的平面图时,各层平面图宜按层数由低向高的顺序从左至右或从下至上布置。

③除顶棚平面图外,各种平面图应按正投影法绘制。

④建筑物平面图应在建筑物的门窗洞口处水平剖切俯视,屋顶平面图应在屋面以上俯视,图内应包括剖切面及投影方向可见的建筑构造以及必要的尺寸和标高等,表示高窗、洞口、通气孔、槽、地沟及起重机等不可见部分时,应采用虚线绘制。

⑤建筑物平面图应注写房间的名称或编号。编号注写在直径为 6 mm 细实线绘制的圆圈内,并在同张图纸上列出房间名称表。

⑥平面较大的建筑物,可分区绘制平面图,但每张平面图均应绘制组合示意图。各区应分别用大写拉丁字母编号。在组合示意图中需提示的分区应采用阴影线或填充的方式表示。

⑦顶棚平面图宜采用镜像投影法绘制。

(2)比例与图例

建筑平面图的比例应根据建筑物的大小和复杂程度选定,常用比例为 1 : 50,1 : 100,1 : 200 等,其中使用率比较高的比例是 1 : 100。建筑平面图的绘图比例宜符合表 8.4 的规定。由于绘制建筑平面图的比例较小,因此,平面图内的建筑构造与配件一般用图例表示。

表 8.4 比例

图 名	比 例
建筑物或构筑物的平面图、立面图、剖面图	1 : 50,1 : 100,1 : 150,1 : 200,1 : 300

续表

图　名	比　例
建筑物或构筑物的局部放大图	1∶10,1∶20,1∶25,1∶30,1∶50
配件及构造详图	1∶1,1∶2,1∶5,1∶10,1∶15,1∶20,1∶25,1∶30,1∶50

(3)定位轴线

定位轴线确定了房屋承重构件的定位和布置,同时也是其他建筑构配件的尺寸基准线。建筑平面图中定位轴线的编号确定后,其他各种图样中的轴线编号应与之相符。

(4)图线

①建筑平面图中被剖切到的墙、柱的断面轮廓线用粗实线(b)绘制。

②画图比例小于或等于1∶50的平面图,砖墙一般不画图例,钢筋混凝土的柱和墙的断面通常涂黑表示。

③平面图中没有剖切到的可见轮廓线,如窗台、台阶、明沟和阳台等可用中粗实线($0.7b$)绘制。当绘制较简单的图样时,也可用细实线($0.25b$)绘制。

④尺寸线、尺寸界限、索引符号、标高符号、详图材料做法引出线、粉刷线、保温层线、地面、墙面的高差分界线等用中实线($0.5b$)绘制。当绘制较简单的图样时,也可用细实线($0.25b$)绘制。

⑤尺寸起止符号用中粗实线($0.7b$)绘制。

⑥楼梯、窗户等图例用细实线($0.25b$)绘制。

⑦定位轴线用细单点长画线($0.25b$)绘制。

平面图中图线的宽度b应根据图样的复杂程度和比例,并按现行国家标准《房屋建筑制图统一标准》(GB/T 50001—2017)中的有关规定选用。当绘制较简单的图样时,可采用两种线宽的线宽组,其线宽比宜为b∶$0.25b$。当绘制较复杂的平面图样时,图线的选用应参照表8.5的规定,其中地坪线宽可用$1.4b$。

表8.5　图线

名　称		线　型	线　宽	用　途
实线	粗	——————	b	①平、剖面图中被剖切的主要建筑构造(包括构配件)的轮廓线 ②建筑立面图或室内立面图的外轮廓线 ③建筑构造详图中被剖切的主要部分的轮廓线 ④建筑构配件详图中的外轮廓线 ⑤平、立、剖面的剖切符号
	中粗	——————	$0.7b$	①平、剖面图中被剖切的次要建筑构造(包括构配件)的轮廓线 ②建筑平、立、剖面图中建筑构配件的轮廓线 ③建筑构造详图及建筑构配件详图中的一般轮廓线

续表

名称		线型	线宽	用途
实线	中	————————	0.5b	小于0.7b的图形线、尺寸线、尺寸界限、索引符号、标高符号、详图材料做法引出线、粉刷线、保温层线、地面、墙面的高差分界线等
	细	————————	0.25b	图例填充线、家具线、纹样线等
虚线	中粗	— — — — — — —	0.7b	①建筑构造详图及建筑构配件不可见的轮廓线 ②平面图中的梁式起重机(吊车)的轮廓线 ③拟建、扩建建筑物的轮廓线
	中	— — — — — — —	0.5b	投影线、小于0.7b的不可见轮廓线
	细	— — — — — — —	0.25b	图例填充线、家具线等
单点长画线	粗	——·——·——	b	起重机(吊车)轨道线
	细	——·——·——	0.25b	中心线、对称线、定位轴线
折断线	细	——\/\——	0.25b	部分省略表示时的断开界线
波浪线	细	～～～	0.25b	①部分省略表示时的断开界线,曲线形构件的断开界限 ②构造层次的断开界限

(5)门窗布置及编号

平面图中的门和窗均按图例绘制,门线可用90°或45°的中实线(或细实线)表示开启方向,入户大门、卫生间门和厨房门的门槛线可用细实线绘制。门和窗的代号分别用“M”和“C”表示,当设计选用的门和窗是标准设计时,也可选用门窗标准集中的门窗型号或代号来标注。门窗代号的后面都注有编号,编号用阿拉伯数字表示,同一类型和大小的门窗用同一代号和编号。为了方便工程预算、订货与加工,通常还需要绘制门窗明细表,列出该房屋所选用的门窗编号、洞口尺寸、数量、所采用的标准图集和编号等。

(6)尺寸与标高标注

建筑平面图标注的尺寸有外部尺寸和内部尺寸。

建筑平面图一般应在图形的四周沿横向和竖向分别标注互相平行的3道外部尺寸。其中,第1道尺寸是门窗定位尺寸及门窗洞口尺寸,它是与建筑物外形距离较近的一道尺寸,以定位轴为基准标注出墙垛的分段尺寸。第2道尺寸为轴线尺寸,它标注轴线之间的距离(即房间的开间或进深尺寸)。第3道尺寸为房屋建筑的总长和总宽尺寸。

除以上的3道尺寸外,建筑平面图中还包括表示门窗洞、孔洞、墙厚、房间净空和固定设施等的大小和位置的内部尺寸。

平面图中还应标注楼、地面标高,以表明该楼、地面相对首层地面的零点标高(±0.000)的相对标高。注写的标高为装修后完成面的相对标高。

(7)指北针

指北针应绘制在建筑物±0.000标高的平面图上,并放在明显位置,所指的方向应与总图一致。

(8)其他规定

①平面图中的楼梯间是用图例按实际梯段的水平投影画出,同时还应标注“上”与“下”的关系。

②建筑剖面图的剖切符号,如1—1,2—2等,应标注在首层平面图上。

③当平面图上某一部分另有详图表示时,应画上索引符号。

④对于部分用文字能表示清楚,或者需要说明的问题,可在图上用文字说明。

8.2.2 建筑平面图中的常用图例

建筑平面图常用1∶100,1∶50的比例绘制,由于比例较小,因此,门窗及细部构配件等均应按规定图例绘制。常用建筑构造及配件图例见表8.6。

表8.6 构造及配件图例

序号	名 称	图 例	备 注
1	墙体		①上图为外墙,下图为内墙 ②外墙细线表示有保温层或有幕墙 ③应加注文字或涂色或图案填充表示各种材料的墙体 ④在各层平面图中防火墙宜着重以特殊图案填充表示
2	隔断		①加注文字或涂色或图案填充表示各种材料的轻质隔断 ②适用于到顶与不到顶隔断
3	玻璃幕墙		幕墙龙骨是否表示由项目设计决定
4	栏杆		
5	楼梯	上 下 上 下	①上图为底层楼梯平面,中图为中间层楼梯平面,下图为顶层楼梯平面 ②需设置靠墙扶手或中间扶手时,应在图中表示

续表

序号	名　称	图　例	备　注
6	坡道	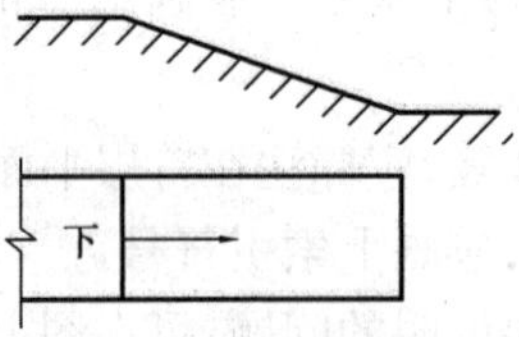 下	长坡道
		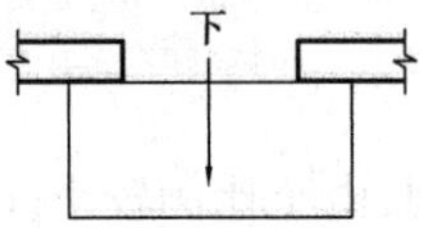 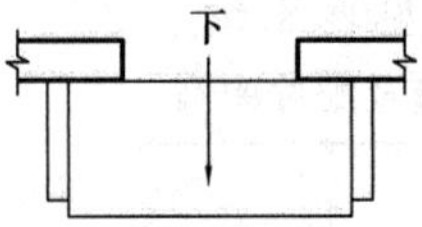 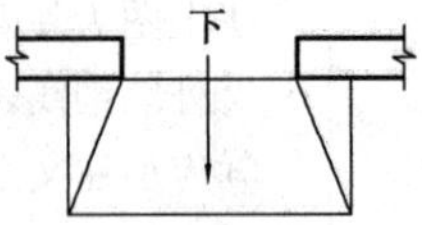 下 下 下	上图为两侧垂直的门口坡道,中图为有挡墙的门口坡道,下图为两侧找坡的门口坡道
7	台阶	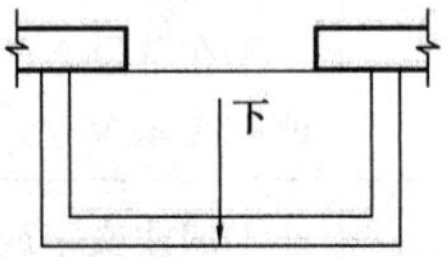 下	
8	平面高差	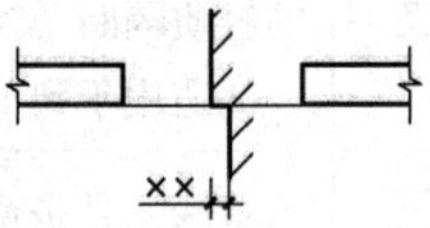 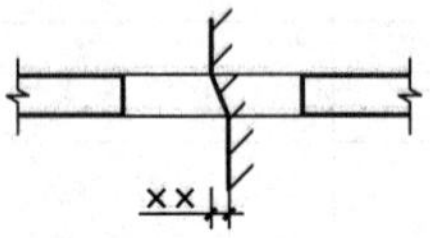 ×× ××	用于高差小的地面或楼面交接处,并应与门的开启方向协调
9	检查口	 	左图为可见检查口,右图为不可见检查口
10	孔洞	 	阴影部分也可用填充灰度或涂色代替
11	坑槽	 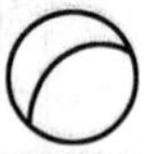	
12	墙预留洞、槽	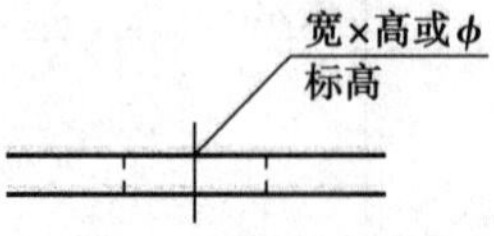 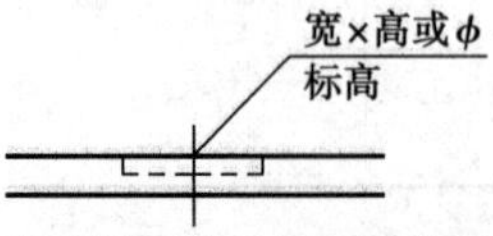 宽×高或ϕ 标高 宽×高或ϕ 标高	①上图为预留洞,下图为预留槽 ②平面以洞(槽)中心定位 ③标高以洞(槽)底或中心定位 ④宜以涂色区别墙体和预留洞(槽)

续表

序号	名　称	图　例	备　注
13	地沟	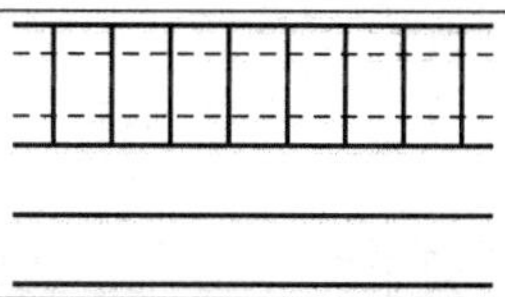	上图为活动盖板地沟，下图为无盖板明沟
14	烟道	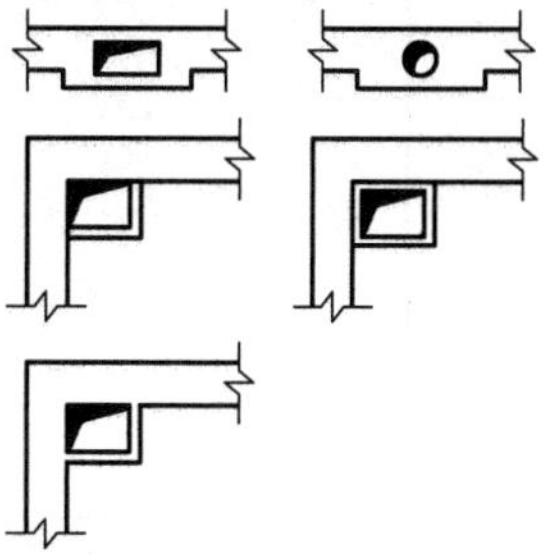	①阴影部分也可用涂色代替 ②烟道、风道与墙体为相同材料，其相接处墙身线应连通 ③烟道、风道根据需要增加不同材料的内衬
15	风道	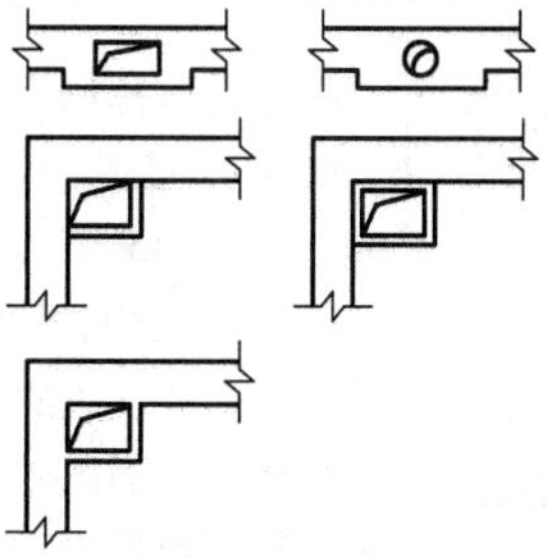	
16	空门洞	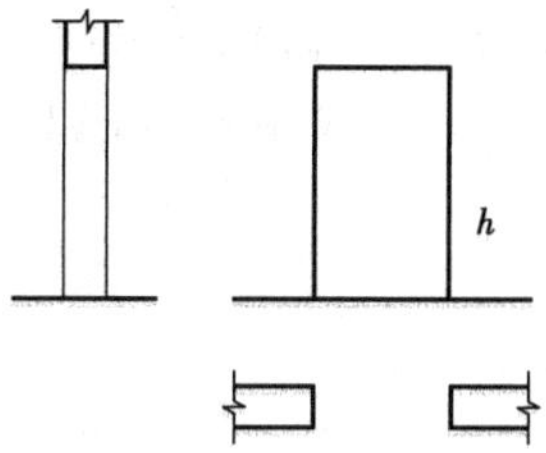	h 为门洞高度
17	单面开启单扇门（包括平开或单面弹簧）	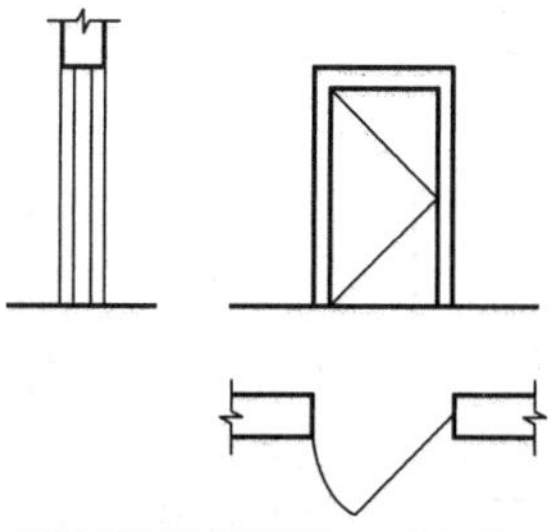	①门的名称代号用 M 表示 ②平面图中，下为外，上为内，门开启线为 90°，60°或 45° ③立面图中，开启线实线为外开，虚线为内开。开启线交角的一侧为安装合页一侧。开启线在建筑立面图中可不表示，在立面大样图中可根据需要绘出 ④剖面图中，左为外，右为内 ⑤附加纱扇应以文字说明，在平、立、剖面图中均不表示 ⑥立面形式应按实际情况绘制
18	双面开启单扇门（包括双面平开或双面弹簧）	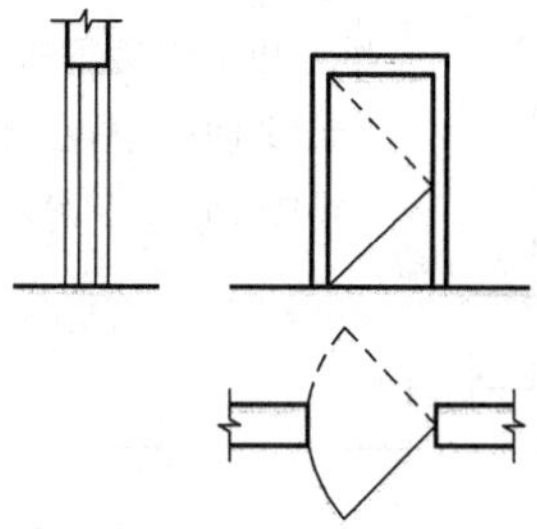	

续表

<table>
<tr><th>序号</th><th>名　称</th><th>图　例</th><th>备　注</th></tr>
<tr><td>19</td><td>双层单扇平开门</td><td> 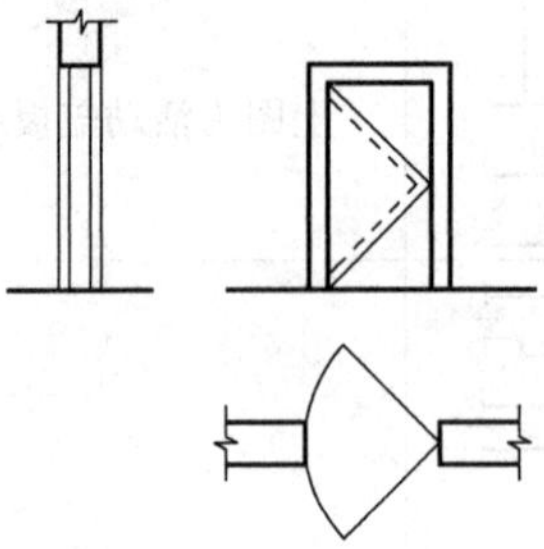</td><td></td></tr>
<tr><td>20</td><td>单面开启双扇门(包括平开或单面弹簧)</td><td> 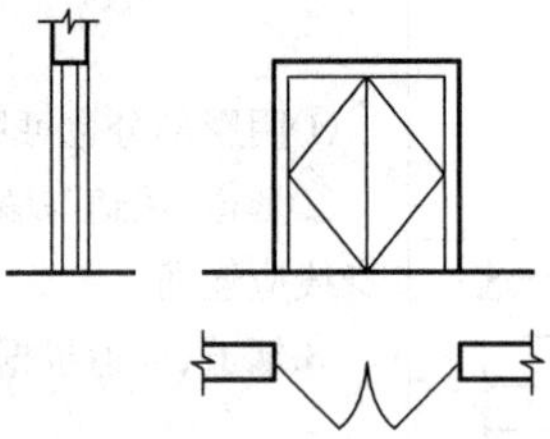</td><td rowspan="3">①门的名称代号用 M 表示
②平面图中,下为外,上为内,门开启线为 90°,60°或 45°
③立面图中,开启线实线为外开,虚线为内开。开启线交角的一侧为安装合页一侧。开启线在建筑立面图中可不表示,在立面大样图中可根据需要绘出
④剖面图中,左为外,右为内
⑤附加纱扇应以文字说明,在平、立、剖面图中均不表示
⑥立面形式应按实际情况绘制</td></tr>
<tr><td>21</td><td>双面开启双扇门(包括双面平开或双面弹簧)</td><td></td></tr>
<tr><td>22</td><td>双层双扇平开门</td><td></td></tr>
<tr><td>23</td><td>折叠门</td><td> 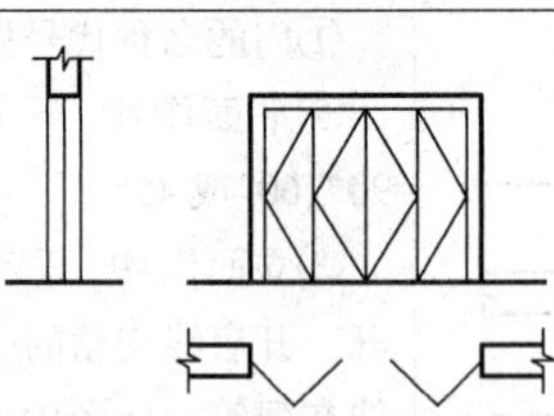</td><td rowspan="2">①门的名称代号用 M 表示
②平面图中,下为外,上为内
③立面图中,开启线实线为外开,虚线为内开。开启线交角的一侧为安装合页一侧
④剖面图中,左为外,右为内
⑤立面形式应按实际情况绘制</td></tr>
<tr><td>24</td><td>推拉折叠门</td><td></td></tr>
</table>

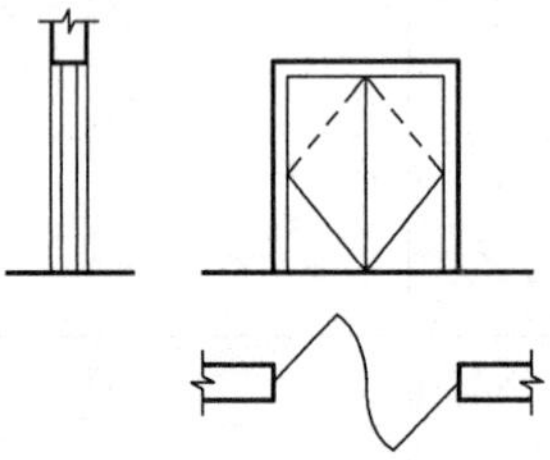

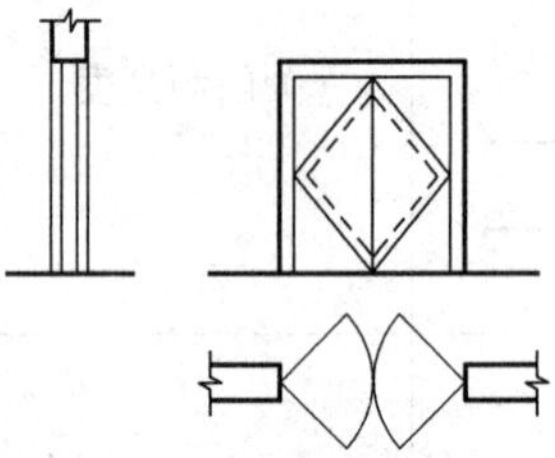

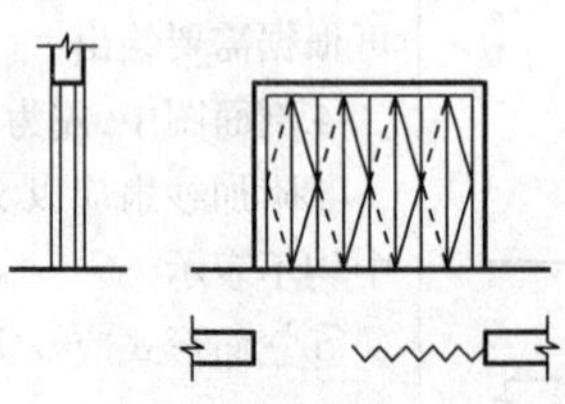

续表

序号	名　称	图　例	备　注
25	自动门	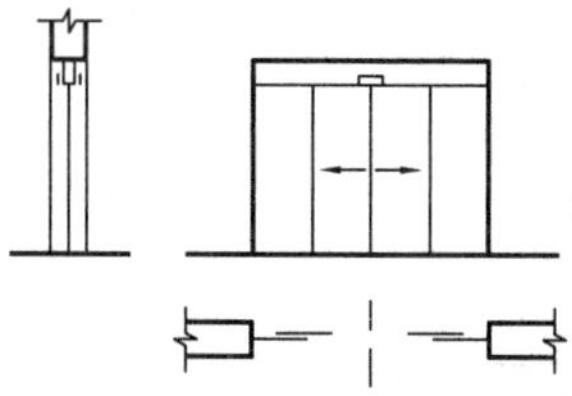	①门的名称代号用 M 表示 ②立面形式应按实际情况绘制
26	横向卷帘门	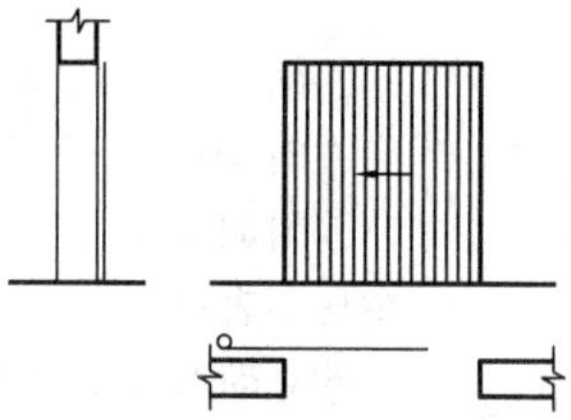	
27	竖向卷帘门	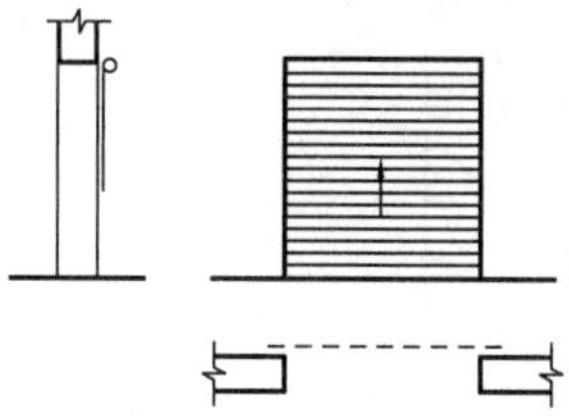	
28	单侧双层卷帘门	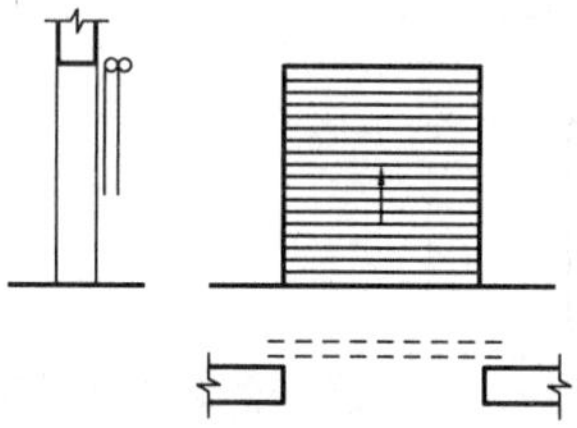	
29	双侧双层卷帘门	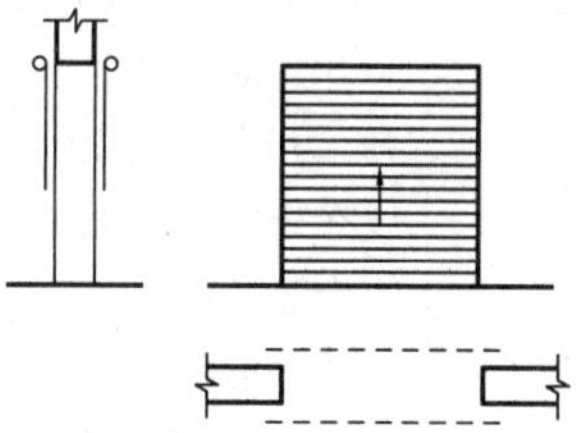	
30	固定窗	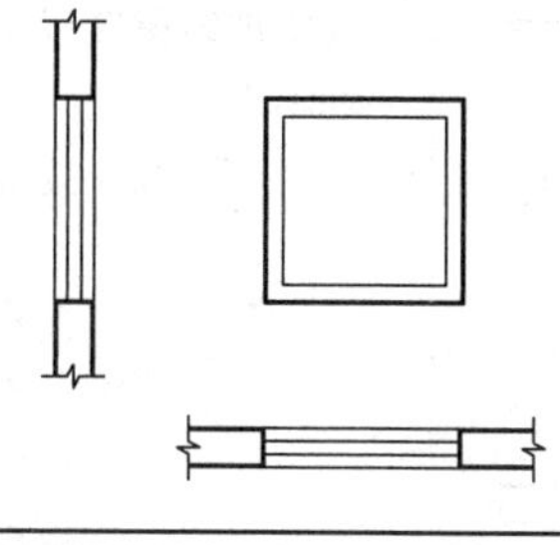	①窗的名称代号用 C 表示 ②平面图中，下为外，上为内 ③立面图中，开启线实线为外开，虚线为内开。开启线交角的一侧为安装合页一侧。开启线在建筑立面图中可不表示，在门窗立面大样图中需绘出

续表

序号	名　称	图　例	备　注
31	上悬窗	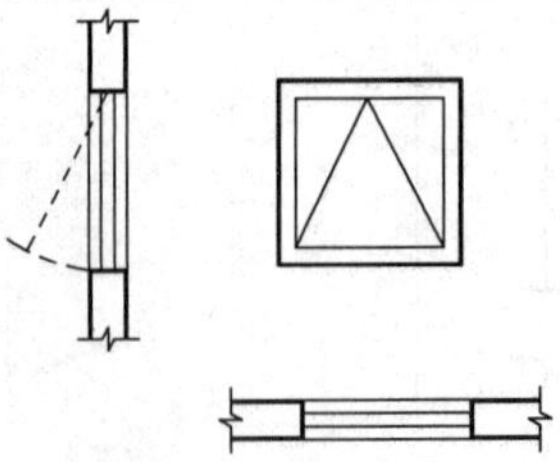	④剖面图中,左为外,右为内,虚线仅表示开启方向,项目设计不表示 ⑤附加纱窗应以文字说明,在平、立、剖面图中均不表示 ⑥立面形式应按实际情况绘制
32	中悬窗	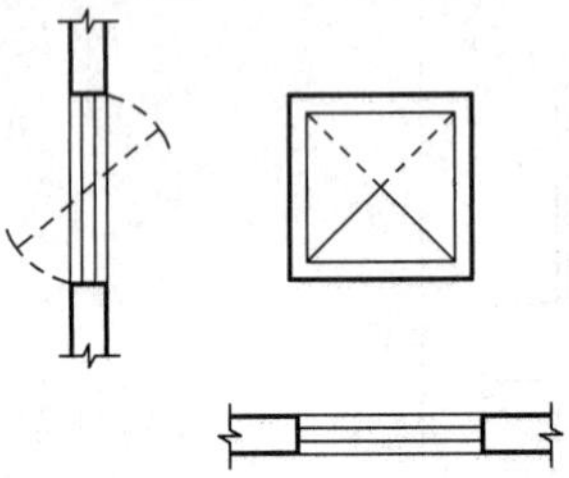	
33	下悬窗	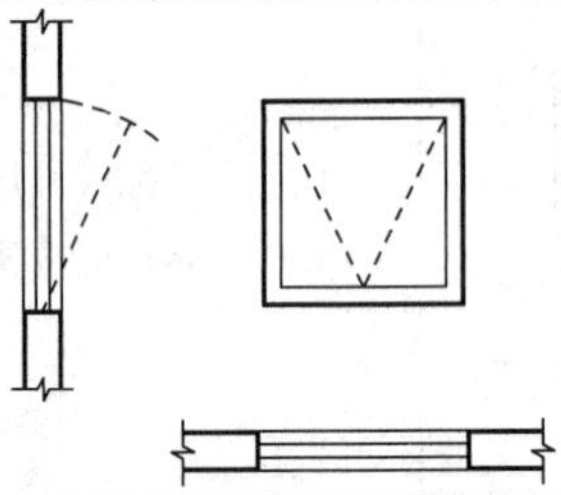	
34	单层外开平开窗	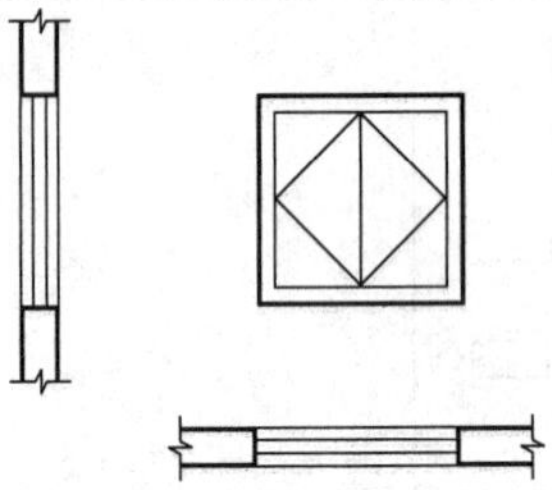	①窗的名称代号用 C 表示 ②平面图中,下为外,上为内 ③立面图中,开启线实线为外开,虚线为内开。开启线交角的一侧为安装合页一侧。开启线在建筑立面图中可不表示,在门窗立面大样图中需绘出 ④剖面图中,左为外,右为内,虚线仅表示开启方向,项目设计不表示 ⑤附加纱窗应以文字说明,在平、立、剖面图中均不表示 ⑥立面形式应按实际情况绘制
35	单层内开平开窗	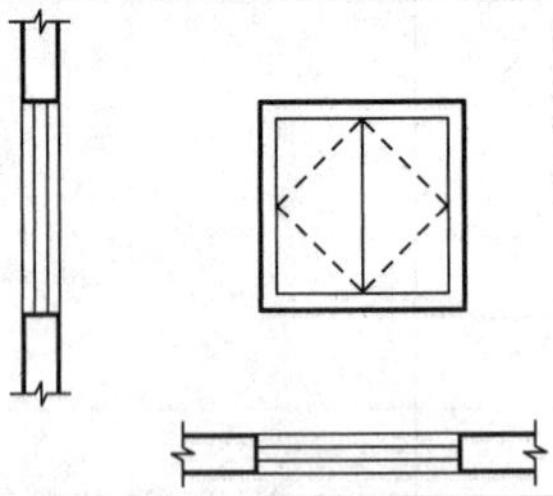	
36	双层内外开平开窗	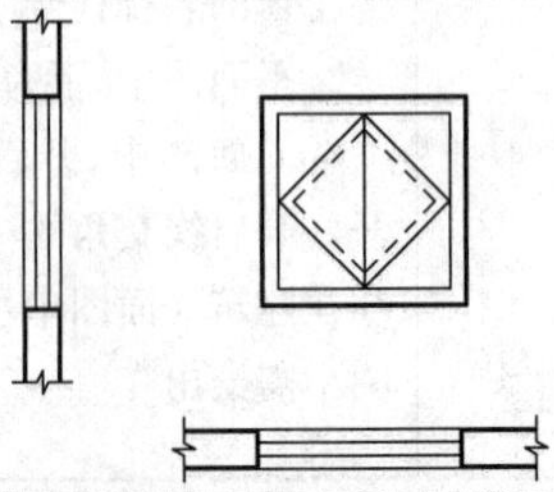	

续表

序号	名　称	图　例	备　注
37	单层推拉窗	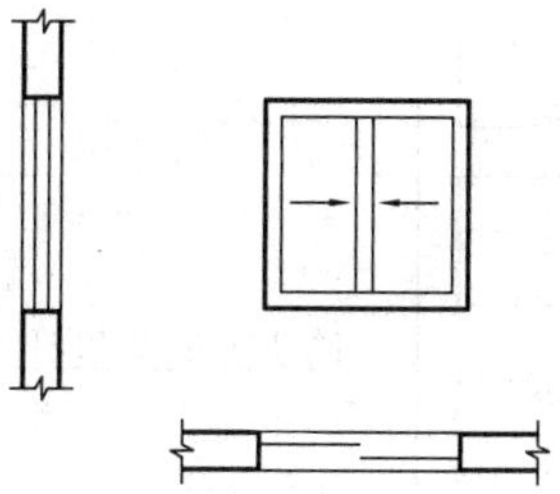	①窗的名称代号用 C 表示 ②立面形式应按实际情况绘制
38	双层推拉窗	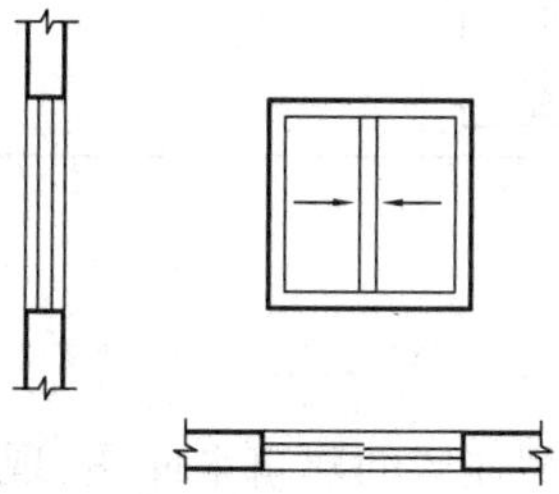	
39	上推窗	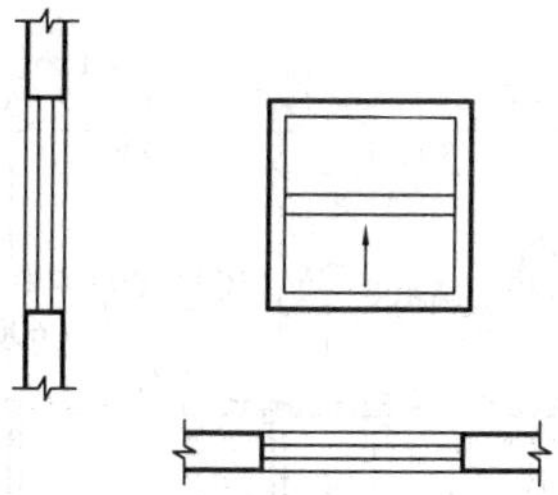	①窗的名称代号用 C 表示 ②立面形式应按实际情况绘制
40	百叶窗	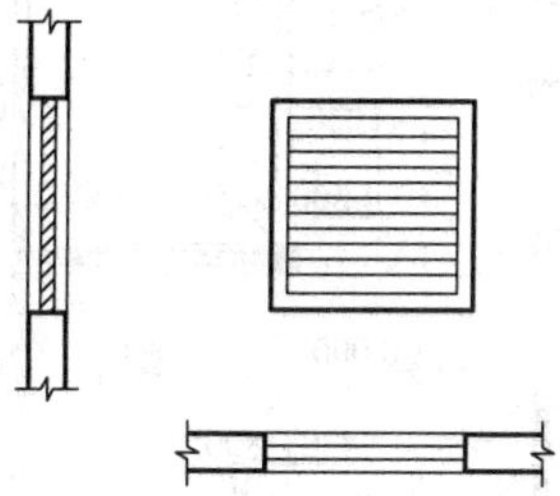	①窗的名称代号用 C 表示 ②立面形式应按实际情况绘制
41	高窗	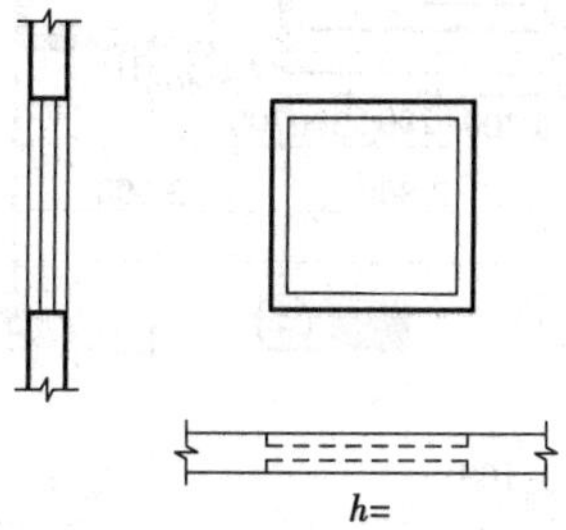 $h=$	①窗的名称代号用 C 表示 ②立面图中，开启线实线为外开，虚线为内开。开启线交角的一侧为安装合页一侧。开启线在建筑立面图中可不表示，在门窗立面大样图中需绘出 ③剖面图中，左为外，右为内 ④立面形式应按实际情况绘制 ⑤h 表示高窗底距本层地面高度 ⑥高窗开启方式参考其他窗型

续表

序号	名　称	图　例	备　注
42	自动扶梯	下 上　上	箭头方向为设计运行方向
43	自动人行道		
44	自动人行坡道	上	

8.2.3　建筑平面图识读示例

如图8.5至图8.8所示为某住宅小区B型住宅的建筑平面图，现以首层平面图、二层平面图、三层平面图和天面平面图的顺序识读。

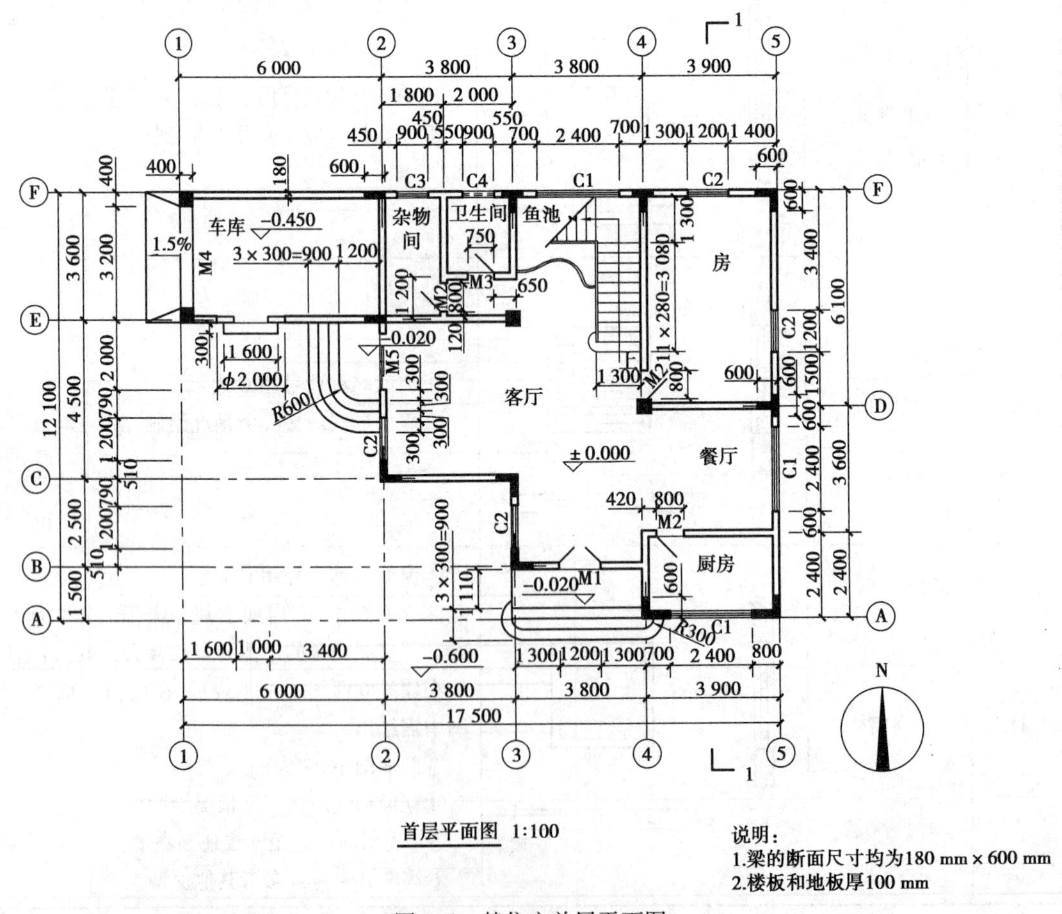

图8.5　某住宅首层平面图

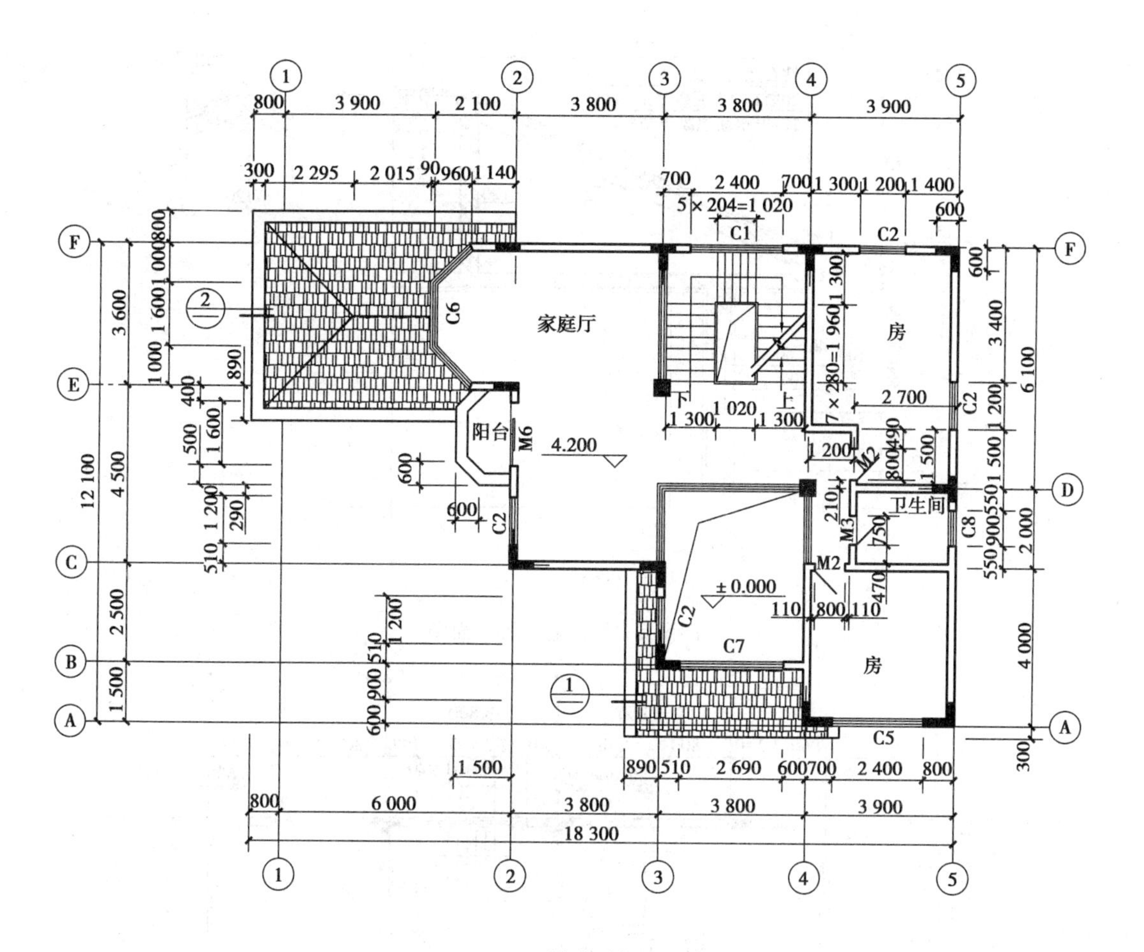

二层平面图 1:100

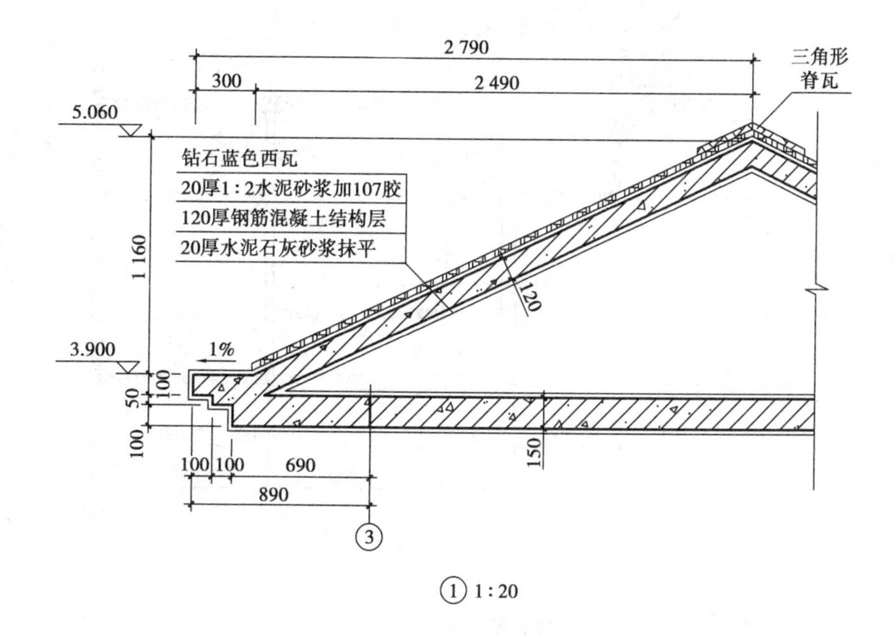

① 1:20

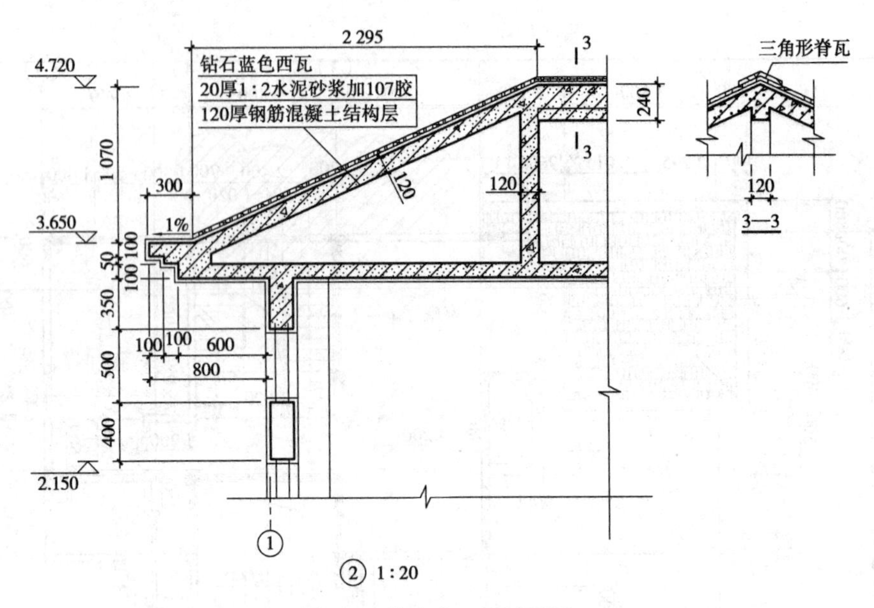

图 8.6　某住宅二层平面图

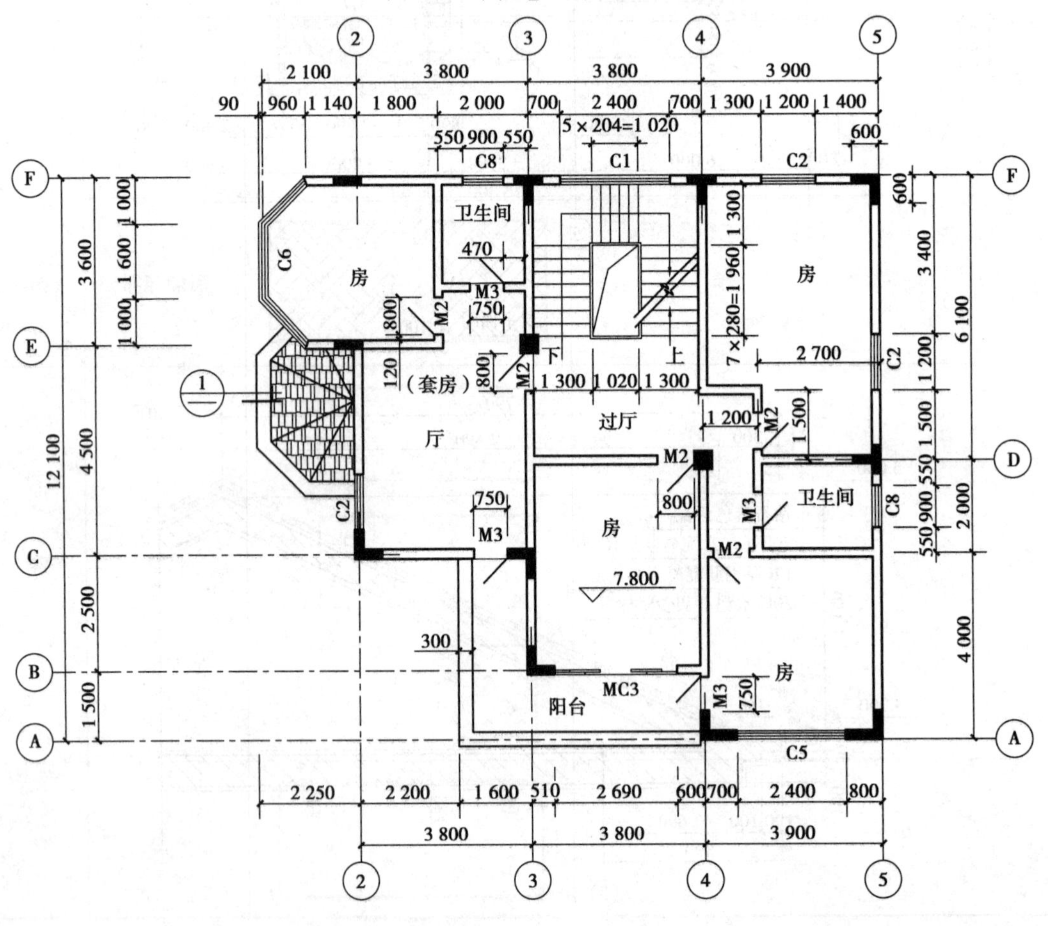

三层平面图　1:100

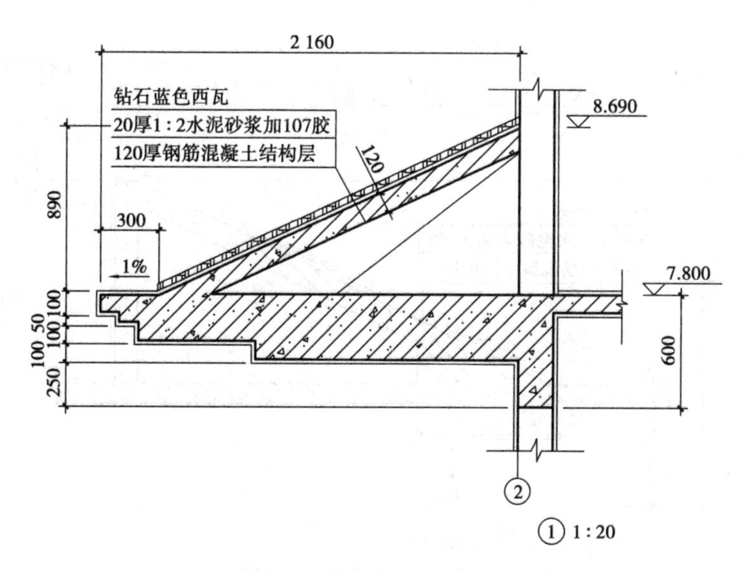

图 8.7　某住宅三层平面图

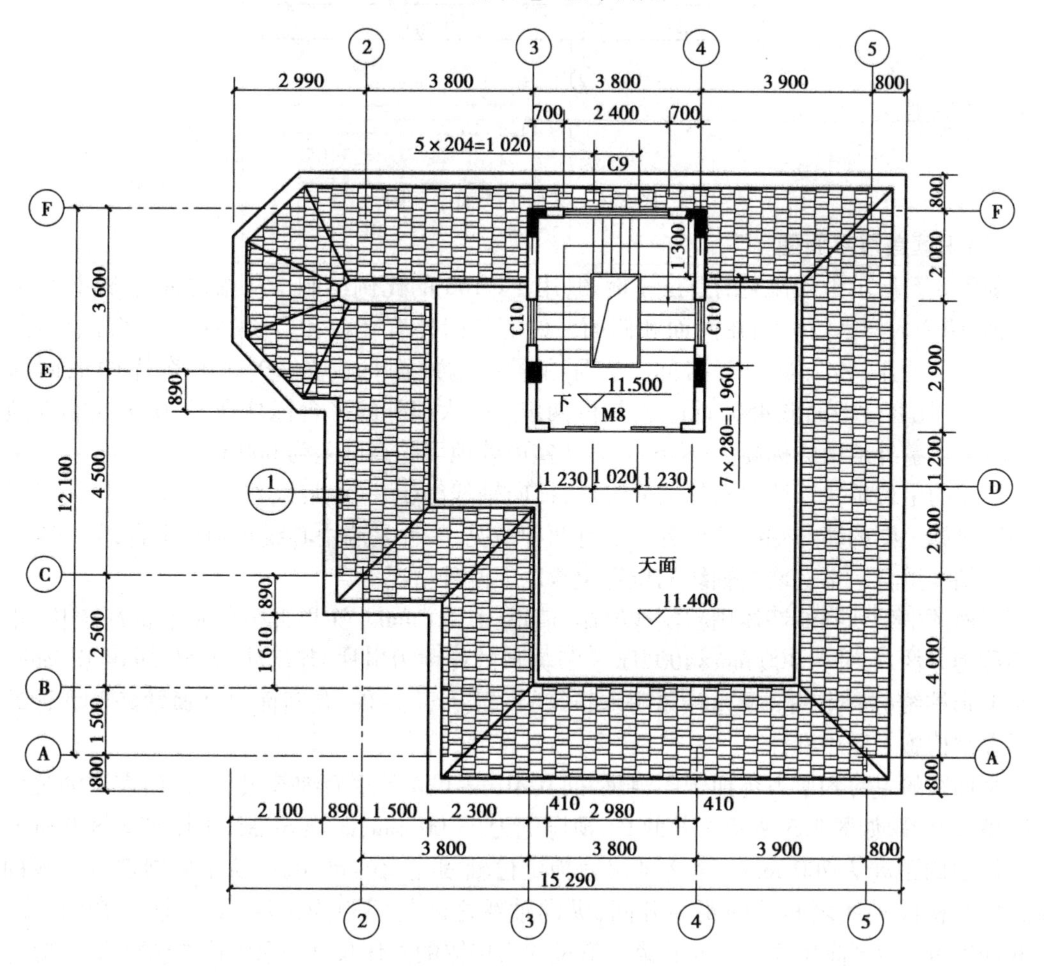

天面平面图　1 : 100

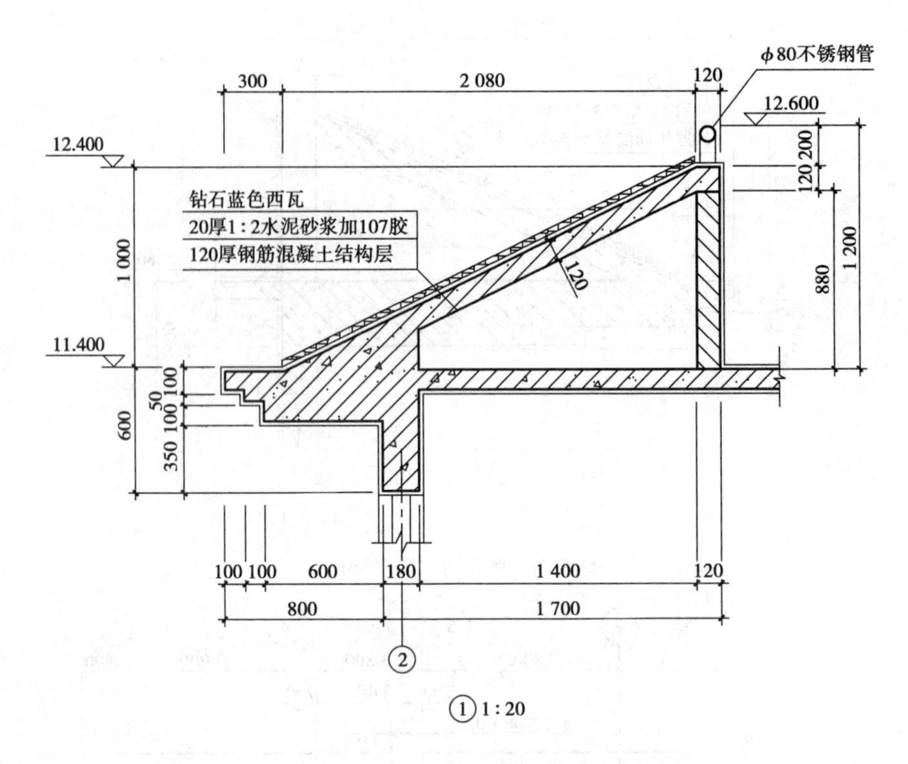

图 8.8　某住宅天面平面图

(1)识读首层平面图

如图 8.5 所示为某住宅的首层平面图,用 1∶100 的比例绘制。从指北针可知,该住宅坐北朝南,两个入户大门分别在南面和西面。住宅的门外有平台和台阶,屋内有客厅、餐厅、厨房、车库、卫生间和杂物间等房间。客厅和餐厅的地面标高为±0.000,车库的地面标高为-0.450,比客厅地面低 450 mm。房屋的两扇入户大门外的平台标高为-0.020,比客厅地面低 20 mm。室外地面的标高为-0.600,表示室内外地面的高度差为 600 mm。

房屋的定位轴线以墙中和外墙面定位,横向轴线为①—⑤轴线,纵向轴线为Ⓐ—Ⓕ轴线。房屋建筑施工图的墙与轴线的位置一般有两种情况,一种是墙中心线与轴线重合,另一种是外墙面与轴线重合。本例墙与轴线的位置包含以上两种情况。

平面图中剖切到的墙体用粗实线绘制,墙厚为 180 mm。涂黑部分是钢筋混凝土柱,正方形的称为方柱,尺寸为 400 mm×400 mm。长方形的柱称为扁柱,其尺寸为 180 mm×600 mm。T 形和 L 形柱统称异形柱。承重柱是房屋建筑的主要承重构件,其断面尺寸通常经受力计算分析后在结构施工图中标注。

平面图的左方和下方标注了 3 道尺寸,其中,第 1 道尺寸为细部尺寸,是门窗洞的尺寸或柱间墙尺寸等,如图 8.5 所示下方的 C1 窗洞宽为 2 400 mm,距离⑤轴线的距离为 800 mm,距离④轴线的距离为 700 mm。第 2 道尺寸为定位轴线之间的尺寸,反映了房屋定位轴线的间距,其中,横向轴线之间的间距为开间,纵向轴线之间的间距为进深,如①轴和②轴的间距为 6 000 mm,为开间尺寸。最外的第 3 道尺寸为房屋的总体尺寸,反映了住宅的总长和总宽,本例房屋建筑总长为 17 500 mm,总宽为 12 100 mm。

卫生间外墙处的 C4 窗户图例用细虚线绘制,表示为高窗,窗宽为 900 mm。图 8.5 中,M1

和 MC1 入户大门外的台阶尺寸为 3×300 mm = 900 mm，表示该台阶每一踏面宽为 300 mm，共有 3 个踏面，台阶总宽为 900 mm。

客厅的北面设计了一个鱼池，鱼池的上方有一折角楼梯，由此可以通向二楼。楼梯的拐角平台距离Ⓕ轴的内墙面为 1 300 mm，楼梯的尺寸为 11×280 mm = 3 080 mm，表示楼梯的每一踏面宽为 280 mm，共有 11 个踏面，楼梯总长为 3 080 mm。

图 8.5 中剖切符号 1—1 表示建筑剖面图的剖切位置。图名中“1∶100”的字高要比“首层平面图”的字高小一号。

(2) 识读二层平面图

如图 8.6 所示为某住宅的二层平面图，用 1∶100 的比例绘制。与首层平面图对比，减去了室外的台阶和指北针等附属设施，但是新增了阳台和雨篷等建筑构配件。二层平面图的室内布置有家庭厅、卫生间、房和楼梯间等。建筑的西面有阳台，阳台通过门 MC2 与家庭厅连通在一起。家庭厅和房的标高为 4.200 mm，这也是二层楼面标高。

楼梯的表示方法与首层平面图不同，不仅要画出本层“上”的部分楼梯踏步，还要将本层“下”的楼梯踏步画出。楼梯的形式为折角楼梯，楼梯的拐角平台距离Ⓕ轴的内墙面为 1 300 mm，楼梯的尺寸为 7×280 mm = 1 960 mm，表示楼梯的每一踏面宽为 280 mm，共有 7 个踏面，楼梯总长为 1 960 mm。拐角楼梯的尺寸为 5×204 mm = 1 020 mm，表示楼梯的每一踏面宽为 204 mm，共有 5 个踏面，楼梯总长为 1 020 mm。

根据建筑图例所示，Ⓑ轴、Ⓓ轴与③轴、④轴交汇处为坑槽结构，本例为中空的“客厅上空”，也就是说该处下面为首层的客厅，客厅的部分空间高度为两层通高，显示了该住宅的气派。

入户大门的雨篷处有索引符号，表示索引剖面详图，该详图编号为 1，画在本张图纸上，该详图详细地表达了入户大门雨篷的尺寸、构造及其做法。车库大门的雨篷处也有索引符号，表示索引剖面详图，该详图编号为 2，画在本张图纸上，该详图详细地表达了车库雨篷的尺寸、构造及其做法。两处雨篷都在平面图中绘制了建筑图例，表示其使用了钻石蓝色西瓦。

二层楼面的标高为 4.200，表示该楼层与首层地面的相对标高，即房屋建筑的首层高度为 4.200 m。其他图示内容与首层平面图相同。

(3) 识读三层平面图

如图 8.7 所示为某住宅的三层平面图，用 1∶100 的比例绘制。屋内布置有厅、房、楼梯间和卫生间等。西面有较大的 L 形阳台，分别通过 MC3，M3 与房、厅连通在一起。厅和房的标高为 7.800。

楼梯的表示方法与二层平面图相同，不仅要画出本层“上”的部分楼梯踏步，还要将本层“下”的楼梯踏步画出。楼梯的形式也是折角楼梯，楼梯的拐角平台距离Ⓕ轴的内墙面为 1 300 mm，楼梯的尺寸为 7×280 mm = 1 960 mm，表示楼梯的每一踏面宽为 280 mm，共有 7 个踏面，楼梯总长为 1 960 mm。拐角楼梯的尺寸为 5×204 mm = 1 020 mm，表示楼梯的每一踏面宽为 204 mm，共有 5 个踏面，楼梯总长为 1 020 mm。

二楼阳台的上方的雨篷处有索引符号，表示索引剖面详图，该详图编号为 1，画在本张图纸上，该详图详细地表达了该雨篷的尺寸、构造及其做法。该处雨篷结构在平面图中绘制了建筑图例，表示其使用了钻石蓝色西瓦。

三层楼面的标高为 7. 800 m,表示该楼层与首层地面的相对标高,因二层楼面的标高是4. 200 m,相减后即得二层的高度为 3. 600 m。其他图示内容与首层或二层平面图相同。

(4)识读天面平面图

如图 8. 8 所示为某住宅的天面平面图,用1∶100 的比例绘制。天面平面图也可称为屋顶平面图,屋顶平面图一般都比较简单,也可以用1∶200 等较小的比例绘制。天面通过 MC4 与楼梯间连通在一起。

楼梯的表示方法与二层、三层平面图不同,仅画出本层"下"的楼梯踏步,表明楼梯只有下三层的梯段,没有往上走的梯段。楼梯的形式也是折角楼梯,楼梯的拐角平台距离Ⓕ轴的内墙面为 1 300 mm,楼梯的尺寸为 7×280 mm=1 960 mm,表示楼梯的每一踏面宽为 280 mm,共有 7 个踏面,楼梯总长为 1 960 mm。拐角楼梯的尺寸为 5×204 mm=1 020 mm,表示楼梯的每一踏面宽为 204 mm,共有 5 个踏面,楼梯总长为 1 020 mm。楼梯间的标高为 11. 500 m,比天面高出 100 mm。

坡屋面处有索引符号,表示索引剖面详图,该详图编号为 1,画在本张图纸上,该详图详细地表达了房屋檐口、女儿墙和天面的尺寸、构造及其做法。坡屋面在平面图中绘制了建筑图例,表示其使用了钻石蓝色西瓦。

天面的标高为 11. 400 m,表示该楼层与首层地面的相对标高,因三层楼面的标高是7. 800 m,相减后即得三层的高度为 3. 600 m。其他图示内容与首层、二层或三层平面图相同。

(5)识读本例门窗表

表 8. 7 门窗表列出了本例住宅楼的全部门窗的设计编号、洞口尺寸等,是工程预算、订货和加工的重要资料。例如,编号为 M1 的大门,门洞尺寸为宽 1 200 mm,高 3 000 mm。

表 8. 7 门窗表

设计编号	洞口尺寸		设计编号	洞口尺寸	
	宽	高		宽	高
M1	1 200	3 000	C1	2 400	2 400
M2	800	2 100	C2	2 400	2 400
M3	750	2 000	C3	900	2 400
M4	2 890	2 600	C4	900	1 700
M5	1 600	2 100	C5	3 080	2 400
M6	1 600	2 100	C6	4 320(展开)	2 400
M7	2 690	3 000	C7	2 690	2 400
M8	2 980	2 100	C8	900	1 400
			C9	2 400	1 600
			C10	ϕ1 000	

8.3 建筑立面图(GB/T 50104—2010)

建筑物是否美观,很大程度上取决于它在立面上的艺术处理,包括造型和装修是否优美等。在初步设计阶段,立面图主要是用来研究这种艺术处理的。在施工图中,它主要反映房屋的外貌、门窗形式和位置、墙面的装饰材料、做法和色彩等。

建筑立面图是在与房屋的立面平行的投影面上所作的正投影,简称立面图。原则上东南西北每一个立面都要画出它的立面图。

有定位轴线的建筑立面图宜以该图两端的轴线编号来进行命名,如①—⑤立面图、Ⓐ—Ⓒ立面图。无定位轴线的建筑物可按平面图各面的朝向确定立面图的名称,如东立面图、南立面图等。

建筑立面图应画出可见的建筑物外轮廓线、建筑构造和构配件的投影,并注写墙面做法及必要的尺寸和标高。但立面图的绘图比例较小,如门窗扇、檐口构造、阳台、雨篷和墙面装饰等细部往往只用图例表示,它们的构造和做法一般都另有详图或文字说明。

8.3.1 建筑立面图的有关规定和画图特点

(1)比例与图例

建筑立面图的绘图比例与建筑平面图相同,绘图比例宜符合表 8.4 的规定。立面图通常采用的绘图比例有 1 : 50,1 : 100,1 : 200 等,多用 1 : 100。

由于绘制建筑立面图的比例较小,按照投影的基本规则很难将建筑立面的所有细部构造都表达清楚,因此,立面图中的建筑构造及配件宜用表 8.6 的图例绘制,且只需要绘制出主要的轮廓线和分隔线。

(2)定位轴线

建筑立面图中一般只画出两端的定位轴线及其编号,并与平面图中的轴线编号对应。

(3)图线

为了加强建筑立面图的表达效果及其层次感,建筑立面图通常采用多种图线进行绘制。

①建筑外形轮廓用粗实线(b)绘制。

②建筑立面凹凸之处的轮廓线、门窗洞以及较大的建筑构配件的轮廓线,如雨篷、阳台、台阶等均用中粗实线($0.7b$)绘制。当绘制较简单的图样时,也可用细实线($0.25b$)绘制。

③尺寸线、尺寸界限、索引符号、标高符号、详图材料做法引出线、粉刷线、保温层线、地面、墙面的高差分界线等可用中实线($0.5b$)绘制。当绘制较简单的图样时,也可用细实线($0.25b$)绘制。

④尺寸起止符号用中粗实线($0.7b$)绘制。

⑤室外地坪线用特粗实线($1.4b$)绘制。

⑥图例填充线用细实线($0.25b$)绘制。

立面图中图线的宽度 b 应根据图样的复杂程度和比例,并按现行国家标准《房屋建筑制图统一标准》(GB/T 50001—2017)中的有关规定选用。当绘制较简单的图样时,可采用两种线宽的线宽组,其线宽比宜为 $b:0.25b$。当绘制较复杂的立面图时,图线的选用应参照表 8.5 的规定。

(4)尺寸与标高

建筑立面图宜标注室内外地坪、楼地面、地下层地面、阳台、平台、檐口、屋脊、女儿墙、雨篷、门、窗、台阶等处的标高。立面图中楼地面、地下层地面、阳台、平台、檐口、屋脊、女儿墙、台阶等处的高度尺寸及标高宜注写完成面标高及高度方向的尺寸。标高尺寸一般注写在立面图的左侧或右侧且排列整齐。立面图中有时也需要补充标注一些没有详图表示的局部尺寸,如外墙坑槽除标注标高外,还应标注其大小尺寸和定位尺寸。

(5)其他规定

①相邻的立面图或剖面图宜绘制在同一水平线上,图内相互有关的尺寸及标高宜标注在同一竖线上。

②室内立面图应包括投影方向可见的室内轮廓线和装修构造、门窗、构配件、墙面做法、固定家具、灯具、必要的尺寸和标高及需要表达的非固定家具、灯具、装饰物件等。室内立面图的顶棚轮廓线,可根据具体情况只表达吊平顶或同时表达吊平顶及结构顶棚。

③平面形状曲折的建筑物,可绘制展开立面图、展开室内立面图。圆形或多边形平面的建筑物,可分段展开绘制立面图、室内立面图,但均应在图名后加注“展开”二字。

④较简单的对称式建筑物或对称的构配件等,在不影响构造处理和施工的情况下,立面图可绘制一半,并应在对称轴线处画对称符号。

⑤在建筑物立面图上,相同的门窗、阳台、外檐装修、构造做法等可在局部重点表示,绘出其完整图形,其余部分可只画轮廓线。

⑥在建筑物立面图上,外墙表面分格线应表示清楚。应用文字说明各部位所用面材及色彩。

⑦建筑物室内立面图的名称,应根据平面图中内视符号的编号或字母确定。

⑧立面图中凡是需要绘制详图的部位都应画上索引符号。

8.3.2 建筑立面图识读示例

(1)识读①~⑤立面图

如图 8.9 所示为某住宅楼的①~⑤立面图,用 1∶100 的比例绘制。该立面图是建筑物的主要立面,它反映了该建筑物的外貌特征及装饰风格。配合建筑平面图可以看出,建筑物为三层,大门在南面和西面,两扇入户大门前都有台阶,台阶踏步为 4 级。立面的左侧有一个从二层到三层凸出的玻璃窗户,不仅室内采光效果好,增加了房间的使用面积,也增强了建筑物的立体感。二层和三层都有阳台,阳台的上方有雨篷构筑物。屋面的女儿墙采用斜面造型,增强了建筑物的艺术效果。

立面图的左侧是车库,其侧门设计成拱门形状,拱门的上部圆弧直径为 ϕ2 000。从立面图可以看出,此房屋建筑名称为“江府”。房屋的外墙面装饰主格调采用条形青灰砖横贴,檐口喷涂白色进口真石漆,雨篷和女儿墙斜面铺贴钻石蓝色西瓦。房屋的最高处设计了避雷针,这是用来保护建筑物避免雷击的有效装置。

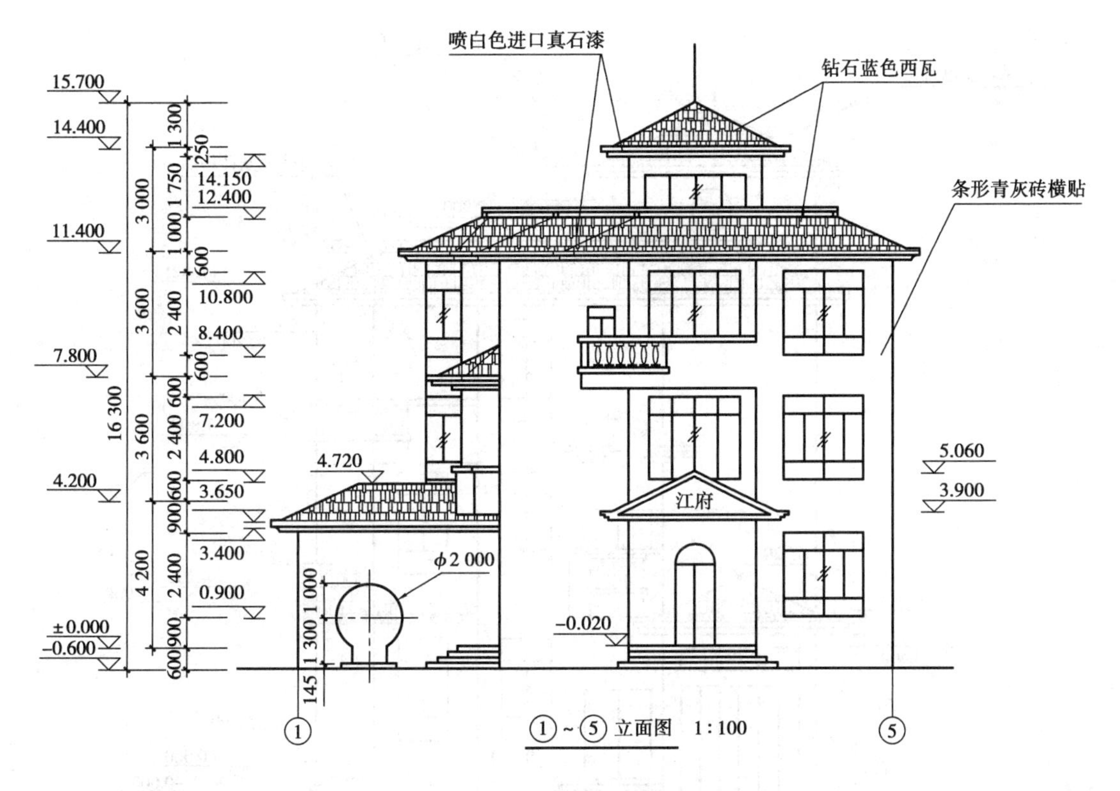

图 8.9　某住宅①~⑤立面图

该立面图采用了多种线型进行绘图。房屋的外轮廓线用粗实线(b)绘制;室外地坪线用特粗线($1.4b$)绘制;门洞、窗洞、雨篷、台阶和阳台用中粗实线($0.7b$)绘制;尺寸符号和标高符号用中实线($0.5b$)绘制;门窗分隔线、阳台装饰线、避雷针、用料注释引出线和钻石蓝色西瓦建筑图例均用细实线绘制。

立面图上分别注有室内外地坪、楼面、门窗洞、雨篷、女儿墙等标高。从标高尺寸可知,该房屋室内外地面的标高差为 600 mm,房屋最高处的标高为 15.700 m,该房屋的外墙总高度为 16.3 m。

(2)识读Ⓕ~Ⓐ立面图

如图 8.10 所示为某住宅楼的Ⓕ~Ⓐ立面图,用 1∶100 的比例绘制。该立面图反映了车库入口方向的外貌特征及装饰风格。配合建筑平面图也可看出,建筑物为三层,靠近车库的入户大门前有台阶,台阶踏步为 4 级。二层有小阳台,三层有大阳台,阳台的上方都有雨篷构筑物。

房屋的外墙面装饰主格调也采用了条形青灰砖横贴,檐口喷涂白色进口真石漆,雨篷和女儿墙斜面铺贴钻石蓝色西瓦。

该立面图也采用了多种线型进行绘图,画法同①~⑤立面图。

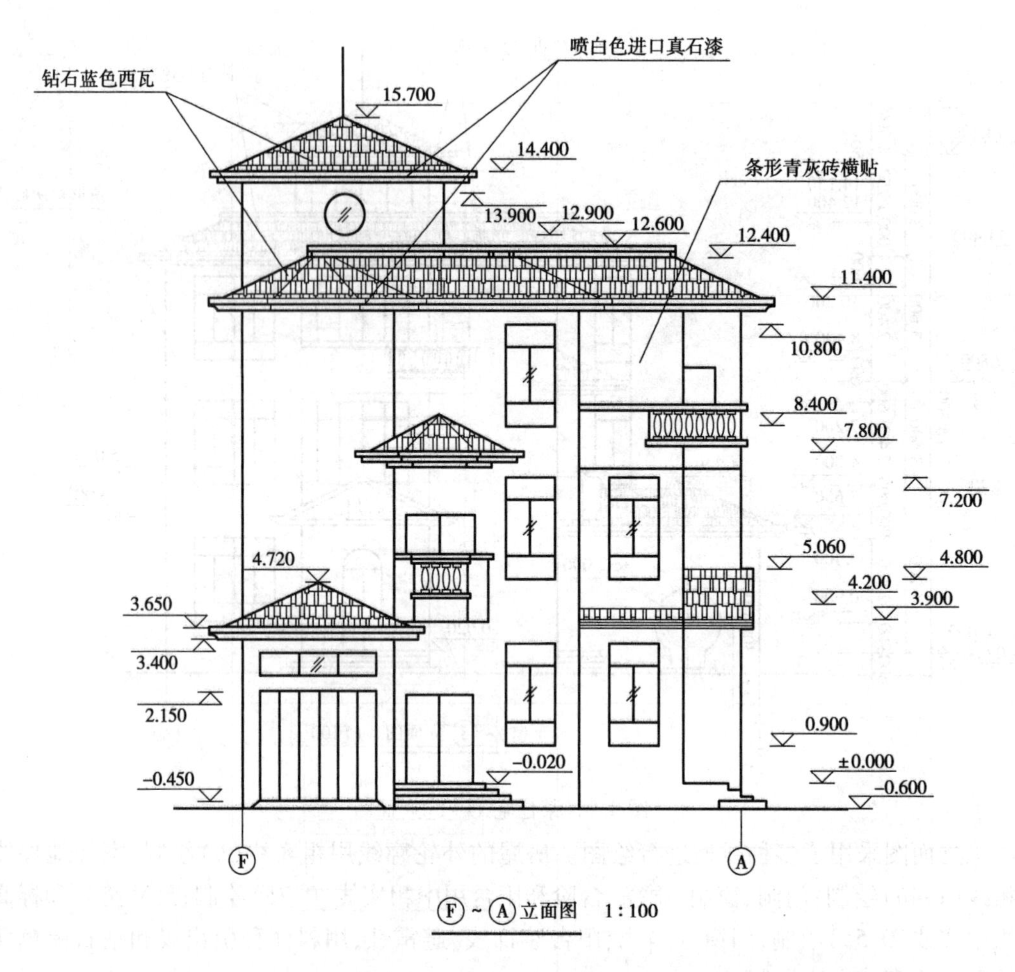

图 8.10 某住宅Ⓕ~Ⓐ立面图

8.4 建筑剖面图(GB/T 50104—2010)

如图 8.11 所示,假想用一个或多个垂直于外墙轴线的铅垂剖切面将建筑物剖开,所得的正投影图,称为建筑剖面图,简称剖面图。剖面图用以表示房屋内部的结构或构造形式、分层情况和各部位的联系、材料及其高度等,是与平、立面图相互配合的不可缺少的重要图样之一。

剖面图的数量是根据房屋的具体情况和施工实际需要而决定的。剖切面一般采用横向剖切,即平行于侧立面,必要时也可纵向剖切,即平行于正立面。

要想使剖面图达到较好的图示效果,必须合理选择剖切位置和剖切后的投射方向。剖切位置应根据图样的用途和设计深度,在平面图上选择能反映全貌、构造特征以及有代表性的部位进行剖切,并应通过门厅、门窗洞和阳台等位置。若为多层房屋,剖切位置应选择在楼梯间或层高不同、层数不同的部位。剖面图的剖切数量视建筑物的复杂程度和实际情况而定。剖面图的图名应与平面图上所标注剖切符号的编号一致,剖切符号可用阿拉伯数字、罗马数字或拉丁字母编号,如 1—1 剖面图、2—2 剖面图等。

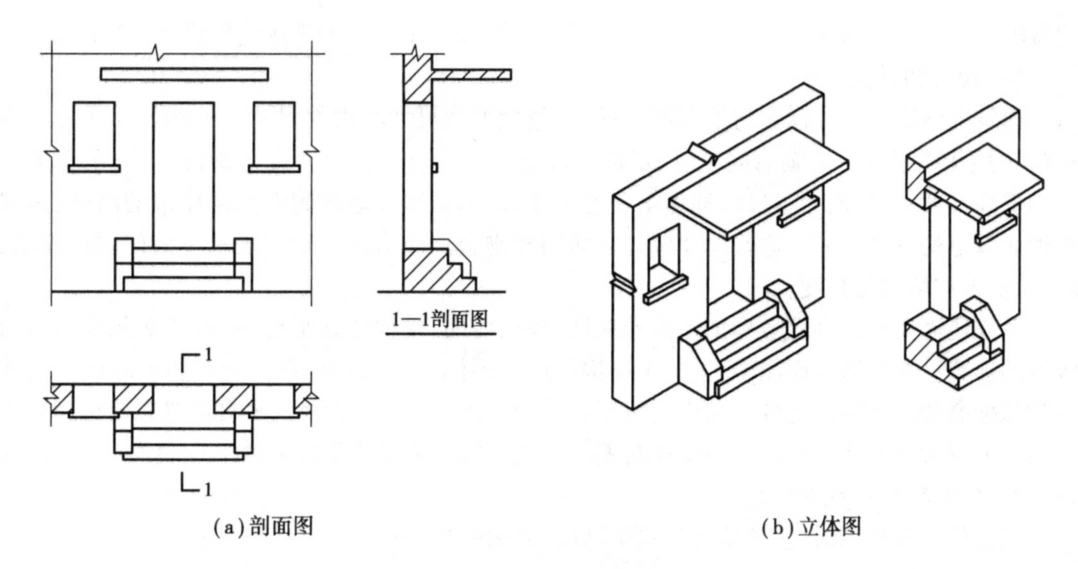

图 8.11　建筑剖面图的形成

剖面图习惯上不画基础,在基础的上部用折断线断开,室内地坪以下的基础部分,一般在结构施工图中表达。剖面图中的建筑材料图例与粉刷面层和楼、地面面层线的表示原则及方法与平面图的处理相同。

8.4.1　建筑剖面图的有关规定和画图特点

(1)比例与图例

建筑剖面图的绘图比例应与平面图、立面图一致,一般为 1∶50,1∶100,1∶200 等比例,通常采用 1∶100 的比例绘图。由于建筑剖面图的绘图比例比较小,很难将所有建筑物的细部都表达清楚,因此,剖面图的建筑构造与配件也要参照表 8.6 的图例进行绘制。砖墙、钢筋混凝土构件的材料图例与建筑平面图相同。

(2)定位轴线

建筑剖面图一般只画出两端的轴线及编号,以便与平面图对照。但有时也需注出中间轴线。

(3)图线

①被剖切到的墙身、楼面、屋面和梁的轮廓线画粗实线(b)。

②砖墙一般不画图例,钢筋混凝土梁、楼面、屋面和柱的断面通常涂黑表示。

③室内外地坪线用特粗线($1.4b$)表示。

④未剖切到的可见轮廓线,如门窗洞、踢脚线、楼梯栏杆、扶手等画中粗实线($0.7b$)。当绘制的剖面图比较简单时,也可用细实线绘制。

⑤尺寸线、尺寸界限、索引符号、标高符号、详图材料做法引出线、粉刷线、保温层线、地面、墙面的高差分界线等用中实线($0.5b$)绘制。当绘制的剖面图比较简单时,也可用细实线($0.25b$)绘制。

⑥图例填充线用细实线($0.25b$)绘制。尺寸起止符号用中粗实线($0.7b$)绘制。

⑦定位轴线用细单点长画线绘制。

剖面图中图线的宽度 b 应根据图样的复杂程度和比例,并按现行国家标准《房屋建筑制图统一标准》(GB/T 50001—2017)中的有关规定选用。当绘制较简单的图样时,可采用两种线宽的线宽组,其线宽比宜为 b : $0.25b$。当绘制较复杂的剖面图时,图线的选用应参照表 8.5 的规定。

(4)尺寸和标高

建筑剖面图的尺寸标注与平面图一样,也包括外部尺寸和内部尺寸。外部尺寸通常分为 3 道尺寸:第 1 道尺寸为勒脚高度、门窗洞高度、洞间墙高度、檐口厚度等细部尺寸;第 2 道尺寸为层高尺寸;最外面一道尺寸称为第 3 道尺寸,表示从室外地坪到女儿墙压顶的高度,是室外地面以上的总高尺寸。这些尺寸应与立面图相吻合。内部尺寸用于表示室内门、窗、隔断、隔板、平台和墙裙等高度。

另外还需要用标高符号标出室内外地坪、各层楼面、楼梯休息平台、屋面和女儿墙压顶面等处的标高。在构造剖面图中,一些主要构件还必须标注其结构标高。剖面图中的标高尺寸有建筑标高和结构标高之分。其中建筑标高是指地面、楼面、楼梯休息平台面等完成抹面装修之后的上皮表面的相对标高。而结构标高一般是指梁、板等承重构件的下皮表面(不包括抹面装修层的厚度)的相对标高。

标注尺寸和标高时,注意要与建筑平面图、立面图相一致。

(5)其他规定

①当局部构造表达不清楚时,可用索引符号引出,另绘详图。某些细部的做法,如地面、楼面的做法,可用多层构造引出标注。

②不同比例的剖面图,其抹灰层、楼地面、材料图例的省略画法,应符合以下规定:

a. 比例大于 1 : 50 的剖面图,应画出抹灰层、保温隔热层等与楼地面、屋面的面层线,并宜画出材料图例。

b. 比例等于 1 : 50 的剖面图,剖面图宜画出楼地面、屋面的面层线,宜绘出保温隔热层,抹灰层的面层线应根据需要而定。

c. 比例小于 1 : 50 的剖面图,可不画出抹灰层,但剖面图宜画出楼地面、屋面的面层线。

d. 比例为 1 : 100 ~ 1 : 200 的剖面图,可画简化的材料图例,但剖面图宜画出楼地面、屋面的面层线。

e. 比例小于 1 : 200 的剖面图,可不画材料图例,剖面图的楼地面、屋面的面层线可不画出。

③楼地面、地下层地面、阳台、平台、檐口、屋脊、女儿墙、台阶等处的高度尺寸及标高宜注写完成面标高及高度方向的尺寸。

④标注建筑剖面图各部位的定位尺寸时,应注写其所在层次内的尺寸。

8.4.2 建筑剖面图识读示例

如图 8.12 所示为本例住宅楼的建筑剖面图,图中 1—1 剖面图是按照图 8.5 首层平面图中 1—1 剖切位置绘制而成的。剖切位置通过首层的厨房、餐厅、窗洞和房,二层、三层的卫生间、窗洞和两间房,剖切后向东面进行投影所得的纵向剖面图,反映了该建筑物部分内部的构造特性。

1—1 剖面图的绘图比例是 1 : 100,地坪线以下的基础部分不画,地梁或墙体用折断线断开,如图 8.12 中Ⓐ轴和Ⓕ轴的位置所示。剖切到的墙体用两条粗实线绘制,不画图例,表示用砖砌成。剖切到的室内外地面、楼面、屋面、梁和女儿墙坡屋面均涂黑,表示其材料为钢筋混凝土。剖面图中还画出未剖到但可见的窗和女儿墙,并标注了相应的标高尺寸。

从标高尺寸可知,住宅楼的室内外高度差为 0.6 m,首层层高为 4.2 m,二层、三层层高均为 3.6 m,房屋总高为 13.2 m。二层、三层的卫生间窗户高度为 1.4 m。

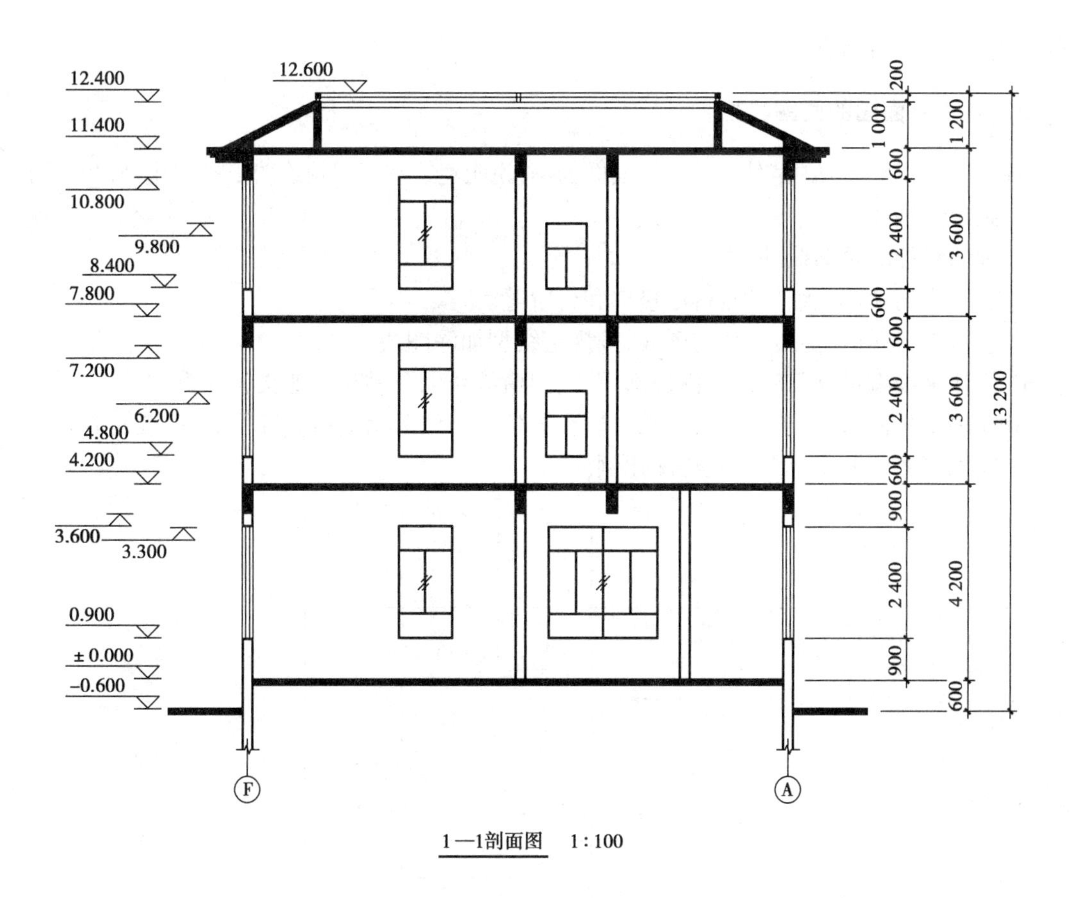

图 8.12　某住宅建筑剖面图

从剖面图的细部尺寸可知，首层、二层和三层的大窗高为 2 400 mm，其中首层的窗户离地高度为 900 mm，二层、三层的窗户离楼面高度均为 600 mm。主梁的高度尺寸为 600 mm。女儿墙的高度尺寸为 1 200 mm。

8.5　建筑平面图、立面图和剖面图的画图步骤

绘制建筑施工图的总体步骤和方法如下：

①根据房屋的外形、层数、平面布置和构造内容的复杂程度，以及施工的具体要求，确定图样的数量，做到表达内容既不重复也不遗漏。图样的数量在满足施工要求的条件下以少为好。

②按照国家标准的有关规定，选择适当的绘图比例。

③按照国家标准的有关规定，合理布置图面。图面布置要主次分明，排列均匀紧凑，表达清楚，尽可能保持各图之间的投影关系。同类型的、内容关系密切的图样，集中在一张或图号连续的几张图纸上，以便对照查阅。

④绘制建筑施工图一般是按平面图、立面图、剖面图和详图的顺序来进行。绘图时，先用铅笔画底稿，经检查无误后，再按国家标准的有关规定的线型加深图线。铅笔加深或描图上墨时，一般的绘图顺序：先画上部，后画下部；先画左边，后画右边；先画水平线，后画垂直线或倾

斜线;先画曲线,后画直线。

8.5.1 平面图的画图步骤

现以如图8.5所示的某住宅首层平面图为例,说明建筑平面图的绘图步骤,如图8.13所示。

①画定位轴线。

②画墙和柱的轮廓线。

③画门窗洞和其他细部构造,如楼梯和台阶等。

④经检查无误后,擦去多余的图线,按规定线型加深图线。

⑤标注轴线编号、标高尺寸、内外部尺寸、门窗编号以及书写其他文字说明。

⑥在底层平面图中,还应画剖切符号。在图外适当位置画上指北针图例,以表明方位。

⑦在平面图下方写出图名及绘图比例。

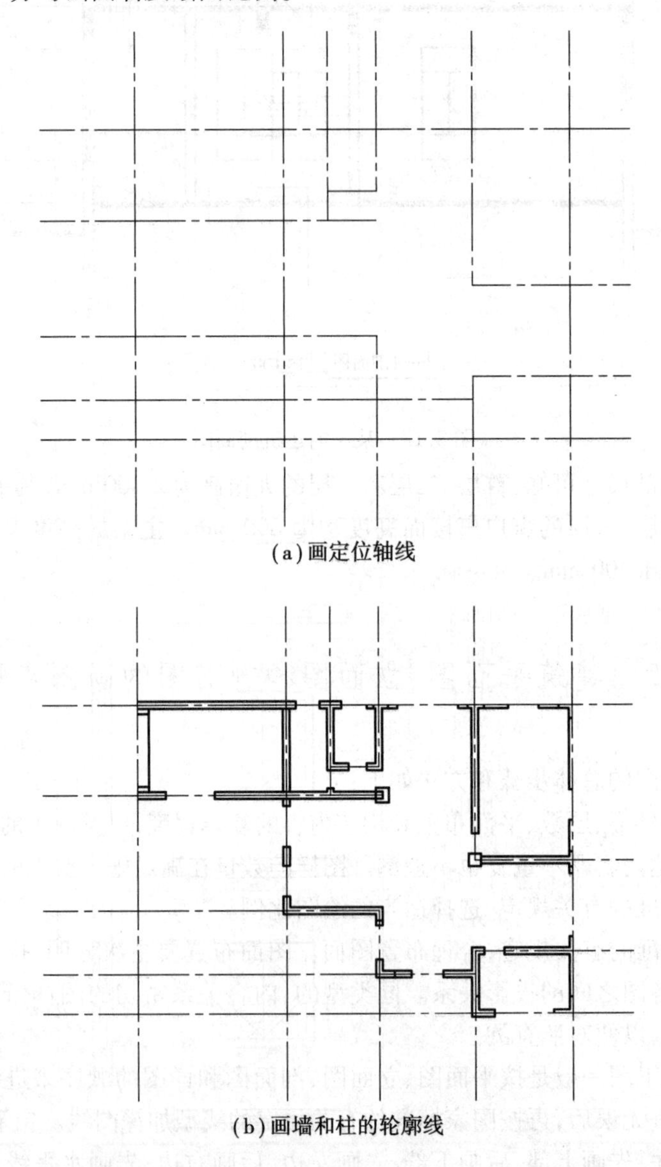

(a)画定位轴线

(b)画墙和柱的轮廓线

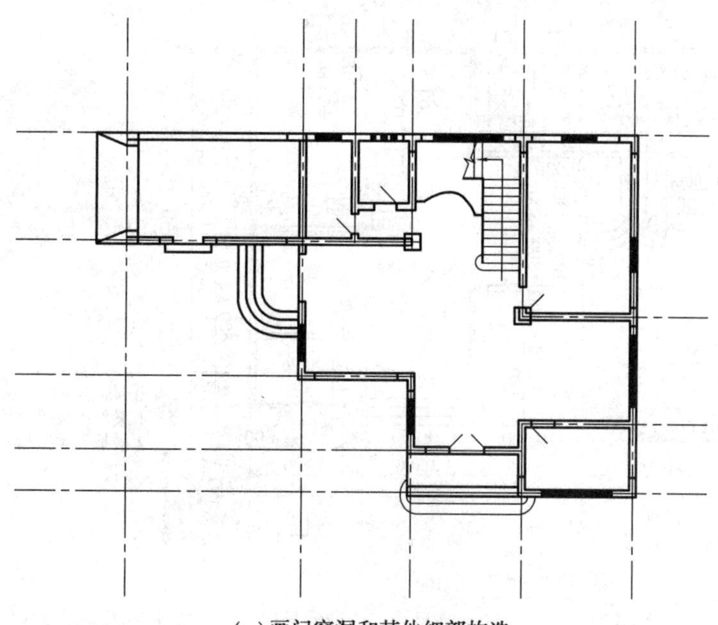

(c)画门窗洞和其他细部构造

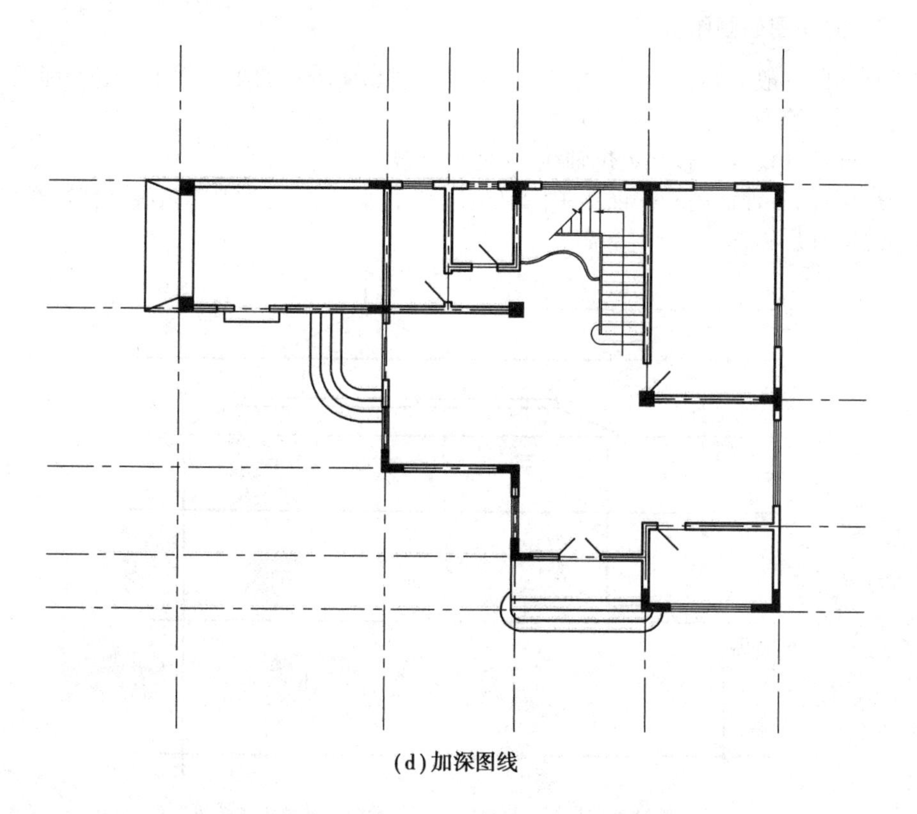

(d)加深图线

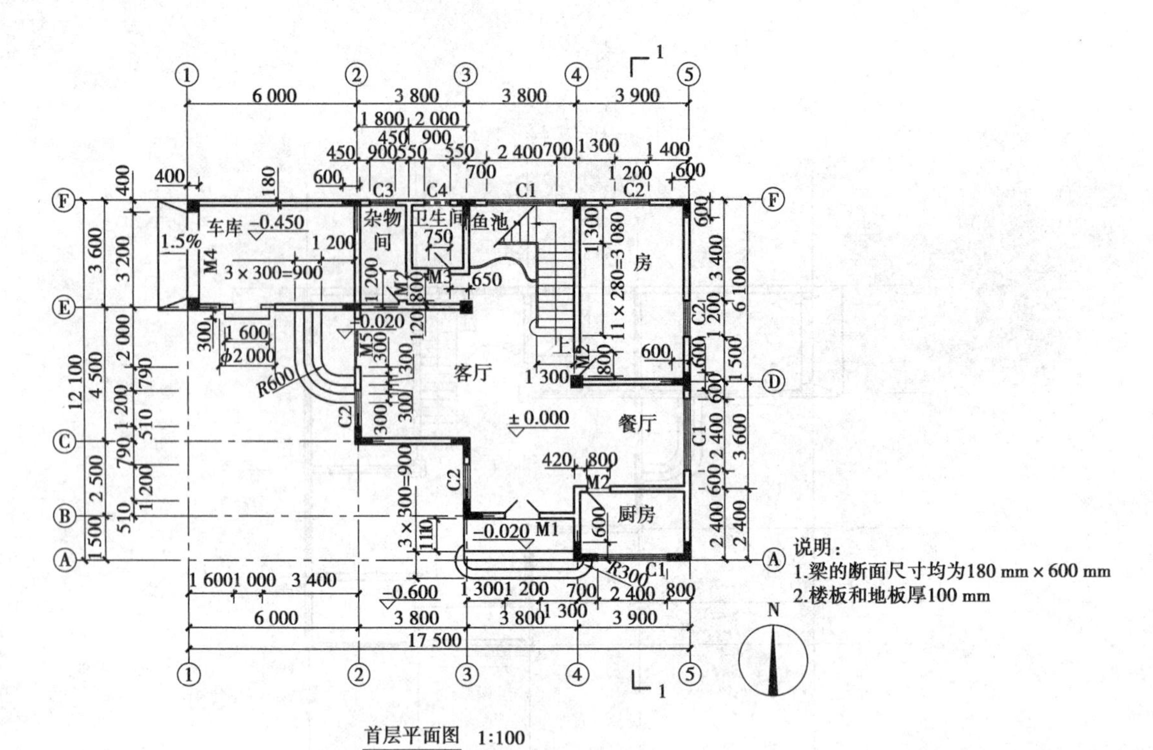

首层平面图 1:100

(e)标注轴线编号、尺寸和标高尺寸、门窗编号以及书写文字说明等，完成作图

图 8.13 建筑平面图的绘图步骤

8.5.2 立面图的画图步骤

建筑立面图一般应画在平面图的上方，现以如图 8.9 所示的某住宅①—⑤立面图为例，说明建筑立面图的绘图步骤，如图 8.14 所示。

①画室外地坪线、层高线、定位轴线、外墙轮廓线等。

②根据层高、各种标高和平面图中门窗洞口尺寸，画出立面图中门窗洞、台阶、檐口和雨篷等细部构造的外形轮廓。

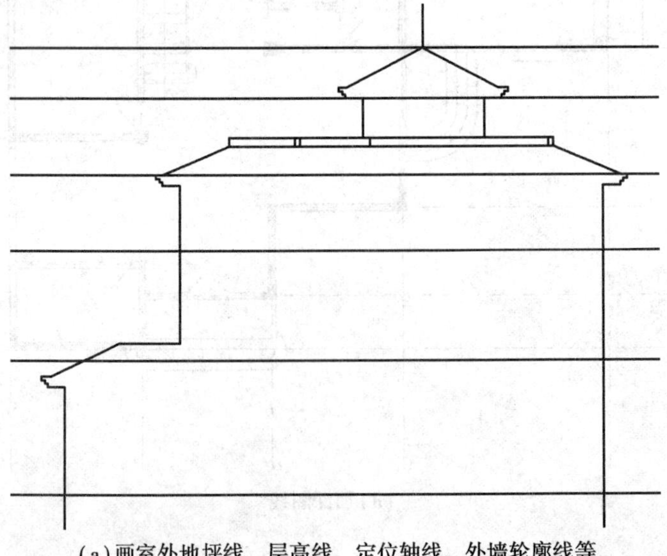

(a)画室外地坪线、层高线、定位轴线、外墙轮廓线等

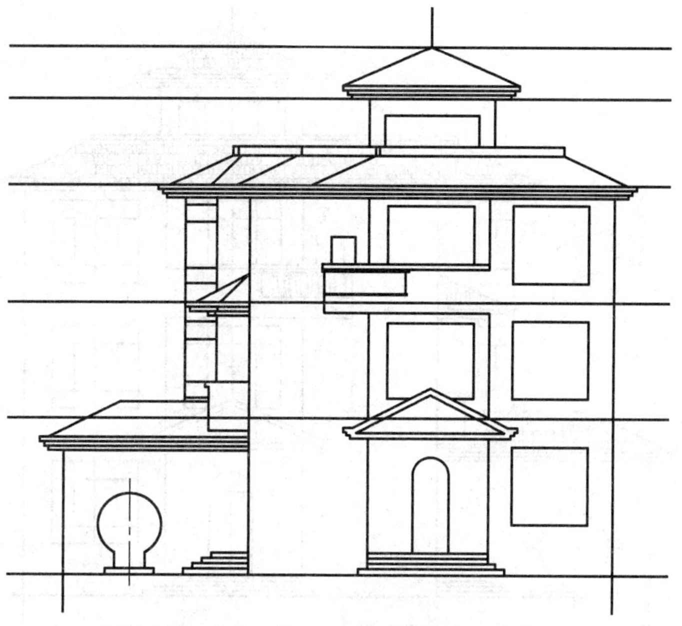

(b)画门窗洞、台阶、檐口和雨篷等细部构造的外形轮廓

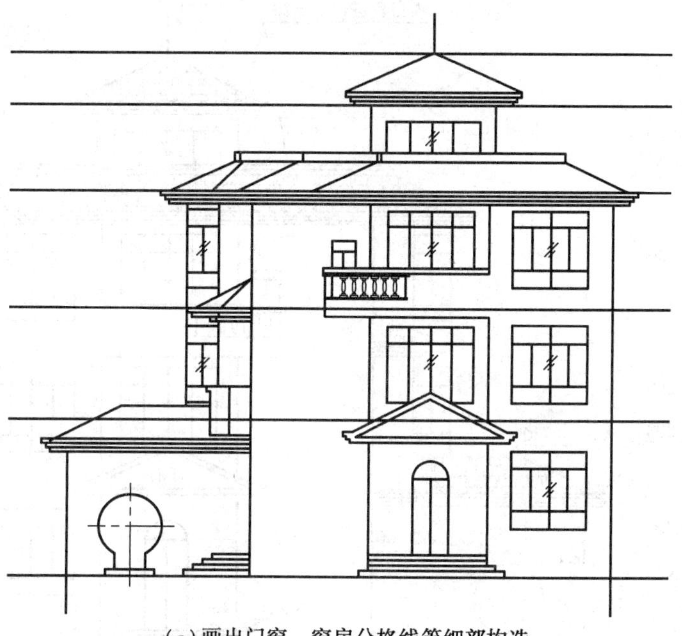

(c)画出门窗、窗房分格线等细部构造

(d)加深图线和绘制建筑材料图例

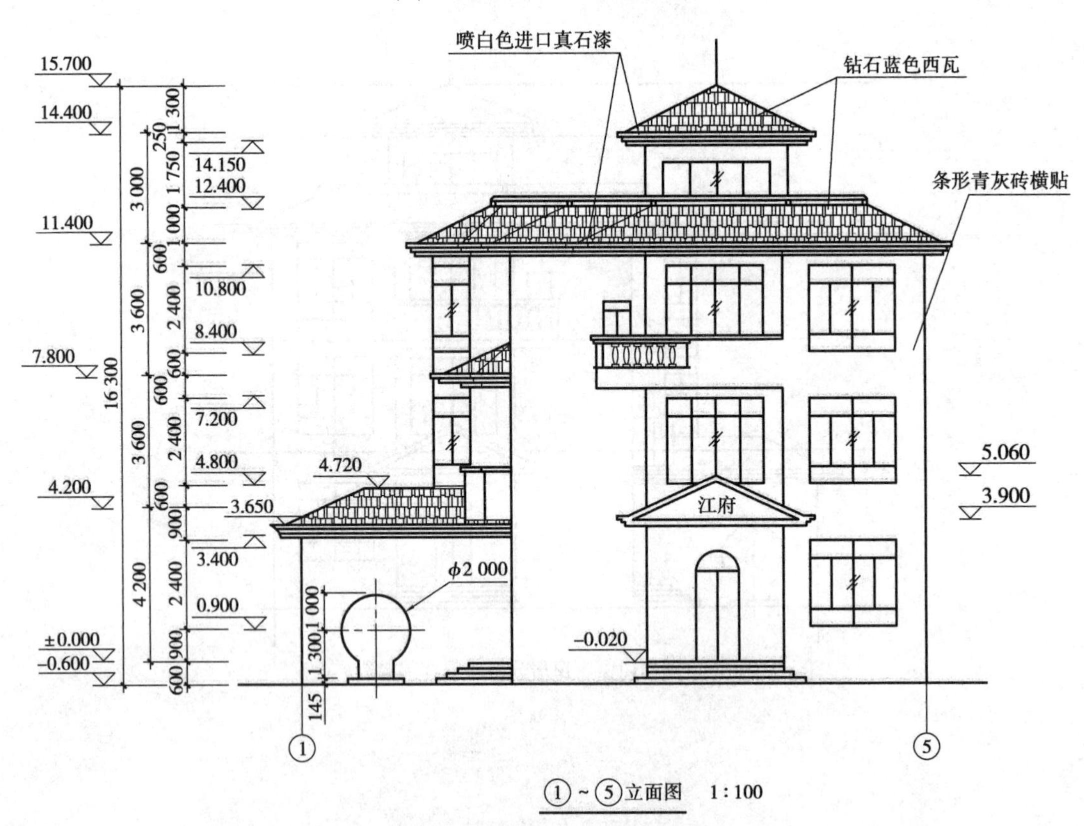

(e)标注尺寸、标高、轴线编号、图名、绘图比例及有关文字说明等，完成作图

图 8.14 建筑立面图的绘图步骤

③画出门扇、窗扇分格线等细部构造。

④检查无误后,按照国家标准的有关规定加深图线和绘制建筑材料图例,并标注尺寸、标高、轴线编号、图名、绘图比例及有关文字说明等。

8.5.3　剖面图的画图步骤

现以如图 8.12 所示的某住宅 1—1 剖面图为例,说明建筑剖面图的绘图步骤,如图 8.15 所示。

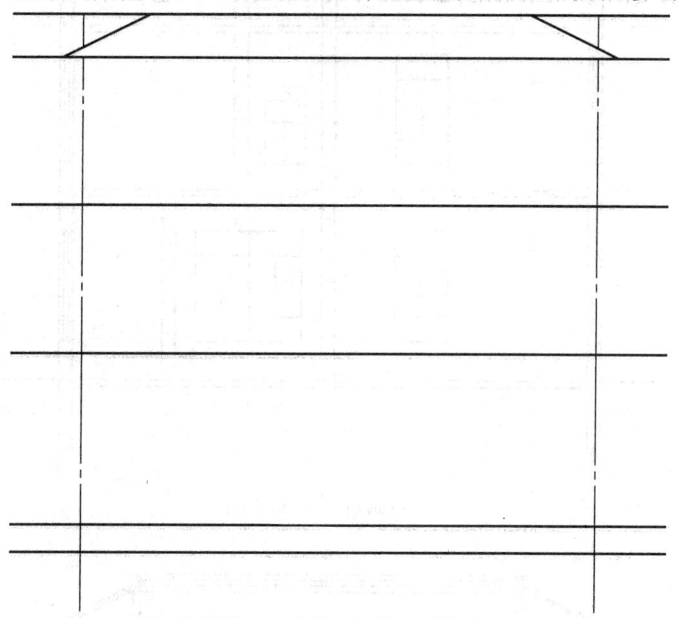

(a)画定位轴线、室内外地坪线、层高线和屋面线

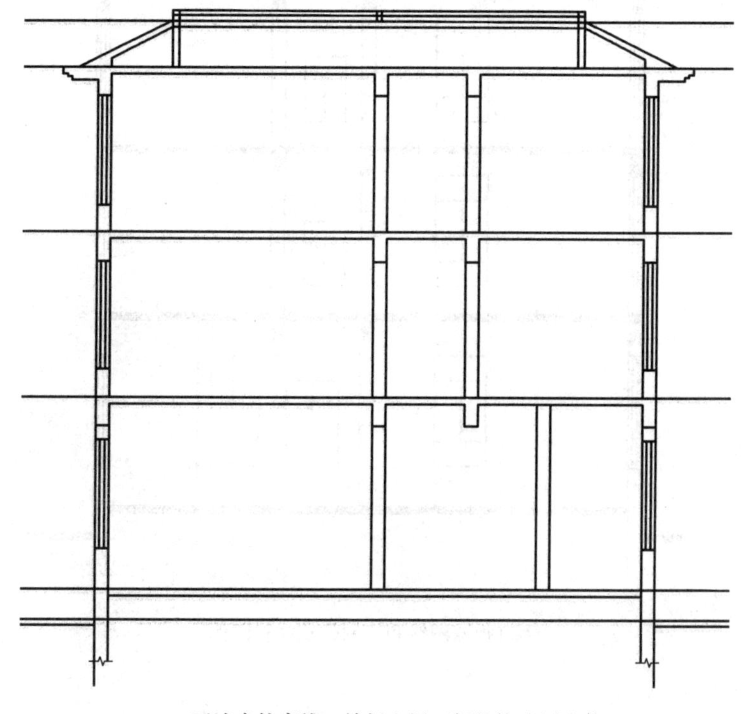

(b)画墙身轮廓线、楼板和屋面板的构造厚度等

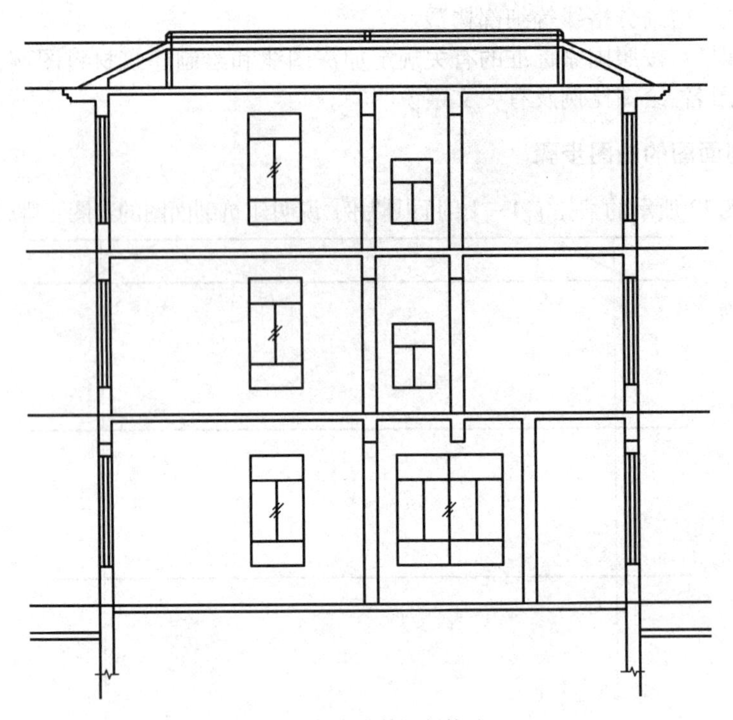

(c)画窗户等细部构造

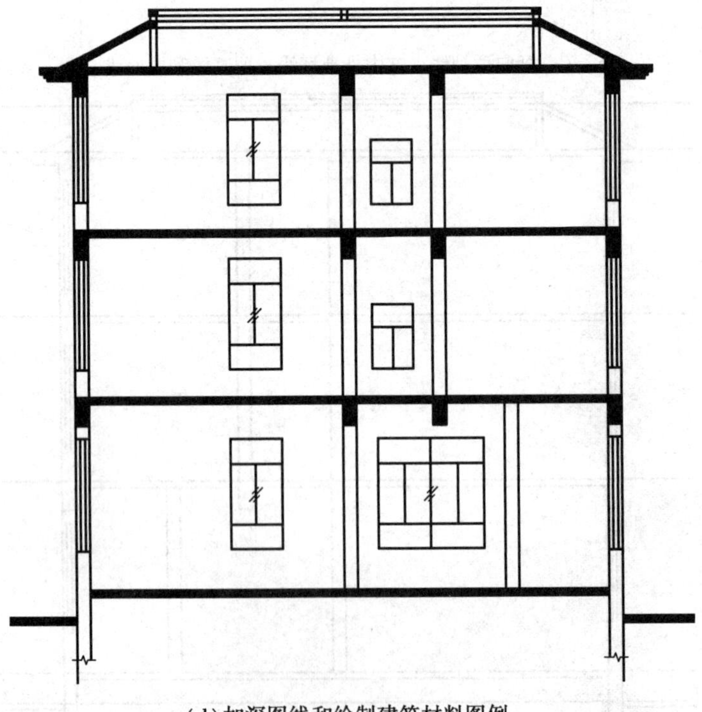

(d)加深图线和绘制建筑材料图例

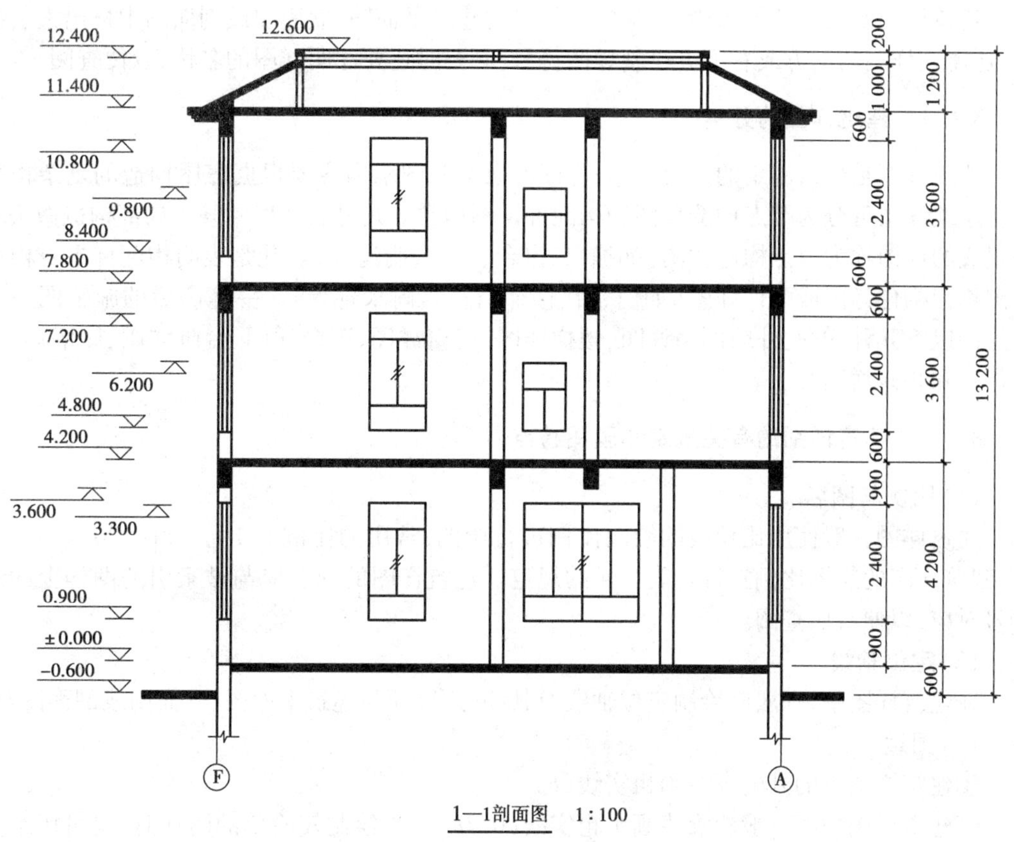

(e)标注标高、尺寸、图名和绘图比例等,完成作图

图8.15　建筑剖面图的绘图步骤

①画定位轴线、室内外地坪线、层高线和屋面线。

②画墙身轮廓线、楼板和屋面板的构造厚度等。

③画窗户等细部构造。

④经检查无误后,擦去多余线条,并按国家标准要求加深图线和绘制建筑材料图例。

⑤标注标高、尺寸、图名和绘图比例等。

8.6　建筑详图

建筑平面图、立面图和剖面图是房屋建筑施工的主要图样,虽然它们已经将房屋的形状、结构和尺寸基本表达清楚,但由于所用的比例较小,房屋上的一些细部构造不能清楚地表示出来,如门、窗、楼梯、墙身、檐口、窗台、窗顶、勒脚和散水等。因此,在建筑施工图中,除了上述3种基本图样外,还应当把房屋的一些细部构造,采用较大的比例(如1∶30,1∶20,1∶10,1∶5,1∶2,1∶1等)将其形状、大小、材料和做法详细地表达出来,以满足施工的要求,这种图样称为建筑详图,又称为大样图或节点图。

建筑详图是建筑平面图、立面图和剖面图的补充。对套用标准图或通用详图的建筑细部和构配件,只要注明所套用图集的名称、编号或页数,则可以不再画出详图。

建筑详图所表示的细部构造,除应在相应的建筑平面图、立面图或剖面图中标出索引符号外,还需在详图的下方或右下方绘制详图符号,必要时还要注明详图的名称,以便查阅。

8.6.1 建筑详图的分类

建筑详图是建筑施工的重要依据,详图的数量和图示内容要根据房屋构造的复杂程度而定。建筑详图可分为节点构造详图和构配件详图两类。凡是表达房屋某一局部构造做法和材料组成的详图称为节点构造详图(如檐口、窗台、勒脚、明沟等)。凡是表明构配件本身构造的详图称为构件详图或配件详图(如门、窗、楼梯、花格、雨水管等)。一幢房屋的施工图一般需要绘制以下几种详图:外墙剖面详图、楼梯详图、门窗详图、阳台详图、台阶详图、厕浴详图、厨房详图和装修详图等。

8.6.2 建筑详图的有关规定和画图特点

(1)比例与图名

建筑详图一般使用比较大的绘图比例进行绘图,常用的比例有1∶50,1∶20,1∶5,1∶2等,建筑详图的绘图比例宜符合表8.4的规定。建筑详图的图名应与被索引的图样上的索引符号对应,以便对照查阅。

(2)定位轴线

在建筑详图中,一般应绘制定位轴线及其编号,以便与建筑平面图、立面图或剖面图对照。

(3)图线

①建筑详图中的外轮廓线画粗实线(b)。

②建筑详图中的一般轮廓线画中粗实线($0.7b$)。当绘制较简单的图样时,也可用细实线($0.25b$)绘制。

③建筑详图中的尺寸线、尺寸界限、标高符号、详图材料做法引出线、粉刷线、保温层线等画中实线($0.5b$)。当绘制较简单的图样时,也可用细实线($0.25b$)绘制。

④室外地坪线画特粗实线($1.4b$)。

⑤图例填充线画细实线($0.25b$)。

(4)尺寸与标高

建筑详图的尺寸标注必须完整齐全、正确无误。

(5)其他规定

①建筑详图应把有关的用料、做法和技术要求等用文字说明。

②楼地面、地下层地面、阳台、平台、檐口、屋脊、女儿墙、台阶等处的尺寸及标高,在建筑详图中宜标注完成面尺寸和标高。

8.6.3 建筑详图识读示例

(1)外墙剖面详图

1)外墙剖面详图的形成

外墙剖面详图是建筑详图之一,也称为墙身大样图,它的绘图比例一般为1∶20。外墙剖面详图实际上是建筑剖面图的有关部位的局部放大图。

外墙剖面详图主要表达墙身与地面、楼面和屋面的构造连接情况以及檐口、门窗顶、窗台、勒脚、防潮层、散水和明沟的尺寸、材料和做法等构造情况,是砌墙、室内外装修、门窗安装、编制施工预算以及材料估算等的重要依据。有时在外墙剖面详图上引出分层构造,注明楼地面、屋顶等的构造情况,而在建筑剖面图中省略不标。

外墙剖面详图经常在窗洞口断开,因此在门窗洞口处会出现双折断线,成为几个节点详图的组合。在多层房屋中,若各层的构造情况一样,可只画墙脚、檐口和中间层(含门窗洞口)3个节点,按上下位置整体排列。有时墙身详图不以整体形式布置,而把各个节点详图分别单独绘制,也称为墙身节点详图。

在详图中,对屋面、楼层和地面的构造,一般采用多层构造说明方法来表示。

2)外墙剖面详图的图示内容

外墙剖面详图的图示内容主要包括以下5个方面:

①墙身的定位轴线及编号。主要反映墙体的厚度、材料及其与轴线的关系。

②勒脚和散水节点构造。主要反映墙身防潮做法、首层地面构造、室内外高度差、散水做法和一层窗台标高等内容。

③标准层楼层节点构造。主要反映标准层梁、板等构件的位置及其与墙体的联系,构件表面抹灰和装饰等内容。

④檐口部位节点构造。主要反映檐口部位、圈梁、过梁、屋顶泛水构造、屋面保温、防水做法和屋面板等结构构件。

⑤详细的详图索引符号等。

3)识读外墙剖面详图

如图8.16所示为外墙剖面详图,详图的上部是屋顶外墙剖面节点详图。从图中可知屋面的承重墙是钢筋混凝土板,上面有20厚的1∶3水泥砂浆、200厚的聚苯保温板以及SBS聚乙烯丙纶双面复合防水卷材等,以加强屋面的防漏和隔热。女儿墙用普通砖结构,压顶采用钢筋混凝土结构,女儿墙的高度为900 mm。其中压顶的高度为70 mm,女儿墙的外墙装修按照施工图的相关设计完成。屋面设计了排水用途的分水线和天沟结构。

详图的中间部分为楼层外墙剖面节点详图。从楼板与墙身的连接部分可知各层楼板与墙身的关系。楼板构造包括钢筋混凝土楼板、刷素水泥浆一道和20厚1∶2.5水泥砂浆压实抹光。楼板的钢筋混凝土梁的高度为400 mm。窗台距离楼面的高度为900 mm,主要使用普通砖建筑材料,还包括暖气槽、预制水磨石窗台板等构造。楼面的标高尺寸分别为2.200,5.000和7.800。

详图的下部分为勒脚的剖面节点详图。从图中可知,室内地面为60厚的C20混凝土,其施工还包括刷素水泥浆一道、冷底子油一道、热沥青两道、60厚的C15混凝土和素土夯实。室内的踢脚线采用1∶2的水泥砂浆完成施工,踢脚线的厚度为25 mm,高度为200 mm。室外地面的散水结构在距离室内地面300 mm处,使用了素土夯实、150厚3∶7灰土夯实、60厚C15混凝土等完成施工,完成后的散水结构的宽度为900 mm,以防雨水或地面水对墙基础的侵蚀。在外墙面离室外地面500 mm的高度范围内,用沥青玛蹄脂的防水材料做成勒脚。

在详图中,一般都应标注各部位的标高和细部尺寸,因窗框和窗扇的形状和尺寸另有详图,故本详图可用图例简化表达。

(2)楼梯详图

楼梯是建筑物上下交通的主要设施,目前多采用预制或现浇钢筋混凝土的楼梯。楼梯主要是由楼梯段(简称梯段)、休息平台、栏杆或栏板等组成。梯段是联系两个不同标高平面的倾斜结构,上面做有踏步,踏步的水平面称为踏面,踏步的铅垂面称为踢面。休息平台起到休息和转换梯段的作用,也称平台。栏板或栏杆起到围护作用,可保证上下楼梯的安全。

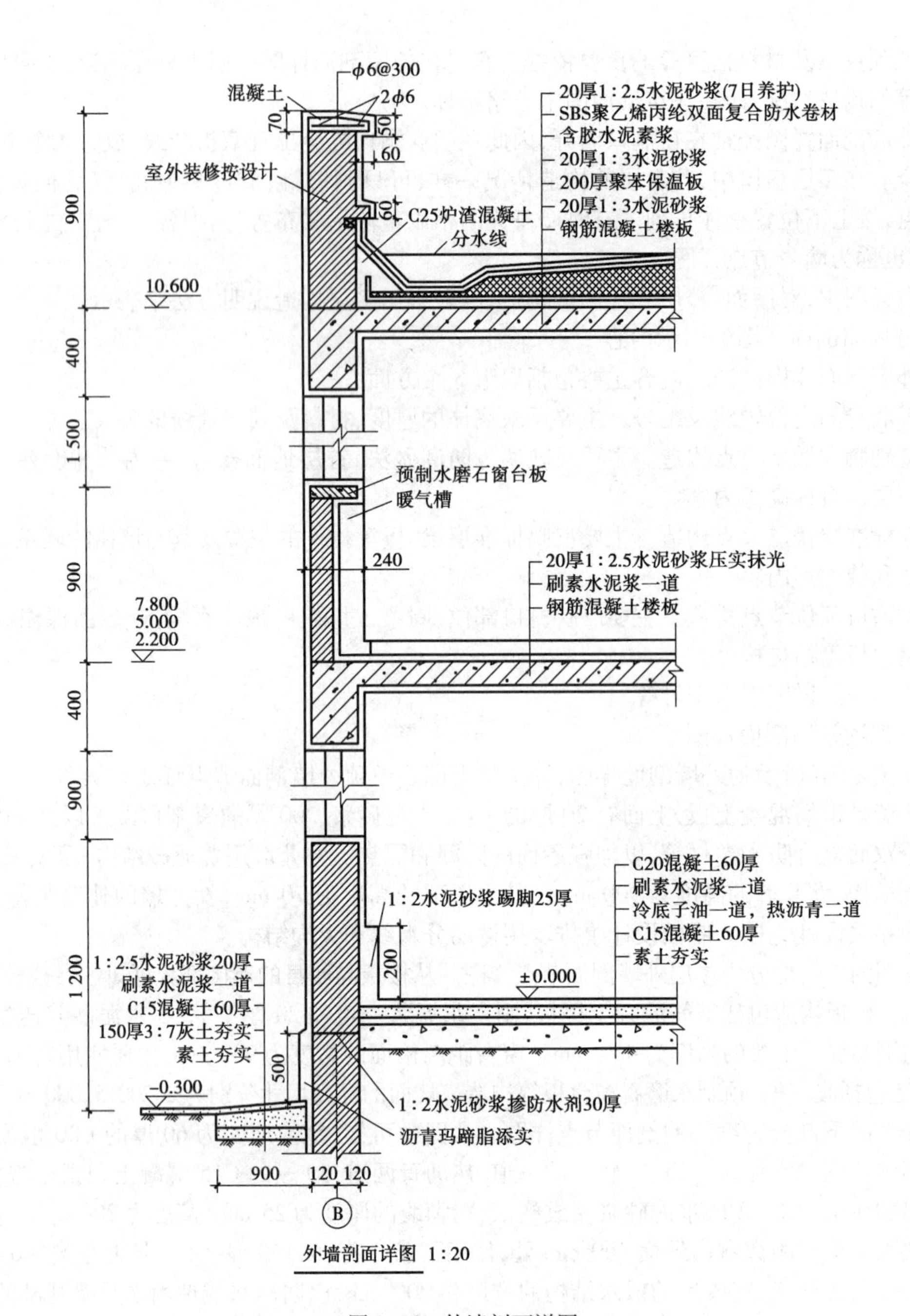

图 8.16 外墙剖面详图

楼梯详图主要表示楼梯的类型、结构形式、各部位的尺寸及装修做法等，是楼梯施工放样的主要依据。

楼梯详图一般分为建筑详图与结构详图，应分别绘制并编入建筑施工图和结构施工图中。对一些构造和装修较简单的现浇钢筋混凝土楼梯，其建筑详图与结构详图可合并绘制，编入建筑施工图或结构施工图。

楼梯的建筑详图由楼梯平面详图、楼梯剖面详图以及踏步和栏杆等楼梯节点详图构成，并尽可能地画在一张图纸内。

1)楼梯平面详图

楼梯平面详图也称为楼梯平面图,主要表明梯段的长度和宽度、上行或下行的方向、踏步数和踏面宽度、楼梯休息平台的宽度、栏杆扶手的位置以及其他一些平面形状。楼梯平面详图的形成与建筑平面图相同,最大不同之处是用较大的比例绘图(一般用1∶50以上的比例),以便于把楼梯的构配件和尺寸详细表达。一般每一层楼都需要绘制楼梯平面详图。三层以上的房屋,若中间各层的楼梯位置及其梯段数、踏步数和大小都相同,通常只画出首层、中间层和顶层3个平面图即可。

楼梯平面详图的剖切位置是在该层往上走的第一梯段的任一位置处。各层被剖切到的梯段,按照国家标准的有关规定,均在平面图中以倾斜的折断线表示,其中首层楼梯平面图中的折断符号应以楼梯平台板与梯段的分界处为起始点画出,使第一梯段的长度保持完整。在顶层楼梯剖面详图中,由于剖切平面并没有剖切到楼梯段,因此要画出完整的楼梯段。在每一梯段处应画一长箭头,并注写“上”或“下”字,表明该层楼面往上行或往下行的方向。楼梯平面详图中,梯段的上行或下行方向是以各层楼地面为基准标注的,向上者称为上行,向下者称为下行,并用长线箭头和文字在梯段上注明上行、下行的方向及踏步总数。例如,在二层楼梯平面详图中,被剖切到的梯段的箭头注写有“上”,表示从该梯段往上走可到达第三层楼面。另一梯段注有“下”,表示往下走可到达首层地面。

在楼梯平面详图中,除注明楼梯间的开间和进深尺寸、楼地面和平台面的尺寸及标高外,还需注出各细部的详细尺寸。通常用踏步数与踏步宽度的乘积来表示梯段的长度,如图8.17所示的楼梯首层平面图的尺寸为12×290=3 480。通常3个楼梯平面图画在同一张图纸内,并互相对齐,这样既便于阅读,又可省略标注一些重复的尺寸。

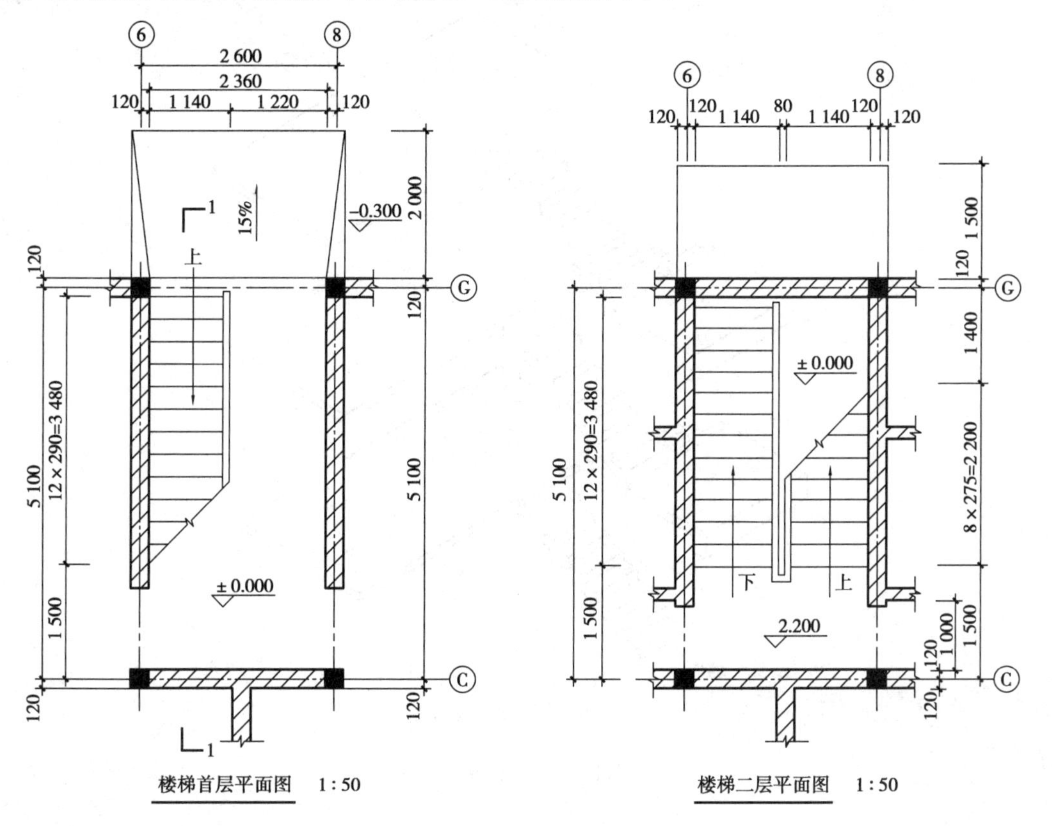

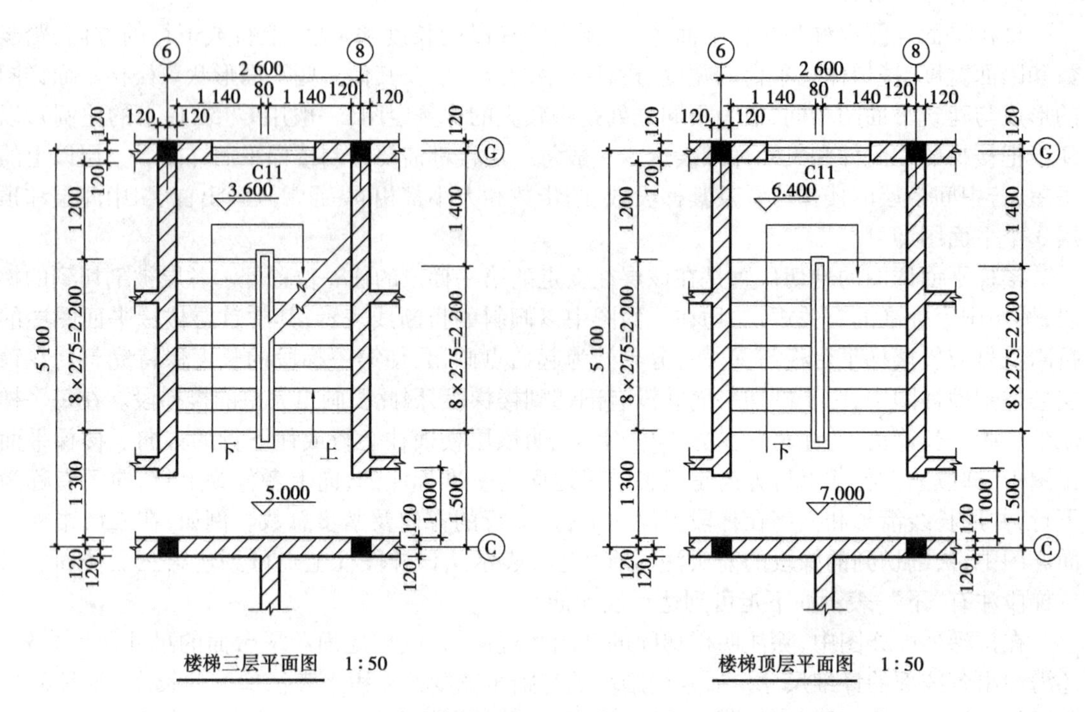

(a) 首层—顶层的楼梯平面详图

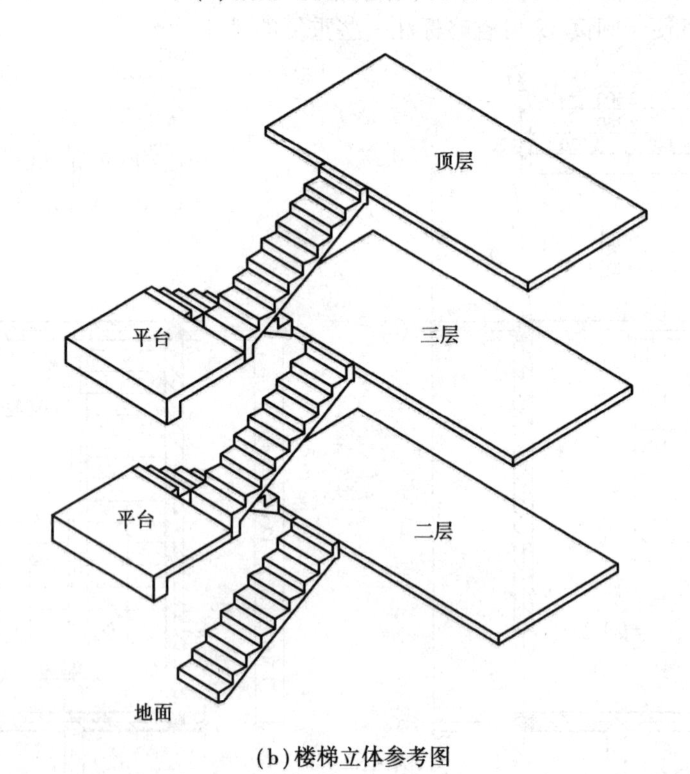

(b) 楼梯立体参考图

图 8.17 楼梯平面详图

如图 8.17 所示为某住宅的楼梯平面详图,从楼梯首层平面图中可知,首层到二层设有一个楼梯段,从标高 ±0.000 的地面上到 2.200 的二层楼面,共 12 个踏面,每个踏面宽为 290 mm,梯段长度为 3 480 mm,梯段宽度为 1 140 mm。图中还注明了楼梯剖面详图的剖切符号,如图中的 1—1。

从楼梯二层平面图可知,注写有“下”的梯段,表示从标高 2.200 的二层楼面下到±0.000 的地面。注写有“上”的梯段,表示从标高 2.200 的二层楼面上到标高 3.600 的休息平台处,共 8 个踏面,每个踏面宽为 275 mm,梯段长度为 2 200 mm,梯段宽度为 1 140 mm。

从楼梯三层平面图可知,注写有“下”的梯段,表示从标高 5.000 的三层楼面经过标高 3.600 的休息平台下到标高 2.200 的二层楼面,共 8 个踏面,每个踏面宽为 275 mm,梯段长度为 2 200 mm,梯段宽度为 1 140 mm。注写有“上”的梯段,表示从标高 5.000 的三层楼面上到标高 6.400 的休息平台处,共 8 个踏面,每个踏面宽为 275 mm,梯段长度为 2 200 mm,梯段宽度为 1 140 mm。

楼梯顶层平面图只画有“下”的梯段,包括两端完整的梯段和休息平台,表示从标高 7.800 的顶层楼面经过标高 6.400 的休息平台下到标高 5.000 的三层楼面,每个梯段分别有 8 个踏面,每个踏面宽为 275 mm,梯段长度为 2 200 mm,梯段宽度为 1 140 mm。

2)楼梯剖面详图

楼梯剖面详图也称为楼梯剖面图,它是用一假想的铅垂剖切平面,通过各层的同一位置梯段和门窗洞口,将楼梯剖开向另一未剖到的梯段方向作正投影,所得到的剖面投影图。通常采用 1∶50 的比例绘制。

楼梯的剖面详图的形成与建筑剖面图相同,它能完整、清晰地表达楼梯间内各层地面、梯段、平台和栏板等的构造、结构形式以及它们之间的相互关系。在多层房屋中,若中间各层的楼梯构造相同,则剖面图可只画底层、中间层和顶层,中间用折断线分开。当中间各层的楼梯构造不同时,应画出各层剖面。

楼梯剖面图应能表达出楼梯的建造材料、建筑物的层数、楼梯梯段数、步级数以及楼梯的类型及其结构形式。还应注明地面、平台面、楼面等的标高和梯段、栏板的高度尺寸。梯段高度尺寸注法与楼梯平面图中的梯段长度注法相同,用梯段步级数与踢面高的乘积表示梯段高度,即“梯段步级数×踢面高=梯段高”。

如图 8.18 所示的楼梯剖面详图的剖切位置在图 8.17 的首层楼梯平面图中,它的绘图比例为 1∶50,从该图断面的建筑材料图例可知,楼梯是一个现浇钢筋混凝土板式楼梯。根据标高可知,该建筑为四层楼房,各层均由楼梯通达。其中,首层楼梯有一个梯段,其他各层均有两个梯段,被剖切到的梯段的步级数可从图中直接看出,未剖切到的梯段也可从尺寸标注中看出该梯段的步级数,如标高为 2.200 的二层楼面上到标高为 3.600 的休息平台的梯段,其尺寸为 9×155.56=1 400,表示步级数为 9 个,踢面高为 155.56 mm,梯段高为 1 400 mm。栏杆高度尺寸是从踏面中间算至扶手顶面,一般为 900 mm,扶手的坡度应与梯段的坡度一致。

3)楼梯节点详图

如图 8.19 所示的楼梯节点详图的索引位置在图 8.18 的楼梯剖面详图中。踏步详图②表明了楼梯踏步的截面形状、大小、材料及做法,绘图比例为 1∶10。扶手详图①表明了扶手的形状、大小、材料及梯段连接的处理方法，绘图比例为 1∶20。从踏步详图②中可知，踏步的宽度为 270 mm，踢面高度为 156 mm，楼梯栏杆使用了 $\phi16$ 的圆钢，并埋入踏步构件中，埋入构件的具体尺寸可以查阅节点详图 M-1。从扶手详图①中可知，扶手为木质建筑材料，其断面尺寸为 60 mm×100 mm，断面四周进行圆角处理，并通过 $\phi6$ 圆钢、木螺钉与楼梯栏杆连接在一起。

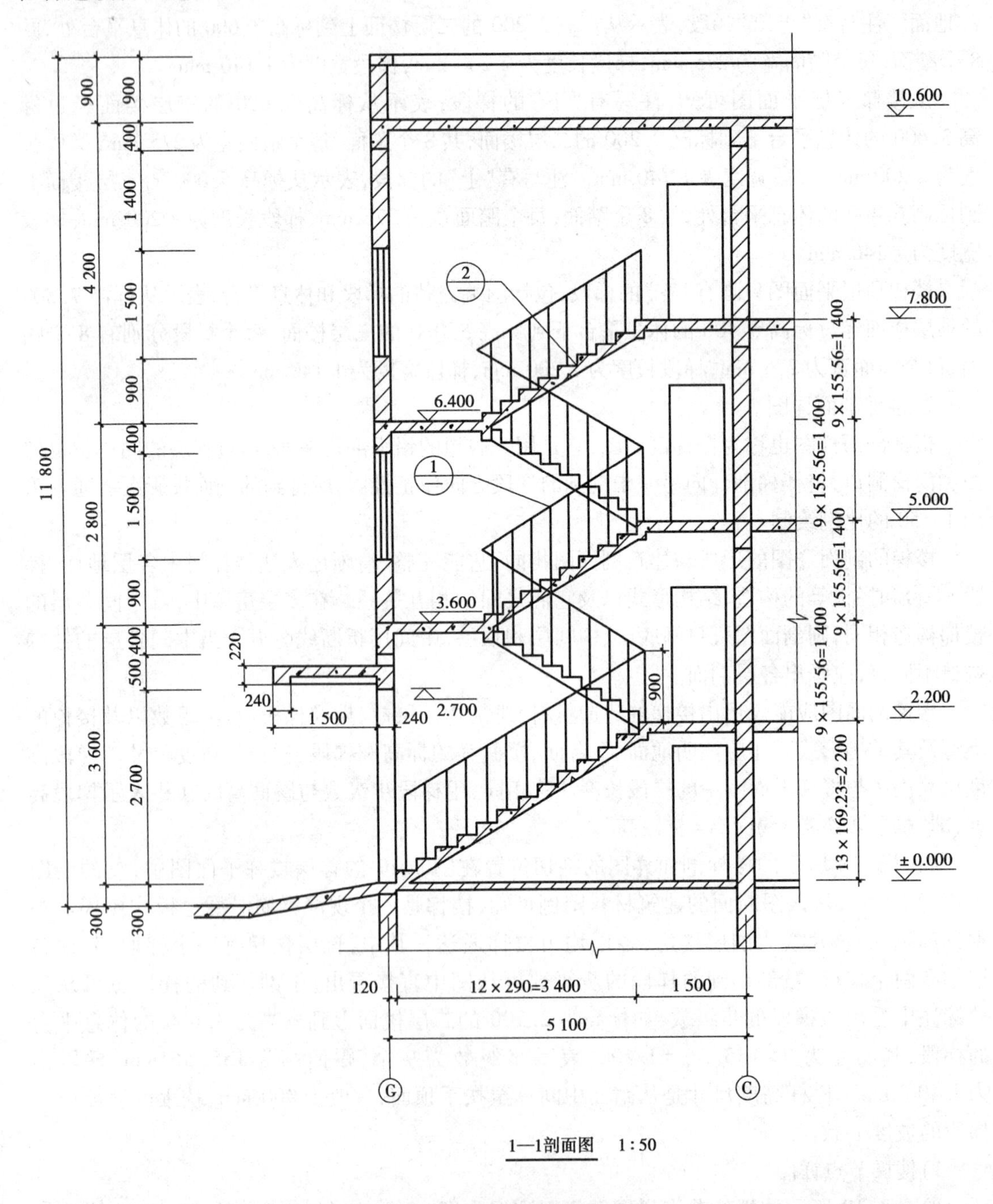

图 8.18 楼梯剖面详图

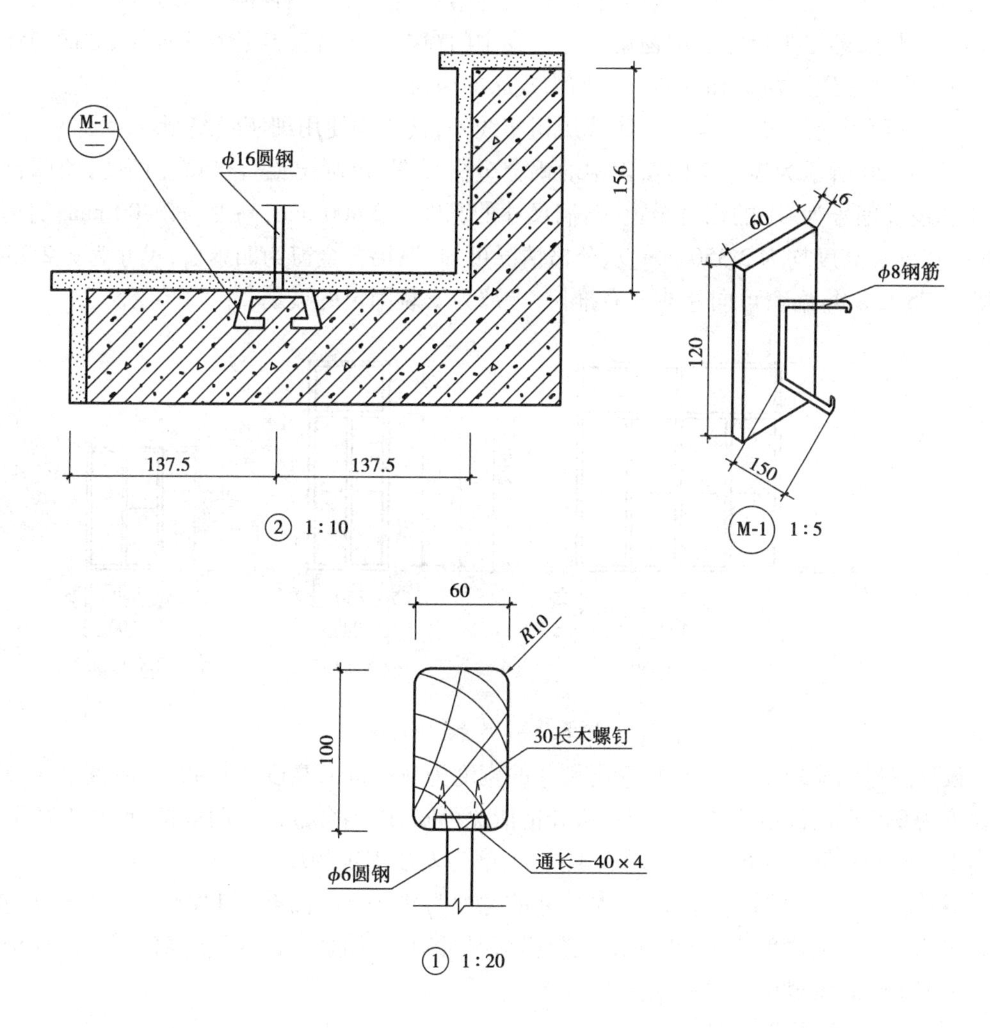

图 8.19　楼梯节点详图

(3)门窗详图

门和窗是房屋围护结构中两个重要配件，门窗按所用材料可分为木门窗、钢门窗、铝合金门窗、塑钢门窗等。房屋中常用的门窗都制订了标准图，设计时应根据实际需求优先选用标准图集中的门和窗，并只需要说明所套用的标准图集及门窗的编号，而不必另画门窗详图。

当房屋中使用自行设计的非标准门和窗时，应画出相应的门窗详图。门窗详图一般包括立面图、节点详图、断面图及五金表和文字说明等。下面以现代建筑中大量使用的铝合金门窗为例，介绍门窗详图的画法。

在建筑标准图集中没有铝合金门窗部分，这是因为铝合金型材已有定型的规格和尺寸，不能随意改变，而用铝合金型材又可以很自由地做成各种形状和尺寸的门窗。因此，绘制铝合金门窗详图，不需要绘制铝合金型材的断面图，仅画出门窗立面图，表示门窗的外形、开启方式及方向、门窗尺寸等内容。

门窗立面图的尺寸一般包括三类尺寸,其中第一类尺寸为门窗洞口尺寸,第二类尺寸为门窗框外包尺寸,第三类尺寸为门窗扇尺寸。其中门窗洞口尺寸应与建筑平面图、立面图和剖面图的洞口尺寸一致。窗框和窗扇尺寸均为成品的净尺寸。

门窗立面图上的线型,除外轮廓线用粗实线外,其余均使用细实线绘制。

如图 8.20 所示为表 8.7 门窗表中的铝合金窗详图,仅画出铝合金窗立面图,绘图比例为 1∶50。设计编号为 C1 的铝合金窗,窗洞尺寸的宽度为 2 400 mm,高度为 2 400 mm,窗框外包尺寸的宽度和高度均为 2 350 mm,从分格情况可知,该铝合金窗为四扇窗,尺寸为宽 2 350 mm 和高 1 775 mm,每扇窗可向左或向右推拉,上部为安装固定的玻璃。

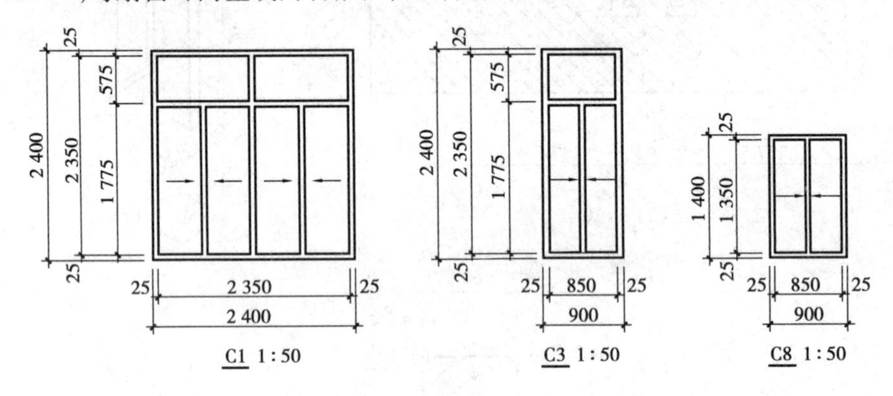

图 8.20　铝合金窗详图

设计编号为 C3 的铝合金窗,窗洞尺寸的宽度为 900 mm,高度为 2 400 mm,窗框外包尺寸的宽度为 850 mm,高度为 2 350 mm,从分格情况可知,该铝合金窗为两扇窗,尺寸为宽 850 mm 和高 1 775 mm,每扇窗可向左或向右推拉,上部为安装固定的玻璃。

设计编号为 C8 的铝合金窗,窗洞尺寸的宽度为 900 mm,高度为 1 400 mm,窗框外包尺寸的宽度为 850 mm,高度为 1 350 mm,从分格情况可知,该铝合金窗为两扇窗,尺寸为宽 850 mm 和高 1 350 mm,每扇窗可向左或向右推拉。

(4)卫生间和厨房详图

卫生间和厨房是住宅中必不可少的辅助房间。卫生间和厨房详图主要用来表示厨房和卫生间的平面及空间布置,固定设备(如灶台、洗涤盆等)的布置,相对固定设备(如冰箱、洗衣机、抽油烟机等)的布置,以及设备的构造、尺寸、安装做法和装修要求等。

如图 8.21 所示的卫生间和厨房详图,厨房与餐厅通过 MC1 相通。卫生间与洗手间通过 M4 相连,它们之间用 120 mm 的非承重砖墙隔开。厨房和洗手间的地面比同层的楼面低 20 mm,卫生间的地面比同层楼面低 30 mm,三间房都设置了 1% 的排水坡度。厨房设置了一通长的操作台,操作台上设置了洗菜盆和炉具,操作台的右侧墙体设置了预留 ϕ200 的孔洞,作为抽油烟机的排气通道。卫生间布置了浴盆和坐便器,洗手间布置了洗面器和洗衣机等。

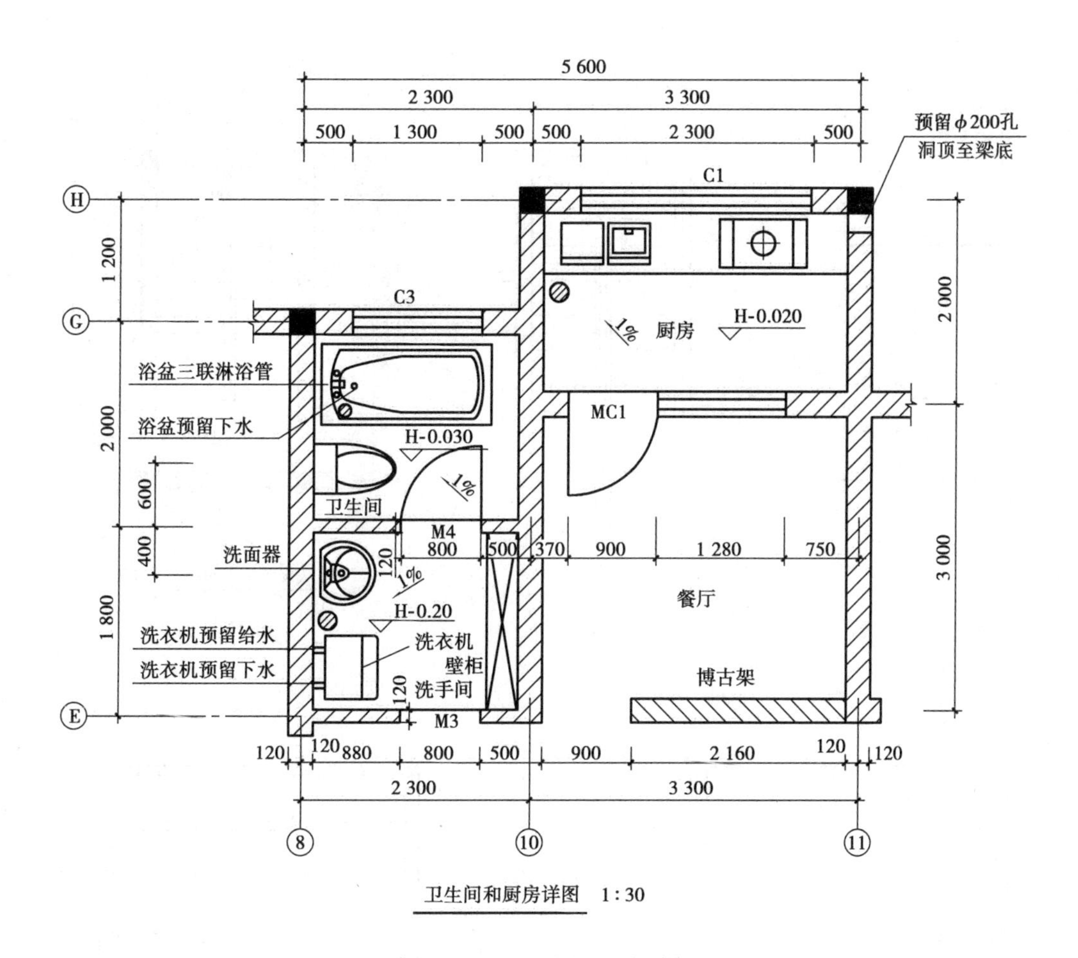

图8.21　卫生间和厨房详图

8.6.4　建筑详图画图步骤

现以楼梯详图为例,说明绘制楼梯平面详图、楼梯剖面详图的一般步骤。

(1)楼梯平面详图的画法

楼梯平面详图的绘图步骤如图8.22所示。

①确定并绘制定位轴线、楼梯宽度、平台宽度和梯段长,如图8.22(a)所示。

②确定并绘制墙厚、踏面宽度和门洞宽,如图8.22(b)所示。

③画栏杆等细部,加深加粗图线,标注尺寸、标高和文字说明等,如图8.22(c)所示。

(2)楼梯剖面详图的画法

楼梯剖面详图的绘图步骤如图8.23所示。

①确定并绘制定位轴线、平台面、楼面、平台宽、梯段坡度线和踏面宽度线等,如图8.23(a)所示。

②确定并绘制墙厚、楼板和平台板厚度、梁高度、门窗洞和踏步等,如图8.23(b)所示。

③绘制栏杆等细部,加深加粗图线,标注尺寸、标高和文字说明等,如图8.23(c)所示。

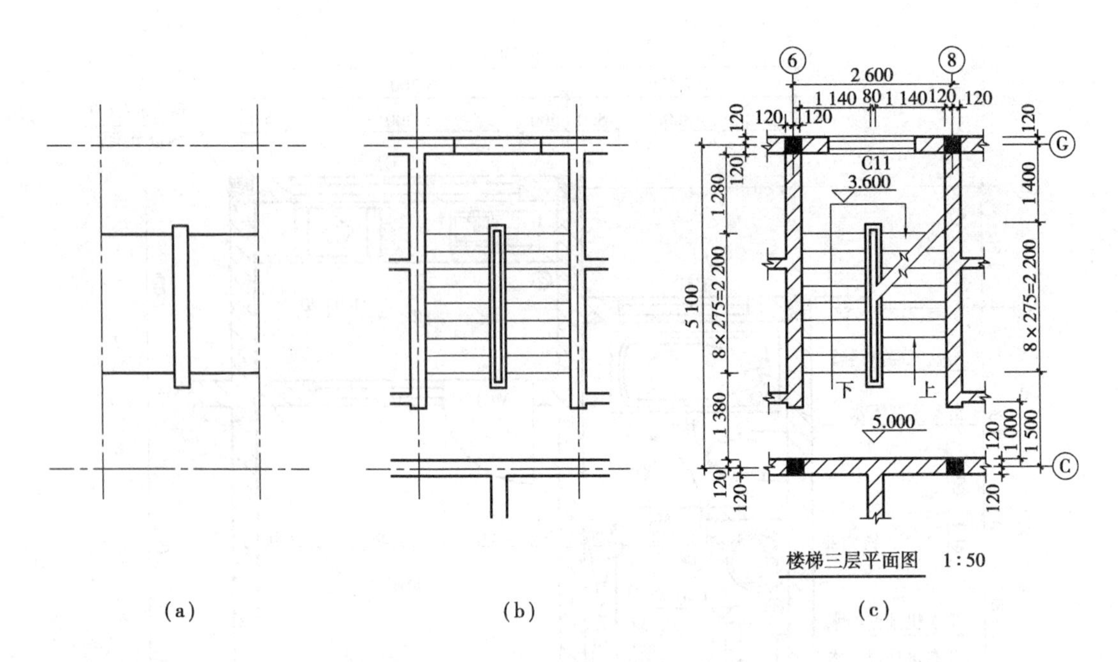

图 8.22　楼梯平面详图的绘图步骤

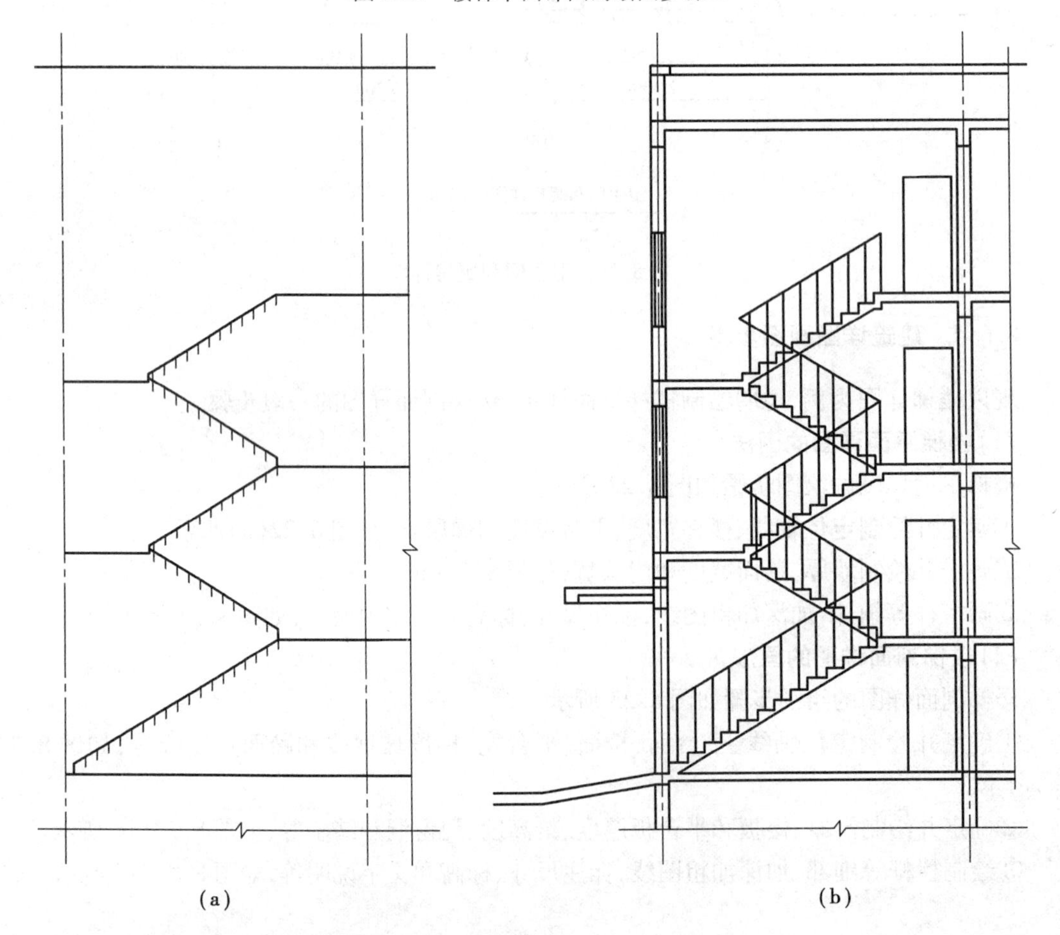

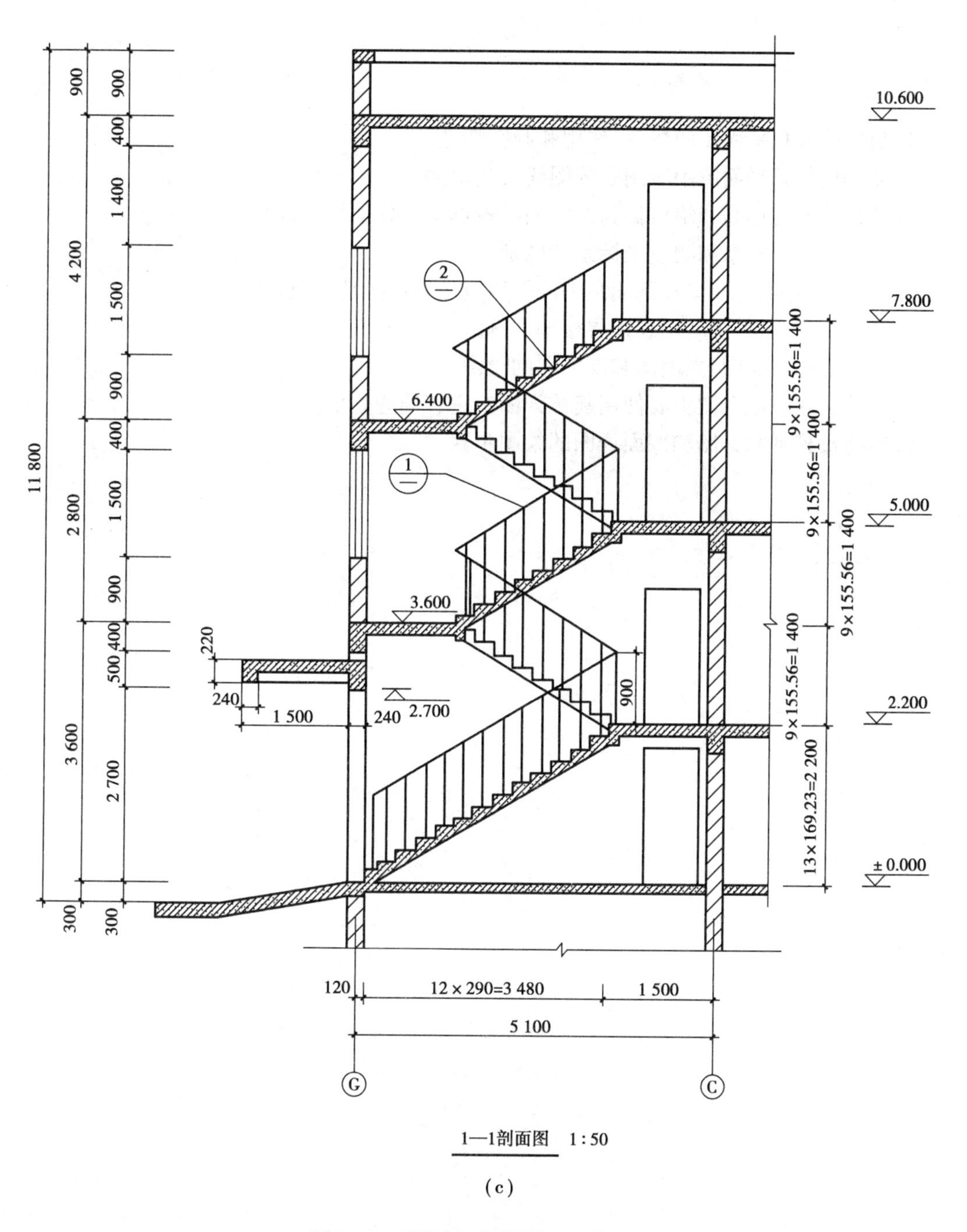

图 8.23　楼梯剖面详图的绘图步骤

思考题

1. 简述建筑总平面图的概念、作用和画图特点。
2. 简述建筑总平面图中所用到的图线及其用途。
3. 什么是相对标高和绝对标高？它们的零点基准分别是什么？
4. 简述建筑坐标系和测量坐标系的区别。
5. 建筑平面图、立面图和剖面图中的图线应用有哪些具体规定？
6. 分别绘制首层、中间层和顶层楼梯图例。
7. 简述建筑平面图、立面图和剖面图的绘图步骤。
8. 为什么建筑施工图中要使用建筑详图？它有哪些类型？
9. 简述楼梯平面详图和剖面详图的绘图步骤。

第 9 章

结构施工图(GB/T 50105—2010)

9.1 结构施工图概述

在建筑设计中,除了画出前述的建筑施工图以外,还要根据建筑设计的要求,经过计算确定各承重构件的形状、大小以及材料和内部构造,并将结构设计的结果绘制成图样,这种图样称为结构施工图,简称结施。承重构件是指构造中用来承担主要荷载的构件,如楼板、梁、柱、墙、基础、地基都属于承重构件,如图 9.1 所示。承重构件所用的材料有钢筋混凝土、钢、木及砖石等,其中钢筋混凝土结构最为常见。

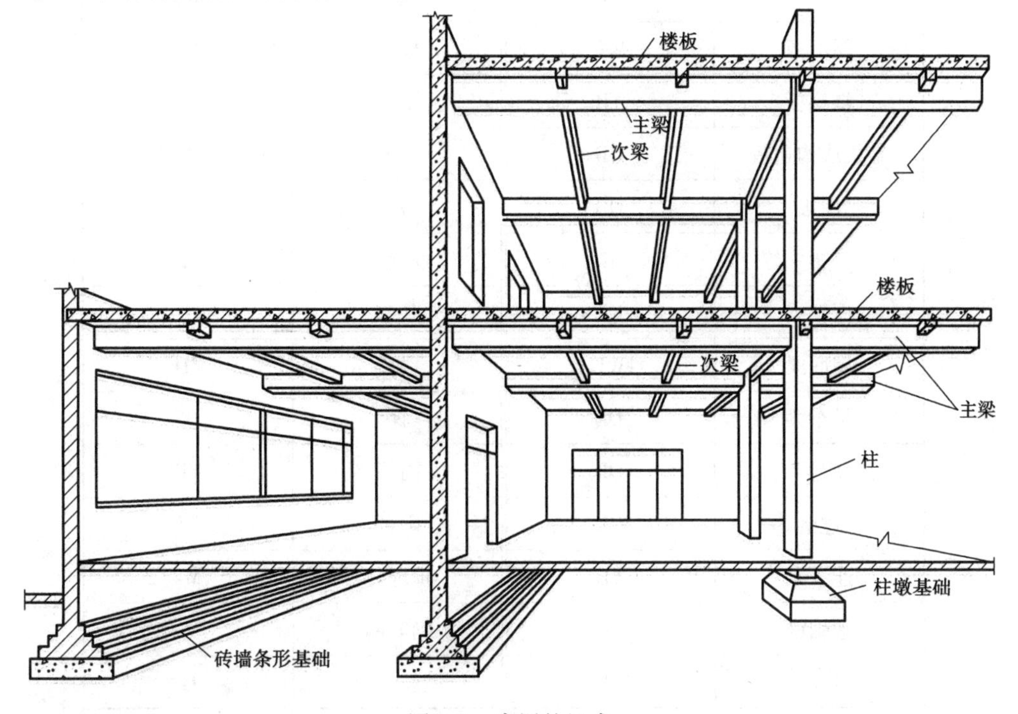

图 9.1　房屋的组成

9.1.1　结构施工图简介

结构施工图包括以下内容：

(1)结构设计说明

结构设计说明包括选用结构材料的类型、规格、强度等级，抗震设计与防火要求，以及施工方法和注意事项等。很多设计单位已把上述内容详列在一张“结构说明”图纸上，供设计者勾选。

(2)结构平面图

结构平面图包括基础平面图、楼层结构平面图、屋面结构平面图等。

(3)构件详图

构件详图包括梁、板、柱及基础结构详图，楼梯结构详图和屋架结构详图等。

结构施工图是施工放线、开挖基坑、构件制作、结构安装、计算工程量、编制预算和施工进度的依据。民用建筑一般都是采用钢筋混凝土梁板与承重砖墙混合结构。

9.1.2　常用结构构件代号

房屋结构的基本构件，如梁、板、柱等种类繁多，布置复杂，为了图示简明扼要，并把构件区分清楚，便于制表、查阅和施工，国家标准对常用构件分别规定了代号。常用构件的名称和代号见表9.1。

表9.1　常用构件代号(部分)

名　称	代　号	名　称	代　号
板	B	屋架	WJ
屋面板	WB	框架	KJ
楼梯板	TB	钢架	GJ
盖板或沟盖板	GB	支架	ZJ
墙板	QB	柱	Z
梁	L	框架柱	KZ
框架梁	KL	基础	J
屋面梁	WL	桩	ZH
吊车梁	DL	梯	T
圈梁	QL	雨篷	YP
过梁	GL	阳台	YT
连系梁	LL	预埋件	M-
基础梁	JL	钢筋网	W
楼梯梁	TL	钢筋骨架	G

预应力钢筋混凝土构件的代号应在上列构件代号前加注“Y-”,如 Y-DL,表示预应力钢筋混凝土吊车梁。

9.1.3　钢筋混凝土知识简介

混凝土是由水泥、沙子、石子和水按一定比例搅拌而成的建筑材料,凝固后坚硬如石。混凝土受压性能好,但受拉性能差,容易因受拉而断裂。为了避免混凝土因受拉而损坏,充分发挥混凝土的受压能力,常在混凝土中配置一定数量的钢筋,使其与混凝土结合成一个整体,共同承受外力,这种配有钢筋的混凝土称为钢筋混凝土。

梁、板、柱、基础、楼梯等钢筋混凝土构件通常是在施工现场直接浇制,称为现浇钢筋混凝土构件。如果这些构件是预先制好运到工地安装的,称为预制钢筋混凝土构件。还有一些构件,制作时通过张拉钢筋对混凝土预加一定的压力,以提高构件的抗拉和抗裂性能,称为预应力钢筋混凝土构件。

(1)混凝土强度等级和钢筋等级

按照《混凝土结构设计规范》(GB 50010—2010)规定,普通混凝土划分为14个等级,即C15,C20,C25,C30,C35,C40,C45,C50,C55,C60,C65,C70,C75,C80,数字越大表示抗压强度越高。

(2)钢筋的分类和作用

配置在钢筋混凝土中的钢筋,按其作用可分为以下4种(见图9.2):

①受力筋。构件中主要受力的钢筋,用于梁、板、柱等各种钢筋混凝土构件。

②箍筋(钢箍)。承受一部分斜拉应力,并固定受力筋的位置,多用于梁和柱内。

③架立筋。用以固定梁内钢箍位置,与受力筋、箍筋一起构成钢筋骨架。

④分布筋。用于屋面板、楼板内,与板的受力筋垂直布置,将承受的荷载均匀地传给受力筋,并固定受力筋的位置,与受力筋一起构成钢筋网。

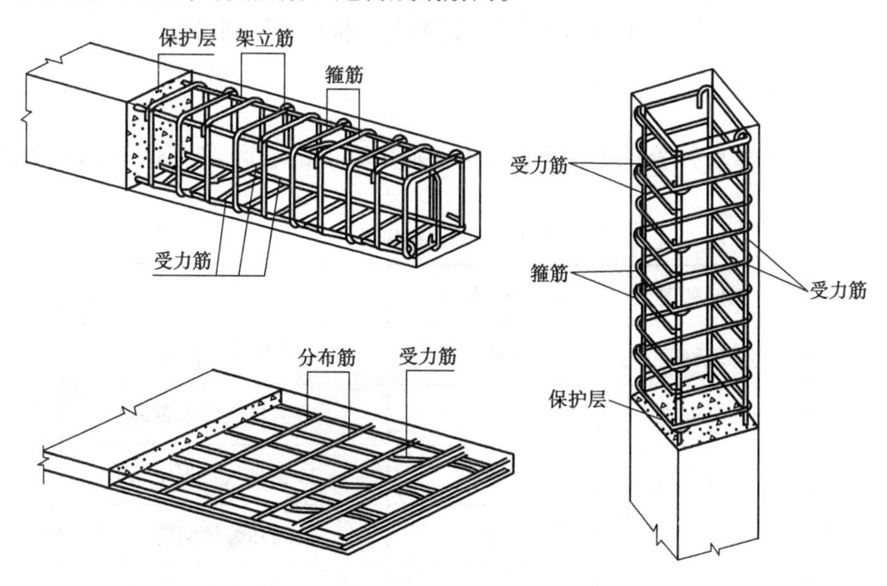

图9.2　钢筋的分类

(3)钢筋的保护层和弯钩

为了保护钢筋,防腐蚀、防火以及加强钢筋与混凝土的黏结力,在构件中的钢筋外面要留有保护层,如图9.2所示。梁、柱的保护层最小厚度为25 mm,板和墙的保护层厚度为10~15 mm。保护层的厚度在结构图中不必标注。

为使钢筋与混凝土之间具有良好的黏结力,避免钢筋在受拉时滑动,应在光圆钢筋两端制成半圆弯钩或直弯钩。弯钩的形式与简化画法如图9.3所示。带肋钢筋与混凝土的黏结力强,两端不必弯钩。

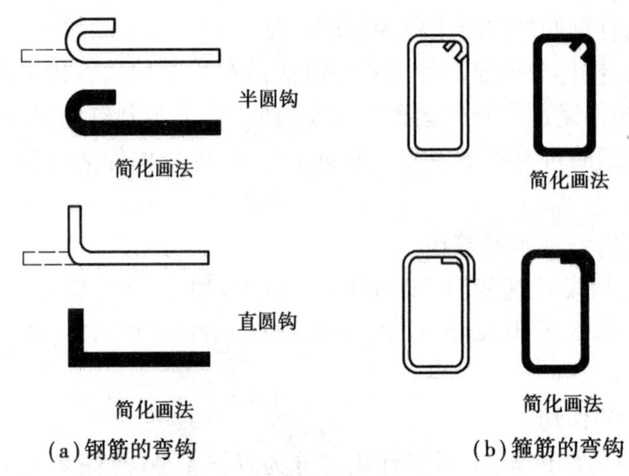

(a)钢筋的弯钩　(b)箍筋的弯钩

图9.3　钢筋和箍筋的弯钩

(4)钢筋混凝土结构图的图示特点

为了突出表示钢筋的配置情况,在结构图上,假想混凝土为透明体,用细实线画出构件的外形轮廓,用粗实线或黑圆点(钢筋的断面)画出内部钢筋,图内不画材料图例。这种能反映构件钢筋配置的图样,称为配筋图。配筋图一般包括平面图、立面图和断面图,有时还要列出钢筋表。如果构件形状复杂,且有预埋件时,还要另画构件外形图,即模板图。

9.1.4　钢筋的表示方法和标注

钢筋按其强度和品种分成不同等级,并分别用不同的直径符号表示,常用的种类见表9.2。

表9.2　钢筋等级及符号

钢筋种类	符　号	例　子
Ⅰ级钢筋	Φ	3号光圆钢筋
Ⅱ级钢筋	$\underline{\Phi}$	16号锰人字形钢筋
Ⅲ级钢筋	$\underline{\underline{\Phi}}$	25锰硅人字形钢筋
Ⅳ级钢筋	$\overline{\underline{\Phi}}$	圆和螺纹钢筋
Ⅴ级钢筋	$\overline{\underline{\Phi}}^{t}$	螺纹钢筋

对不同等级、不同直径、不同形状的钢筋应给予不同的编号和标注。钢筋的编号以阿拉伯数字依次注写在引出线一端的6 mm细线圆中,如图9.4所示。钢筋的标注形式有两种:一种标注钢筋的数量、等级和直径,如2Φ12;另一种标注钢筋的等级、直径和间距,如Φ6@150。其含义如图9.4所示。

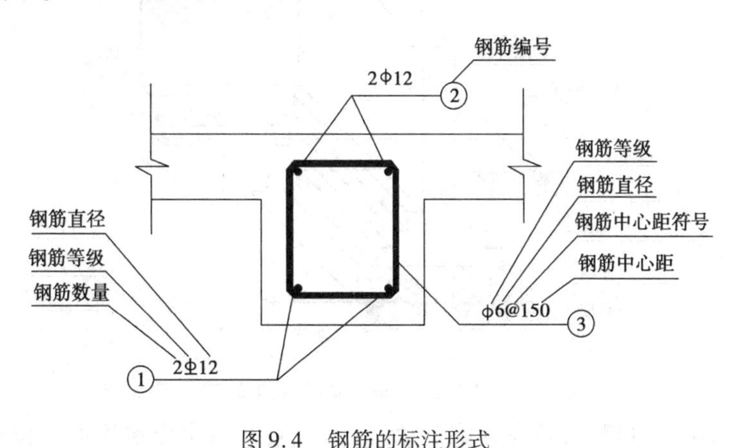

图9.4　钢筋的标注形式

9.2　基础结构施工图

基础是建筑物地面以下的承重构件,它承受上部建筑的荷载并传给地基。基础的形式与上部建筑的结构形式、荷载大小以及地基的承载力有关。一般建筑常用的基础形式有条形基础、独立基础、筏板基础等,如图9.5所示。下面以条形基础为例,介绍与基础有关的一些基本知识,如图9.6所示。位于基础底下的天然土壤或经过加固的岩土层垫层,称为地基。基坑是为基础施工而开挖的土坑,基础底面与土坑面之间往往铺设一层垫层,以找平坑面,砌筑基础。埋入地下的墙称为基础墙。为了满足地基承载力的要求,把基础底面做得比墙身宽,呈阶梯形逐级加宽,因基础底面比墙身宽,故称大放脚。防潮层是防止地下水沿墙体向上渗透的一层防潮材料。

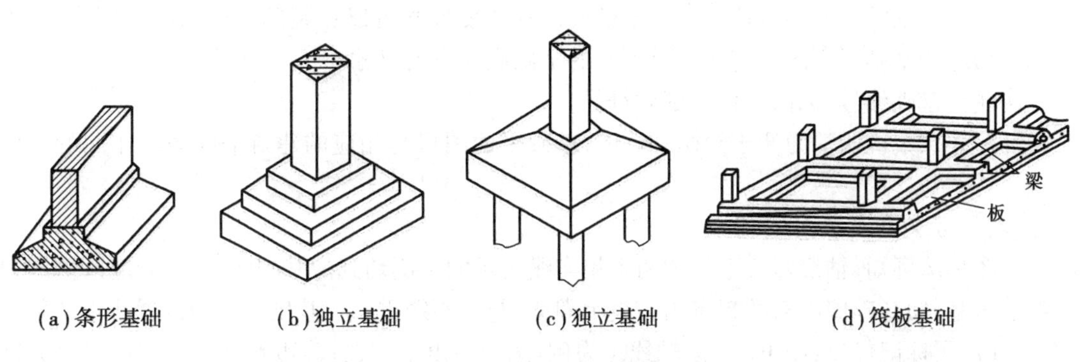

(a)条形基础　(b)独立基础　(c)独立基础　(d)筏板基础

图9.5　基础的形式

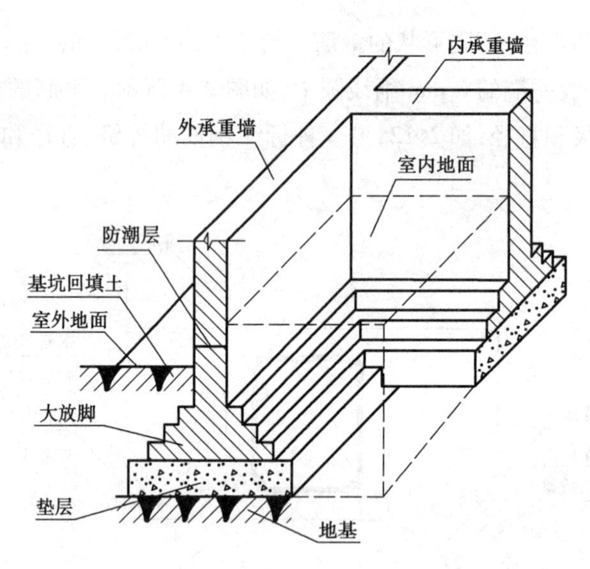

图 9.6　条形基础的组成

在房屋建筑施工过程中,首先要施工放线(即用石灰石定出房屋的定位轴线、墙身线、基础底面长、宽线),然后开挖基坑和砌筑基础。这些工作都要根据基础平面图和基础详图来进行。

9.2.1　基础平面图

(1)图示方法及概念

基础平面图是一个水平剖面图。它是假想用一个水平面沿房屋室内地面以下(即基础墙处)把整幢房屋剖开后,移去房屋上部和基坑回填土(使整个基础裸露)后所作的水平剖面图,它是表示基础平面整体布置的图样。如图 9.7 所示为某宿舍钢筋混凝土条形基础平面图。

基础平面图(以条形基础为例)所需表达的内容主要如下:

①画出墙身线(属于剖切到的,用粗实线表示)和基础底面线(属于未剖切到但可见的轮廓线,用中实线表示)的投影。其他细部如大放脚等均可省略不画。

②画出定位轴线及编号,标注两道定位尺寸。外道尺寸为最左轴线至最右轴线长度;内道尺寸为轴间尺寸。它们必须与建筑平面图保持一致。

③注出基础的定形和定位尺寸。基础底面的宽度尺寸可以在基础平面图上直接注出,也可以在相应的基础断面图中查找各道不同的基础底面宽度尺寸。

④注出基础编号、剖面图详图剖切符号。

⑤标注文字说明。为便于绘图和读图,基础平面图可与相应的建筑平面图取相同的绘图比例。

(2)图示内容及读图

由图 9.7 可知,轴线两边平行的两条粗实线表示的是剖切到的基础墙厚,基础墙两侧的中实线表示基础,基础墙内部的粗点画线表示圈梁,与中心线重合。基础的断面位置注出了剖切符号,并加了标记代号,如 JC1。以轴线①为例,图中注出了左、右墙边到轴线的定位尺寸分别为 250,120(墙厚 370),基础底左、右边到轴线的定位尺寸为 1 265,1 135。绘图比例为 1∶100,横向轴线有①—⑬,纵向轴线有Ⓐ—Ⓕ,外围标注了两道尺寸,构造柱涂黑表示。

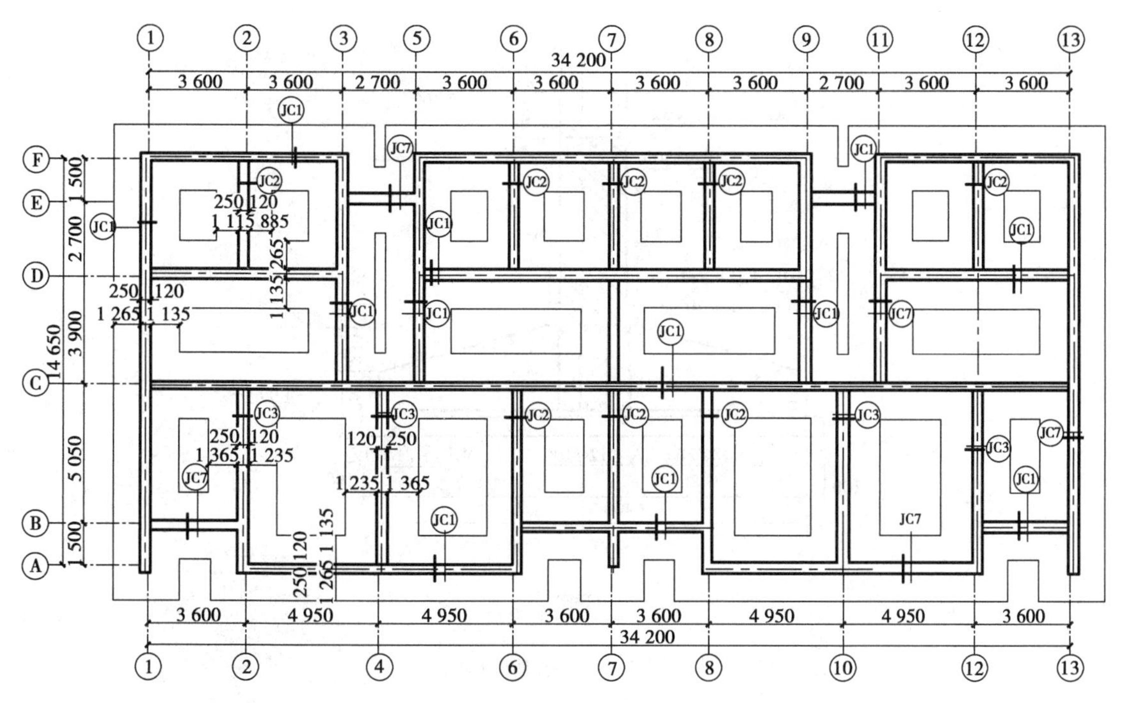

图 9.7　某住宅基础(条形基础)平面布置图

9.2.2　基础详图

基础详图主要表明基础各部分的构造和详细尺寸,通常用垂直剖面图表示。如图 9.8 所示为图 9.7 中 JC1 的基础断面图,此基础为钢筋混凝土的条形基础。基础详图包括基础的垫层、基础、基础墙(包括大放脚)、防潮层的材料和详细尺寸以及室内外地坪标高和基础底部标高。

详图采用的绘图比例较大,如 1 ∶ 20,1 ∶ 10 等,因此,墙身部分应画出砖墙的材料图例。基础部分由于要画出钢筋的配置,因此不再画出钢筋混凝土的材料图例。

详图的数量取决于基础构造形式的变化,凡不同的构造部分都应单独画出详图,相同部分可在基础平面图上标出相同的编号,只画出一个详图即可。条形基础详图一般只用一个断面图表达即可。对较复杂的独立基础,有时还要增加一个平面图才能完整表达清楚。

如图 9.8 所示,从地下室室内地坪-2.400 到-3.500 为基础墙体(其中包含 120 mm 高的大放脚),墙厚分两部分,大放脚处墙厚 490 mm,大放脚以上墙厚 370 mm。在距室内地坪-2.400 以下 60 mm 处,为防止地下水的渗透,设有 C20 防水混凝土的防潮层,并配有纵向钢筋 3 Φ8 和横向分布筋Φ4@300。从-3.500 到-4.000 为钢筋混凝土基础,在基础底部配有一层Φ12@100 的受力筋和Φ8@200 的分布筋。基础内部还放置了基础圈梁,其截面尺寸为 450 mm×500 mm,配筋为上下各 4 根Φ14 的钢筋,箍筋为Φ6@250 的双肢箍。基础底部是 100 mm 厚的 C10 素混凝土垫层。

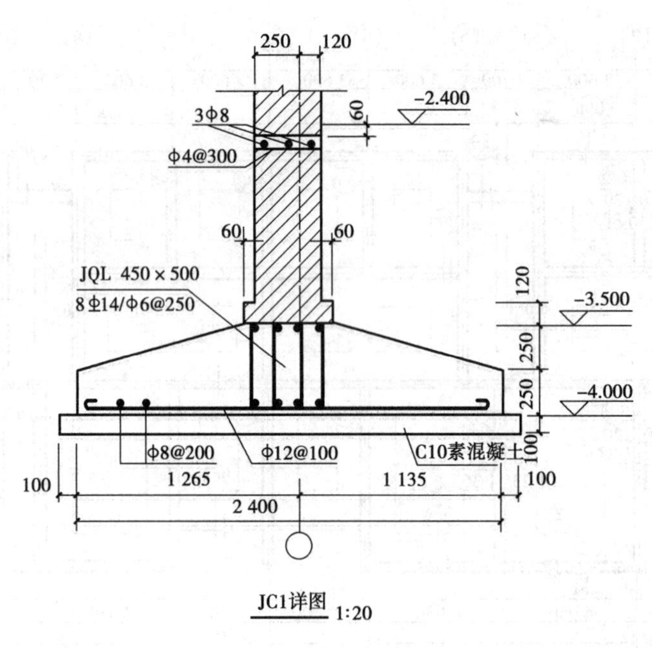

图 9.8　条形基础详图

9.3　楼层结构平面施工图

房屋建筑的结构平面图是表示建筑物各承重构件平面布置的图样，除了基础结构平面图以外，还有楼层结构平面图、屋面结构平面图等。一般民用建筑的楼层和屋盖都是采用钢筋混凝土结构，由于楼层和屋盖的结构布置与图示方法基本相同，因此本节仅介绍楼层结构平面图。

9.3.1　概述

楼层结构平面图是假想将房屋沿楼板面水平剖开后所得的水平剖面图，用来表示房屋中该楼层的梁、板、柱、墙等承重构件的平面布置情况或现浇楼板的构造与配筋，以及它们之间的结构关系。这种图为现场制作或安装构件提供施工依据。对多层建筑，一般应分层绘制布置图。但如果一些楼层构件的类型、大小、数量、布置均相同时，可只画一个布置图，并注明“×层—×层”或“标准层”的楼层结构平面布置图。

楼层结构平面施工图主要包括以下内容：

①标注出与建筑图一致的轴线网及轴线间尺寸，墙、柱、梁等构件的位置和编号。

②在现浇楼板的平面图上，画出钢筋配置。

③注明圈梁或门窗洞过梁的编号。

④注出梁和板的结构标高。

⑤注出有关剖切符号或详图索引符号。

⑥附注说明各种材料强度等级，板内分布筋的代号、直径、间距或数量等。

9.3.2　楼层结构平面图识读示例

如图9.9所示为某教学楼二层结构平面布置图(局部),图中虚线表示被楼板遮住的墙身,粗点画线表示梁(L),墙身中间与墙身中心线重合的细点画线表示圈梁(QL),图中画有交叉对角线处为楼梯间。从图中可以看出,该教学楼为砖墙承重和钢筋混凝土梁板的混合结构。楼板除①、②和Ⓑ、Ⓓ轴线之间为现浇制作部分,其余全部采用预制楼板构件。预制楼板直接注出代号、数量和规格,现浇楼板和楼梯间一般另画详图,下面仅介绍预制楼板标注的含义。

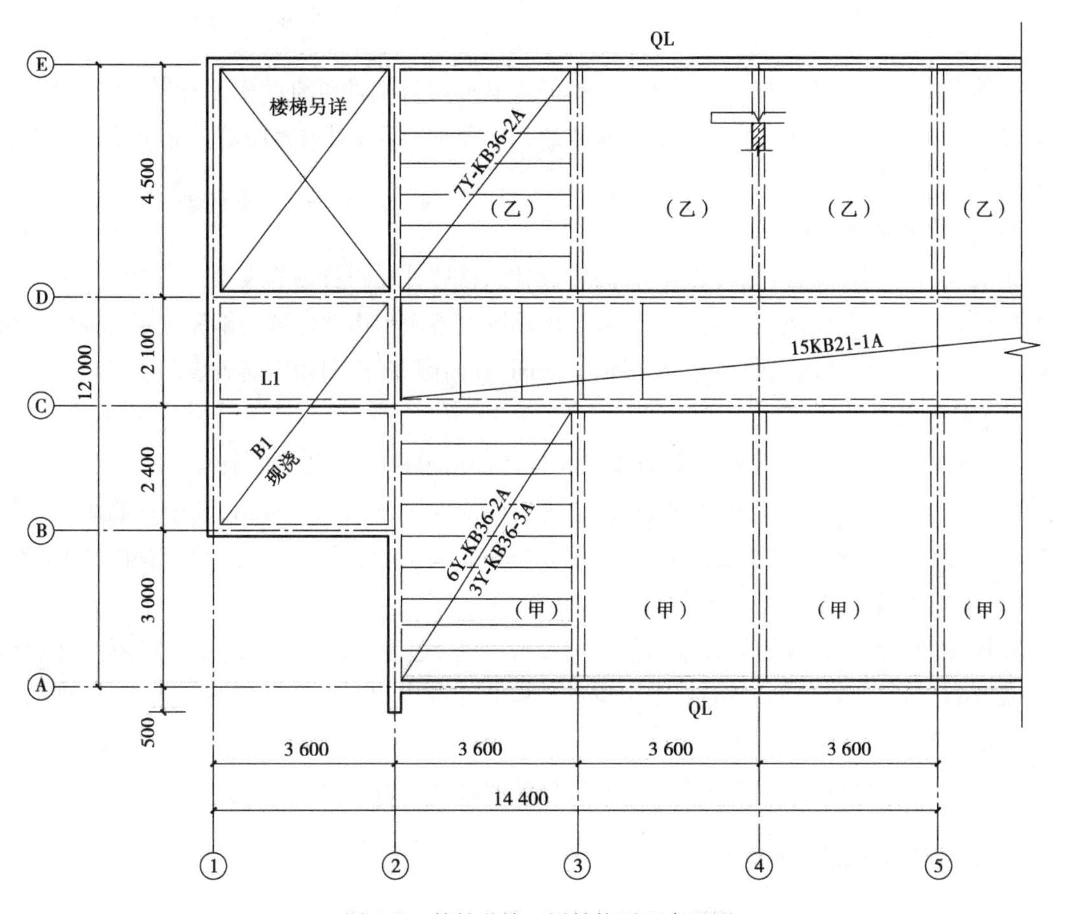

图9.9　某教学楼二层结构平面布置图

如图9.9所示,轴线②以右全部铺设的是预应力钢筋混凝土空心板,其标注方法是用细实线画一对角线,在对角线上标注板的代号、规格和数量等。图中显示了甲房和乙房铺设的是两种不同规格的预制板。甲房铺设的预制板是6Y-KB36-2A/3Y-KB36-3A,乙房铺设的预制板是7Y-KB36-2A,走廊铺设的预制板是15KB21-1A。预制空心板的标注形式在各地区通用图集中均不相同,选用时必须注意。现按照南方地区的标注法说明如下:

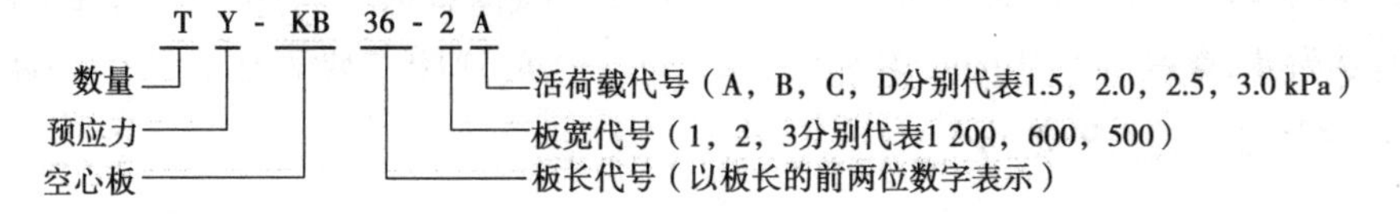

按照此标注说明，上述甲种房的标注表示用了 4 块板长 3 600 mm，板宽 600 mm，荷载 1.5 kg/m^2 的预制空心板和 3 块板长 3 600 mm，板宽 500 mm，荷载 1.5 kg/m^2 的预制空心板共同组成的，且Ⓐ—Ⓒ轴线、Ⓓ—Ⓔ轴线间的房间（甲、乙）分别采用的是相同的预制空心板。

9.4 钢筋混凝土构件详图

钢筋混凝土有定型和非定型两种。定型的预制或现浇构件可直接引用标准图或通用图，只需在图纸上写明选用构件所在标准图集或通用图集的名称、图集号即可。非定型的构件则必须绘制构件详图。

（1）图示内容及作用

钢筋混凝土构件详图一般包括模板图、配筋图、预埋件详图及钢筋表等。模板图主要表示柱的外形、尺寸、标高以及预埋件的位置等。配筋图着重表示构件内部的钢筋配置、形状、规格及数量等，是构件详图的主要部分，一般用平面图、立面图、断面图和钢筋表表示。

（2）图示方法

一般构件主要绘制配筋图，对较复杂的构件才画出模板图和预埋件详图。

配筋图中的立面图是假想构件的混凝土为透明体而画出的一个视图，其中钢筋用粗实线画出，而构件的轮廓线则用细实线表示；箍筋只反映出其侧面，投射成一条线，当箍筋的类型、直径、间距均相同时，可只画出其中一部分。

在构件的断面形状或钢筋数量和位置有变化之处，通常都需画一断面图（但不宜在斜筋段内截取断面）。不论钢筋的粗细，图中钢筋的横断面都用相同大小的黑圆点表示，构件的轮廓线画细实线。

立面图和断面图都应注出一致的钢筋编号和留出规定的保护层厚度。

9.4.1 钢筋混凝土梁构件详图

梁的结构详图一般包括立面图、断面图。梁的立面图主要表达梁的轮廓尺寸、钢筋位置、编号及配筋情况；梁的断面图主要表达梁的截面尺寸、形状，钢箍形式及钢筋的位置、数量。

如图 9.10 所示为一钢筋混凝土梁结构详图，内容包括配筋立面图、断面图、钢筋详图、钢筋表（钢筋详图与钢筋表两者可选其一）。从立面图和断面图中可知，①号 5Φ25 钢筋配置在梁的下部，②号 2Φ20 钢筋配置在梁的上部，还配置了两根弯钢筋Φ16，编号为③，箍筋Φ8，间距 100，编号为④，梁高为 550 mm，梁宽为 300 mm。钢筋详图主要表达了梁中钢筋的长度尺寸，如①号钢筋总长为 5 970 mm。

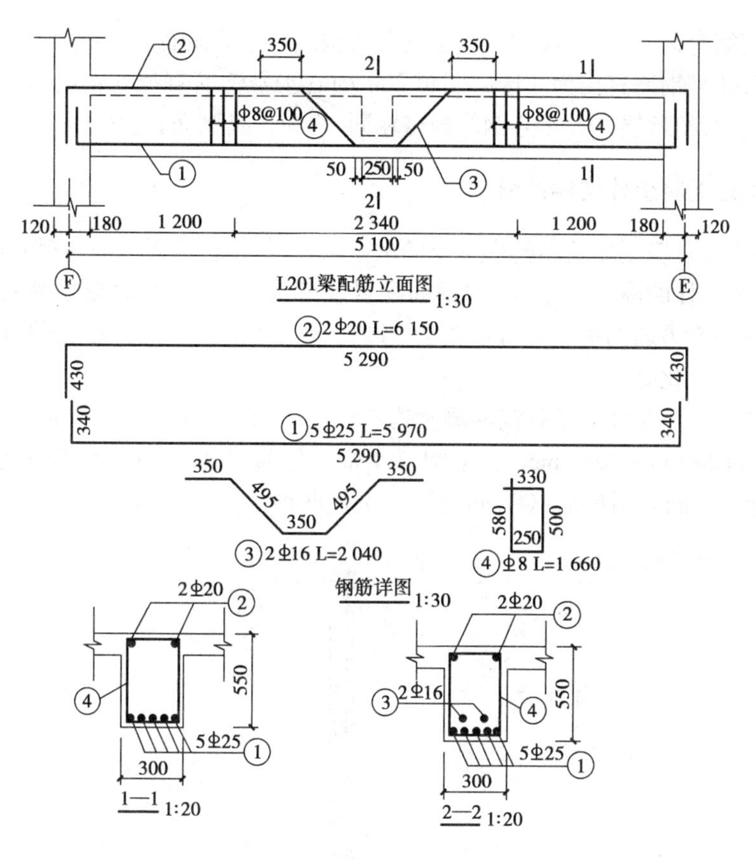

图 9.10　钢筋混凝土梁结构详图

9.4.2　钢筋混凝土板构件详图

钢筋混凝土板的结构详图一般可绘在建筑平面图上，通常只用一个平面图表示。它主要表示板中钢筋的直径、间距、等级、摆放位置等情况。

如图 9.11 所示为某钢筋混凝土板配筋图，按《建筑结构制图标准》(GB/T 50105—2010)

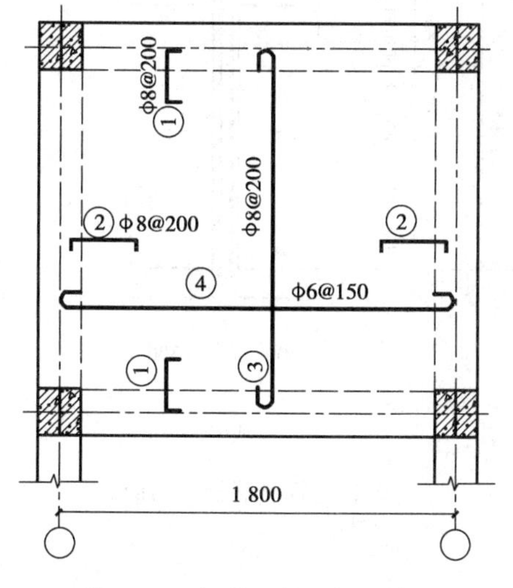

图 9.11　钢筋混凝土板配筋图

的规定,底层钢筋弯钩应向上或向左,顶层钢筋弯钩应向下或向右。由图可知,③,④号钢筋配置在板的底部,③号钢筋直径为 8 mm,间距 200 mm;④号钢筋直径 6 mm,间距 150 mm。①,②号钢筋配置在板的顶层,①,②号钢筋规格相同,均为一级钢筋,直径 8 mm,间距 200 mm。

9.4.3 钢筋混凝土柱构件详图

钢筋混凝土柱是房屋建筑结构中主要的承重构件,其结构详图一般包括立面图和断面图。柱立面图主要表达柱的高度尺寸、柱内钢筋配置及搭接情况;柱断面图主要表达柱的截面尺寸、箍筋的形式和受力筋的摆放位置及数量。断面图剖切位置应选择在柱的截面尺寸变化及受力筋数量、位置变化处。

如图 9.12 所示为某住宅楼钢筋混凝土构造柱(GZ)的详图。立面图显示柱高为 16.8 m,柱的截面尺寸为 240 mm×240 mm,柱中配有 4 根二级直径 12 mm 的竖向钢筋,同时配有直径 6 mm 的钢筋,钢筋间距包括 100 mm 和 200 mm 两种。

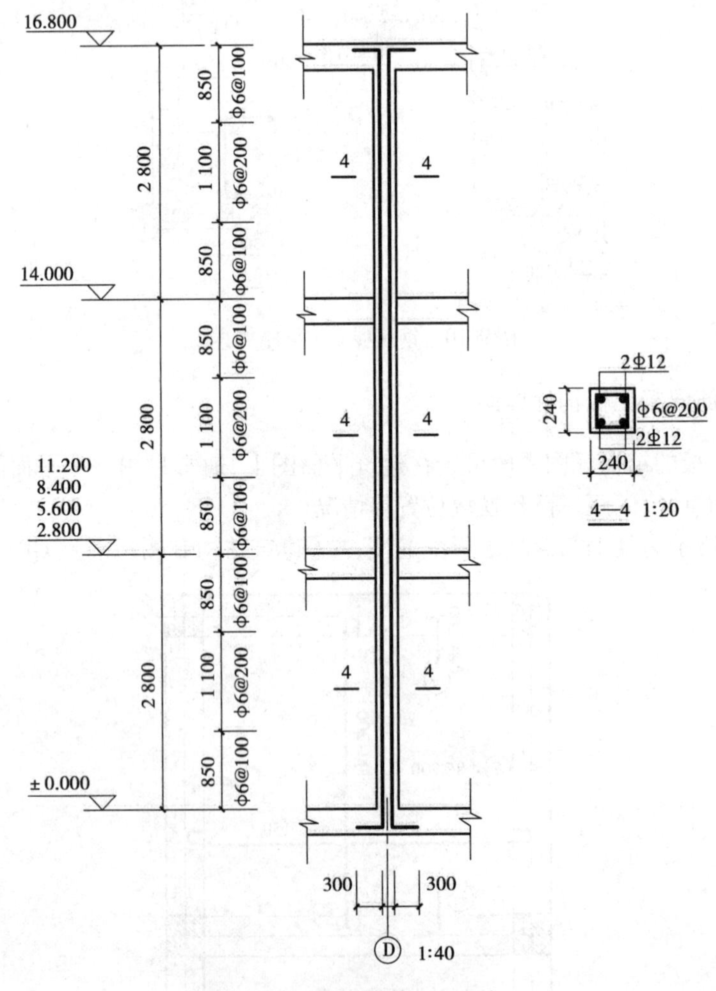

图 9.12 钢筋混凝土构造柱

思考题

1. 结构施工图包括哪些内容?

2. 什么是钢筋混凝土结构? 钢筋按其作用可分为哪几种?

3. 结构平面图与建筑平面图的区别是什么?

4. 钢筋混凝土构件详图有什么图示特点? 模板图和配筋图各表示哪些内容? 钢筋混凝土梁的配筋图一般用什么表示?

5. 解释钢筋标注φ6@200 的含义。

第 10 章
中国古建筑识图与历史文化

10.1 史前建筑

“史前”一词，是英国学者丹尼尔·威尔逊发明的，他在 1851 年的《苏格兰考古及史前学年鉴》中首先使用了“史前”一词。所谓“史前时期”，就是指人类社会的文字产生以前的历史时期。考古学上的中国史前时期是指从发现古人类开始，下限为发现甲骨文的殷商时期，也就是商代盘庚迁殷之前的历史时期。一般说来，中国的史前时期，大体分为新石器时代和旧石器时代。

中国的史前建筑分穴居和巢居两类。我国北方比较干旱，所以多穴居，如西安半坡遗址、陕西西安市临潼区姜寨遗址等。我国南方比较湿润，林木多，所以多巢居，如河姆渡遗址。

早在 50 万年前的旧石器时代，中国原始人就已经知道利用天然的洞穴作为栖身之所，北京、辽宁、贵州、广东、湖北、浙江等地均发现有原始人居住过的崖洞。到了新石器时代，黄河中游的氏族部落，利用黄土层作为墙壁，用木构架、草泥建造半穴居住所，进而发展为地面上的建筑，并形成聚落。长江流域因潮湿多雨，常有水患兽害，因而发展为干栏式建筑。对此，古代文献中也多有“构木为巢，以避群害”“上者为巢，下者营窟”的记载。据考古发掘，约在距今六、七千年前，中国古代人已经知道使用榫卯构筑木架房屋（如浙江余姚河姆渡遗址），黄河流域也发现有不少原始聚落（如西安半坡遗址、临潼姜寨遗址）。这些聚落，居住区、墓葬区和制陶场，分区明确，布局有致。木构架的形制已经出现，房屋平面形式也因营造与功用不同而有圆形、方形、吕字形等，这是中国古建筑的草创阶段。

10.1.1 中国南方的史前建筑（河姆渡遗址）

我国南方史前建筑：河姆渡建筑遗址

河姆渡遗址是我国长江流域一处极为重要的新石器时代遗址，位于浙江省余姚市。遗址保存完好，内涵丰富，以发达的耜耕稻作农业、高超的干栏式建筑、独特的制陶技术为文化特征，真实地反映了 7000 年前长江流域繁荣的史前文化。它的发现和发掘动摇了中华远古文化起源于黄河流域的一元论，有力地证明了长江同样是中华民族远古文化的发祥地。

河姆渡遗址两次发掘范围内发现了大量的干栏式建筑遗迹，特别是在第四文化层底部，分布面积最大，数量最多，远远望去，密密麻麻，蔚为壮观。建筑专家根据桩木排列、走向推算，第四文化层至少有6幢建筑，其中有幢建筑长23 m以上，进深6.4 m，檐下还有1.3 m宽的走廊。这种长屋里面可能分隔成若干小房间，供一个大家庭住宿。如图10.1所示，遗址内清理出来的建筑构件主要有木桩、地板、柱、梁、枋等，有些构件上带有榫头和卯口，约有几百件，说明当时建房时垂直相交的接点较多地采用了榫卯技术。

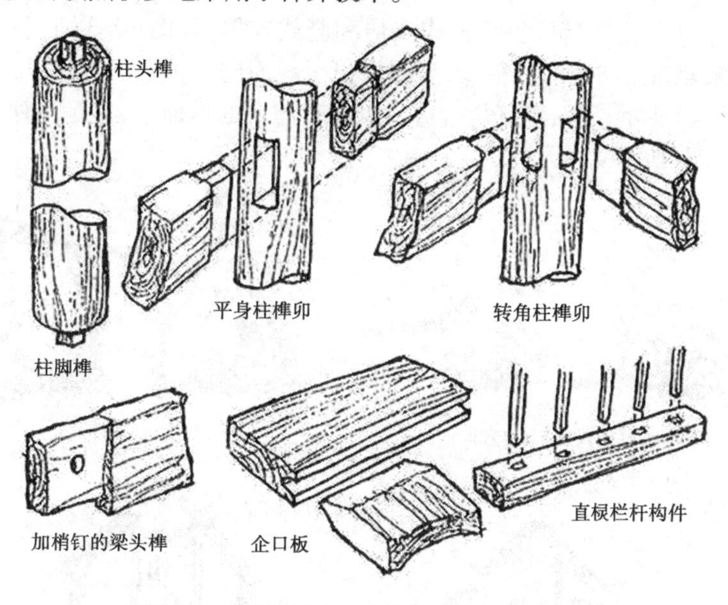

图10.1　河姆渡遗址建筑榫卯构件示意图

如图10.2所示，河姆渡遗址的建筑是以大小木桩为基础，其上架设大小梁，铺上地板，做成高于地面的基座，然后立柱架梁、构建人字坡屋顶，完成屋架部分的建筑，最后用苇席或树皮做成围护设施。其中立柱的方法也可能从地面开始，通过与桩木绑扎的办法树立的。这种底下架空，带长廊的长屋建筑古人称为干栏式建筑，它适应南方地区潮湿多雨的地理环境，因此被后世所继承，今天在中国西南地区和东南亚国家的农村还可以见到此类建筑。建造庞大的干栏式建筑远比同时期黄河流域居民的半地穴式建筑要复杂，数量巨大的木材需要有专人策划，计算后进行分类加工，建筑时需要有人现场指挥，否则七高八低，弯弯曲曲的房子是不牢固的，这些都说明河姆渡人已跟现代人一样具有较高的智商。

图10.2　河姆渡遗址干栏式建筑复原想象图

10.1.2 中国北方的史前建筑(西安半坡遗址)

我国北方史前建筑:半坡遗址

(1)中国北方的史前建筑类型

在我国北方,气候干燥,细密的黄土挖起来很方便,于是,我们的祖先就用挖坑的方法盖房子——这就是“穴居”。在穴居的发展历程中,其建筑类型大致包括地穴、半地穴和地面建筑。地穴式建筑是模仿天然地洞进行挖坑、搭棚而成的一种穴居建筑,包括横式穴居和竖式穴居,如图10.3(a)、(b)所示;半地穴建筑是指挖的坑很浅,房屋搭出了地面的一种穴居式建筑,它又称为半竖式穴居,如图10.3(c)所示;地面建筑是指房子盖在有地台的地面上,它是一种木骨泥墙式多室建筑,如图10.3(d)所示。

(a)横式穴居(地穴)

(b)竖式穴居(地穴)

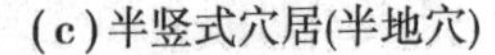

(c)半竖式穴居(半地穴)

(d)地面建筑

图10.3 中国北方的史前建筑示意图

(2)西安半坡遗址

西安半坡遗址位于陕西省西安市东郊灞桥区浐河东岸,它是黄河流域一处典型的新石器时代仰韶文化母系氏族聚落遗址,距今6 000年左右。

半坡遗址分为居住、制陶和墓葬三个区。如图10.4所示是西安半坡遗址居住区复原示意图,居住区位于聚落的中心,周围环绕有一条全长300 m、宽6~8 m、深5~6 m的大围沟,沟的底部宽4 m,并发现有木柱痕迹,在围沟底部和两旁曾设有防御之类的障碍物。类似的大围沟在其他同时期遗址中也有发现,除防水和排水作用外,它还起着避免野兽侵扰,防止各部落之间氏族成员因血亲复仇而发生冲突的作用。半坡人使用的工具主要是木制和石器。妇女是半坡人中主要的生产力,制陶、纺织、饲养家畜都由她们承担,男人则多从事渔猎。

半坡遗址居住区占地约30 000 m^2,其布局是以一座大型房屋为中心,中小型房屋散布周围,其外围环绕一条大型壕沟。半坡类型的房子发现有46座,有圆形、方形等形状,有的房屋是半地穴式建筑,有的房屋是地面建筑。每座房屋在门道和居室之间都有泥土堆砌的门槛,房屋中心有圆形或瓢形灶坑,周围有1~6个不等的柱洞。房屋的居住面和墙壁都用草拌泥涂抹,并经火烤以使坚固和防潮。圆形房子的直径一般在4~6 m,墙壁是用密集的小柱上编篱

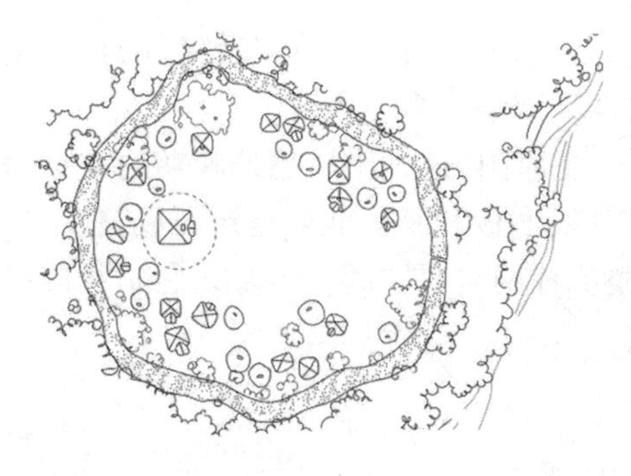

(a)平面示意图

(b)复原示意图

图 10.4　西安半坡遗址居住区复原示意图

笆并涂以草拌泥做成。在方形房子中,面积较小的为 12 ~ 20 m²,中等面积的为 30 ~ 40 m²,最大面积的房子可达 160 m²。储藏物品的窑穴分布于各房子之间,形状多为口小底大圆袋状。如图 10.5(a)所示是西安半坡遗址 1 号方形大房子复原示意图,如图 10.5(b)所示是西安半坡遗址 2 号圆形大房子复原示意图。

(a)半坡遗址1号方形大房子

(b)半坡遗址2号圆形大房子

图 10.5　西安半坡遗址房屋建筑复原示意图

半坡遗址居住区的房屋建筑均采用木骨涂泥的构筑方法,其建筑风格为:门前有雨棚,恰似“堂”的雏形,再向屋内发展,形成了后进的“明间”;隔墙左右形成两个“次间”,正是“一明两暗”的形式,如若横向观察,又将隔室与室内分为前后两部分,形成“前堂后室”的格局。

位于半坡村落的中心有一座约 160 m² 的大房了,进门后,前面是活动空间,后面则分为 3 个小间。前面的空间是供氏族成员聚会、议事的场所;后面 3 个小间,是氏族公社最受尊重的老祖母或氏族首领的住所,同时也是老人和儿童的“集体宿舍”。《墨子·辞过》中曾有记载:“古之民,未知为宫室时,就陵阜而居,穴而处下,润湿伤民,故圣王作为宫室。为宫室之法,室高足以辟湿润,边足以围风寒,上足以待雪霜雨露。”古代社会中的“前朝后寝”的宫室正是源于半坡这种“前堂后室”的大房子,以大房为中心,四周围绕众多小房屋。

如图 10.6 所示是西安半坡遗址 24 号方形房屋复原图,这种半坡遗址晚期的方形房屋是从早期的“半地穴式”发展而来的,这种房屋完全用椽、木板和黏土混合建筑而成,整个房子用 12 根木桩支撑,木柱排列 3 行,每行 4 根,形成规整的柱网,初具“间”的雏形,它是我国以间架木为单位的“墙倒屋不塌”的古典木构框架式建筑。

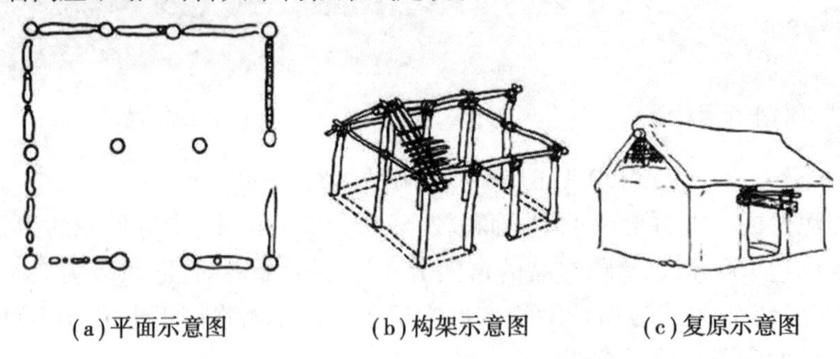

(a)平面示意图　(b)构架示意图　(c)复原示意图

图 10.6　西安半坡遗址 24 号方形房屋

10.2　夏、商、周时期的建筑

中国古建筑自原始社会就已开始大量使用土木结构,到了夏、商、周时期,这种方法得到进一步发展。夏、商时期的建筑体系开始逐渐成长,出现了夯土台的宫殿、城市和陵墓建筑,夯土技术开始走向成熟,这个时期著名的建筑有二里头遗址的 1 号宫殿遗址和殷墟宫殿宗庙遗址。从二里头遗址的 1 号宫殿平面图来看,殿堂的柱列整齐,前后左右相对应,各间面阔非常统一,这种规整的廊院式建筑群,说明在夏朝至商城早期,中国传统的院落式建筑群组合已经开始走向定型,这些特征也说明这个时期的木结构水平已经有了很大的提高。西周时期的建筑出现了等级制度的印痕,瓦的发明推动了建筑技术的进一步发展,这个时期著名的建筑有陕西岐山凤雏建筑遗址。陕西岐山凤雏建筑遗址是我国已知最早,最严整的四合院实例,有专家把它称为“中国第一四合院”。在春秋战国时期,由于铁器和牛开始使用,社会生产力水平有了很大的提高,贵族们的私田大量出现,随之手工业和商业得到了相应的发展。相传著名的木匠鲁班就是在春秋时期涌现的工匠大师。在春秋时期,随着瓦和砖的普遍使用,作为诸侯宫室用途的高台建筑(或称台榭)开始出现。

10.2.1　夏朝的宫殿建筑(二里头遗址)

夏朝建筑:
二里头遗址

二里头遗址位于河南偃师二里头村,于 1959 年发现,遗址距今大约 3 800 ~ 3 500 年,相当于中国历史上的夏、商时期,是探索中国夏朝文化的重要遗址。该遗址范围为东西约 2 km,南北 1.5 km。包含的文化遗存上至距今 5 000 年左右的仰韶文化和龙山文化,下至东周、东汉时期。该遗址的兴盛时期的年代为公元前 21 世纪至公元前 16 世纪的夏文化时期,考古界将其主要阶段称为“二里头文化”。

根据众多史料记载，夏都斟鄩的位置大致在伊洛平原地区，例如《史记·夏本纪》就有如下的记载："太康居斟鄩、羿亦居之，桀又居之"，后来洛阳二里头遗址的考古发掘也基本证实了这一点。

经碳14测定，二里头遗址绝对年代约在公元前1900年左右，相当于夏朝时期，内有大型的宫殿遗址。二里头遗址内发现的二里头文化遗迹有宫殿建筑基址、平民居住址、手工业作坊遗址、墓葬和窖穴等。遗址的中部发现有30多座夯土建筑基址，是迄今为止中国发现的最早的宫殿建筑基址群。其中宏伟的1号宫殿建筑基址的平面略呈正方形，东西长108 m，南北宽100 m，高0.8 m，它是一座建立于大型夯土台基之上的复合建筑，规模宏大，结构复杂，前无古人，面积达1万多平方米。如图10.7所示，1号宫殿建筑的主殿是一座"四阿重屋"式的殿堂，殿前有数百平方米的广庭，四周有回廊，大门位于南墙的中部，其间有3条通道。这样的宫殿建筑只有掌握了大量劳动力的统治者才能建成，据推测计算，1号宫殿遗址夯土的土方总量达2万 m^3 以上，如果每人每天夯筑0.1 m^3，也需要20万个劳动日，再加上设计、测量、取土、运土、垫石、筑墙、盖房等多种工序和后勤管理等环节，所需"劳动日"以数十万至百万计，由此也可证明，当时的生产力水平已经达到了相当高的程度。二里头遗址的宫殿建筑，虽时代较早，但其形制和结构都已经比较完善，其建筑格局被后世所沿用，开创了中国古代宫殿建筑的先河。

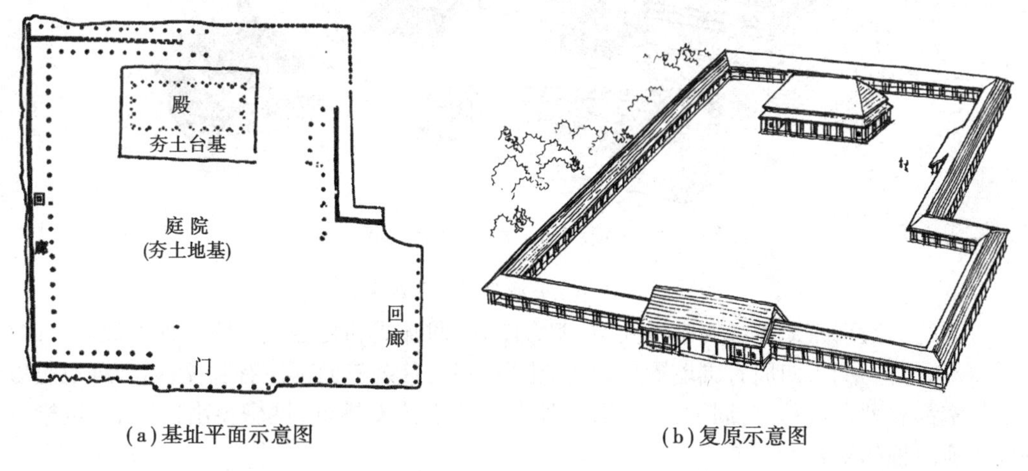

(a)基址平面示意图　　(b)复原示意图

图10.7　二里头遗址1号宫殿

10.2.2　商朝的宫殿宗庙建筑(殷墟遗址)

商朝建筑：
殷墟都城遗址

殷墟遗址是中国商朝晚期都城遗址，位于河南省安阳市区西北小屯村一带，距今已有约3 300多年历史，古称"北蒙"，甲骨卜辞中又称为"商邑""大邑商"，是中国历史上第一个有文献可考、并为考古学和甲骨文所证实的都城遗址。殷墟出土了大量的都城建筑遗址和以甲骨文、青铜器为代表的丰富的文化遗存，系统展现了中国商代晚期辉煌灿烂的青铜文明，确立了殷商社会作为信史的科学地位。殷墟总体布局严整，以宫殿宗庙遗址为中心，沿洹河两岸呈环型分布，现存遗迹主要包括殷墟宫殿宗庙遗址、殷墟王陵遗址、洹北商城、后冈遗址、聚落遗址(族邑)、家族墓地群、甲骨窖穴、铸铜遗址、手工作坊等。

宫殿宗庙遗址的总面积达71.5 hm^2(公顷)，是商王处理政务的地方，也是殷墟最重要的遗址和组成部分。自1928年以来，在这里先后发现宫殿宗庙建筑基址80多座，这些宫殿宗庙建筑被中国古代典籍称为“茅茨土阶，四阿重屋”，对中国古代早期建筑的发展产生了深远的影响。如图 10.8 所示是仿殷墟宫殿宗庙建筑和三例殷墟地面建筑复原示意图。

(a)仿殷墟宫殿宗庙建筑

(b)殷墟地上建筑复原示意图

图 10.8　殷墟宫殿宗庙建筑

殷墟的宫殿宗庙建筑主要有三大类：四合院式、回廊式和复合式。第一种类似北京四合院格局，台基是正方形，四周有围墙圈出庭院，正殿在北，其余三面都建有廊庑；第二种也是方形，不过屋室都并列在台基上，周围是回廊，廊外有柱子支撑着挑檐，挑檐突出，上端是重檐；第三种属于前两种的复合。

商朝时期的主要建筑材料是黄土和木料。殷墟的宫殿宗庙建筑大多坐落于厚实高大的夯土台基上，避免因潮湿而造成宫殿木柱过早腐朽，开创了我国宫殿建筑筑在高台之上的先河。房基置柱础，房架多用木柱支撑，墙用夯土版筑。建筑顶部营造成四面斜坡形，敷以厚厚的茅草，且有重檐，实现了防雨排涝的功效，重檐既能保护建筑外围的木结构免受日晒雨淋，又增加了建筑的美观性。建筑整体造型庄重肃穆、质朴典雅，具有浓郁的中国宫殿建筑特色。主要建筑的规模巨大、结构繁复、互相连属。多重院落组合有序，左右对称，反映出中国古代宫殿建筑特有的均衡感、秩序感和审美意趣，开创了中国古代厅堂建筑的独特风格。殷墟的宫殿建筑格局、建筑艺术、建筑方法和建筑技术，代表了中国古代早期宫殿建筑的先进水平。

在宫殿宗庙遗址的西、南两面，有一条人工挖掘成的南北长 1.1 km，东西长 0.65 km，宽 10 ~ 20 m，深 5 ~ 10 m 的巨型防御壕沟，其东、北两端与洹河的河曲相通，将宫殿宗庙遗址环抱中间，构成了严密的防洪、防御体系，与宫殿宗庙遗址浑然一体，起到了类似宫城的作用。

1937 年以前，考古学家在殷墟遗址发掘了 53 座建筑基址群，被考古学者划分为甲、乙、丙三组基址，后来又陆陆续续发掘了著名的 54 号建筑基址和妇好墓等。

甲组基址位于宫殿宗庙遗址的东北部，东、北两面濒临洹河，其范围南北 100 m，东西 90 m，共发现 15 座夯土基址，以东西向的长方形房基为主，个别为凹字型，呈现出东西成排分布的特点。

乙组基址位于甲组基址西南部，南北长 200 m、东西宽 100 m。共发现夯土基址 21 座，以东西较长的长方形房基为主，门多南向。房基以子午线为轴，呈对称布局东西分列，而且多数结构繁复，面积巨大，互相联属。其中，朝南向的 17 座，朝东向的 4 座，在基址的南面分布着密集的祭祀遗迹。这些建筑被认为是殷商王室的宗庙建筑。

丙组基址位于乙组基址西南部，共发现夯土基址 17 座，这些基址呈对称排列，面积较小。

54 号建筑基址发现于 20 世纪 80 年代初，该基址濒临洹水西岸，整体呈凹字形，缺口向东，包括南、北、西三组基址，这些房基构成半封闭状的建筑群，面积达 5 000 多 m^2，结构严谨，构思精巧，已具备了中国“四合院”的雏形，被认为是中国传统“四合院”的起源，该基址也是 20 世纪 50 年代以来在殷墟宫殿宗庙遗址内发现的规模最大的建筑基址。如图 10.9 所示是殷墟“四合院”建筑群复原示意图。

图 10.9　殷墟“四合院”建筑群复原示意图

10.2.3　西周的“四合院”建筑(凤雏建筑遗址)

西周建筑：主要城市和建筑遗址

西周最有代表性的建筑遗址当属陕西岐山凤雏村的西周早期的建筑遗址。它是一座相当严整的四合院式建筑，由二进院落组成。中轴线上依次为影壁、大门、前堂、后室。前堂与后室之间有廊相连。门、堂、室的两侧为通长的厢房，将庭院围成封闭空间。院落四周有檐廊环绕。房屋基址下设有排水陶管和卵石叠筑的暗沟，以排除院内雨水。屋顶采用瓦(瓦的发明是西周在建筑上的突出成就)。这组建筑的规模并不大，但却是我国已知最早、最严整的四合院实例。更令人称奇的是，它的平面布局及空间组合的本质与后世两千多年封建社会北方流行的四合院建筑并无不同。这一方面证明了中国传统文化源远流长，另一方面似乎也说明了当时封建主义的萌芽已经产生，建筑组合的变化体现着当时生活方式与思想观念的变化。如图 10.10 所示是凤雏建筑遗址的“四合院”建筑示意图。

东周建筑：建筑技术和瓦当艺术

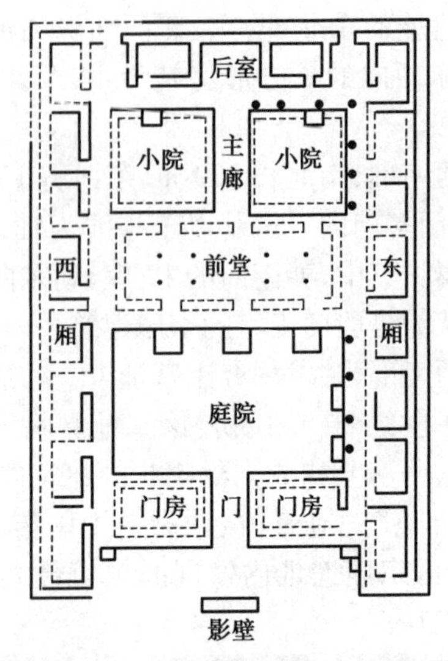

(a)平面示意图

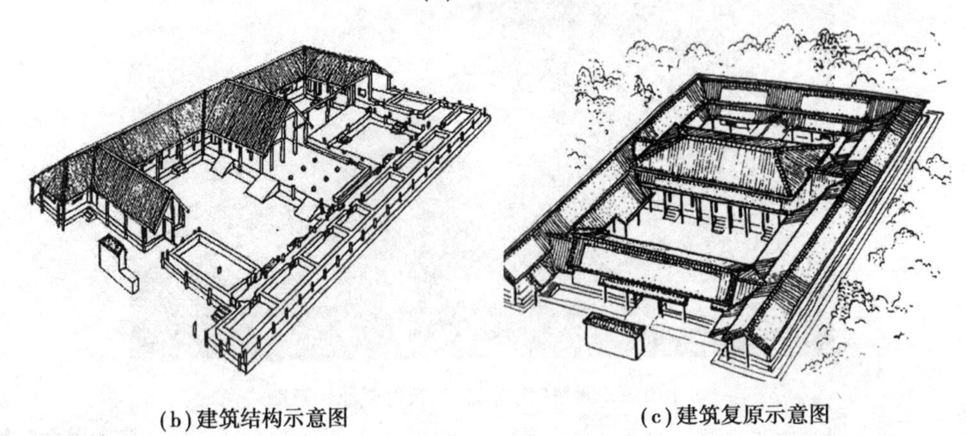

(b)建筑结构示意图　　　(c)建筑复原示意图

图 10.10　凤雏建筑遗址的"四合院"建筑

10.3　秦、汉时期的建筑

秦汉时期的建筑是在商周时期已初步形成的某些重要艺术特点基础上发展而来,秦汉的统一促进了中原与吴楚建筑文化的交流,建筑规模更为宏大,组合更为多样。秦汉建筑类型以都城、宫殿、礼制建筑和陵墓建筑为主,到汉朝末年又出现了佛教建筑。秦汉时期的都城规划由西周的规矩对称,经春秋战国向自由格局转变,又逐渐回归于规整,到汉末以曹操邺城为标志,已完成了这一过程。礼制建筑是汉朝的重要建筑类型,其主体仍为春秋战国以来盛行的高台建筑,呈团块状,取十字轴线对称组合,尺度巨大,形象突出,追求象征涵义。

10.3.1　秦朝的陵墓建筑(秦始皇陵)

(1)历史沿革

秦始皇统一全国后,大力改革政治、经济和文化,统一文字、货币和度量衡,这些措施对巩固统一的封建国家起了一定的积极作用。另一方面,秦始皇又集中全国人力物力与六国技术成就,修筑了大量的都城、宫殿和陵墓建筑。

秦朝建筑:宫殿建筑、陵墓建筑、防御和交通工程

秦始皇陵是中国历史上第一位皇帝嬴政(公元前 259—前 210 年)的陵寝,位于陕西省西安市临潼区的骊山北麓。秦始皇陵是世界上规模最大、结构最奇特、内涵最丰富的帝王陵墓之一,它充分体现了 2 000 多年前中国古代劳动人民的艺术才能,是中华民族的骄傲和宝贵财富。

出于现实和心理的双重需要,古人常选择地势较高、环境优美的地方来设置陵寝,特别是帝王陵。秦始皇执政于都城咸阳,但陵园却选在远离咸阳的骊山。之所以这样做,据北魏时期的郦道元解释:“秦始皇大兴厚葬,营建冢圹于骊戎之山,一名蓝田,其阴多金,其阳多美玉,始皇贪其美名,因而葬焉。”

丞相李斯为秦始皇陵的设计者,少府令章邯监工,共征集了 72 万人力,动用修陵人数最多时达 80 万。陵园工程的修建伴随着秦始皇一生的政治生涯,当他 13 岁刚刚登上王位时的秦王政元年(公元前 246 年),陵园营建工程就随之开始了。古代帝王生前造陵并非秦始皇的首创,早在战国时期诸侯国王生前造陵已蔚然成风,如赵肃侯“十五年起寿陵”,还有平山县中山国王的陵墓也是生前营造的,但与众不同的是,秦始皇把国君生前造陵的时间提前到了即位初期。秦始皇陵工程修造了 39 年,一直至秦始皇临死之际尚未竣工,二世皇帝胡亥继位,接着又修建了一年多才基本完工。

(2)陵园布局

秦始皇陵按照“事死如事生”的原则,仿照秦国都城咸阳的布局建造,大体呈回字形。整个陵园可分为四个层次,即地下宫城(地宫)为核心部位,其他依次为内城、外城和外城以外。如图 10.11 所示是秦始皇陵遗址平面图。

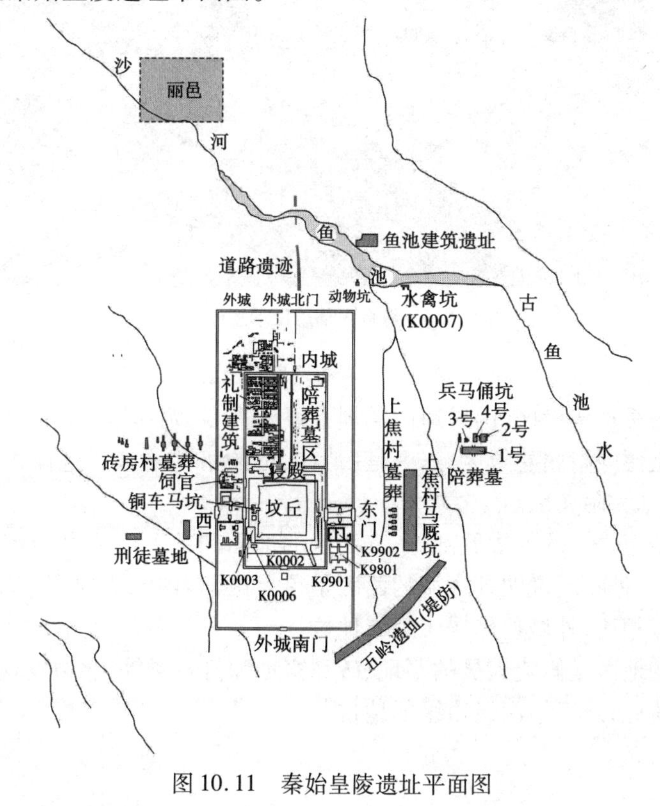

图 10.11　秦始皇陵遗址平面图

地宫是放置棺椁和随葬器物的地方，为秦皇陵建筑的核心，位于内城南半部的封土之下，相当于秦始皇生前的“宫城”。考古学家使用遥感和物探的方法分别进行探测，发现地宫距离地平面35 m，东西长170 m，南北宽145 m，主体和墓室均呈矩形状，墓室位于地宫中央，高15 m，大小相当于一个标准足球场。如图10.12所示是秦始皇陵地宫想象示意图。

(a)地宫外部想象示意图

(b)地宫内部想象示意图

图10.12　秦始皇陵地宫

内城是陵园的重点建设区，内城垣内的地下设施最多，尤其是内城的南半部较为密集。内城北半部的西区是便殿附属建筑区，东区是后宫人员的陪葬墓区。这种布局清晰地说明内城南部为重点区，北部为附属区。

外城是内外城垣之间的外廓城部分，其西区的地面和地下设施最为密集，南、北两区尚未发现遗迹、遗物。这种布局说明外廓城的西区是重点区，其内涵为象征京城内的厩苑、囿苑及园寺吏舍。与内城相比，外城显然居于附属地位。

外城垣之外的地区是修陵人员的墓地、砖瓦窑址和打石场等，北边发现有陵园督造人员的官署及郦邑建筑遗址，属于最次级边缘的地位。

10.3.2　汉朝的木构建筑

汉朝建筑:建筑概述和城市建设

(1)概述

汉朝是我国封建社会经济和文化首次得到极大发展的时代,也是汉民族文化形成的重要时期。在建筑科学上,我国传统建筑的抬梁、穿斗和井干三种主要大木构架体系都已出现并趋于成熟,与之相适应的各种平面布局和外部造型亦基本完备,中国古代木构建筑作为一个独特的体系在汉朝已基本形成。

(2)木构楼阁

汉朝建筑:木构建筑、院落组群建筑和陵墓建筑

经历了长期和大量的实践之后,中国传统的木构建筑,在汉代取得了重大突破,建筑内容丰富,结构复杂多样,多层木柱梁架式楼阁建筑的出现,更是打破了战国以来盛行的高层建筑依凭土台而建的传统方式,汉代建筑明器(专门为随葬而制作的器物)也形象地表明了这一显著特点。总之,木构楼阁的出现标志了中国木构建筑体系开始走向成熟。

汉朝是中国古代建筑艺术发展的第一个高峰,这一时期的建筑多以木质结构为主。由于中原地区久经战乱,加上年代久远,汉朝的地面建筑已经荡然无存,出土的大量建筑明器再现了当时的建筑风貌与水平,如图 10.13 所示的东汉七层连阁式彩绘陶仓楼就是其中最具代表性的精品。这件陶楼于 1993 年出土于河南省焦作市白庄,由院落、楼阁、走廊和复道四部分组成。主楼高近两米,共 7 层,各层彩绘有几何图案。附属建筑高四层,为储藏粮食的仓楼。建筑前还卧有一只小陶狗。陶楼最精彩之处在于主楼与副楼之间通过一条长廊式的通道连接在一起,在汉朝叫复道,类似我们今天的过街楼或行人天桥,从而解决了两幢高楼之间的通行障碍。整个建筑雄伟壮观,是目前发现的层数最多、最高大完整且最具代表性的汉朝建筑明器。

汉朝建筑:建筑特征

图 10.13　东汉七层连阁式彩绘陶仓楼建筑明器

(3)阙

阙是我国古代在城门、宫殿、祠庙和陵墓前用以记官爵、功绩的建筑物,用木或石雕砌而成。一般是两旁各一,称“双阙”,也有在一大阙旁再建一小阙的,称“子母阙”。古时“缺”字

和“阙”字通用，两阙之间空缺作为道路。阙的用途表示大门，城阙还可以登临瞭望，因此也有把“阙”称为“观”的。

现存的汉阙都为墓阙。如图10.14所示的高颐阙位于四川省雅安市城东汉碑村，梁思成曾赞美过它是“中国最美汉阙”，它是我国现存30座汉朝石阙中较为完整的一座，建于东汉，是东汉益州太守高颐及其弟高实的双墓阙的一部分。东西两阙相距13.6 m，东阙现仅存阙身，西阙即高颐阙保存完好。高颐阙由红色硬质长石英砂岩石堆砌而成，为有子阙的重檐四阿式仿木结构建筑，其中上下檐之间相距十分紧密。阙顶部为瓦当状，脊正中雕刻一只展翅欲飞、口含组绶（古代玉佩上系玉用的丝带）的雄鹰。阙身置于石基之上，表面刻有柱子和额枋，柱上置有两层斗栱，支撑着檐壁。檐壁上刻着人物车马、飞禽走兽。高颐阙造型雄伟，轮廓曲折变化，古朴浑厚，雕刻精湛，充分表现了汉朝建筑的端庄秀美。高颐阙经历一千多年的风雨剥蚀和地震仍巍然屹立，亦反映出汉朝时期精湛的建筑工艺水平。

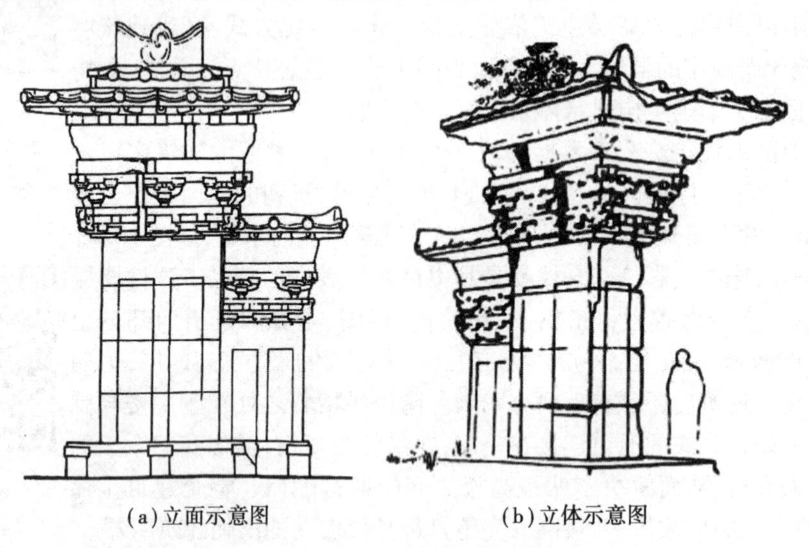

(a)立面示意图　　(b)立体示意图

图10.14　东汉时期的高颐阙

(4)组形体建筑：明堂辟雍

“明堂辟雍”是一种组合形体建筑，包含了两种建筑名称的含义，是中国古代最高等级的皇家礼制建筑之一。明堂是古代帝王颁布政令，接受朝觐和祭祀天地诸神以及祖先的场所。辟雍即明堂外面环绕的圆形水沟，环水为雍（意为圆满无缺），圆形像辟（辟即璧，皇帝专用的玉制礼器），象征王道教化圆满不绝。

如图10.15所示的组合形体建筑是西汉元始四年（公元4年左右）建造的明堂辟雍，位于长安（今中国中西部西安市）南门外大道东侧，符合周礼中关于明堂位于“国之阳”的规定。根据汉朝的这处组合形体建筑遗址来看，明堂辟雍的核心建筑坐落于底座直径约为60 m的夯土台之上，上面建“亚”字形台榭，每边约40 m，中心建筑的四周为正方形的围墙，每边长约235 m，围墙四向正中开门，四角曲尺形配房围成方院，围墙外为直径约360 m的环形水渠。整座建筑为双重外圆内方结构，中心建筑正中为17 m见方的中心台体，上建一个方形的屋子，称为“太室”，皇帝就在这个地方宣教，四边另有四个小室，总共构成五室。中间层的四边又建四堂，南为明堂，东为青阳，西为总章，北为玄堂，上层五室和中层四堂合计为九室。中层左右各有四“个”，每“个”为一室，中层建筑合计为十二室。因此明堂建筑的特点为五室、九室、十二堂、八个等特点，史书记载“明堂之制，周旋于水”，辟雍“圆如璧，雍以水”，而“明堂外水曰辟雍”等，因此，明堂辟雍其实是合为一座建筑，因此合称“明堂辟雍”，简称明堂。至于明堂“上圆下方”之说，据现有结构，有可能是因为上层中央太室顶上为圆形屋顶，也可能另有所指。中心建筑即明堂的尺度，如不计算四面敞廊，每面约合28步（每步6尺，每汉尺0.23 m），恰与《考工记》所记“夏后氏世室”即春秋战国时的理想方案相同。整座建筑群十字对称，气度恢弘，很符合它包纳天地的身份。

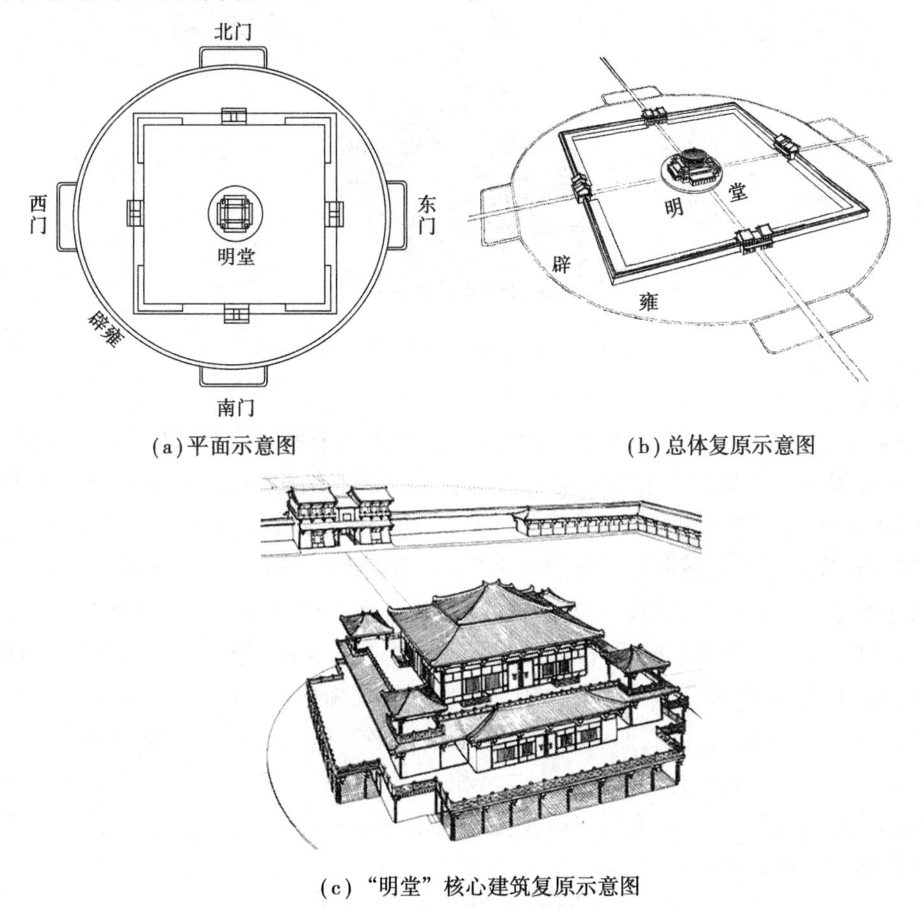

(a)平面示意图　　(b)总体复原示意图

(c)“明堂”核心建筑复原示意图

图10.15　西汉长安“明堂辟雍”

(5)坞壁

坞壁是中国古代有围墙的防御性建筑，又称坞、营坞、坞候、坞堡、壁垒等。坞壁是起源于汉朝的一种住宅形制，即平地建坞，围墙环绕，前后开门，坞内建望楼，四隅建角楼，略如城制。坞主多为豪强地主，他们借助坞壁以便于加强防御，组织私家武装。

汉武帝时，为防御匈奴，也曾在北方及西北边塞上曾经筑有大量的坞壁。边塞的坞壁是一种较城、障为小的防御工事（有时大于小障），筑在亭、隧的外围。坞有时分为内坞与外坞，均有出入口，置门户，有卒守把。坞内有屯兵和居人的房舍。东汉时，最多曾达616所坞壁。汉朝时期地方豪强营建的私人坞壁一般呈城堡式，周围为高墙，门上有门楼，四角有角楼，有的还有高层的楼橹建筑，门楼、角楼和楼橹乃至墙垣高处开有瞭望孔或射孔。大门有卫士把守。坞内有坞主居所、卫士和奴婢仆隶乐队等的居处，还有仓廪、手工业作坊等。

如图 10.16 所示是甘肃武威雷台出土的东汉坞壁明器示意图,它的平面为方形,周围环以高墙,四角各建两层角楼,角楼间有阁道相通,院内中央矗立一座五层高的塔楼。高耸的望楼与四角角楼,坞门的门楼相互呼应,构成了东汉时期坞壁建筑的典型形象。

图 10.16　武威出土的东汉坞壁明器示意图

(6) 台基

台基是承受房屋整个荷载的基础,也是构成房屋比例平衡的重要组成部分。老子云:“九层之台,起于累土。”台基的产生最初是由于房屋建筑功能结构的需要,并逐渐渗入了人们的审美及思想观念,进而甚至被统治阶级利用作为等级身份及进行精神统治的一个重要标识。

从现存画像砖石建筑图形和建筑遗址来看,汉朝建筑的大部分厅堂和楼阁都有较高的台基,单体建筑台基面积较小,宫殿区或多层连片建筑台基面积较大且分多个层次。在古代传统建筑技术条件下,大面积的基础连片同时夯筑,其效果同今天的“箱形”或“片筏”基础相类似。

如图 10.17 所示是东汉画像砖中的建筑形象。该画像砖高 40.5 cm、宽 48 cm,画面为一幅形如田字的四合庭院俯视图,四墙由长廊形的五脊平房连接而成。前院中有两只雄鸡正昂颈相斗,后院中有两双展翅的鹤。堂上有二人相对而坐似是在饮酒对话。该画像砖为研究汉朝居民习俗提供了难得的实物资料。该画像砖在建筑的表现上也很出色,画出了汉朝木构建筑的柱、横梁和高高的台基。

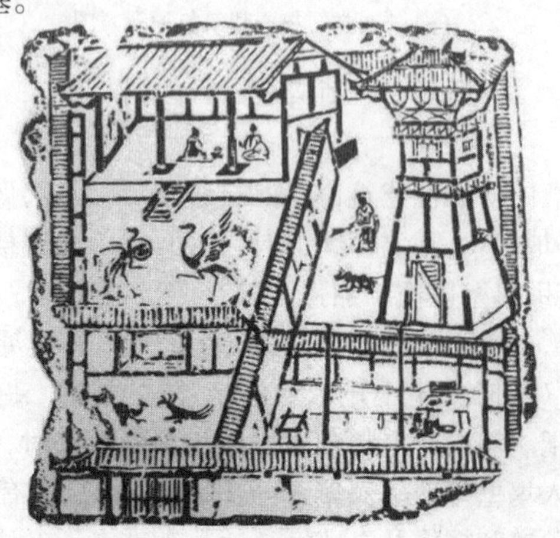

图 10.17　东汉画像砖中的建筑形象

从对秦汉时期的高台建筑基址的解剖来看,当时的台基主要为土筑夯实成基。《考工记》中曾对这一技术有简约描述:“凡任索约,大汲其版,谓之无任。……囷窌仓城,逆墙六分。”宋朝的建筑学家李诫也曾总结道:“筑基之制每方一尺,用土二担,隔层用碎砖瓦及石札等亦二担,每次布土厚五寸,先打六杵,次打四杵,次打两杵……”。

(7)建筑构架

汉朝的建筑构架可分为四种形式,即穿斗式、抬梁式、干栏式与井干式。其中穿斗式为檩柱结构体系;抬梁式为梁柱结构体系;干栏式则用立柱将建筑下部架空,上部用穿斗或抬梁均可,多用于潮湿多雨地区;井干式则是将长木两头开凹榫,组合成木框,再叠合成壁体,其转角处的木料相交出头,但由于用木量大,故较少采用。通过大量东汉壁画、画像石、陶屋、石祠等可知,当时北方及四川等地建筑多用抬梁式构架,南方则用穿斗式构架。中国古代木构架建筑中常用的抬梁、穿斗、井干3种基本构架形式在汉朝已经基本成型。

1)穿斗式构架

如图10.18(a)所示,穿斗式构架是用穿枋把柱子串起来,形成一榀榀房架,檩条直接搁置在柱头,沿檩条方向再用斗枋把柱子串联起来,由此形成屋架。

如图10.18(b)、(c)所示的汉朝陶屋明器就是很典型的穿斗式构架,它特别适合于南方地区的小型住宅,在南方出土的汉墓陶屋明器中,这种穿斗式构架用得很普遍,也是当时盛行的做法。

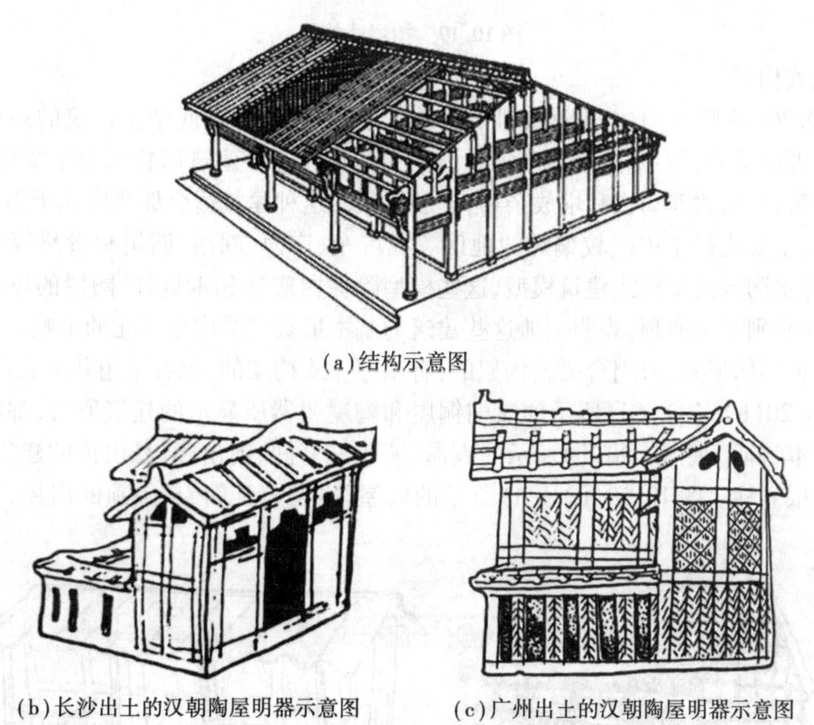

(a)结构示意图

(b)长沙出土的汉朝陶屋明器示意图　　(c)广州出土的汉朝陶屋明器示意图

图10.18　穿斗式构架

2)抬梁式构架

如图10.19(a)所示,抬梁式又称叠梁式,是在立柱上架梁,梁上又抬梁的一种建筑木构架形式。抬梁式构架是木构架建筑的代表,它所形成的结构体系,对古代木构建筑的发展起着决定性的作用,也为现代建筑的发展提供了可资借鉴的材料。

相比之下,抬梁式木构架可采用跨度较大的梁,以减少柱子的数量,取得室内较大的空间,所以适用于古代宫殿、庙宇等建筑;而穿斗式木构架用料小,整体性强,但柱子排列密,只有当室内空间尺度不大时(如居室、杂屋)才使用。

如图 10.19(b)所示的汉朝陶屋明器和图 10.17 所示的东汉时期的画像砖所显示的屋架,都已具备抬梁式构架的基本特征,表明抬梁式构架在汉朝时期就已经形成,这种构架后来成为中国木构架体系的主要结构形式。

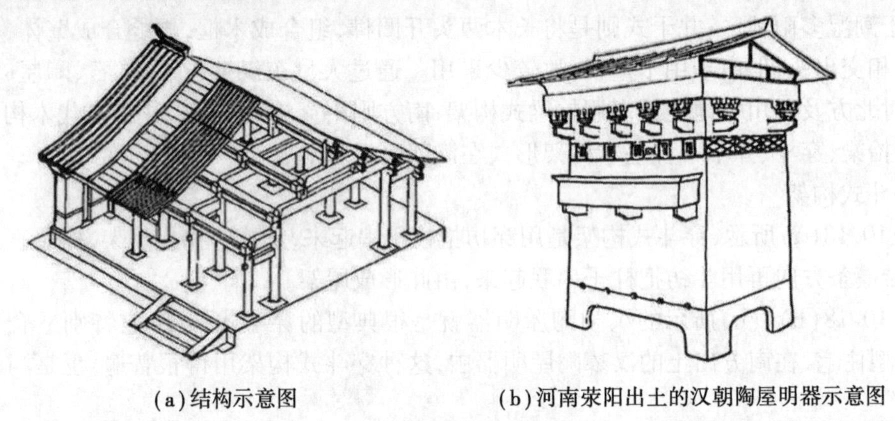

(a)结构示意图　　(b)河南荥阳出土的汉朝陶屋明器示意图

图 10.19　抬梁式构架

3)干栏式构架

如图 10.20(a)所示,干栏式建筑即干栏巢居,是在木(竹)柱底架上建筑的高出地面的房屋。考古发现最早的干栏式建筑是河姆渡干栏式建筑。这种建筑以竹木为主要建筑材料,主要是两层建筑,下层放养动物和堆放杂物,上层住人。这种建筑适合那些居住于雨水多比较潮湿地方的人,主要流行于中国较偏远的地区。在广东、广西、湖南、四川和贵州等省的东汉墓中,发现了许多陶制的干栏式建筑模型,这些模型除保留底架和木桩外,陶屋的屋顶已是悬山顶,而圆形陶仓则是穹庐顶,表明当地这些建筑的基本形式已受中原文化的影响。干栏式建筑可以采用各种结构形式,有用台梁式构架的,有用穿斗式构架的,也有采用井干式构架的。

如图 10.20(b)、(c)、(d)所示的汉朝铜屋和陶屋明器所显示的建筑形式,都已具备干栏式构架的基本特征。图 10.20(b)所示的铜屋,属于三开间、前出廊、悬山顶的建筑形态,居住面下部有八根立柱。图 10.20(c)、(d)所示的陶屋,也是三开间、悬山顶的房屋,其居住面架空比较高。

(a)结构示意图　　(b)广西出土的汉朝铜屋示意图

(c)广州出土的汉朝陶屋示意图　　(d)广州出土的汉朝陶屋示意图

图 10.20　干栏式构架

4)井干式构架

如图 10.21(a)所示,井干式构架是一种不用立柱和大梁的汉族房屋结构,这种构架以圆木或矩形、六角形木料平行向上层层叠置,在转角处木料端部交叉咬合,形成房屋四壁,形如古代井上的木围栏,再在左右两侧壁上立矮柱承脊檩构成房屋。

目前所见最早的井干式房屋的形象和文献都属汉朝,如图 10.21(b)所示,在云南晋宁石寨山出土的汉朝铜器中就清晰地显示出井干式房屋形象。文献记载汉长安建章宫汉武帝所建的井干台,“高 50 丈,积木为楼”,这个高度可能有所夸张,但这表明汉朝已经能用井干式构架建造颇大规模的房屋建筑。

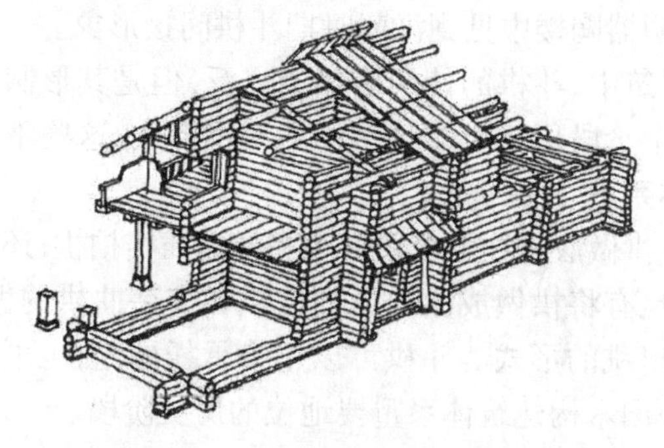

(a)结构示意图　　(b)石寨山出土的汉朝铜器示意图

图 10.21　井干式构架

(8)东汉重楼

大约在西汉、东汉之交,开始流行营造重楼建筑,它是汉朝建筑结构发展的一个重要标志。如图 10.22 所示,东汉时期的重楼建筑目前多见于当时的明器陶楼,重楼建筑多为三、四层,其做法也多种多样,有的在层间设腰檐;有的在腰檐上置平坐,平坐边沿营造勾栏;有的只设置平坐而不建造腰檐。这种分层配置平坐、腰檐的做法,主要是为了保护各层的土墙和木构,同时也起到遮阳和凭栏远眺的作用。这种层层挑出的平坐和腰檐,也给高耸的重楼以强烈的横分割,并形成有节奏地挑出和收进,产生出虚实明暗的强烈对比,创造了中国楼阁建筑的独特风格。

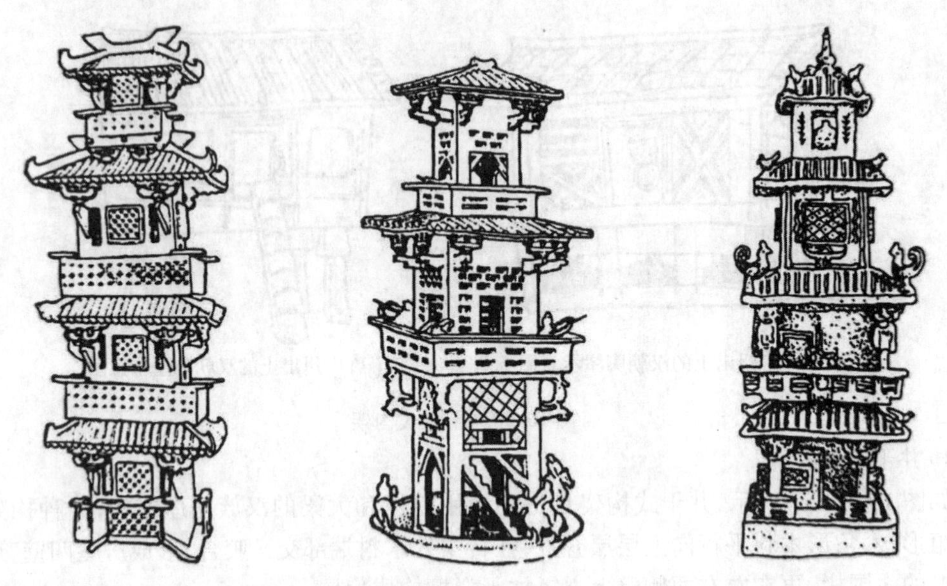

(a)山东出土的东汉陶楼示意图　(b)河南出土的东汉陶楼示意图　(c)东汉陶楼示意图(出土地不详)

图 10.22　东汉重楼

(9)斗栱

汉朝时期的斗栱资料十分丰富,可以从石阙、石祠、石墓和崖墓中见到汉朝时期的斗栱形象,也可以从汉朝时期的画像砖、画像石和明器陶楼中见到汉朝时期斗栱间接形象。

大量的历史资料表明,在汉朝时期的建筑中,斗栱的使用已相当广泛,但是其形制尚未确定,正处于斗栱发展的初级阶段,因而在这个阶段形成了多种多样的斗栱形式,这些不同形式的斗栱相互独立,还没有形成完整的斗栱体系。

如图 10.23 所示,汉朝时期最简单的斗栱做法是柱上单置栌斗和柱端插实拍栱;还有一斗二升、一斗二升加蜀柱和一斗三升的做法;也有将栱做成曲线形的曲栱和交手曲栱的做法;有些斗栱还会伸出跳梁,形成单栱出跳、重栱出跳的形式。斗栱可以用来承托屋檐,也可以用来承托平坐。由此可见,汉朝是确立斗栱在中国木构建筑体系重要地位的历史阶段。

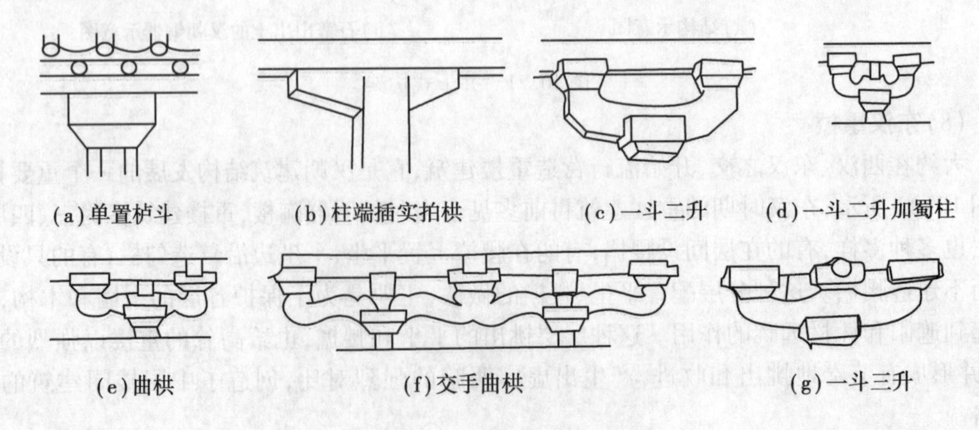

(a)单置栌斗　(b)柱端插实拍栱　(c)一斗二升　(d)一斗二升加蜀柱

(e)曲栱　(f)交手曲栱　(g)一斗三升

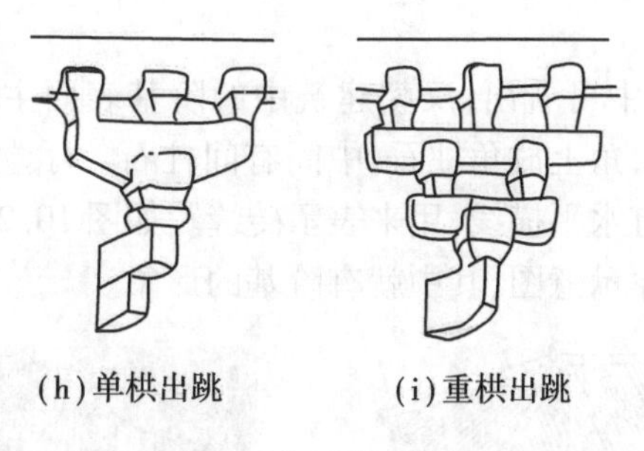

(h)单栱出跳　　(i)重栱出跳

图10.23　汉朝时期的斗栱示意图

(10)屋顶

中国古代建筑的屋顶对建筑立面起着特别重要的作用,它那远远伸出的屋檐,富有弹性的屋檐曲线,由举架形成的稍有反曲的屋面,微微起翘的屋角以及众多屋顶形式的变化,加上灿烂夺目的琉璃瓦,使建筑物产生独特而强烈的视觉效果和艺术感染力。

汉朝的屋顶有硬山顶、悬山顶、歇山顶、攒尖顶和庑殿顶等多种形式。在出土的汉朝建筑明器中,屋顶形式表示颇多,几乎现在明清时期所用的屋顶形式在汉朝都已经出现。如图10.24(a)、(b)所示,汉朝的建筑屋顶主要以庑殿顶和悬山顶最为常见,前者四面排水,后者两面排水,并向山墙方向悬出。汉朝还出现了庑殿顶和坡檐组合后发展而成的重檐大屋顶。尽管汉朝的歇山顶与攒尖顶两种屋顶还属雏形,但已从悬山顶和庑殿顶中独立出来。

如图10.24(c)所示,汉朝有一种近似方形攒尖顶的屋顶,但梁架顶部还没交到一点,因而在屋顶会出现一条短的正脊,它介入庑殿顶与攒尖顶之间的一种屋顶,特称它为"短脊顶",这种形式的屋顶常出现在多层的望楼、方形的楼阁和角楼上。

如图10.24(d)所示,汉朝时期还有把屋面做成上下两叠的形式,上半部分是悬山顶或者庑殿顶,下半部分是庑殿顶。这种屋顶已经基本具有歇山顶或者庑殿顶的雏形,特称它为"叠落顶"。

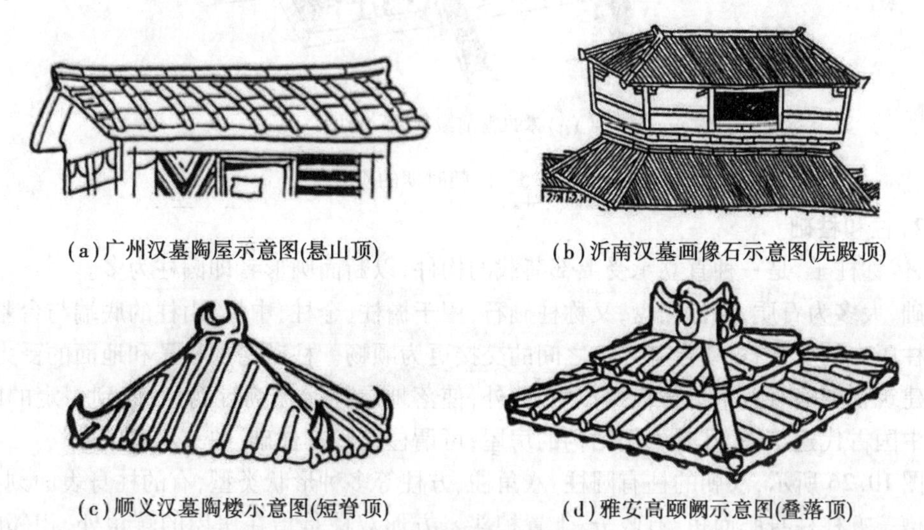

(a)广州汉墓陶屋示意图(悬山顶)　　(b)沂南汉墓画像石示意图(庑殿顶)

(c)顺义汉墓陶楼示意图(短脊顶)　　(d)雅安高颐阙示意图(叠落顶)

图10.24　汉朝时期的屋顶

(11)阶基

阶基指的是台阶,它的踏步以及造型都有一定要求,是汉朝建筑的主要特征之一,一直流传到五代时期。

从汉朝画像石和画像砖中可看出,汉朝建筑中的阶基表面主要是在夯土台外侧包砖、包石,上压阶条石,下放土衬石,角上放角柱石,中间有间柱石。厅堂及阙下也常有阶基,用矮柱来支承阶面,柱与柱之间刻有水平横线,用来表示砖缝。如图 10.25 所示的是汉朝时期的画像石、画像砖和未央宫前殿复原示意图,其中就有阶基的形象。

(a)山东出土的汉朝画像石"谒见图"

(b)四川出土的汉朝画像砖

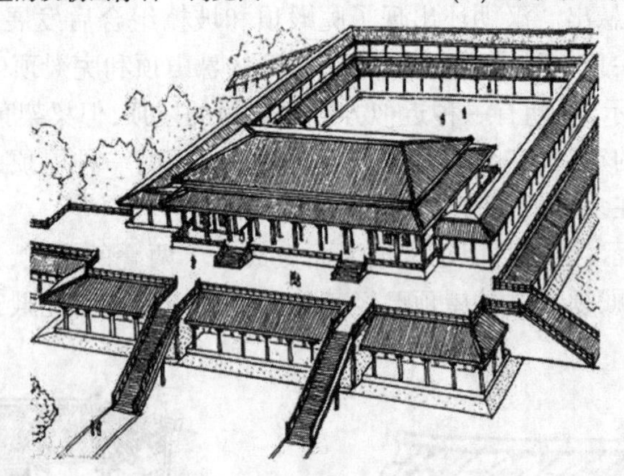

(c)未央宫前殿复原示意图

图 10.25　汉朝时期的阶基

(12)柱和柱础

柱,俗称柱子,是一种直立承受上部荷载的构件,以断面圆形者即圆柱为多。

柱础,大多为石质,俗称磉盘,又称柱础石,用于檐柱、金柱、中柱、山柱的底端与台基之间,承受屋柱压力的奠基石,使台基和柱之间的交接更为顺畅。柱础增加柱子和地面的受力面积,对防止建筑物塌陷有着不可替代的作用,此外,使落地屋柱避免潮湿腐烂,起到一定的防潮作用。在中国古代建筑中,凡是木架结构的房屋,可谓柱柱皆有柱础,缺一不可。

如图 10.26 所示,汉朝的柱有圆柱、八角柱、方柱等多种形状类型,有的柱身表面刻有竹纹或凹凸槽。方柱柱身肥而短,有收分,上置栌斗。方形双柱是指在房屋的转角处,相邻的墙面各自用一根方柱承受上方的梁架,这种做法在后面的朝代逐渐减少。

此外还有束竹柱等类型,束竹柱指带有凸出直棱纹的柱子,中间往往以绳索纹进行分隔,仿佛是用绳子捆束的很多根竹子。束竹柱的形象多见于四川汉墓之中,已有一定的卷杀,它被认为是瓜楞柱(断面呈南瓜状的柱子)的起源。

汉朝的柱础形状也多种多样,有凸起两层的,有覆盆式的。柱础的直径约为柱径的 1.4 ~ 1.8 倍。

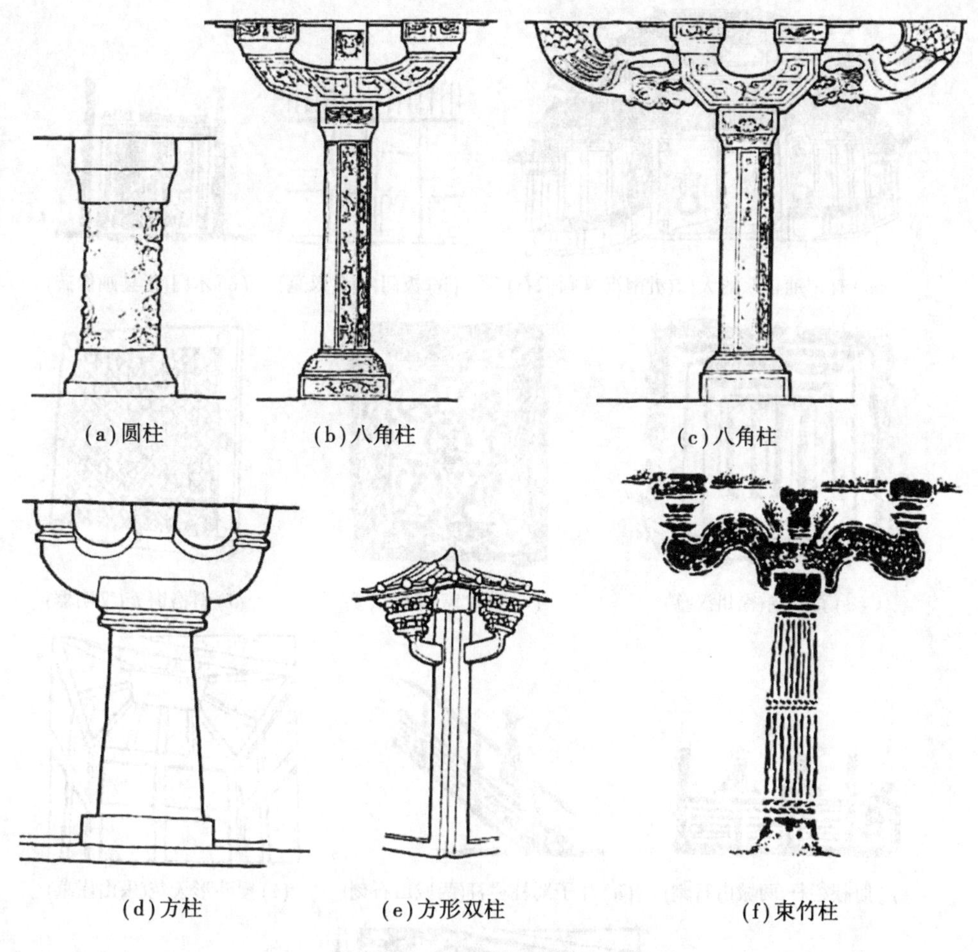

图 10.26　汉朝时期的柱和柱础

(13)**门窗、栏杆、天花**

1)门窗

汉朝的门和窗因成为建筑装饰的一部分而被加以艺术处理。门多为板门(又称版门),屋门开在房屋一面或偏在一旁,一般都是双扇,门扇上有兽首含环,称为“铺首”。有些重要的建筑组群还在门外矗立双阙,高耸的门楼和门阙组成显赫的大门形象。

窗子未见可开启的窗扇,通常嵌直棂、卧棂,也有斜格、琐纹(锁链形的纹饰)等比较复杂的花纹。有的在窗外另加格子窗笼或在窗内悬挂帷幕。

2)栏杆

栏杆以卧棂式居多,已出现在寻杖下用蜀柱和几何形栏板的栏杆样式。栏杆多设于平坐之上,而平坐之下,或用斗栱承托,或直接与腰檐承接。后世所通用的平坐,在汉朝就已经形成。

3)天花

汉朝的天花藻井形象,多见于崖墓和石墓,至少已有覆斗形天花和斗四天花两种形式。如图 10.27 所示是汉朝时期的门窗、栏杆和天花示意图。

(a)有“铺首”的大门(沂南汉墓画像石)　(b)板门(沛县汉墓)　(c)木门(彭县画像砖)

(d)直棂窗(徐州汉墓)　(e)琐纹窗(徐州汉墓)　(f)斜格窗笼(汉明器)

(g)卧棂栏杆(两城山石刻)　(h)斗子蜀柱栏杆(两城山石刻)　(i)覆斗形天花(乐山崖墓)

(j)斗四天花(沂南汉墓)

图 10.27　汉朝时期的门窗、栏杆和天花

(14)屋面、檐口、脊饰、瓦当

1)屋面、檐口

“反宇”是指屋檐上仰起的瓦头,即中间凹四周高的屋面、檐口形式。据有关文献记载的汉朝屋面已有“反宇”的形式,但从出土的汉阙、明器和画像来看,大多数的屋面、檐口形象都是平直的,还没有反宇的凹曲屋面和翘曲的屋角(如图10.28(a)所示),仅有个别的实例有檐口起翘和屋面凹曲的迹象(如图10.28(b)所示),即正脊和戗脊的末端微微翘起,并用筒瓦与瓦当予以强调其形状。如图10.28(c)所示,汉朝时期大多数平直的屋面、檐口,都带有微微凹曲的垂脊,并在垂脊的端部有意地翘起,以削弱僵直的感觉,显示出追求屋角起翘的意图,这是汉朝建筑与汉朝以后的建筑在形象方面的一个重要差别。

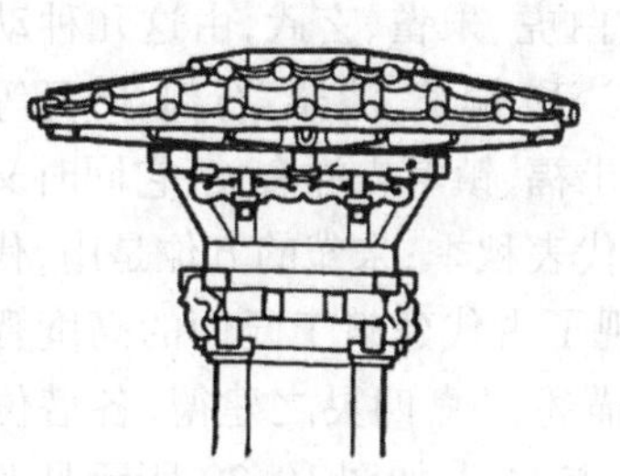

(a)渠县汉朝沈府君阙示意图

(b)顺义汉朝陶楼示意图

(c)牧马山汉朝崖墓明器示意图

图10.28　汉朝时期的屋面、檐口

2)脊饰

汉朝的屋顶形象比较重拙,多数的屋脊装饰都非常朴实,有些正脊仅仅在末端微微翘起或凸起(如图10.29(a)所示),稍复杂一点的会在正脊中部再添加其他的装饰物件(如图10.29(b)所示)。因为受早期楚人崇火尊凤尚赤的习俗影响,汉朝的屋顶盛行以凤和鸟为装饰物(如图10.29(c)所示),高颐阙的正脊上就有巨鸟口衔组绶的雕饰(如图10.29(d)所示),后来汉武帝因为听信巫术厌火之言,才逐渐将凤鸟改为鸱尾,如图10.29(e)所示已初步显示出鸱吻的轮廓形状。

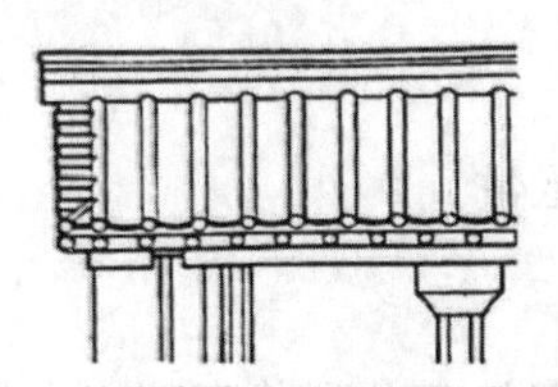

(a)长青孝堂山汉朝石祠示意图

(b)徐州汉朝画像石示意图

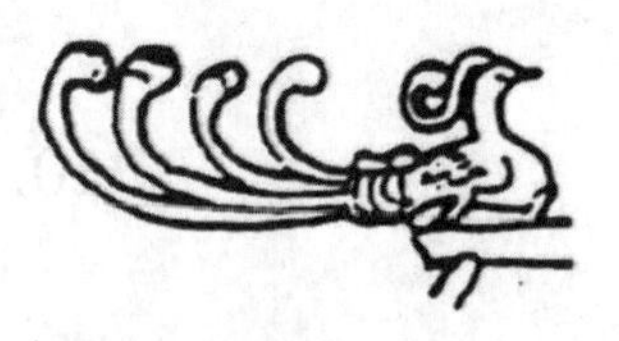

(c)纽约博物馆藏汉朝画像石示意图

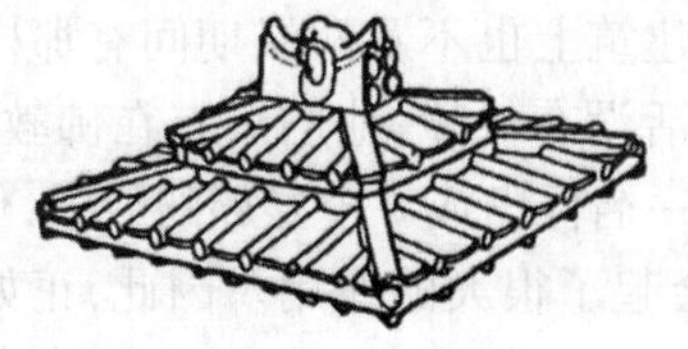
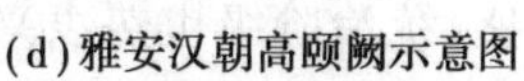

(d)雅安汉朝高颐阙示意图

(e)无极县汉墓陶楼示意图

图10.29　汉朝时期的脊饰

3)瓦当

瓦当,是古代中国古代建筑筒瓦顶端下垂部分。在瓦当这一小小的图形空间内,古代中国匠师们创造了丰富多彩的艺术天地,属于中国特有的文化艺术遗产。汉朝瓦当以"延年益寿""长生无极"等吉祥语作为装饰内容。动物纹样多采用青龙、白虎、朱雀、玄武等"四神",反映了古代中国的信仰。汉朝瓦当是在秦代瓦当基础上发展起来的,但青出于蓝而胜于蓝。汉朝瓦当以其数量之多,质量之精,时代特征之鲜明,文化内涵之丰富,把中国古代瓦当艺术推向了最高峰。

关于"四神"的传说其实由来已久,早在远古时期,古人对许多自然现象不理解,以为有动物能呼风唤雨,主宰宇宙,心中产生崇拜,部落奉为图腾。在商朝时期,人们把天空四方的星象组成东方青龙、南方朱雀、西方白虎和北方玄武,并在以后作为方位或地域的概念。到汉朝,四神也被视为武力的象征,并出现在宫殿装饰瓦当及铜镜上。

四神纹瓦当在汉朝极为流行,它包括四种动物即青龙、白虎、朱雀、玄武,由这几种动物组合成的一组图案,又称"四灵纹"。四神纹在汉代应用极为广泛,铜镜、漆器、石刻、砖瓦等各种工艺品的装饰上都时有出现。汉朝时期将四神视作与避邪求福、镇宅吉祥有关,它同时又表示季节和方位,青龙的方位是东,代表春季;白虎的方位是西,代表秋季;朱雀的方位是南,代表夏季;玄武的方位是北,代表冬季。四神纹瓦当造型考究,体现了古代建筑工匠们的高度智慧和艺术情怀。曹植曾经在《神龟赋》中对四神进行了详细地描述:"嘉四灵之建德,各潜位于一方,苍龙虬于东岳,白虎啸于西岗,玄武集于寒门,朱雀栖于南方。"如图 10.30 所示是西安汉长城遗址出土的四神纹瓦当。

(a)青龙瓦当　(b)白虎瓦当　(c)朱雀瓦当　(d)玄武瓦当

图 10.30　汉朝时期的四神纹瓦当

10.4　魏晋南北朝时期的建筑

魏晋南北朝是我国历史上政治不稳定、战争破坏严重、长期处于分裂状态的一个历史阶段,在这 300 多年间,社会生产的发展比较缓慢,建筑上也不及两汉期间有那样多生动的创造和革新。在这种动荡的环境下,普通老百姓的生活没有保障,他们只有在佛教中寻找安慰,统治者们今天可能是一个皇帝,明天也许就会沦为一名俘虏或一个异族的奴隶,他们在佛教中求得寄托,同时也看到了佛教的传播对于安定社会起了很大的作用。因此,正如古诗中写到的"南朝四百八十寺,多少楼台烟雨中",佛道开始大盛,统治阶级也热衷兴建寺、塔、石窟等建筑,寺院经济逐渐强大,数量众多的佛教艺术作品开始涌现,使得建筑文学艺术得到了解放。佛教文化的传入当然也引起了佛教建筑的快速发展,高层佛塔出现了,并带来了印度、中亚一带的雕刻、绘画艺术,这不仅使我国的石窟、佛像、壁画等有了巨大发展,而且也影响到建筑艺术,使汉朝比较质朴的建筑风格,变得更为成熟。

10.4.1　魏晋南北朝的建筑类型

魏晋南北朝建筑：建筑概述、建筑艺术、建筑类型和特色

魏晋南北朝时期最突出的建筑类型是佛寺、佛塔和石窟寺。佛教在东汉初就已传入中国，至南北朝时统治阶级予以大力提倡，兴建了大量的寺院、佛塔和石窟寺。梁武帝时，建康佛寺就达500所，僧尼近10万多人。十六国时期，后赵石勒大崇佛教，兴立寺塔。北魏统治者更是不遗余力地崇佛，建都平城（今大同）时，就大兴佛寺，开凿云冈石窟，迁都洛阳后，又在洛阳伊阙开凿龙门石窟。

(1)佛寺

魏晋南北朝建筑：都城宫室建筑、城市建筑和民居建筑

中国的佛教由印度经西域传入，初期佛寺布局与印度相仿，而后佛寺进一步中国化，不仅把中国的庭院式木架建筑使用于佛寺，而且使私家园林也成为佛寺的一部分。魏晋南北朝经历了长期的封建割据和战争，使这一时期中国文化有了独具特色的发展和突破。玄学与佛道开始相互碰撞融合，广大士子开始潜心研究佛学，同时也让僧人将研读玄学作为清修的必经之道，独特的中国式寺庙园林建筑也因此应运而生。另外，由于常年战乱，信仰佛教的人越来越多，受到“舍宅为寺”的风气影响，民众纷纷将家宅改建为寺院，寺庙园林建筑的数量一时之间翻了几番。据《洛阳伽兰记》记载，从汉末到西晋，佛寺只有四十二座，到北魏时期，仅洛阳城内外就有一千多座，到了北齐时全国佛寺约有三万多所，由此可见当时寺庙园林建筑可谓盛况空前。

魏晋南北朝建筑：大众建筑、佛教建筑和石窟建筑

从魏晋南北朝起，富苑式的园林逐渐被摒弃，但古代宫廷园囿对于山水的营造手段却得以继承。寺庙园林建筑开始以山水为主线进行营建，所有寺庙园林建筑都尽量效法自然。若是在山中，应有高大乔木，使其更富有生命气息。半山应建有亭子，便于休憩，山顶修建楼阁，突出朝拜感，路过溪水应修建阁。若是有叠石构成石洞，要有一定距离，以达到潜行数百步豁然开朗的效果。在建筑布局时，通常受一条主轴线控制，由内到外基本为香道—影壁或牌楼—山门—前殿—后殿—大雄主殿—藏经阁等。该轴线多位于风水方位，不仅满足功能需要，也使整个空间的秩序感增强。

图10.31　嵩岳寺复原示意图

如图10.31所示是嵩岳寺，又名大塔寺，位于河南省登封县城西北6 km的太室山南麓，最初是北魏时期皇室的一座离宫，后改建为佛寺。如今嵩岳寺的佛寺已经不存在了，但塔院犹存，特别是嵩岳寺塔是我国现存最早的密檐式砖塔。

(2)佛塔

佛塔是为埋藏佛陀舍利，供佛徒绕塔礼拜而作，具有圣墓性质。佛塔传到中国后，将其缩小成塔刹，和中国东汉已有的各层木构楼阁相结合，形成了中国式的木塔。魏晋南北朝时期的佛塔建筑，除了木塔外，还发现有石塔和砖石塔。

汉朝是古塔传入中国的最早期，当时的佛塔并非后世所见的形态。早期的佛塔通常是以夯土塑形的方法完成的，这种塔与其说是建筑，不如说是雕塑，只不过这种雕塑的体量比较大。但佛塔很快就根据中土信徒“仙人好楼居”的习惯性思维被请上了重楼，根据《三国志》中《吴志 · 刘繇传》所载：“丹阳人笮融私吞粮饷，大起浮屠寺，上垒金盘，下为重楼”的史料，楼阁式佛塔在三国时期已经成为了中原地区佛塔的主流。

在魏晋南北朝时期，楼阁式塔逐渐有了比较固定的形态，方形、多层、宽檐、高刹成了木塔的典型特征。因为早期斗栱结构尚不完善，为了追求更高的高度，大型佛塔内部一般采用方形夯土心柱做成中部剪力结构，外部配合木结构梁柱搭成框架围合，形成塔身的外部形态，这种结构与今天的高层建筑的构造思想非常相似，事实证明这种结构也确实最大限度地减少了塔身外部结构的重量。后来塔的内部又发展出了集束木结构心柱的做法，这使夯土木结构建筑的抗剪力能力达到了新的高度，佛塔开始进入争相竞高的时代。这个时期最具代表性的佛塔当属北魏年间建立的洛阳永宁寺塔，这座塔高达 140 余米，几乎与埃及金字塔持平。

如图 10.32 所示的永宁寺塔是北魏洛阳城内的标志性建筑，始建于 516 年，由笃信佛法的灵太后胡氏主持修建，是专供皇帝、太后礼佛的场所。534 年，永宁寺塔被大火焚毁。永宁寺塔是当时洛阳的制高点，在这座塔的注视下，当时的洛阳城好比梵天佛国。据杨玄之《洛阳伽蓝记》追述，永宁寺塔为木结构，高九层，一百里外都可看见，是我国古代最高的佛塔。塔的装饰十分华丽，柱子围以锦绣，门窗涂红漆，门扉上有五行金钉，并有金环铺首。

图 10.32　洛阳永宁寺塔复原示意图

(3) **石窟寺**

石窟寺是在山崖上开凿出的窟洞型佛寺。自印度传入佛教后，开凿石窟的风气在全国迅速传播开来，最早是在新疆，其次是甘肃敦煌莫高窟。以后各地石窟相继出现，其中始凿于魏晋南北朝的著名石窟有山西大同云冈石窟、河南洛阳龙门石窟、山西太原天龙山石窟等。这些石窟中规模最大的佛像都由皇室或贵族、官僚出资修建，窟外还往往建有木建筑加以保护。石窟中所保存下来的历代雕刻与绘画是我国宝贵的古代艺术珍品，其壁画、雕刻、前廊和窟檐等方面所表现的建筑形象，是我们研究魏晋南北朝时期建筑的重要资料。

1) 云冈石窟

云冈石窟位于山西省大同市城西约 16 km 的武州(周)山南麓，石窟依山开凿，东西绵延约 1 公里。存有主要洞窟 45 个，大小窟龛 252 个，石雕造像 51 000 余躯，为中国规模最大的古代石窟群之一。云冈石窟的开凿从北魏文成帝和平初年起，一直延续至孝明帝正光五年止，前后共 60 多年。云冈石窟是佛教自两汉之际传入中国后，第一次大规模兴造的皇家石窟寺，在历史上掀起了各地石窟寺的营建运动,影响远及中原、河北、河西及西域地区。

如图 10.33 所示,云冈石窟形象地记录了印度及中亚佛教艺术向中国佛教艺术发展的历史轨迹,反映出佛教造像在中国逐渐世俗化、民族化的过程。多种佛教艺术造像风格在云冈石窟实现了前所未有的融会贯通。云冈中期石窟出现的中国宫殿建筑式样雕刻,以及在此基础上发展出的中国式佛像龛,在后世的石窟寺建造中得到广泛应用。云冈晚期石窟的窟室布局和装饰,更加突出地展现了浓郁的中国式建筑、装饰风格,反映出佛教艺术"中国化"的不断深入。

(a)全景图

(b)佛像

图 10.33　云冈石窟

2)龙门石窟

龙门石窟位于河南省洛阳市,是世界上造像最多、规模最大的石刻艺术宝库。龙门石窟始凿于北魏孝文帝年间,盛于唐,终于清末,历经 10 多个朝代陆续营造长达 1 400 余年,是世界上营造时间最长的石窟。

龙门石窟中保留着大量的宗教、美术、建筑、书法、音乐、服饰、医药等方面的实物资料,从不同侧面反映了中国古代政治、经济、宗教、文化等许多领域的发展变化,对中国石窟艺术的创新与发展做出了重大贡献。

如图 10.34(a)所示,龙门石窟规模宏大,气势磅礴,窟内造像雕刻精湛,内容题材丰富,被誉为世界最伟大的古典艺术宝库,它以自身系统、独到的雕塑艺术语言,揭示了雕塑艺术创作的各种规律和法则。龙门石窟的造像艺术从一开始就融入了对本民族审美意识和形式的悟性与强烈追求,使石窟艺术呈现出了中国化、世俗化的趋势,堪称中国石窟艺术变革的"里程碑"。

龙门石窟的开凿是皇家意志和行为的体现,具有浓厚的国家宗教色彩,所以龙门石窟的兴衰,不仅反映了中国 5—10 世纪皇室崇佛信教的盛衰变化,同时从某些侧面也反映出中国历史上一些政治风云的动向和社会经济态势的发展,它的意义是其他石窟所无法比拟的。如图 10.4(b)所示是龙门石窟中的宾阳洞,它原名叫灵岩寺,由宾阳中洞、宾阳北洞、宾阳南洞三个洞窟组成。宾阳洞始凿于北魏景明元年(公元 500 年),距今已有 1 500 多年的历史,是北魏宣武帝为孝文帝、文昭皇后主持开凿的皇家第一窟,用以铭记孝文帝迁都洛阳和进行汉化改革的历史功绩,也是我国正史中唯一有确切记载的石窟。明人彭纲就曾在《题龙门石像》中写道:"当时锤凿斫民脂,万金不惜穷妖奇",指的就是该洞窟的开凿。

(a)全景图

(b)佛像

图 10.34　龙门石窟

3)天龙山石窟

天龙山石窟位于太原市西南四十公里处的天龙山腰,始凿于北朝东魏时期(公元 534—550 年),经东魏、北齐、隋、唐等不同时期的开凿,形成洞窟 25 个、造像 500 余尊的石窟,它以精美的石刻艺术和鲜明的地域风格闻名于世,在世界雕塑艺术史上占有重要地位。

天龙山石窟是研究我国古代建筑的珍贵实例,在我国建筑史上具有重要地位。北齐和隋唐石窟窟檐两侧柱额枋上为人字栱和一斗三升栱,反映了北齐和隋代木结构建筑的形制,展现出北朝时期中国建筑艺术的审美趋向,是唐代以前木构建筑结构的重要补充案例。1924—1925 年间,中外盗贼对石窟进行了掠夺和破坏,耗时四百年开凿的天龙山石窟,从此竟成为无头的石窟,是中国境内摧残破坏最为严重的石窟。如图 10.35(a)所示是天龙山石窟第 2 窟右壁佛龛的数字复原图,如图 10.35(b)所示是天龙山石窟被盗劫走的部分佛头。

(a)第2窟右壁佛龛数字复原图

(b)被盗劫走的部分佛头

图 10.35　天龙山石窟

10.4.2　魏晋南北朝的都城建筑(邺城)

魏晋南北朝时期的都城建筑因各政权相互争斗,地点不断变更,于是建设频繁,为发展与探索创新提供了机会。其中最有代表性的都城是邺城,它位于河北省临漳县西南 17.5 km 的三台村一带。邺城始建于春秋齐桓公时代,战国时属魏国,魏文侯曾派西门豹前往治理。三国初为袁绍占领冀州时的驻地,官渡之战后曹操夺得冀州,在邺城设丞相府,便开始进行大规模建设。

邺城包括北城和南城。邺北城为曹魏在旧城基础上扩建而成,东西七里,南北五里,北临漳水,城西北隅自北而南有冰井台、铜雀台、金虎台三台,即今河北邯郸市临漳县西南香菜营乡邺镇、三台村以东邺城遗址。邺南城兴建於东魏初年,东西六里,南北八里六十步,较北城大,在今漳河南北两岸。邺城先后为曹魏、后赵、冉魏、前燕、东魏、北齐六朝都城,居黄河流域政治、经济、军事、文化中心长达四个世纪之久。

如图 10.36 所示的是曹魏时期邺城北城平面示意图，城内有一条东西向大街，东通建春门，西接金明门，全城分为南北两部分。城北为官署，正中即宫殿区，中心的文昌殿是朝会、国家大典的地方，殿前正对端门。端门前有止车门，端门外东有长春门，西有延秋门。邺城的东部是官署区，西部是铜雀园（又名铜爵园）。

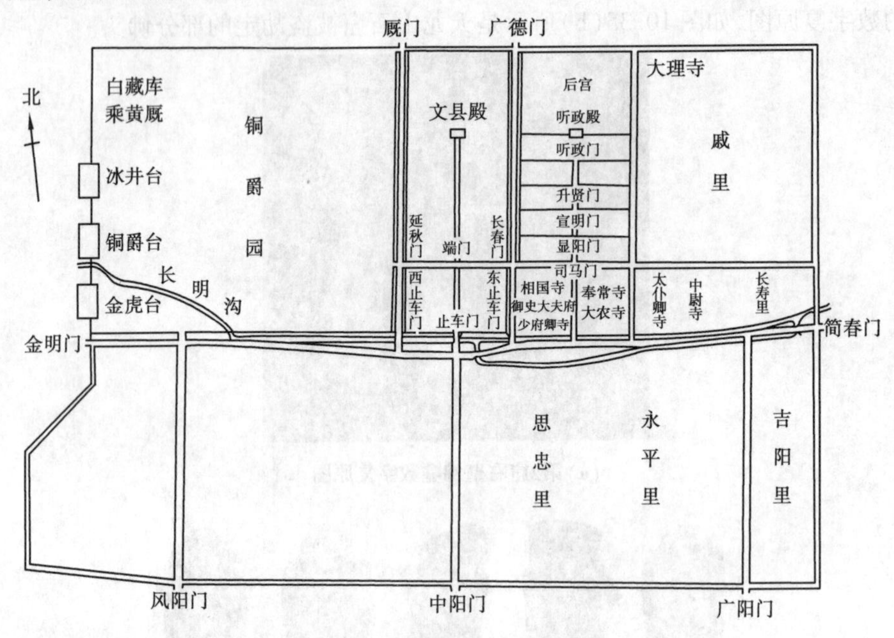

图 10.36　曹魏邺城北城平面示意图

如图 10.37 所示，铜雀园是王家囿苑，园内以城墙为基础修筑了著名的铜雀台、金虎台和冰井台。铜雀台高 10 丈，有屋 101 间。金虎台高 8 丈，有屋 109 间。冰井台高 8 丈，有屋 145 间，内有冰室，室中有深 15 丈的深井，藏冰及石墨（即煤），还有粟窖、盐窖，以备不测。三台以浮桥相连，浮桥以绳固定。邺城在中国都城中首创中轴线与对称布局，又将宫城、官署、民居分开，三台巍然崇举，其高若山，象征了统治者的政治权威，对其他都城建设有重要的示范作用。

图 10.37　铜雀台、金虎台和冰井台复原示意图

10.4.3　魏晋南北朝的民居建筑

(1)建筑艺术风格

1)概述

在魏晋南北朝三百余年间,中国建筑发生了较大的变化,特别在进入南北朝以后变化更为迅速。建筑结构逐渐由以土墙和土墩台为主要承重部分的土木混合结构向全木构发展。砖石结构也有了长足的进步,可建高数十米的塔。建筑风格由古拙、强直、端庄、严肃、以直线为主的汉风,逐渐向流丽、豪放、遒劲活泼、多用曲线的唐风过渡。如图10.38所示的是魏晋南北朝不同时期的佛塔形式,可以看出其建筑艺术风格逐渐由简单向多层化、复杂化方向发展。

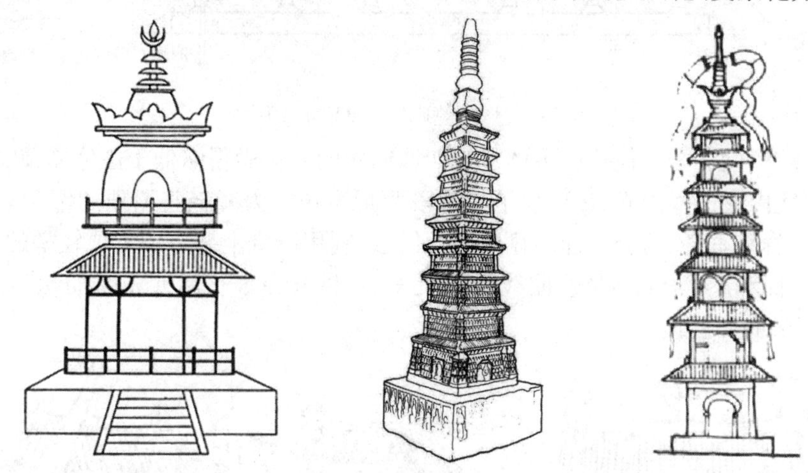

(a)敦煌壁画中所绘早期的塔　(b)山西塑县崇福寺千佛石塔(c)云冈石窟第七窟浮雕多层塔

图10.38　魏晋南北朝不同时期的佛塔形式

在魏、蜀、吴三国至东晋十六国这二百年间,建筑技术没有大的进步,南北方的宫殿等大型建筑基本沿袭传统做法。南朝自齐开始,宫殿转趋豪华,官员和士大夫的宅第也日渐侈大。梁建立后,经济繁荣,文化发展,在都城、宫室、塔庙诸方面都有大规模建设。北朝的北魏自平城迁都洛阳后,大力推行汉化,吸收中原地区魏晋传统和南朝在建筑上的新发展,建设都城、宫室并大修寺庙。南北朝中后期,南方、北方在建筑上都有所发展,在构造及风格上都出现较大变化,是隋唐建筑新风的前奏。

2)屋顶风格的演变

从现存汉阙、汉壁画、画像砖、明器中都可看到,汉朝建筑的柱阑额、梁枋、屋檐都是直线,建筑外观特点为直柱、水平阑额和屋檐、平坡屋顶,没有用曲线或曲面之处,风格端庄严肃。三国两晋时的建筑大多沿用汉朝的旧式,没有重大改变。

南北朝后期,随着较大规模兴建宫室、寺庙活动的推动,木构架技术的进步开始出现变化。为了增强柱列抗侧向倾倒能力,此时的建筑在汉朝建筑柱列上承长阑额的基础上改为每间用一阑额,同时还出现了如图10.39所示的两种新做法。其一是使正侧面柱列都向内并向明间方向倾斜,称“侧脚”;其二是使每面柱子自明间柱到角柱逐渐增高少许,称“生起”。采取这二种新做法主要是使柱网在承受上部荷重后,柱头内聚,柱脚外撇,有效防止倾侧扭转,加强柱网稳定性。但这同时也使得立面上柱子由汉式的垂直、同高、阑额为水平线,变为内倾、至角逐渐增高和阑额呈两端上翘曲线。随着阑额上翘,檐檩和挑檐檩也会上翘,因而屋檐呈两端微微上翘的曲线。

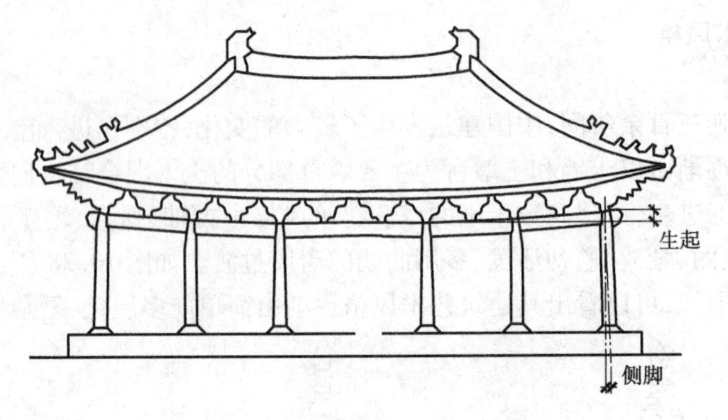

图 10.39 建筑"侧脚""生起"示意图

汉朝屋顶本是直坡的,但往往把主体建筑四周回廊的屋檐做得略低于主体屋顶,斜度也稍平缓一些,以便室内多进些阳光,遂出现了二阶段两折屋顶。为减轻直屋顶的沉重感,在东汉后期已出现把正脊和垂脊、角脊头加高显曲线的做法,利用屋脊上翘造成屋顶轻举的效果。这两种做法随着立面和屋檐出现斜线、曲线而有所发展,最终在魏晋南北朝时期初步形成如图 10.40 所示下凹的曲面屋顶。

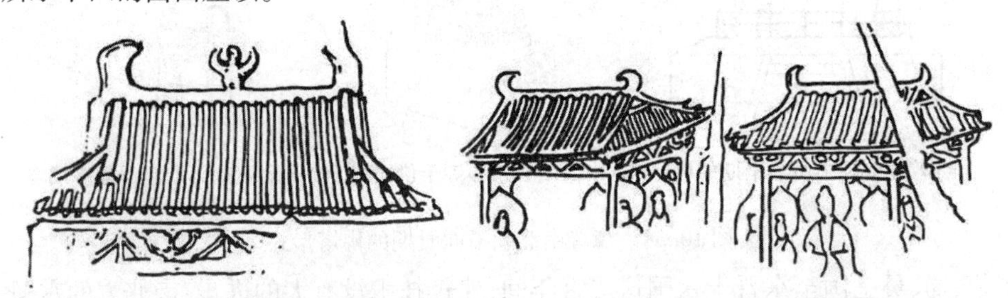

(a)龙门石窟古阳洞南壁小龛屋顶示意图　(b)龙门石窟路洞北壁东魏殿堂浮雕示意图

图 10.40 下凹的曲面屋顶

在屋角部分,汉以来的做法是用一根 45°角梁,屋身以外挑出部分的椽尾就插在角梁两侧的卯口里。因屋檐平直,卯口偏在角梁下部,为构造上弱点。檐口出现上翘以后,就可以顺势把卯口抬高使椽背与角梁背同高,这就加强了檐口至屋角处翘起的程度,形成了如图 10.41 所示中国建筑中特有的翼角起翘做法。

(a)莫高窟257窟须摩提女故事中的宫城示意图　(b)莫高窟257窟沙门守戒自杀品的阙门示意图

图 10.41 起翘的翼角

生起、侧脚和翼角起翘大约出现于南北朝的中后期,与旧式直柱、直檐口做法并行一个时期,进入隋唐后逐渐成为主流,完成了由汉至唐建筑外观和风格上的变化,由端庄严肃变为遒劲活泼。

(2)建筑结构

南北朝时期的建筑实物,除个别砖石佛塔外,全都不存,目前只能依据北朝石窟壁画、雕刻中所表现的建筑形象,结合文献记录并参考受南北朝末期影响的日本飞鸟时代建筑推知其概况。综合北朝石窟中的建筑形象,可以看到北魏在建都平城的中、后期建筑,除了山墙、后墙承重的土木混合结构外,还出现了屋身土墙承重、外廊全用木构架的做法。

1)柱子与阑额的连接方法

魏晋南北朝时期,房屋的外檐柱子与阑额、檐檩的连接关系主要有两种方法。

第一种方法是阑额压在柱顶或柱头栌斗的上面,阑额和檐檩之间垫了方木或者斗,檐和檩之间有的还加装斗栱或者叉手,从而组成了一种通面阔的檐下纵向架构。如图10.42所示是阑额在柱顶的连接关系。这种做法表明纵向架构是主要架构,在插手的作用下而得以稳固,同时它与梁、椽的结合也可保持屋顶结构的稳定。但它与柱列的组合就仅仅只是简单的互相支持的关系,因为柱列本身的不稳定会导致整个木构架还不是一个独立的稳定体系。如图10.42所示的是阑额在柱顶的连接方法。

(a)麦积山石窟第43窟西魏建筑形象

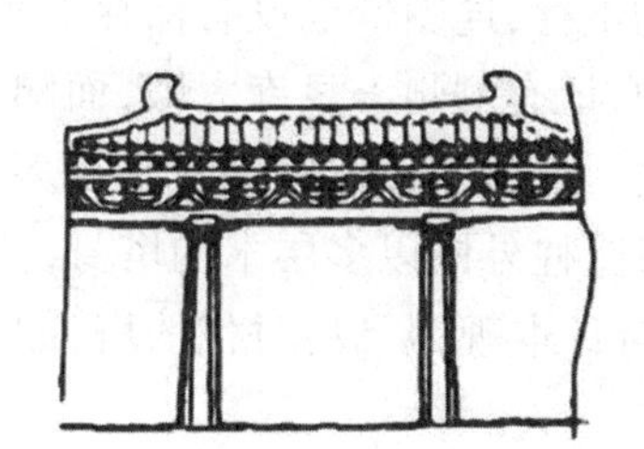

(b)云冈石窟第9窟北魏建筑形象

(c)龙门石窟古阳洞北魏建筑形象

图10.42　阑额在柱顶的连接关系

第二种方法是柱头直接连接檩,而阑额是低于柱顶插入柱身,阑额和檩之间再加装叉手或者蜀柱,从而形成一种平行的桁架结构。如图10.43所示是阑额插入柱身的连接关系。这种连接方法既可以保持阑额和檩之间的稳定关系,又可以增强木构架的整体稳固性。它的出现意味着木构架技术的重大突破。

(a)麦积山石窟第4窟北周建筑形象

(b)宁懋石室北魏建筑形象

(c)沁阳造像碑北魏建筑形象

图10.43　阑额插入柱身的连接关系

2)叉手和斗栱

梁上面使用叉手进行承托是中国古建筑传统的构造方式,最迟在西汉时期就已用于大型的宫殿建筑,它在魏晋南北朝时期仍然很盛行。

魏晋南北朝时期斗栱有如下的特点:栱枋尺寸已规格化;柱上栌斗除承载斗栱外,还承载内部的梁;广泛运用人字栱作为补间辅作,人字栱由直线逐渐变为曲线;从日本飞鸟时期的建筑可以看出最晚在魏晋南北朝后期,斗栱已出现昂,这是斗栱在出跳支撑挑檐作用上的重要推进。如图10.44所示是魏晋南北朝时期斗栱的形象图。

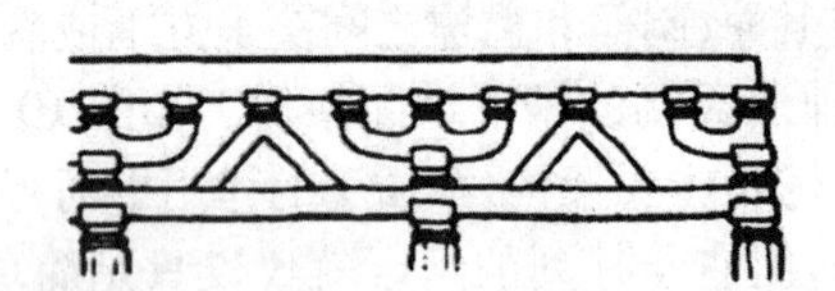

(a)云冈石窟第21窟塔柱的斗栱形象

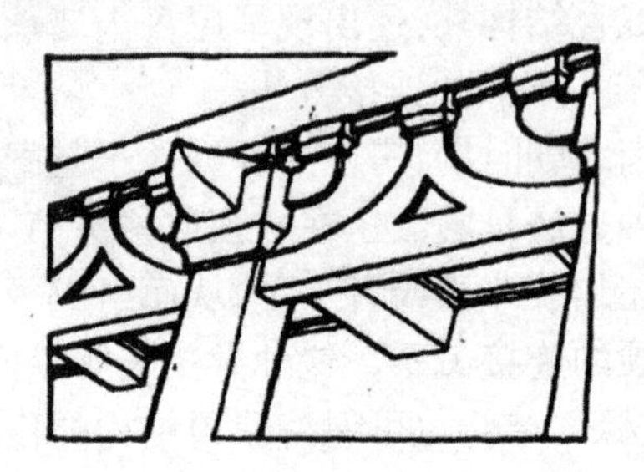

(b)麦积山石窟第5窟的斗栱形象

图10.44　斗栱

(3)飞鸟时代建筑

东晋和南朝的建筑不仅遗物不存,连图像也没有保存下来,只能结合文献,参考日本飞鸟时代建筑来探讨。在南朝史料中,记有荆州玉泉寺大殿,面阔13间,只用二行柱,通梁55尺,明确指出它是全木构架大型建筑。史料中还说梁朝建了很多木塔,三、五、七、九层均有,大都平面方形,有上下贯通的木制刹柱,柱外围以多层木构塔身,柱顶加金铜宝瓶和若干层露盘形成塔刹。这种塔的形象和特点与日本现存飞鸟时代的塔,如法隆寺五重塔、法起寺三重塔很相近。

如图10.45所示,法隆寺和法起寺里的木塔都是中心有一大柱础,柱础上立刹柱,柱外为多层塔身。每层塔身檐柱的柱列间加阑额,上为斗栱及梁组成的铺作层,承托塔檐。在塔檐椽上置水平卧梁,梁上立上层檐柱。如此反复至塔顶。各层内柱围在刹柱四周,柱上架枋,形成井干形方框,限制刹柱活动,并承托上层内柱。塔身较高者,刹柱可用几段接成,它们是全木构塔。这两座日本塔都是较小的三、五层塔,但可据以推知南朝建康大爱敬寺七层塔和同泰寺九重塔的构造情况。

对测量数据分析后发现,日本飞鸟时代建筑在设计时都以栱之高度为模数,建筑各间的面阔、进深和柱高都是它的倍数。在多层建筑中,其总高又是一层柱高的倍数,如高二层的法隆寺金堂脊高为其4倍,五重塔为其7倍,法起寺三重塔为其5倍,都以一层柱高为扩大模数。飞鸟时代建筑是日本接受中国影响后最早出现的不同于此前日本传统的新风格的建筑,它所体现的运用模数进行设计的方法应是当时中国的方法,这就证明在南北朝后期木结构设计中已运用了模数。

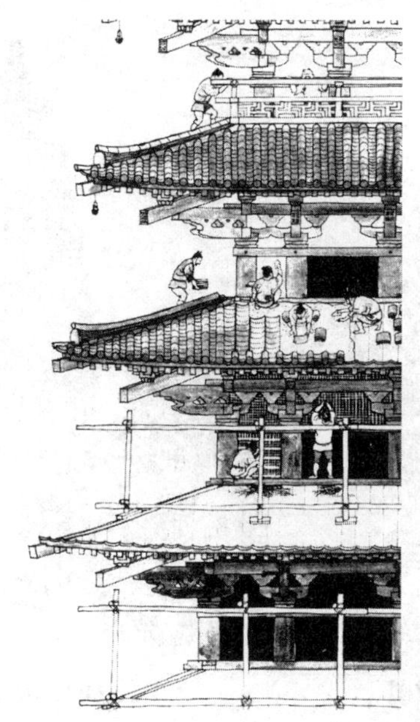

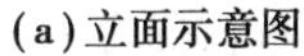

(a)立面示意图　　(b)营造过程示意图

图 10.45　法隆寺五重塔

(4)**砖石结构建筑**

砖石结构建筑在两汉时期已逐步有所发展,拱券主要用于地下墓室,地上则出现了石拱桥。晋代造桥技术有所发展,西晋在洛阳建有巨大的石拱桥七星桥,在洛阳城濠及河道上还建有很多梁式石桥。据文献记载,在西晋洛阳还造有砖塔。南北朝以后,除地下砖砌拱壳墓室继续存在外,砖石建的塔、殿有很大发展。

北魏建都平城时,建有三级石塔、方山永固石室。公元 477 年至 493 年间,还建有五重石塔、园舍石殿。迁都洛阳后又建了很多砖石塔,目前唯一保存下来的是建于公元 523 年的河南登封嵩岳寺塔。

如图 10.46 所示,嵩岳寺塔用砖砌成,平面十二边形,高 39.5 m,内部上下贯通,加木楼板。塔外观一层四角砌出壁柱,南面开门,东西面开窗,余八面砌出塔形龛。一层塔身之下为基座,上为密叠的 15 层塔檐,最上收顶,上建覆莲座及石雕塔刹。全塔实际是一用砖砌的空筒,向外叠涩挑出 15 层檐,上用叠涩(一种古代砖石结构建筑的砌法,用砖、石,有时也用木材通过一层层堆叠向外挑出,或收进,向外挑出时要承担上层的重量)砌法封顶。塔身砌砖包括壁柱、塔形龛、叠涩屋檐等都使用泥浆,不加白灰等胶结材。各层塔檐叠涩和素平(把砖石表面打制光平的技法)的基座都用一顺一丁砌成,转角交搭处两面都用顺砖。塔门为二券二伏的正圆券,小塔门用一券一伏,虽没有后世砌法成熟而规范化,但也能基本保持砌体之整体性,故能屹立 1 400 余年而不毁。由于大量建佛塔,砖砌结构由汉代只砌墓室转到地上并取得了很大的进步。

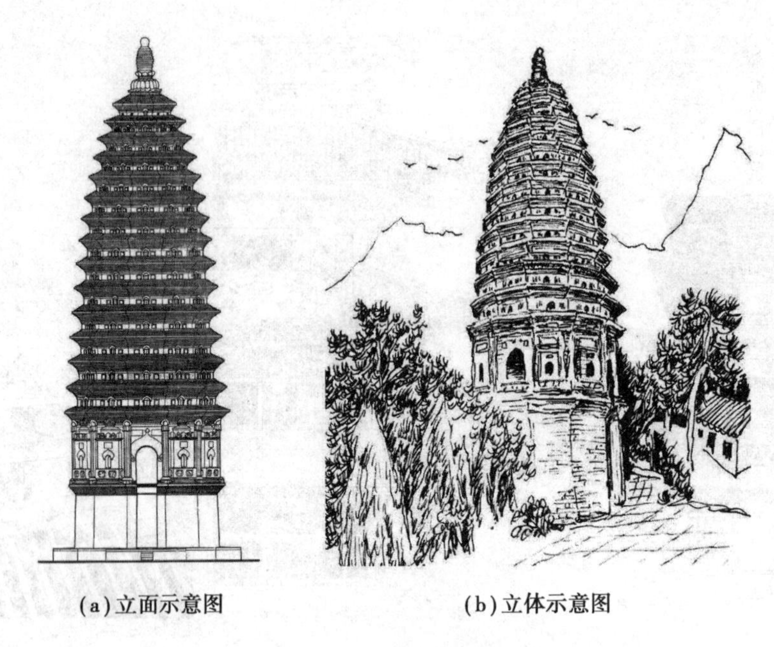

(a)立面示意图　　(b)立体示意图

图10.46　河南登封嵩岳寺塔

10.5　隋、唐、五代十国时期的建筑

隋、唐是中国古代建筑史上的一个富有创造力的高潮时期。从盛唐(8世纪)开始,融化和吸收外来文化因素,逐渐形成完整的建筑体系,创造出空前未有的绚丽多姿的建筑风貌。中国古代的宫殿、寺院、宅第等的布局和形式至此已基本定型。高坐式家具形式也已稳定下来。到了五代十国时期,中原残破,十国中如南唐、吴越、前蜀、后蜀却保持相对安定局面,建筑仍有发展,并影响到北宋前期的建筑。

10.5.1　隋朝时期的建筑

隋朝建筑:建筑概述和建筑特点

(1)概述

隋朝建筑上承六朝,下启唐宋,是中国传统建筑趋向成熟的一个过渡期。隋朝虽短,但因隋炀帝大兴土木,大建行宫别苑,建筑技术得到快速的进步。因隋一统分裂多时的南北两朝,南北建筑技术交流空前繁盛,为唐代成熟的建筑体系铺路。

隋朝遗存实物很少,仅有砖石结构留下,木构建筑烟灭不存,其建筑形象可见于敦煌壁画、陶屋等间接资料。

隋朝时期是中国古建筑体系的成熟时期。隋朝建造了规划严整的大兴城,开凿了南北大运河,修建了世界上最早的敞肩券大石桥—安济桥。

(2)大兴城

1)选址与初创

大兴城始建于隋朝开皇元年即公元581年,是隋朝的国都。唐朝建立后,易名为长安城,是中国古代规模最为宏伟壮观的都城，也是当时世界上规模最大的城市，外国文献上称它为胡姆丹。

隋文帝杨坚建立隋朝后，最初定都在汉长安城，但当时的长安破败狭小，水污染严重，于是便决定在东南方向的龙首原南坡另建一座新城。隋高祖开皇二年即公元 582 年起，在刘龙与宇文恺的主持下，仅用 9 个月左右的时间就建成了宫城和皇城。隋大兴的总设计师是宇文恺，他精心设计了大兴城。公元 582 年大兴宫的修建拉开了大兴城修建的序幕。开皇三年即公元 583 年隋王朝迁至新都，因为隋文帝早年曾被封为大兴公，因此便以“大兴”命名此城。

2）建筑特征

宇文侯在设计大兴城时，非常重视用高大建筑物控制城市的制高点。他把皇城、宫城和重要寺庙都放在六道高坡上，一方面体现皇权、政权、神权的至高无上，另一方面可确保都城特别是皇宫的安全。同时也使都城的建筑错落有致，立体层次更加分明，气势更加宏伟壮观。如图 10.47 所示，大兴城由宫城、皇城、外郭城三部分组成。宫城居城北部正中，是皇帝及皇族居住和处理朝政的地方，大兴宫为其正殿。皇城，亦称子城，位于宫城之南，是政府机关所在地。外郭城即京城，周长 367 km，面积 84 km^2，约为现代西安城的 7.5 倍。城内除宫城、皇城外，其余为居民区。隋大兴城这种城市结构，使政府机关集中，官与民分开，开一代都城设计之先河，为后世所仿效。大兴城不像汉长安那样南北划分布局，而是采取东西完全对称的结构，全城以南北向的朱雀大街为中轴线，分成东西两部。

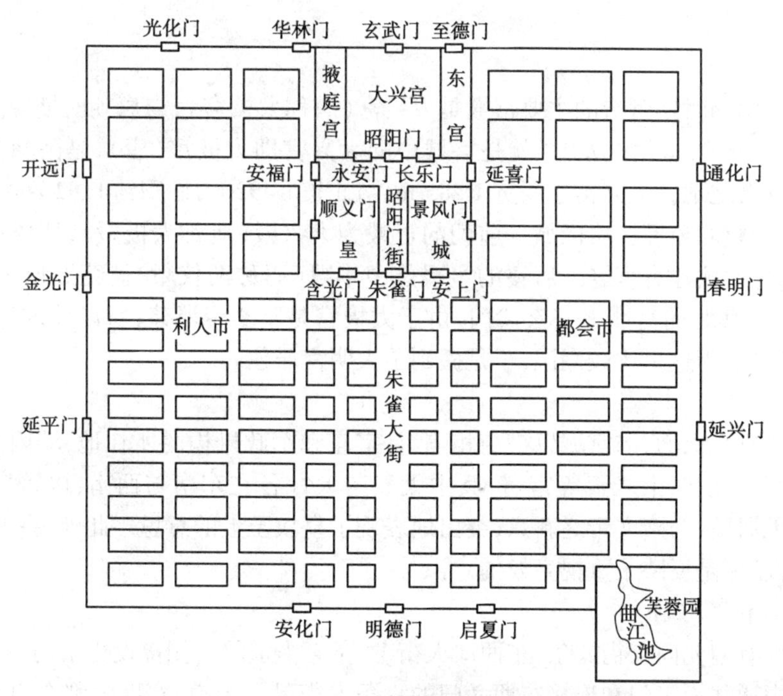

图 10.47　隋大兴城平面示意图

3）风水特征

在中国古代，精神信仰在人们日常生活中占有非常重要的地位，人们追求天人感应、天人合一的理想境界。城市布局也往往都被赋予某些象征性意义，隋都大兴城规划布局仍然不能逃脱这种窠臼，以都城的平面布局来看，所谓“建邦设都，必稽玄象”的象天法地思想在这里得到了更大的发挥与阐扬。

大兴城的宫城、皇城、外郭平行排列，以宫城象征北极星，以为天中；以皇城百官衙署象征环绕北辰的紫微垣；外郭城象征向北环拱的群星。因此，唐人即有诗吟“开国维东井，城池起北辰”，说的就是这种布局效应。当然，它也是封建皇帝据北而立，面南而治儒家传统思想的一种体现，它作为历代帝王治国总的指导思想，贯穿始终，也体现到都城的规划布局上，增加了皇帝君权神授思想的神秘色彩。据宋敏求《长安志》引《隋三礼图》记载，大兴城的街数、坊数的设计也都有所依凭。皇城之南四坊，以象四时；南北九坊，取则《周礼》九逵之制；皇城两侧外城南北一十三坊，象一年有闰，无论事实是否如此，将其附会成具有象征意义的设计则是都城设计的普遍规律。

另外，随着中国古代风水思想的发展，宇文恺也将这一思想引入大兴城的规划设计当中。大兴城址选在汉长安故城之南，地势敞阔平远，有东西走向的六条土岗横贯，如果从空中俯视西安大地，就能看出这种地面形状很像《易经》上乾卦的六爻。乾卦属阳，称九，自上而下，横贯西安地面的这六条土岗从北向南，依次称为九一、九二、九三、九四、九五、九六。从六坡的高度看，地势从南到北渐次降低，那么宫城所处的位置则相对较低，不把宫城设置在最高处是另有原委，根据天上星宿的位置，最为尊贵的紫微宫居于北天中央，它以北极为中枢，东、西两藩共有十五颗星环抱着它。紫微宫即有皇宫的意思，皇帝贵为天子，地上的君主和天上的星宿应该相对应，因此，只能把皇宫布置在北边中央位置，而且北边有渭河相倚，从防卫的角度看，也比较安全。

4）宫殿

大兴城在隋朝时期营造的主要宫殿是大兴宫（唐称太极宫），与唐朝时期的大明宫和兴庆宫合称为“三大内”。其中“大内”就是宫城中的大兴宫即太极宫（唐），是隋朝和初唐时期的皇帝居所和朝会之地。大兴宫东西宽 1 285 m，南北长 1 492 m，面积约 1.92 km^2。宫内由南向北分为前朝、后寝和苑囿三块区域。前朝的正殿为大兴殿（唐称太极殿），四周有廊庑围成的巨大宫院，东西两侧建有官署。后寝的主殿是中华殿（唐称两仪殿）。苑囿位于宫殿最后部，有亭台池沼等，其北的宫墙上有玄武门，由于太极宫是隋文帝所建，所以装饰等都较为简朴。唐高宗继位后，认为这里比较潮湿，于是搬到了大明宫居住。

5）皇城

皇城位于宫城南面，与宫城以横街相隔，是宗庙和军政机构的所在地，城内主要建筑有太庙、太社和六省、九寺、十八卫等官署，其中太庙与太社各在东南与西南，以符“左祖右社”之制。皇城内无居民，乃隋文帝之新意，突出地表现了皇权至上的意思。此外，皇城比郭城高，宫城又比皇城高，更是反映了重视皇权的意识 。

6）外郭城和里坊制

外郭城内有南北向大街 8 条，东西向大街 14 条。街道的两侧都设排水沟，并种植榆、槐等行道树。其中通往南三门和连接东西六门的六条大街是主干道，宽度大都在百米以上。最宽的朱雀大街达 155 m，是城市的南北中轴线，以之为分界，城东属于万年县，城西属于长安县。

宇文凯在建造大兴城时，还独创了里坊制。大兴城被纵横交错的大街分化为 110 个方块，这些方块被称为“里”（也称为坊）。”里“又分为”大里“和”小里“。宇文凯建议每个”里“都应该有自己的名称，以便形成固定的居民区。在这些”里“的周围种满树木，营造高墙以便于与街道隔开，这实际是一种大城套小城的模式。在这些”里“中，不仅有居所，还有酒肆、饭馆、旅馆、当铺等便民的场所,甚至还有专门维护治安的“武侯铺”。宋代文人吕大防曾对里坊制做出过评价“隋氏设都,虽不能尽循先王之法,然畦分棋布,闾巷皆中绳墨,坊有墉,墉有门,逋亡奸伪,无所容足,而朝廷、宫寺、门居、市区,不复相参,亦一代之精制也”。唐代大诗人白居易也亲临大兴城,并写下“千家似围棋局,十二街如种菜畦”来形容大兴城独创的里坊制。

7)市集

大兴城有“东西两市,东市日都会,西市日利人”。两市大小几乎完全相同,南北长约 1 025 m,东西宽约 927 m。市场有围墙,开八扇门,内有井字形街道和沿墙街道,将市内分为 9 区。东西两市的商业市场十分繁荣,所有中外各类货物都在这里集散。不少商人以此为据点,“求珠驾沧海,采玉上荆衡—北买党项马,西擒吐番鹦”,商业行为十分活跃。据目前所知,两市内有大衣行、杂货店、花店、王会师店、酒肆、秋罗行、药行、蜡烛店、秤行、柜坊、帛店、绢行、麸店、衣肆、寄附铺等。

(3)隋唐大运河

大业元年至六年(公元 605—610 年),隋炀帝动用百万百姓,疏浚之前众多王朝开凿留下的河道,开始修筑隋唐大运河。此后,唐、北宋长期开凿、疏浚、整修隋唐大运河,使得隋唐大运河可以继续使用。

如图 10.48 所示,隋唐大运河以洛阳为中心,北至涿郡(今北京),南至余杭(今杭州),纵贯华北平原和东南沿海地区,地跨北京、天津、河北、山东、河南、安徽、江苏、浙江 8 个省、直辖市,是中国古代南北交通大动脉,在中国历史上产生过巨大作用,是中国古代劳动人民创造的一项伟大的水利建筑工程。

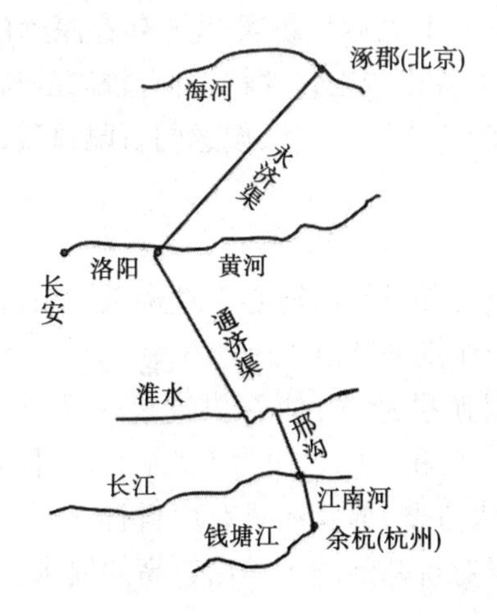

图 10.48　隋唐大运河示意图

(4)安济桥

如图 10.49 所示,安济桥位于河北省石家庄市赵县境内,因赵县古称赵州,又名赵州桥,它是一座跨洨河的石拱桥,建于隋开皇十四年至隋大业二年(公元 594—606 年),由隋朝匠师李春设计建造。

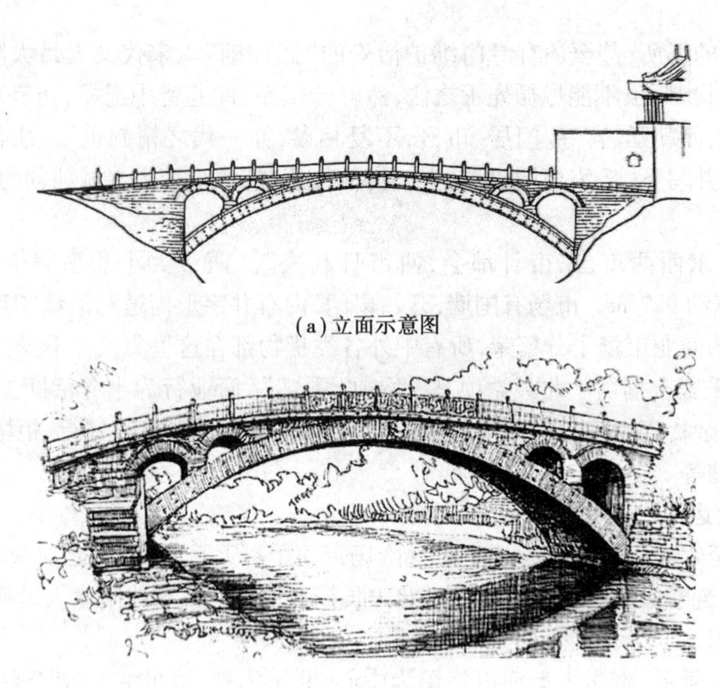

(a)立面示意图

(b)立体示意图

图 10.49　安济桥

安济桥是世界上现存年代久远、跨度最大、保存最完整的单孔坦弧敞肩石拱桥,在中国造桥史上占有重要的历史地位,对全世界后代桥梁建筑有着深远的影响。其"敞肩拱"的运用,更为世界桥梁史上的首创。安济桥建造工艺独特,具有较高的科学研究价值,雕作刀法苍劲有力,艺术风格新颖豪放,显示了隋代浑厚、严整、俊逸的石雕风貌,桥体饰纹雕刻精细,具有较高的艺术价值。

1)单孔和拱形技艺

安济桥在设计上采取单孔长跨的形式,河心不立桥墩,使石拱跨径长达 37 m 之多,优于多孔桥单跨跨度小、桥墩多不利于泄洪的特点。

安济桥创造性地采用了圆弧拱形式,使石拱高度大大降低。安济桥的主孔净跨度为 37.02 m,而拱高只有 7.23 m,拱高和跨度之比为 1∶5左右,这样就实现了低桥面和大跨度的双重目的,桥面过渡平稳,车辆行人方便,而且还具有用料省、施工方便等优点。当然圆弧形拱对两端桥基的推力相应增大,需要对桥基的施工提出较高的要求。

2)合理选址

安济桥的合理选址是它成为千年古桥的一个重要原因。李春经过周密的数据计算、充分的地质研究考察以及结合多年的实践经验,将安济桥的基址选在了洨河的粗砂之地。因为以粗砂为根基可大大提升桥梁的承重力度,以确保桥梁的稳定性。安济桥的桥台为低拱脚、浅基础、短桥台,直接建在天然砂石上,并在此基础上用 5 层石条砌成桥台,每层较上一层都稍出台。

现代勘测表明安济桥的桥址区域地形平坦,地貌单一,地层分布稳定,地基土主要以密实的粉质黏土为主,中间有粉土和砂土夹层,是修建这种特大跨度单孔桥梁的比较理想的场所。根据化验分析,这种土层基本承载力为 34 t/m^2,并且粘土层压缩性小,地震时不会产生砂土液化,属良好天然地基。其稳定的地基基础是这座古老的桥梁能承受多次地震考验的重要原因之一。

3)砌置方法

安济桥建造中选用了附近州县生产的质地坚硬的青灰色砂石作为石料。施工时采用了纵向并列砌置法,就是整个大桥由28道各自独立的拱券沿宽度方向并列组合在一起,每道券独立砌置,可灵活地针对每一道拱券进行施工,所有的券组合在一起最终成为一道独立拱券。每砌置完一道拱券时,只需移动鹰架(施工时用以撑托结构构件的临时支架)再继续砌置另一道相邻拱。这种砌置方法十分利于修缮,如果一道拱券的石块损坏,只需要替换成新石,而不必对整个桥进行调整。

为加强各道拱券间的横向联系,使28道拱组成一个有机整体,连接紧密牢固,安济桥建造采用了一系列技术措施:

①每一拱券采用"下宽上窄、略有收分"方法,使每个拱券向里倾斜、相互挤靠,增强其横向联系,防止拱石向外倾倒;在桥的宽度上也采用"少量收分"方法,从桥两端到桥顶逐渐收缩桥宽度,加强桥的稳定性。

②在主券上均匀沿桥宽方向设置5个铁拉杆,穿过28道拱券,每个拉杆的两端有半圆形杆头露在石外,以夹住28道拱券,增强其横向联系;4个小拱上也各有一根铁拉杆起同样作用。

③在靠外侧的几道拱石上和两端小拱上盖有护拱石一层,以保护拱石;在护拱石的两侧设有勾石6块,勾住主拱石使其连接牢固。

④为使相邻拱石紧密贴合,在主孔两侧外券相邻拱石之间设有起连接作用的"腰铁",各道券之间的相邻石块也都在拱背设有"腰铁",把拱石连锁起来;每块拱石的侧面凿有细密斜纹以增大摩擦力,加强各券横向联系。

(5)建筑材料、建筑技术、雕刻装饰和建筑特点

1)建筑材料

在建筑材料方面,砖的应用逐步增多,砖墓、砖塔的数量增加;琉璃的烧制比南北朝进步,使用范围也更为广泛。

2)建筑技术

建筑技术方面也取得很大进展,木构架的作法已经相当正确地运用了材料性能,出现了以"材"为木构架设计的标准,从而使构件的比例形式逐步趋向定型化,并出现了专门掌握绳墨绘制图样和施工的都料匠。

3)雕刻装饰

建筑与雕刻装饰进一步融化和提高,创造出了统一和谐的风格。根据主人不同的等级,住宅门厅的大小、间数、架数以及装饰、色彩等都有严格的规定,体现了中国封建社会严格的等级制度。这一时期遗存下来的殿堂、陵墓、石窟、塔、桥及城市宫殿的遗址,无论布局或造型都具有较高的艺术和技术水平,雕塑和壁画尤为精美,是中国封建社会前期建筑的高峰。

4)建筑特点

如图10.50所示是隋朝时期的建筑形象,可以看出隋朝的单体建筑的屋顶坡度平缓,出檐深远,斗栱比例较大,柱子较粗壮,多用板门和直棂窗,风格庄重朴实。

(a)敦煌莫高窟隋朝第423窟窟顶弥勒经变的佛寺建筑形象

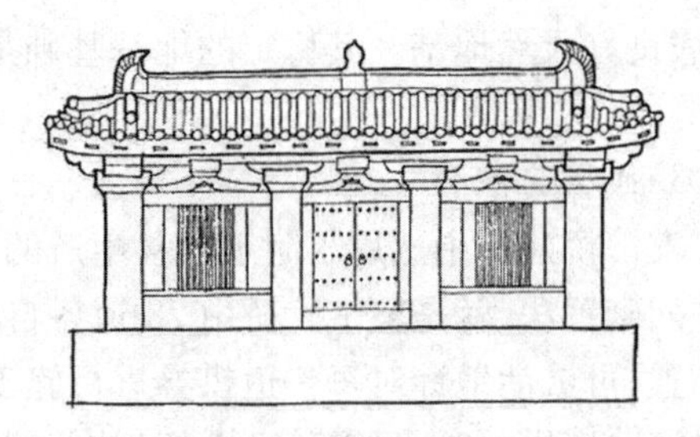

(b)隋大业四年(公元608年)李静训墓石棺建筑形象

图 10.50　隋朝时期的建筑形象

10.5.2　唐朝时期的建筑

(1)概述

唐朝(公元618—907年)是中国封建社会经济文化发展的高潮时期,汉族建筑技术和艺术也有巨大发展。唐朝汉族建筑的风格特点是气魄宏伟,严整开朗。唐代中原地区的建筑规模宏大,规划严整,中国建筑群的整体规划在这一时期日趋成熟。唐都长安(今西安)和东都洛阳都修建了规模巨大的宫殿、苑囿和官署,且建筑布局也更加规范合理。长安是当时世界上最宏大的城市,其规划也是中国古代都城中最为严整的,长安城内的帝王宫殿大明宫极为雄伟,其遗址范围相当于明清故宫紫禁城总面积的3倍多。

唐朝的汉族木构建筑实现了艺术加工与结构造型的统一,包括斗栱、柱子、房梁等在内的建筑构件均体现了力与美的完美结合。唐朝建筑舒展朴实,庄重大方,色调简洁明快,山西省五台山的佛光寺大殿是典型的唐朝建筑,就完美体现了上述建筑特点。

此外,唐朝的汉族砖石建筑也得到了进一步发展,佛塔大多采用砖石建造。包括西安大雁塔、小雁塔和大理千寻塔在内的中国现存唐塔均为砖石塔。

从唐朝开始,历经千年,包括大名鼎鼎的"佛光寺"在内,如今中国现存的唐朝建筑仍有百十余座,砖石建筑占绝大多数,而仅存的4座唐朝木构建筑,则悉数皆在山西省境内。

(2)建筑特色

唐朝木构建筑给人的印象除了中轴对称、结构简单、朴实无华、雄伟气派以外,其建筑特色主要还包括以下几个方面:

1)规模宏大,规划严整

唐朝都城长安原是隋朝时期规划兴建的,面积达83 km^2,是今西安市区的明朝西安城的8倍,它是当时世界上最宏大繁荣的城市。唐长安城的规划是中国古代都城中最为严整的,其府城、衙署等建筑的宏敞宽广,也为任何封建朝代所不及。

2)建筑群处理愈趋成熟

在隋唐时期,城市建筑不仅加强了总体规划,同时,宫殿、陵墓等建筑也加强了突出主体建筑的空间组合,强调了纵轴方向的陪衬手法,这种手法是明清宫殿、陵墓布局的渊源所在。

3)木构建筑解决了大面积,大体量的技术问题,并已定型化

到了隋唐时期,大体量的建筑已不再像汉朝那样依赖夯土高台外包小空间木构建筑的办法来解决。各构件特别是斗栱的构件形式及用料都已规格化。建筑构件的定型化反映了施工管理水平的进步,加速了施工速度,对建筑设计也有促进作用。

4）设计与施工水平的提高

掌握设计与施工的技术人员在唐朝被称为“都料”，他们掌握熟练的专业技术，专门从事公私房设计与现场指挥，并以此为生。房屋在施工前，“都料”在墙上先设计画图，然后工匠再按图施工，房屋建成后还要在梁上记下“都料”的名字，有关史料记载可以参看柳宗元的《梓人传》。“都料”的名称直到元朝仍在沿用。

5）砖石建筑有进一步发展

唐朝时期，采用砖石结构的主要是佛塔建筑。中国保留下来的唐塔均为砖石塔。唐朝时期的砖石塔有楼阁式、密檐式与单层塔三种类型。

6）建筑艺术加工的真实和成熟

唐朝建筑风格特点是气魄宏伟，严整又开朗。现存的木构建筑反映了唐朝建筑艺术加工和结构的统一，斗栱的结构、柱子的形象、梁的加工等都令人感到构件本身受力状态与形象之间内在的联系，达到了力与美的统一。建筑的色调简洁明快，屋顶舒展平远，门窗朴实无华，给人以庄重大方的印象，这是在宋、元、明、清建筑上不易找到的特色。

7）斗栱硕大

斗栱大是唐朝木构建筑中最基本的特征，因为斗栱硕大，整个屋檐看上去较为深远。

8）简单粗犷的鸱吻

鸱吻是房屋屋脊两端的一种装饰物，唐朝木构建筑的鸱吻一般作鸱鸟嘴或鸱鸟尾状。

9）独具特色的屋顶和屋瓦

唐朝时期的屋顶比较平缓，举高低矮，举高不超过前后撩檐枋距离的四分之一。唐朝时期的屋瓦一般都呈青黑色。

10）柱子较粗

唐朝木构建筑的柱子比较粗，而且下粗上细，体现了唐朝人以胖为美的审美取向。

11）色调单一

唐朝木构建筑所包含的颜色不会超过两种，一般均为红白两色或黑白两色。

（3）建筑技艺

1）单栋建筑

唐朝单栋建筑的长方形柱网平面中，柱网的分槽形式即布置形式主要有满堂柱式、双槽式（即用两排金柱将建筑物平面分为大小不等的三区，一般中间进深较大，前后两区进深小且常常相等的柱网布置形式）、内外槽式（宋称金箱斗底槽，由内外两圈柱组成相似“回”字的柱网形式，内圈是内槽，外圈是外槽）等，偶有龟头屋（清称抱厦，是指在原建筑之前或之后接建出来的小房子）、挟屋（清称耳房，正房或厢房两侧连着的小房间）等的平面变化。唐朝殿堂各间面阔有两种，一为明间大而左右各间小；一为各间相等。

2）建筑组群

唐朝的建筑组群主次分明，高低错落，大型廊院组合复杂，正殿左右或翼以回廊，形成院落，转角处和庭院两侧又有楼阁和次要殿堂，并有横向扩展的建筑组群方式，在中央主要庭院左右再建纵向庭院各一至二组，各组之间之夹道用来解决交通和防火问题。

3）瓦和瓦当

唐朝的瓦有灰瓦、黑瓦和琉璃瓦三种。灰瓦较为疏松，用于一般建筑。黑瓦质地紧密，经过打磨，表面光滑，多使用于宫殿和寺庙上。长安大明宫出土的琉璃瓦以绿色居多，蓝色次之，并有绿琉璃砖。少数民宅建筑屋顶上也会使用木瓦，主要原因是这些民宅所在的地方的木材料都较多，所以才使用木质材料做屋瓦。铜瓦、银瓦均属于金属瓦，它们分别是用铜片、银片做成的瓦的形式覆盖在建筑的屋面上，这种金属瓦的使用多见于宗教建筑上。根据文献资料记载，屋面覆盖银瓦的建筑在唐代已经出现，但是已经没有具体的实物可考。关于铜瓦在唐朝应用在《旧唐书》卷一百一十八列传第六十八中有详细记载："五台山有金阁寺，铸铜为瓦，涂金于上，光耀山谷，记钱巨亿万"。唐朝时期的瓦当一般使用莲瓣图案。

4）屋顶

如图 10.51 所示，唐朝建筑的屋顶除了硬山顶尚未出现以外，其他几种屋顶如庑殿顶、歇山顶、悬山顶，和攒尖顶以至盝顶均已齐备。唐朝重要建筑的屋顶，常用叠瓦脊和鸱尾，其鸱尾的形制比之宋、元、明、清各代远为简洁秀拔。唐朝建筑的屋顶包括"无角翘"和"有角翘"两种做法，屋顶坡度较缓，屋顶曲线恰到好处，歇山顶的房屋收山很深，并配有精美的悬鱼。较重要的建筑都用线条鲜明的筒瓦，在屋脊上还常用不同颜色的瓦件"剪边"，更加突出了屋顶的轮廓。唐朝的建筑屋顶再配以雄健的斗栱，深远的出檐，素雅的外墙粉饰和带"侧脚""生起"的立柱，便形成了大唐建筑高贵富丽的形象。

如图 10.51 所示，唐朝屋顶的垂脊、戗脊都颇为简洁，脊端未见垂兽、戗兽和走兽，多以光脊或加宝珠作结。正脊两端沿用鸱尾，尾尖向内，尾身简洁，常用数枚圆珠进行装饰。大约从中唐开始，鸱尾逐渐向张开吞脊的鸱吻过渡。

（a）敦煌莫高窟唐朝第148窟建筑形象

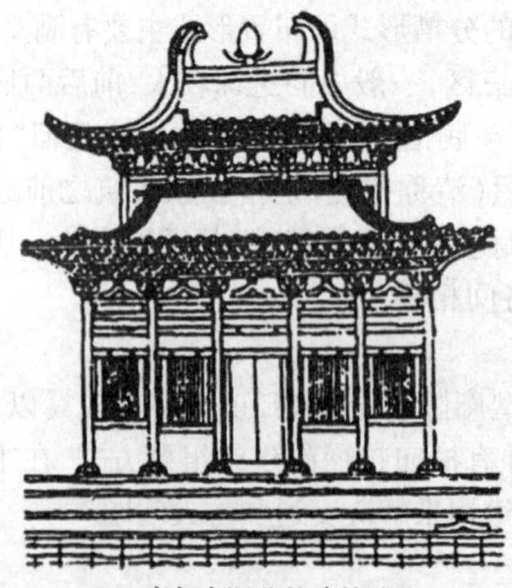

（b）唐朝韦洞墓的建筑壁画

（c）敦煌莫高窟唐朝第359窟建筑形象

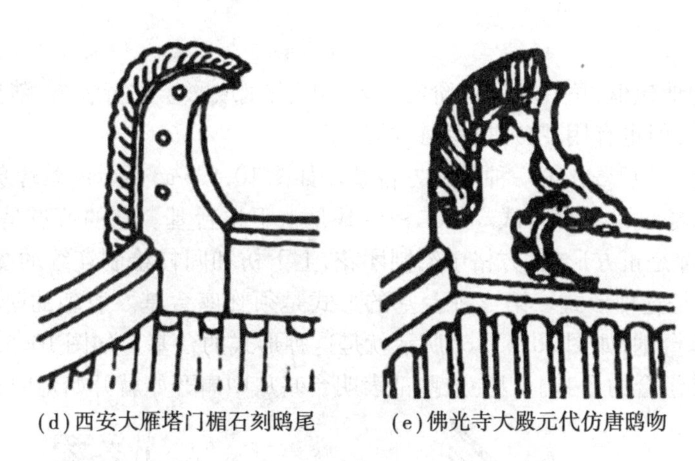

(d)西安大雁塔门楣石刻鸱尾　(e)佛光寺大殿元代仿唐鸱吻

图10.51　唐朝时期的建筑屋顶形象

5)斗栱

如图10.52所示,唐朝的斗栱已臻成熟极盛,其风格奔放,但又不失典雅,再加上唐式建筑斗栱与柱比例甚大,更使它的结构之美显现得淋漓尽致。初唐时期,斗栱从不成熟状态向成熟状态过渡。盛唐时期,斗栱已进入成熟状态,种类增多,形制丰富,充分发挥了斗栱的结构机能。中唐时期,补间铺作有了进一步的发展。

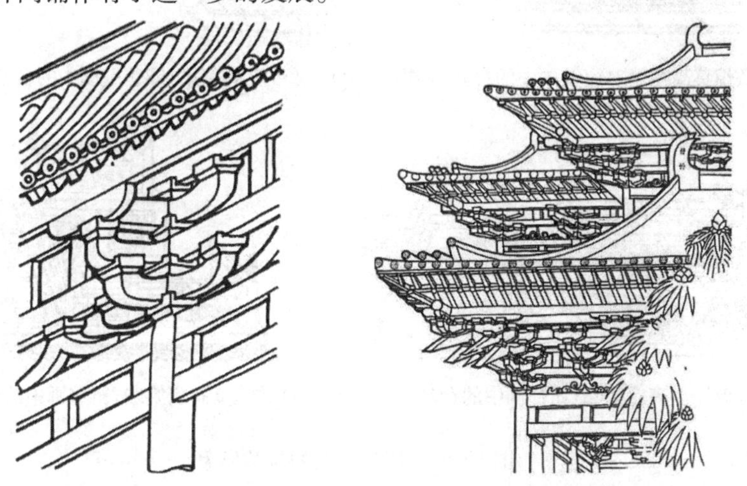

(a)敦煌莫高窟第321窟的柱头铺作壁画(初唐)　(b)敦煌莫高窟第172窟的转角铺作壁画(盛唐)

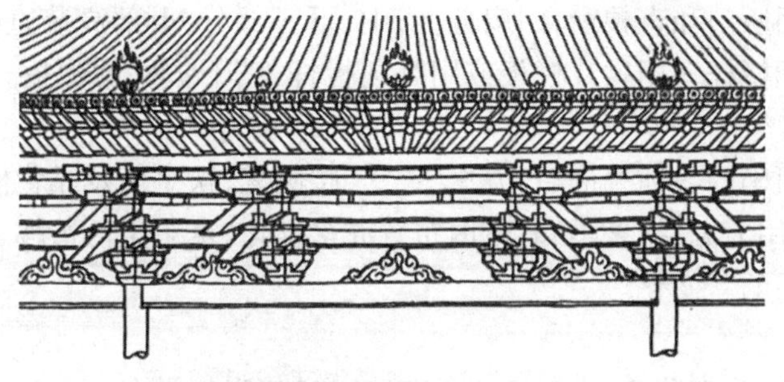

(c)敦煌莫高窟第231窟的当心间补间铺作壁画(中唐)

图10.52　唐朝时期的斗栱形象

6)台基

唐朝的台基的地包栿、角柱、间柱、阶沿石等都以雕刻或彩绘进行装饰,踏步面和垂带石也会进行类似的装饰,但也有用花砖进行装饰的例子。

唐朝的台基有三种形式,第一种是素方台基。如图10.53(a)所示的敦煌莫高窟初唐第71窟壁画中的台基形象就是这种形式。第二种台基是上下枋台基。它的特点是台壁突出上枋、下枋和间柱,通常都是正方形格,方格中绘制团花,上下枋和间柱绘制连续的图案,如图10.53(b)所示的台基就是这种形式。第三种台基的形式是须弥座台基。唐朝的时候,经常在殿座中见到使用须弥座台基,如图10.53(c)所示就是这种形式的台基。如图10.53(d)所示,唐朝时期还出现了重叠组合的台基。以上这些都表明台基从中唐开始就开始走向完善。

(a)敦煌莫高窟第71窟壁画中的台基(初唐)

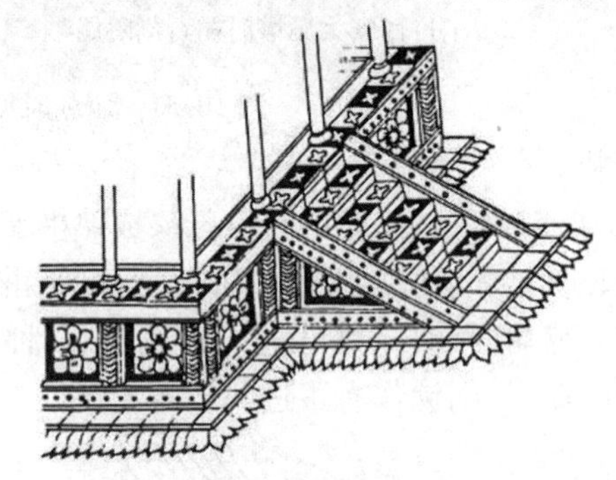

(b)敦煌莫高窟第158窟壁画中的台基(中唐)

(c)敦煌莫高窟第231窟壁画中的台基(中唐)

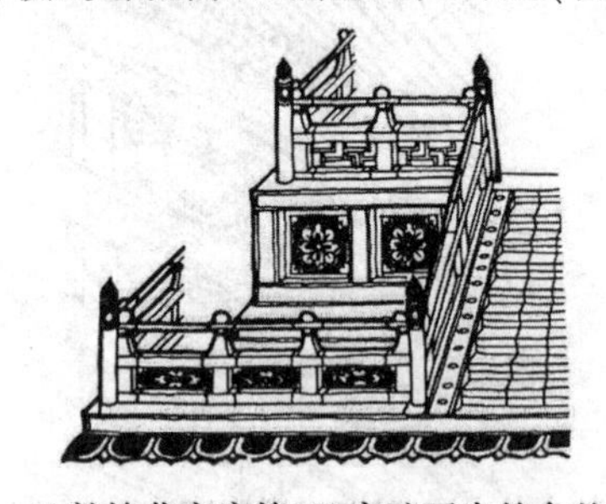

(d)敦煌莫高窟第237窟壁画中的台基(中唐)

图10.53 唐朝时期的台基形象

7)门窗、栏杆、柱础、家具

唐朝的门窗多用版门和直棂窗,门扇分上、中、下三部分,上部高装直棂便于采光,且门窗框四周加线脚。唐朝栏杆多用勾片栏板或用卧棂栏杆,其下护以雁翅板。唐朝的柱础多用莲花柱础,比较矮平。

唐朝时期垂足而坐的习惯普遍后,方桌、长凳、腰圆凳、扶手椅及靠背椅应运而生。唐朝家具的式样趋朴素,实用大方,线条柔和,室内布置亦多样化,富于生活情趣。这些都导致了唐朝家具布局和室内格局的新变化。

(4)都城长安

唐朝都城长安城,隋朝称之为大兴城,兴建于隋朝,唐朝易名为长安城,为隋唐两朝的首都,是中国古代规模最为宏伟壮观的都城,也是世界历史上规模最大的城市。

唐长安城是按照中国传统规划思想和建筑风格建设起来的城市,城市由外郭城、皇城和宫城、禁苑、坊市等组成,面积近百平方千米。城内百业兴旺、宫殿参差毗邻,最多时人口超过100万,显示出古代中国民居建筑规划设计的高超水平。北宋名士吕大防曾慕其规划之精,据前朝遗图和遗址绘制了石刻《长安图》,成为我国现存最早的石刻城市地图。流传至今,《长安图》仅存原碑残块及一些拓片,不足原图三分之一。

唐长安城有三座主要宫殿,分别是太极宫(隋称大兴宫)、大明宫和兴庆宫,称为"三大内",其中"大内"就是宫城中的太极宫,是隋朝和初唐时期的皇帝居所和朝会之地。

大明宫是大唐帝国的大朝正宫,是唐朝政治中心和国家象征,位于长安城北侧的龙首原,是唐长安城三座主要宫殿中规模最大的一座,称为"东内"。大明宫始建于唐太宗贞观八年(公元634年),占地面积约3.2 km²,整个宫域可分为前朝和内庭两部分,前朝以朝会为主,内庭以居住和宴游为主。前朝的中心为含元殿(外朝)、宣政殿(中朝)、紫宸殿(内朝),内庭有太液池,此外还有各种别殿、亭、观等30余所。如图10.54所示是大明宫含元殿复原示意图。

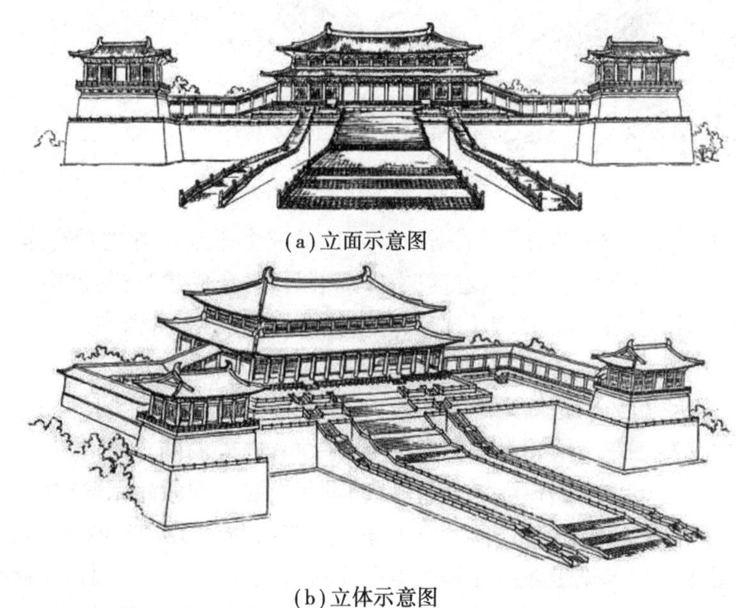

(a)立面示意图

(b)立体示意图

图10.54　含元殿复原示意图

麟德殿位于大明宫的西北部,是宫内规模最大的别殿,也是唐朝建筑中形体组合最复杂的大建筑群,建于高宗麟德年间,是皇帝宴会、非正式接见和娱乐的场所。唐朝的皇帝经常在这里举行宫廷宴会、观看乐舞表演、会见来使的活动。当时,唐朝的官员以能出席麟德殿宴会为荣。如图10.55所示是麟德殿复原示意图。

(5)现存的木构建筑

现存的唐朝木结构建筑保存较完好有4座,都位于山西省境内,即佛光寺、天台庵、广仁王庙和南禅寺。

唐朝建筑:佛光寺

1)佛光寺

佛光寺位于山西省五台县城东北32 km豆村镇东北的佛光山中(即五台山南台西麓),始建于北魏孝文帝时期(公元471—499年),于唐大中十一年(公元857年)重建。佛光寺位于一处东、南、北三面小山环抱,向西开敞

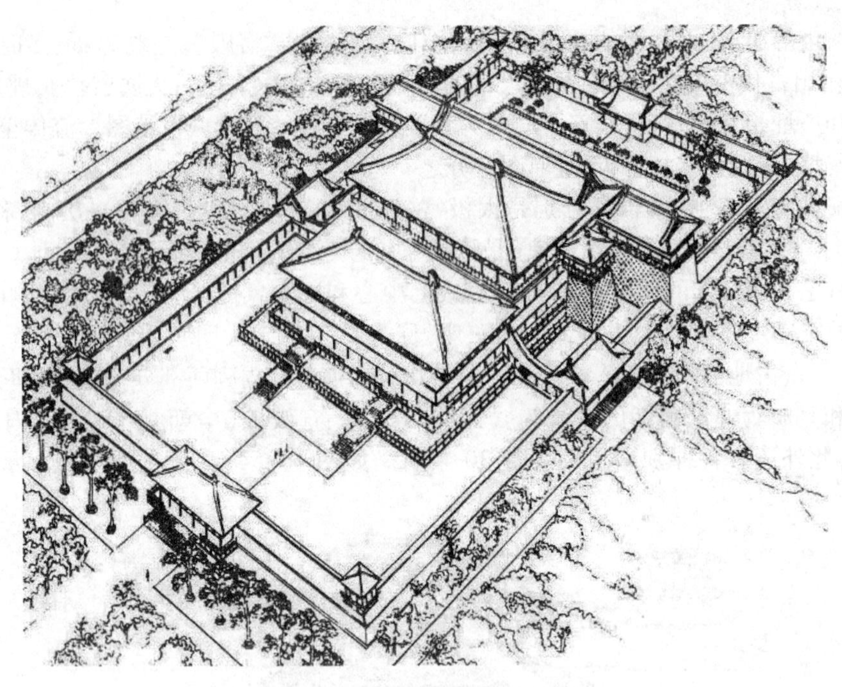

图 10.55　麟德殿复原示意图

的山坡上,寺内主要轴线为东西方向,依据地形处理成三个平台。寺内现有殿、堂、楼、阁等一百二十余间,其中东大殿七间,为唐代建筑;文殊殿七间,为金代建筑;其余均为明、清时期的建筑。佛光寺的唐代建筑、唐代雕塑、唐代壁画和唐代题记,其历史价值和艺术价值都很高,被人们称为"四绝"。

如图 10.56 所示,东大殿是佛光寺的正殿,大殿面宽七间,进深四间,位于佛光寺最后的一重院落中,其位置最高。东大殿建在石台基座上,平面有内外两圈柱,即"金厢斗底槽"。内外柱等高,柱身都是圆形,上端略有卷杀。檐柱有侧脚和生起。阑额尚无普拍枋。柱头铺作与补间铺作区分明显。柱头铺作出四跳,双杪双下昂,一、二跳偷心造,二、四跳计心造。补间铺作简洁,每间施一组斗栱。未见坐斗。在柱头方上立柱,柱上把跳。内柱上的内檐斗栱一端与外檐柱头铺作的内出形式相同,内出四跳华栱以承月梁。佛光寺脊檩下用大叉手,是现存木构建筑孤例。

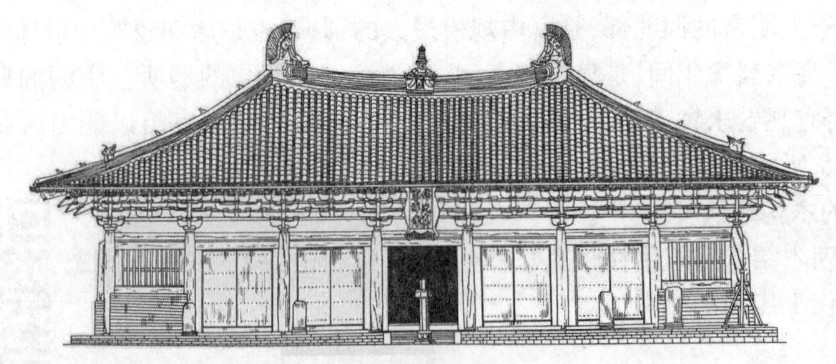

(a)正立面示意图

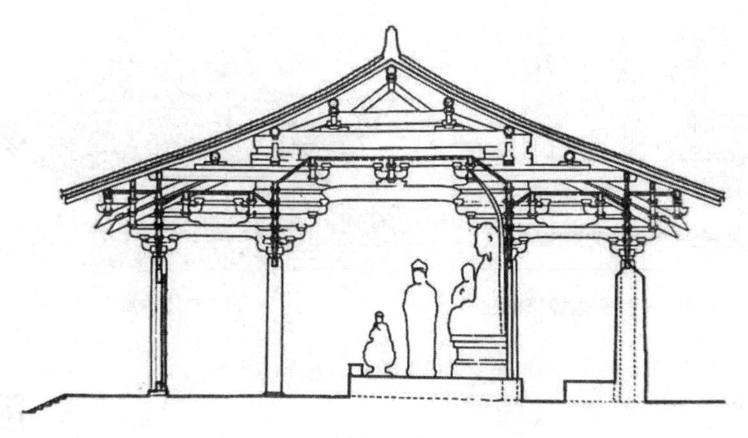

(b)剖面示意图

(c)立体示意图

图10.56　佛光寺东大殿

2)天台庵

唐朝建筑:天台庵

天台庵位于山西省长治市平顺县东北25 km处的坛形孤山上,它是中国佛教创立最早的宗派“天台宗”的庵院,建于唐末天佑四年(公元907年),庵院的规模并不大,属于典型晚唐时期的风格。

如图10.57所示,天台庵东傍山谷、西临漳水,坐北向南,占地970 m^2,建筑面积90多m^2。院东矗立一唐碑,字迹风化不清。佛殿建在1 m高的石台基上,面阔7.15 m,进深7.12 m。屋坡举折平缓,四翼如飞,单檐筒板布瓦,琉璃脊兽歇山顶,其翼角下四根粗大的擎檐柱均为后世所加。佛殿檐下四周设台明,正面明间台明下安装踏垛。殿身四周为圆形木柱,柱间施阑额,不用普拍枋。柱础为常见的覆盆式,柱头卷杀比较平缓,柱上安有斗栱,承托屋檐。正侧两面明间较大,次间仅为明间的一半。殿内没有一根柱子,结构简练,相交严实,没有繁杂装饰之感,而且使殿内的空间更显得空阔,充分体现了唐代建筑的特点。

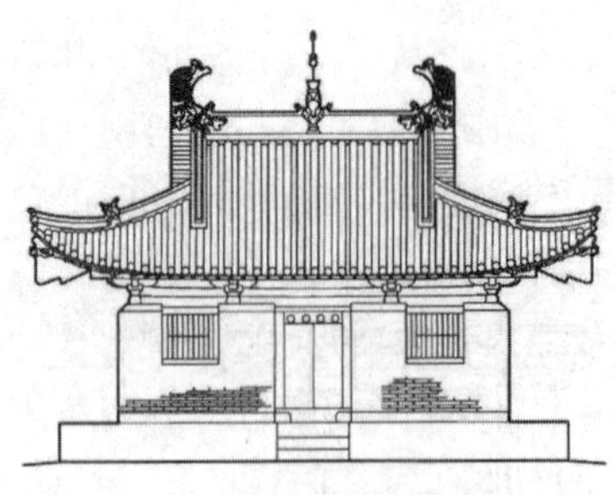

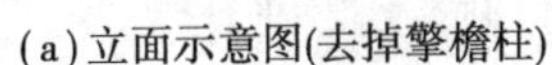

(a)立面示意图(去掉擎檐柱)

(b)立体示意图

图 10.57　天台庵

3)广仁王庙

唐朝建筑：
广仁王庙和南禅寺

如图 10.58 所示,广仁王庙位于山西芮城县城北 4 km 处的古魏城城垣遗址内。正殿坐北向南,为唐大和五年(公元 831 年)建造,五开间四架椽进深三间,平面呈长方形,单檐歇山顶,柱头斗栱为五铺双杪偷心造,各种斗欹部的幽度极深,栱瓣棱角显明,内部搁架铺作斗栱硕大,叉手长壮,侏儒柱细短,构成极平缓的厦坡,只有五台山南禅寺可相比拟。殿内无柱,梁架全部露明。整个建筑结构简练,古朴雄浑,显示了唐代建筑风格。与正殿相对的是坐南向北的清代戏楼,虽属清代建筑,但与正殿浑然一体,构成了一座完整的四合院形的庙堂建筑。

(a)立面示意图

(b)立体示意图

图 10.58　广仁王庙

4)南禅寺

南禅寺位于山西省忻州市五台县。寺内主要建筑有山门(观音殿)、东西配殿(菩萨殿和龙王殿)和大殿,共同组成一个四合院式的建筑群。南禅寺大殿是我国现存最早的木构大殿,建于唐建中三年(公元 782 年),比佛光寺还早七十五年。

如图 10.59 所示,唐建大佛殿为南禅寺主殿,原貌瑰丽,方整的基台几乎占了整个院落的一半。全殿共用檐柱 12 根,殿内没有天花板,也没有柱子,梁架制作极为简练,墙身不负载重量,只起隔挡的作用。南禅寺大殿的屋顶是全国古建中最平缓的屋顶,与明清时崇尚的“陡如山”明显不同,也就是说,从唐朝到清朝,年代越近,建筑的屋顶越陡峭。纵观南禅寺大殿,看到的是最普通的板门,最简单的直棂窗,屋顶也只是一片静悄悄的灰色布瓦,除了鸱尾,正脊与垂脊上没有任何花纹装饰。殿内 17 尊唐塑佛像姿态自然、表情逼真,同敦煌莫高窟唐代塑像如出一辙。全殿结构简练,形体稳健,庄重大方,体现了我国中唐时期大型木构建筑的显著特色。

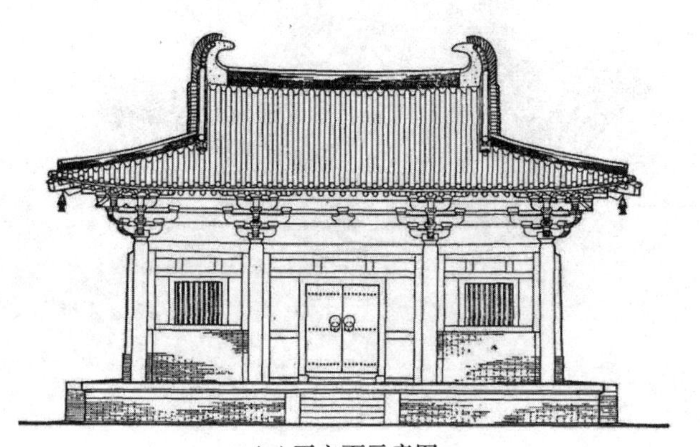

(a)正立面示意图

(b)剖面示意图

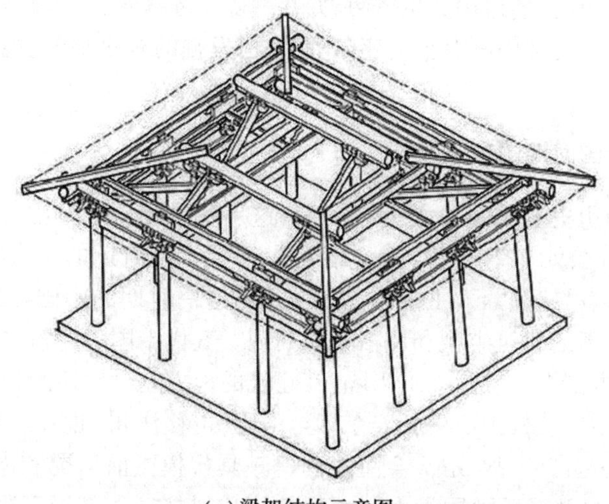

(c)梁架结构示意图

(d)立体示意图

图 10.59 南禅寺大殿

(6)陵墓建筑

唐朝时期的帝陵多利用自然地形,因山造坟,因此比秦汉时的人造巨冢更有气势。陵墓的神道极长,石雕刚健雄伟,数量也较前加多,墓内壁画尤为生动。

唐乾陵是唐高宗李治与女皇武则天的合葬墓,是唐陵中具有代表性的一座,它以山为坟,海拔 1 049 m,呈圆锥形,南北主轴线长达 4.9 km,陵园周长 40 km,由内外两城组成。外城遗迹已难寻觅,内城遗址犹存,面积 2.4 平方公里,有青龙、白虎、朱雀、玄武四门,门外均有石刻,当年陵园内还有献殿、下宫、画像祠堂等建筑。据记载,唐后期曾重建殿宇 378 间,初建时的规模显然更加庞大。现乾陵遗存的主要是朱雀门外的神道和其两侧的石刻,长长的神道两侧有 2 组残存的土阙和石刻 114 件,石刻有华表、翼马、朱雀、石马、石人、石狮等,多用整块巨石雕成,雕工精细,线条流畅,气势伟岸,富于质感,反映了盛唐的国威和工艺水平。

乾陵的建筑质量极高,墓道用石条密封,并在缝隙中灌铁水,极难开启,因此成为唯一没有被盗的唐代皇帝陵墓。乾陵周围有十七座陪葬墓,已发掘的有永泰公主墓,章怀太子墓和懿德太子墓。

10.5.3 五代十国时期的建筑

五代十国是中国历史上的一段大分裂时期,这一称谓出自《新五代史》,是对五代(公元 907—960 年)与十国(公元 902—979 年)的合称。五代十国时期的历史特点可以概括为地方割据、多国鼎立和少数民族频繁入主中原,受此影响,这一时期的中国建筑艺术出现了多种风格交融、共存的局面,新的建筑类型和风格不断涌现。五代十国的建筑主要还是延续了晚唐的建筑风格,但由于地方割据,交通、人员阻隔,其建筑的地方差异性逐渐扩大。

五代十国时期,中原政权中心由长安东移至洛阳,再移汴州(现在的开封)。十国之中,以蜀和南唐境内较为安定富庶,故成都、金陵的营建颇具规模。前后蜀和南唐的陵墓已发掘,木构则留存很少,仅存北汉平遥镇国寺大殿仍保持唐代风格。吴越国以太湖地区为中心,在杭州、苏州一带兴建寺塔、宫室、府第和园林。南方砖塔最早遗物均为吴越所建,如苏州云岩寺塔(虎丘塔)、杭州雷峰塔。雷峰塔创新使用砖身木檐塔型,成为后来长江下游主要的塔型。南京的南唐栖霞寺舍利塔和杭州灵隐寺吴越石塔,石刻精美,富于建筑形象。

(1)平遥镇国寺大殿

山西省平遥县郝洞村镇国寺的主殿又称万佛殿,是寺内现存最早的建筑,始建于五代十国时北汉天会七年(公元963年),殿脊下有天会七年题记和修建工匠的题名。据碑记,此殿清嘉庆二十一年(公元1816年)重修时,更换过很多构件,但构架方法和构件形式基本上保存五代宋初时期的建筑形制。

五代十国时期的建筑:镇国寺

如图10.60所示,大殿面阔三间,11.57 m,前后进深六椽,10.77 m,平面近于方形,上覆单檐歇山顶。大殿只用12根檐柱,无内柱,柱高约为柱径的7.4倍,比例粗壮。角柱比平柱高5 cm,侧脚、生起显著,柱头用一圈阑额。屋顶坡度为1∶3.65,屋檐挑出约为柱高的一半,形成稳重浑朴的外观,表现出唐宋过渡时期的建筑风格。外檐斗栱有柱头、补间、转角三种。补间铺作每间一朵,在斗子蜀柱上出二跳华栱。庞大的七辅作斗栱,总高超过了柱高的2/3,使殿顶形如伞状,在历代寺庙建筑中颇为罕见。殿内厅堂结构为“彻上明造”(也称彻上露明造,是指屋顶梁架结构完全暴露),不用天花,上面为六椽草包栿、平梁、蜀柱、叉手、托脚等共同组成的梁架结构。

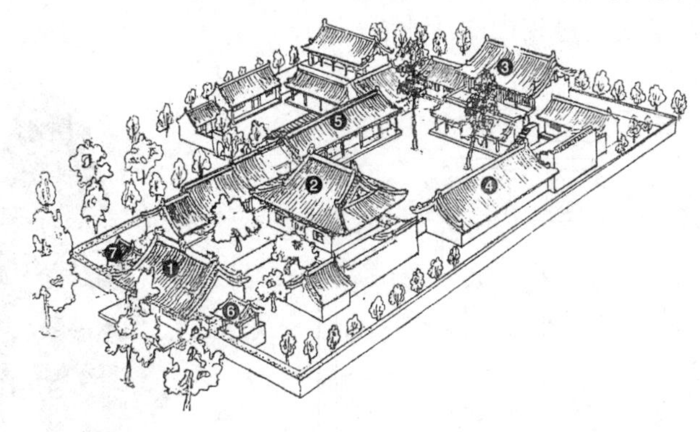

(a)镇国寺布局示意图

1—天王殿;2—万佛殿;3—三佛殿;4—观音殿;5—地藏殿;6—钟楼;7—鼓楼

(b)万佛殿立体示意图

图10.60　镇国寺

五代十国时期的建筑:虎丘塔、雷峰塔、栖霞寺舍利塔和灵隐寺石塔

(2)苏州云岩寺塔(虎丘塔)

苏州云岩寺塔(俗称虎丘塔)位于江苏省苏州市虎丘山上,有“先见虎丘塔,后见苏州城”之说,相传春秋时吴王夫差就葬其父(阖闾)于此,葬后3日,便有白虎踞于其上,故名虎丘山,简称虎丘。虎丘塔始建于公

元601年(隋文帝仁寿元年),初建成的时候为木塔,现存的虎丘塔建于公元959年(后周显德六年),落成于公元961年(北宋建隆二年),比意大利比萨斜塔早建200多年。

虎丘塔由于塔基土厚薄不均,塔墩基础设计构造不完善等原因,从明代起,该塔就开始向西北倾斜,虎丘塔也因此被称为“中国的比萨斜塔”。

如图10.61所示,虎丘塔是一座八角形仿木结构阁楼式砖身木檐塔,共7层,高48.2 m。塔身采用双层套筒结构,由底向上逐层收小,形成微微膨出的曲线轮廓,造型优美。塔身平面呈八角形,由外墩、回廊、内墩和塔心室组合而成,内墩之间有十字通道与回廊沟通,外墩间有8个壶门与平座(即外回廊)连通,体现了唐宋时期的建筑风格。因年久失修,木檐和塔顶铁刹已经毁坏,现存主要是砖砌部分。

虎丘塔作为五代十国时期江南仿木楼阁式多层砖石塔的典型代表,是现存江南仿木楼阁式塔年代较早者,代表了早期仿木砖石塔的形式特征,其样式特征为独特的江南仿木楼阁式塔系样式,是江南楼阁式塔演变过程中的活化石。

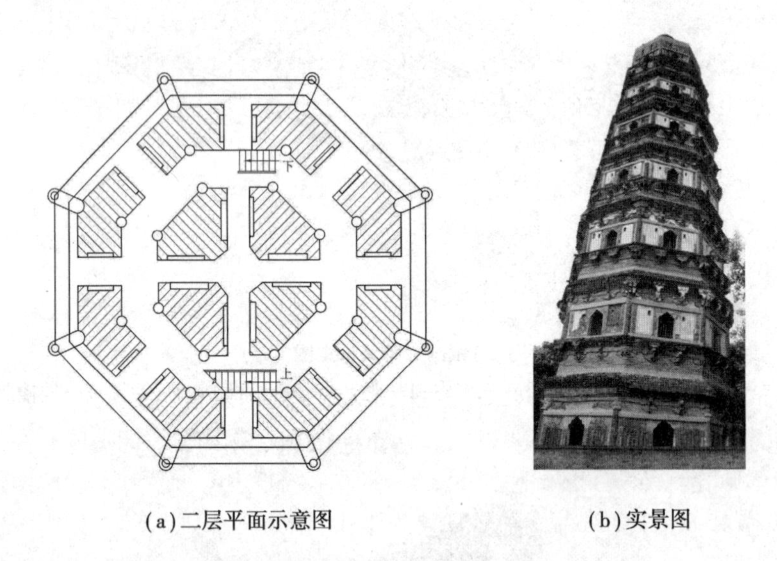

(a)二层平面示意图　　(b)实景图

图10.61　苏州云岩寺塔(虎丘塔)

(3)杭州雷峰塔

雷峰塔又名黄妃塔、西关砖塔,位于浙江省杭州市西湖区,是吴越国王钱俶为供奉佛螺髻发舍利、祈求国泰民安而建,始建于北宋太平兴国二年(公元977年)。现存的雷峰塔是在吴越时期老塔的原址上重新建造,内部空间充分体现了现代化功能要求,通过奇特的“塔中之塔”结构,最大限度地保护了雷峰塔遗址并沿袭了雷峰塔原有的风格。

雷峰塔原拟建高十三层的宝塔,但是由于当时吴越国财力不济,改建为七层,竣工时只造了五层。原塔为砖石内心,外建木构楼廊,内壁嵌有刻着《华严经》的条石,塔下供奉金铜十六罗汉像。北宋宣和二年(公元1120年),雷峰塔因战乱毁于兵火。

如图10.62所示的现存雷峰新塔建在遗址之上,保留了旧塔被烧毁之前的楼阁式结构,完全采用了南宋初年重修时的风格、设计和大小建造。雷峰塔主体为平面八角形体仿唐宋楼阁式塔,各层盖铜瓦,转角处设铜斗拱,飞檐翘角。

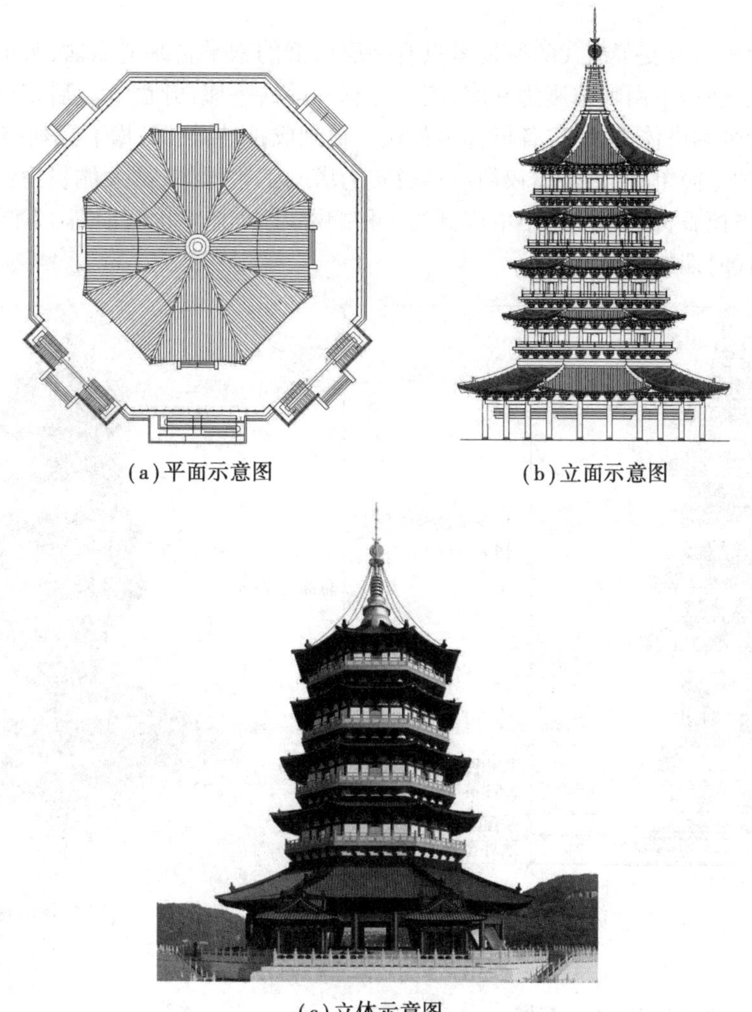

(a)平面示意图　(b)立面示意图

(c)立体示意图

图 10.62　杭州雷峰塔

(4)南京栖霞寺舍利塔

栖霞寺舍利塔位于南京市栖霞区栖霞山麓的栖霞寺东，是中国五代时期的佛教石塔，是中国最大的舍利塔。

如图 10.63 所示，栖霞寺舍利塔为密檐式，五级八面。自下而上分为塔座、塔身和塔刹 3 部分，通高 18.73 m，全用白色石灰岩石砌造。塔座 3 层，自下而上为基座、须弥座和仰莲座。基座平面雕刻游于海水和祥云之中的龙、凤、鱼、鳖等纹饰，侧面雕石榴、凤凰图案。须弥座上下叠涩部分，侧面雕覆莲及石榴、狮子、凤凰纹饰，中间束腰部分作八面体，8 个转角处均雕作半圆形角柱，柱上浮雕力士和立龙形象，柱间浮雕释迦牟尼“八相成道图”。须弥座上置有三层莲瓣的仰莲座，以承塔身。塔身 5 层，每层均出檐深远，檐口呈曲线，上刻莲纹圆形瓦当和重唇滴水，背端饰龙头。第一层较高，约 3 m，撩檐石立雕飞天形象，八面转角雕作仿木倚柱，柱上设阑额，东西两面正中分别浮雕文殊、普贤像，南北两面雕石门，门柱镌刻经文，其余四面各雕一尊天王像。第二层高约 1 米，再上各层高度逐层减低。不设门，各层的 8 面都雕出两座圆拱状石龛，龛内浮雕　坐佛。塔刹 5 层，各有莲花雕饰。这种设台座的密檐式塔为现存石塔中最早的实例。

栖霞寺舍利塔改变了唐代的密檐塔只有一层低低的素平台基的做法,吸取了唐代某些小塔的造型方式,在塔下用须弥座为基座,座上并有仰莲式平座,开创了以后密檐塔逐渐华丽的先风。栖霞寺舍利塔体量不大,各檐都由整块石材刻成,挑檐较深,檐下只刻出凸圆线脚,不雕斗栱,柱枋雕刻也简单有节,整体权衡包括敦实的塔刹都很得体,虽大体仍模仿木结构建筑的造型,但并未失掉石材的本性和小塔应具的一种婀娜风度,艺术价值很高。栖霞寺塔石面布满了浮雕,是五代时期的雕刻精品。

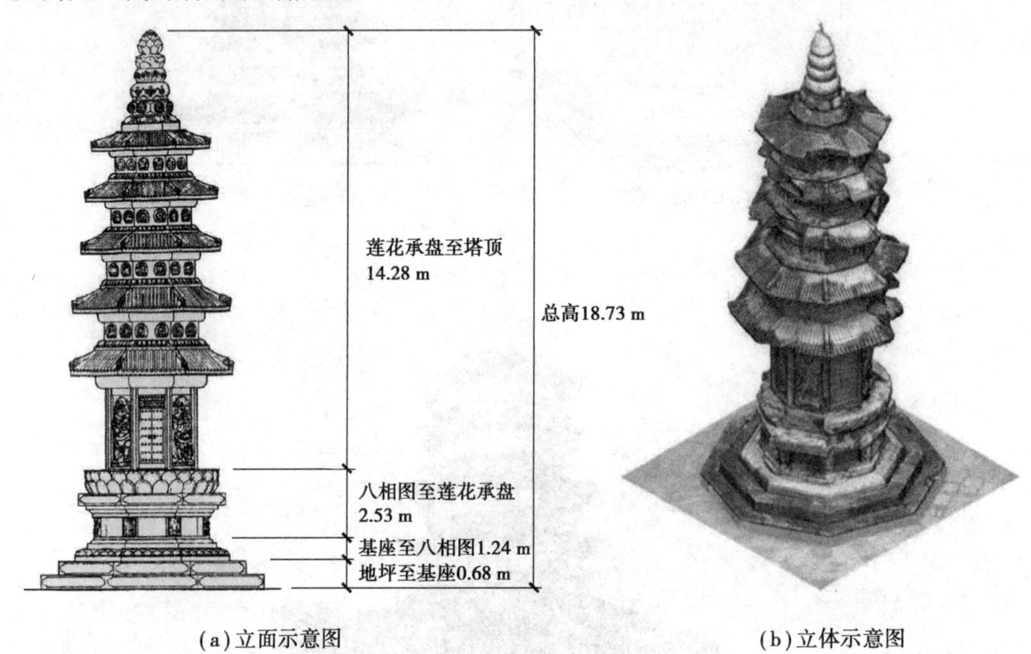

(a)立面示意图　　(b)立体示意图

图 10.63　南京栖霞寺舍利塔

(5)杭州灵隐寺石经幢和石塔

灵隐寺又名云林寺,位于浙江省杭州市。相传始建于东晋咸和元年(公元 326 年)的灵隐寺,至五代吴越时达到了鼎盛时期,钱镠时曾扩充寺宇 500 间,到钱弘俶时又增造至 1 300 间。殿宇重重叠叠,回廊穿林越壑,气势恢宏壮美。但经千年世事巨变,现存建筑均为清代陆续重建,后又经几次大的整修,当年的历史遗存仅存灵隐寺大雄宝殿和天王殿前的两经幢和两石塔,它们是灵隐寺最古老、最有历史价值的建筑文物。

如图 10.64(a)所示,灵隐寺两石经幢分别位于天王殿东西侧,据经幢所镌之《建幢记》及附记中所载:石经幢由吴越国王建造于北宋开宝二年(公元 969 年),原立于钱氏家庙奉先寺,后吴越国纳土于宋,奉先寺毁,乃于景佑二年(公元 1035 年)由灵隐寺住持延珊迁建于今址,原为 12 层,现已残损,为多层八面形,下部三层须弥座,幢身上刻“随求即得大自在陀罗尼”和“大佛顶陀罗尼”经文。

如图 10.64(b)所示,灵隐寺双石塔由吴越国王钱弘俶重建灵隐寺时而立,当时立塔四,今唯存大雄宝殿前东西两侧之双塔,皆为八面九层,仿木构楼阁式塔。两石塔相距 42 m,塔基为盘石与须弥座,上雕刻五代吴越宝塔中盛行的“九山八海”。须弥座之上雕仰莲,束腰八面满刻《大佛顶陀罗尼经》。再上每层均由平座、塔身和塔檐三部分组成,完全依照木塔的形制分段雕凿砌筑，并逐层收分。塔刹已毁。塔身八面形，有四面隐出槏柱，把塔壁分成三间，中间做成壶门式，雕凿出大门，并细腻地雕出门钉和金环铺首，两次间浮雕立像。另四面不分间，上浮雕佛、菩萨和佛教故事等。角柱圆形，上部有明显收分。阑额上雕饰“七朱八白”。平座用四铺作承托，塔檐用一华栱和一昂出跳五铺作，与《营造法式》所载结构相同。

(a)经幢　　(b)石塔

图10.64　杭州灵隐寺经幢和石塔

10.6　宋、辽、金、西夏时期的建筑

公元10世纪中期到13世纪末期，中国处在宋、辽、金、西夏多民族政权的并列时代。公元960年，宋太祖赵匡胤夺取后周政权，建立宋朝（史称北宋），从此中国的中原地区和长江以南结束了战乱割据的局面，但在中国的北部和西部仍有少数民族建立的辽、西夏等政权与北宋政权并存，且时常发生战争。北宋中期，地处中国北部的女真族兴盛起来，于公元1115年建立金朝。10年后，金灭辽，12年后又灭北宋。宋室南迁，建立南宋，这时又出现了南宋与金、西夏对峙的局面。西夏、金先后为蒙古军队所灭。公元1271年元朝建立，并于八年后的公元1279年灭南宋，中国再次统一。

在宋朝，汉文明一直受到北方游牧民族的挑战，但中国的经济却继续向前发展，城市经济发达，手工业分工细化，科技生产工具更进步，商业的繁荣推动了整个社会前进。宋朝是中国古建筑体系的大转变时期，宋朝建筑的规模尽管一般比唐朝小，但曲线柔和、形态细腻、装饰华丽，比唐朝建筑更为秀丽、绚烂而富于变化，出现了各种复杂形式的殿阁楼台。宋朝建筑在结构与构造上十分成熟，有了十分完备的体系，掌握了寓装饰与结构为一体的建筑构造与造型技术，建筑细部的装修也趋于细密而繁缛。此时期建筑构件、建筑方法和工料估算在唐代的基础上进一步标准化，规范化，并且出现了总结这些经验的书籍，其中李诫所著的《营造法式》是我国古代最全面、最科学的建筑学著作，也是世界上最早、最完备的建筑学著作，相当于宋朝建筑业的“国标”。这个时期代表性建筑有山西太原晋祠圣母殿、福建泉州清净寺、河北正定隆兴寺和浙江宁波保国寺等，其建筑特征是屋顶的坡度增大，出檐不如前代深远，重要建筑门窗多采用菱花隔扇，建筑风格渐趋柔和。

辽朝是中国历史上由契丹族建立的朝代。契丹族原是游牧民族，唐末吸收汉族先进文化，逐渐强盛，不断向南扩张，五代时进入河北、山西北部地区。由于辽朝建筑是吸取唐朝北方传统做法而来，工匠也多是汉族，因此较多保留唐朝建筑的手法。辽朝留下的山西应县佛宫寺释迦塔（简称应县木塔），是我国现存唯一木塔，也是古代木构高层建筑的实例。

女真族统治的金朝占领中国北部地区以后，吸收宋、辽文化，逐渐汉化，建造京城中都（今北京市），仿照宋东京制度，征用大量汉族工匠，因此金朝建筑既沿袭了辽朝传统，又受到宋朝建筑影响。现存的一些金朝建筑有些方面和辽朝建筑相似，有些地方则和宋朝建筑接近。由于金朝统治者追求奢侈，建筑装饰与色彩比宋朝更富丽。

西夏是我国西北地区以党项族为主体的政权，北宋初开始强盛，拓展疆土，并建都大兴府（今银川市）。从遗存的众多佛塔来看，西夏佛教盛行，建筑受宋朝影响，同时又受吐蕃影响，具有汉藏文化双重内涵。

10.6.1 宋朝的祠庙建筑（晋祠圣母殿）

祠庙是一种礼制祭祀性的建筑，它的出现是伴随着人类意识崇拜而产生，它是中华民族祭祀祖先或先贤的场所，多采用庙堂式建筑形式。中国民间崇拜的传说中的神，国家规定要祭祀的山川之神，也都有专用的祠庙建筑。经过几千年的发展和延续，祠庙建筑充满丰富的文化内涵，体现了古人的信仰及宗族的变迁，因此古人一直把祠庙看作精神家园。祠庙建筑在全国各地分布很广，山有山祠，水有水祠，村有宗祠，祭祀的对象有水神、山神、家族祖先等。祠庙建筑形态有宏伟的宫殿式，也有普通的窑洞等。

两宋时期的建筑：建筑概述

晋祠位于山西省太原市晋源区晋祠镇，是为纪念晋国开国诸侯唐叔虞（后被追封为晋王）及母后邑姜而建，是中国现存最早的皇家园林，为晋国宗祠。祠内有几十座古建筑，具有中华传统文化特色。圣母殿是晋祠的主殿，也是晋祠内主要建筑，是为奉祀姜子牙的女儿，周武王的妻子，周成王的母亲邑姜所建。

两宋时期的建筑：建筑风格

圣母殿始建于北宋天圣年间（公元 1023 年至 1032 年），崇宁元年（公元 1102 年）重修，是现存晋祠内最古老的建筑。大殿庄严古朴，气势宏伟，蔚为壮观，其形制、规格和构筑方法是我国宋代建筑中的典范，具有很高的历史价值和艺术价值。

两宋时期的建筑：建筑背景、建筑艺术、建筑装饰和文化内涵

如图 10.65（a）所示，圣母殿位于晋祠主轴线上，坐西朝东，重檐歇山顶。殿身面阔五间，进深四间，殿堂结构为单槽形式，即有一排内柱，殿四周有深一间的回廊，构成下檐，即《营造法式》所载“副阶周匝”的做法。殿柱侧脚和生起显著，檐口线从次间上翘，形成富有弹性的檐口曲线。大殿正面八根下檐柱（在二层或多层楼房中，最下面的一层的檐柱）上有木制雕龙缠绕，即《营造法式》所载的缠龙柱，是现存宋代这种柱的孤例。大殿副阶斗出两跳，华头外延为假昂头，殿身斗出三跳，为两华一下昂，上加昂形耍头。补间铺作仅正面每间一朵，侧面及背面不用。此殿是现存宋代建筑中唯一用单槽副阶周匝的建筑，柱身侧脚，生

起显著，屋顶及檐口曲线圆和，表现了典型的北宋建筑风格，可视为宋式建筑代表作。

两宋时期的建筑：
建筑科技和城市建设

圣母殿内有宋代彩塑 43 尊，主像圣母端坐在木制神龛内，凤冠蟒袍，神态端庄。侍从手中各有所奉，为宫廷生活写照。殿内的宋代侍女塑像是按照封建社会的宫廷制排列的，是宋代皇室生活的缩影。大殿前廊柱上雕饰有八条蜿蜒欲动的木龙，豪放健美，八条木龙各抱一根大柱，怒目利爪，栩栩如生，距今近千年，鳞甲须髯，仍跃跃欲飞，不能不叫人叹服木质的优良及工艺的精巧。殿内无柱，不但增加了高大神龛中圣母的威严，而且为设置塑像提供了很好的条件。

如图 10.65(b)所示，圣母殿前有鱼沼飞梁，是在方形水池上架设的十字形桥，为石柱木构梁式桥，交搭处用斗，其渊源可追溯到北朝，但现存的为宋代遗物。鱼沼飞梁之前的献殿，是陈设祭品之所，建于金大定八年(公元 1168)，献殿面阔三间，进深二间，梁架用前后檐通梁，单檐歇山顶，两山构造简洁，明间前后设门，其余都装透空的栅栏，是四面开敞的小殿。

(a)立面示意图　(b)立体示意图

图 10.65　晋祠圣母殿

10.6.2　辽、金和西夏时期的建筑

(1)奉国寺

奉国寺位于中国辽宁省锦州市义县，始建于辽开泰九年(公元 1020 年)，初名咸熙寺，后易名奉国寺。奉国寺总体布局与独乐寺、大同善化寺基本一致。奉国寺是典型的汉传佛教寺院布局，坐北朝南，沿中轴线依次为外山门、内山门、牌坊、天王殿、大雄殿。辽、金、元时期是奉国寺的鼎盛时期，到明清时期仅存大雄殿。

如图 10.66 所示，奉国寺大雄殿是中国古代建筑中最大的单层木结构建筑，被誉为“中国第一大雄宝殿”。大雄殿筑于高 3 m 的台基之上，屋顶为五脊单檐庑殿顶，面阔九间，进深五间，殿内主供的七尊大佛为原汁原味的辽代塑像。

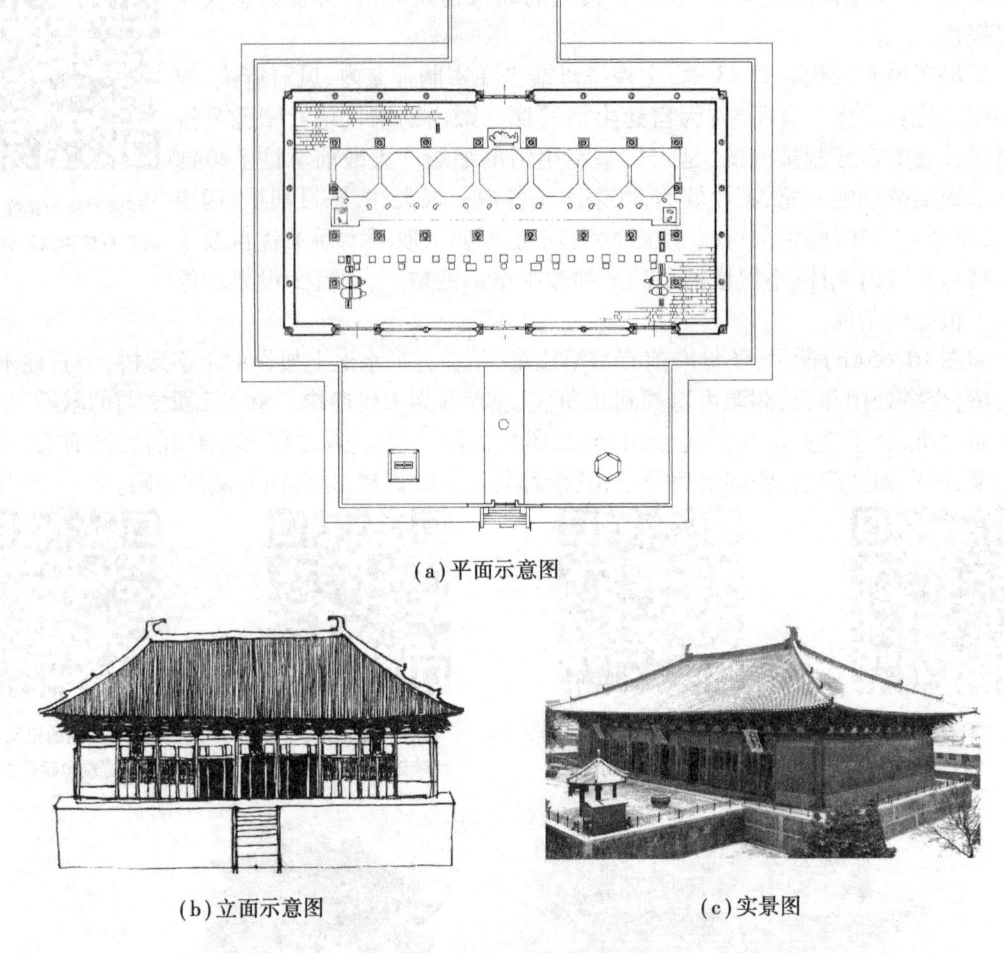

(a)平面示意图

(b)立面示意图

(c)实景图

图 10.66　奉国寺大雄殿

(2)佛宫寺释迦塔(应县木塔)

释迦塔全称佛宫寺释迦塔,位于山西省朔州市应县城佛宫寺内,俗称应县木塔。该塔建于辽清宁二年(公元1056年),是世界上现存最古老最高大之木塔,与意大利比萨斜塔、巴黎埃菲尔铁塔并称“世界三大奇塔”。

如图10.67所示,释迦塔位于佛宫寺南北中轴线上的山门与大殿之间,属于“前塔后殿”的布局。塔建造在四米高的台基上,平面为八角形。第一层的立面是重檐,以上各层均为单檐,共五层六檐,各层间夹设有暗层,实为九层。因底层为重檐并有回廊,故塔的外观为六层屋檐。各层均用内、外两圈木柱支撑,每层外有24根柱子,内有八根,木柱之间使用了许多斜撑、梁、枋和短柱组成不同方向的复梁式木架。塔身底层南北各开一门,二层以上周设平座栏杆,每层装有木质楼梯,可达顶端。二至五层每层有四门,均设木隔扇。塔内各层均塑佛像。塔顶作八角攒尖式,上立铁刹。塔的每层檐下都装有风铃。

释迦塔的设计大胆继承了汉、唐以来富有民族特点的重楼形式,充分利用传统建筑技巧,广泛采用斗栱结构。该塔共用斗栱54种,每个斗栱都有一定的组合形式,有的将梁、坊、柱结成一个整体,每层都形成了一个八边形中空结构层。

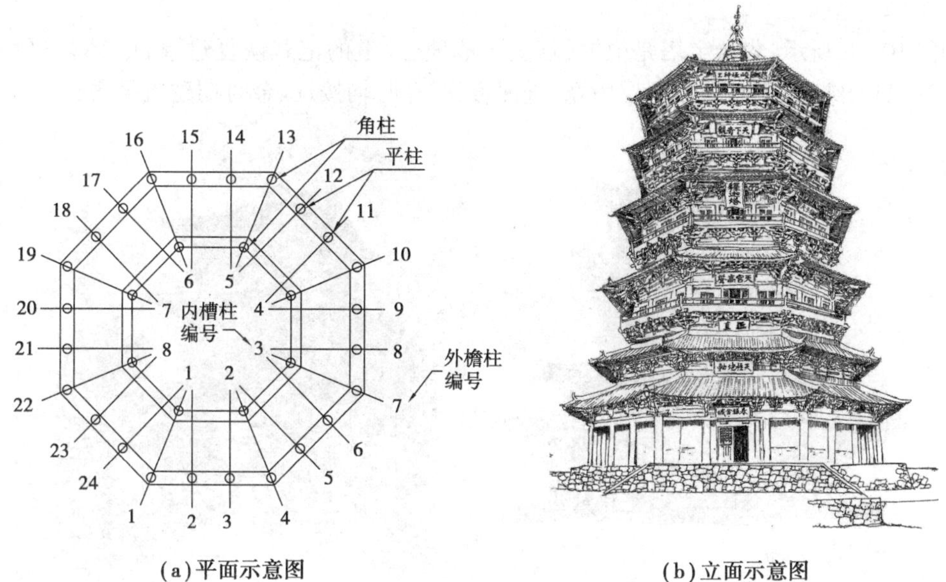

(a) 平面示意图　　(b) 立面示意图

(c) 立体示意图

图 10.67　佛宫寺释迦塔(应县木塔)

(3) 山西大同华严寺

华严寺位于大同古城内西南隅,始建于辽重熙七年(公元 1038 年),依据佛教经典《华严经》而命名。华严寺兼具辽国皇室宗庙性质,地位显赫,后毁于战争,金天眷三年(公元 1140 年)重建。华严寺坐西向东,山门、普光明殿、大雄宝殿、薄伽教藏殿、华严宝塔等 30 余座单体建筑分别排列在南北两条主轴线上,布局严谨,是中国现存年代较早、保存较完整的一座辽、金寺庙建筑群。

辽朝建筑:大同华严寺、善化寺、独乐寺、开善寺和阁院寺

1)华严宝塔

如图 10.68 所示,华严宝塔是根据《辽史·地理志》上的记载恢复建造的。木塔平面呈方形,为三层四檐纯木榫卯结构,每层面宽、进深各为三间,均按辽、金时期建筑手法营造。

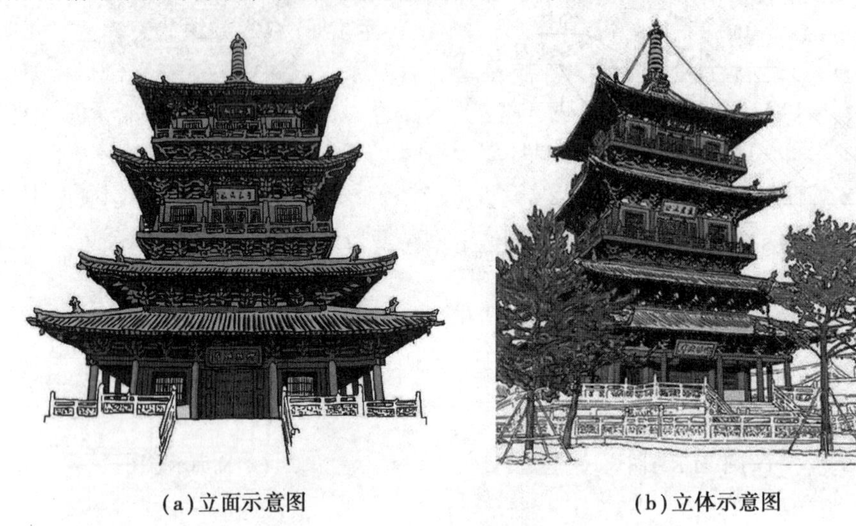

(a)立面示意图　　(b)立体示意图

图 10.68　华严宝塔

2)上华严寺大雄宝殿

如图 10.69 所示,上华严寺大雄宝殿是现存辽、金时期最大的佛殿之一,始建于辽,后来毁于兵火,金天眷三年(公元 1140 年)依旧址重建。殿身东向,大殿面阔九间,进深五间,矗立在 4 米余高的月台上,月台前正面置有石级,周围装勾栏,台上有一清式三间牌坊,左右分别是明代增建的六角钟鼓亭。殿的前檐装板门三道,都是壶门。屋顶是单檐庑殿顶,举折平缓。正脊上的琉璃鸱吻规模很大,由八块琉璃构件组成,北吻是金代的原物,南吻是明代制作,也是中国古建筑上最大的琉璃吻兽。顶部覆盖筒瓦,黄、绿色琉璃瓦剪边。大殿外檐斗栱为双杪重栱五铺作,形制硕大有力。大雄宝殿内采用减柱法构造,减少内柱 12 根,扩大了前部的空间面积,便于礼佛等各项活动。

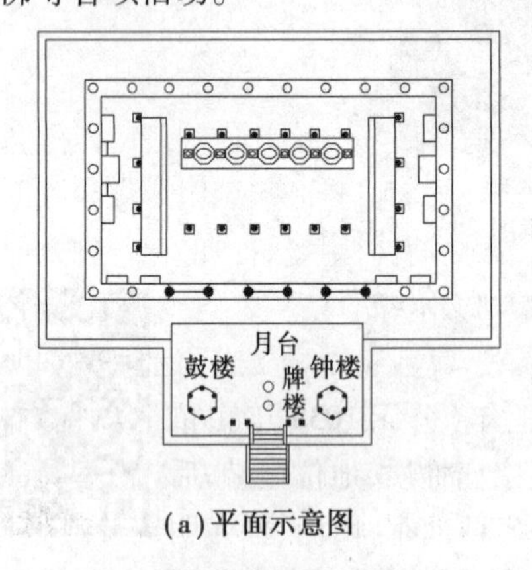

(a)平面示意图

(b)立面示意图

(c)殿内示意图

(b)立体示意图

图10.69　上华严寺大雄宝殿

3)下华严寺薄伽教藏殿

下华严寺位于上寺的东南侧,以薄伽教藏殿为中心,有辽代塑像、石经幢、楼阁式藏经柜和天宫楼阁等。

如图10.70(a)、(b)所示,薄伽教藏殿意为佛教的经藏殿,面阔五间,进深四间,单檐九脊顶,正脊两端矗立着高达3 m的琉璃鸱吻,屋顶坡度平缓,出檐深远,檐柱显著生起。

如图10.70(c)所示,在薄伽教藏殿内四周,依壁有两层楼阁式藏经柜,共38间。在后窗处,有用拱桥连接的木制天宫楼阁5间,两侧以拱桥与左右壁藏上部凌空相接,壁藏分上下两层,下层设门,内为经橱,置于叠涩基座之上。其上部为腰檐平座,座上置佛龛。龛内顶部平棋和腰檐遮板彩绘图案为辽代绘制,外有勾栏。龛上覆木制屋顶,椽飞、瓦当、脊饰、瓦垅、鸱吻,与大型建筑几无二致。其所用斗栱种类繁多,计有17种。柱头斗栱为双下昂七铺作,是辽代斗栱中最复杂的一种。勾栏束腰栏板雕刻镂空几何图案达37种。楼阁雕工极细而富于变化,是中国唯一的辽代木构建筑模型,具有重要的科学研究价值,被建筑学家梁思成称为“海内孤品”。

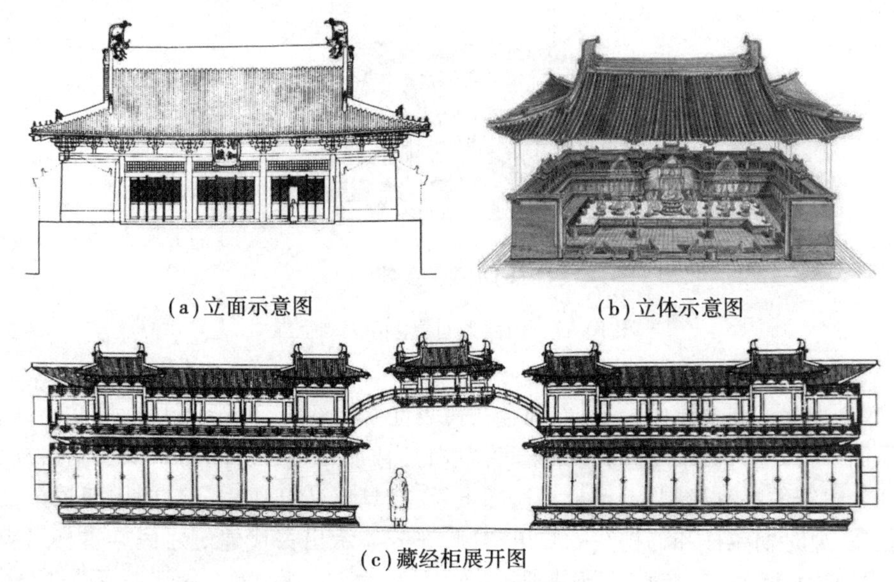
(a)立面示意图

(b)立体示意图

(c)藏经柜展开图

图10.70　下华严寺薄伽教藏殿

(4)山西大同善化寺

善化寺俗称南寺,位于山西省大同市平城区南寺街。善化寺坐北朝南,主要建筑依中轴线为天王殿、三圣殿、大雄宝殿,层层叠高。东有文殊阁(已毁),西为普贤阁。其中天王殿、三圣殿、大雄宝殿、普贤阁均为辽、金时期的原构。

1)大雄宝殿

如图 10.71 所示,大雄宝殿是善化寺的主殿,也是寺内最大的殿堂。殿前有宽阔的月台,殿顶梁架构造雄伟,殿内斗栱形制多样,是一处具有民族传统的木构建筑。殿内正中有五尊金身如来佛像,人称五方佛,是金代原作。大雄宝殿它是善化寺殿宇中唯一未被战火毁灭的辽代建筑,金代时期曾进行过重修,大殿立在高达 3.3 m 的台基上,月台上有明万历四十四年(公元1616 年)建造的牌坊和钟鼓亭。大殿面阔 7 间,进深 5 间,单檐五脊顶,正中有平基藻井 2 间,余为彻上露明造。殿顶当心间有八角形藻井,内围列有两层斗栱,下层为七铺作,上层为八铺作,由下而上层层叠收,其形制、手法均与大殿本身梁架结构和斗栱形制相同,为辽代遗构。殿内采用减柱法配列支柱,空间开阔。殿内佛坛正中有泥塑金身如来五尊,端坐于莲台,人称五方佛,是金代原作,法相庄严,姿态清雅,衣纹流畅,雕技高超,虽然经过历代彩绘修饰,但仍保留辽、金塑像之艺术风格。

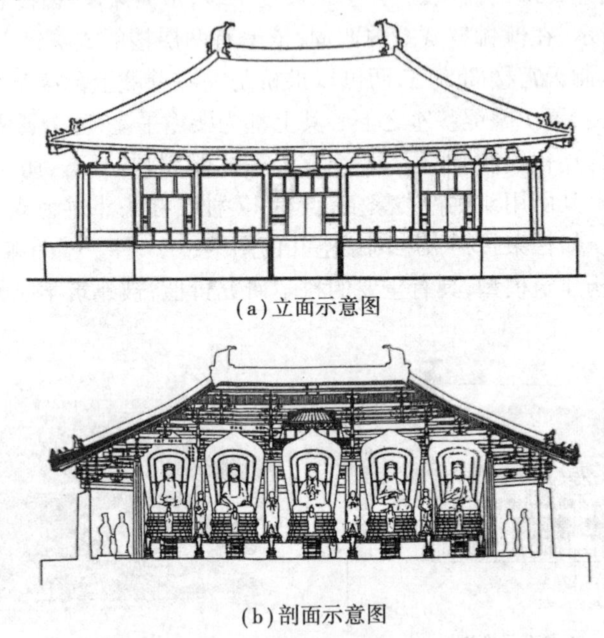

(a)立面示意图

(b)剖面示意图

图 10.71　山西大同善化寺大雄宝殿

2)三圣殿

三圣殿雄踞于一米多高的台基上,为金初代表性木构建筑,建于金天会六年。如图 10.72 所示,殿平面呈长方形,面阔 5 间,进深 4 间,单檐五脊顶。左右次间的斜栱形制多样,色彩斑斓,它是辽金建筑的特有形制,不但承载檐部重量,且具有装饰作用。殿内用四根金柱支撑梁架屋顶,是辽、金时期减柱和移柱法的突出实例,充分显示出古代建筑之民族古朴风貌。殿内塑立像三尊,中为释迦牟尼佛,右为普贤菩萨,左为文殊菩萨,称“华严三圣”,因此取名三圣殿。

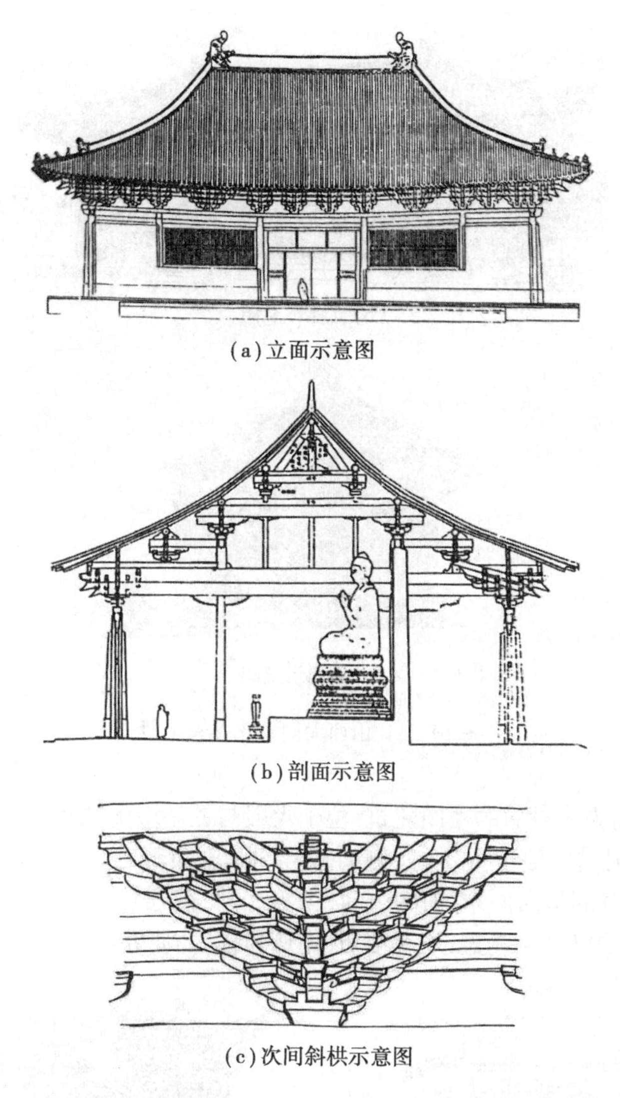

(a)立面示意图

(b)剖面示意图

(c)次间斜栱示意图

图10.72　山西大同善化寺三圣殿

3)天王殿

如图10.73所示,天王殿现为山门,面阔五间,进深两间,单檐庑殿顶,是中国现存金代时期最大的山门。左右次间有明塑四大天王像,横眉怒目,姿态威严。

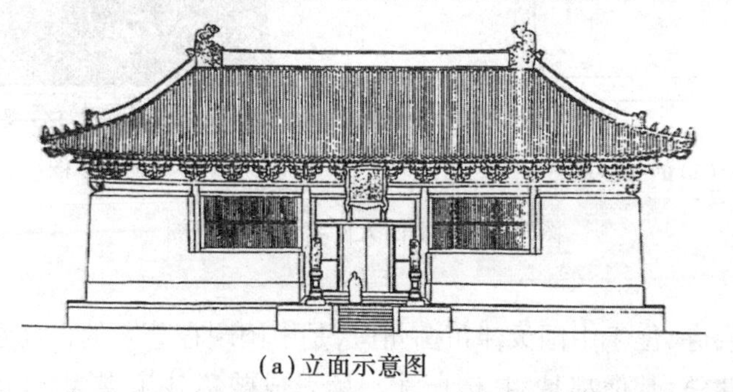

(a)立面示意图

(b)立体示意图

(c)剖面示意图

图 10.73　山西大同善化寺天王殿

4)普贤阁

普贤阁和文殊阁为一对称的楼阁建筑,位于大殿与三圣殿间的东西两侧,又称东楼、西楼。东侧的文殊阁在民国初年毁于火灾,西侧的普贤阁是金贞元二年(公元 1154 年)重修之物。如图 10.74 所示,普贤阁坐西向东,面阔 3 间,进深 3 间,两层楼阁,重檐九脊顶,下檐为平座,上檐施以斗栱,两檐均以筒瓦覆盖,外观精巧,比例匀称,乃研究中国辽、金建筑的珍贵实物。

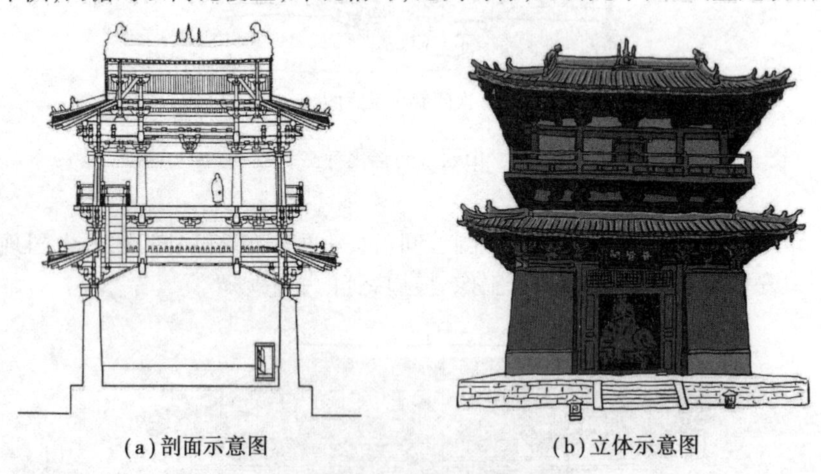

(a)剖面示意图　　(b)立体示意图

图 10.74　山西大同善化寺普贤阁

(5)独乐寺

独乐寺又称大佛寺,位于中国天津市蓟州区,是中国现存著名的古代建筑之一。独乐寺山门和观音阁为辽代建筑,其他都是明、清所建。梁思成曾称独乐寺为“上承唐代遗风,下启宋式营造,实研究中国建筑蜕变之重要资料,罕有之宝物也。”

1)山门

如图10.75所示,独乐寺山门是我国现存最早的庑殿顶山门,山门面阔三间,进深两间,中间做穿堂,正脊两端的鸱吻,造型生动古朴,长长的尾巴翘转向内,犹如雉鸟飞翔,是中国现存古建筑中年代最早的鸱尾实物,为辽代原物。山门前两稍间是两尊辽代彩色泥塑金刚力士像,俗称“哼哈二将”,后两稍间是清代绘制的“四大天王”彩色壁画。山门梁柱粗壮,斗栱雄硕,“生起”和“侧脚”明显。

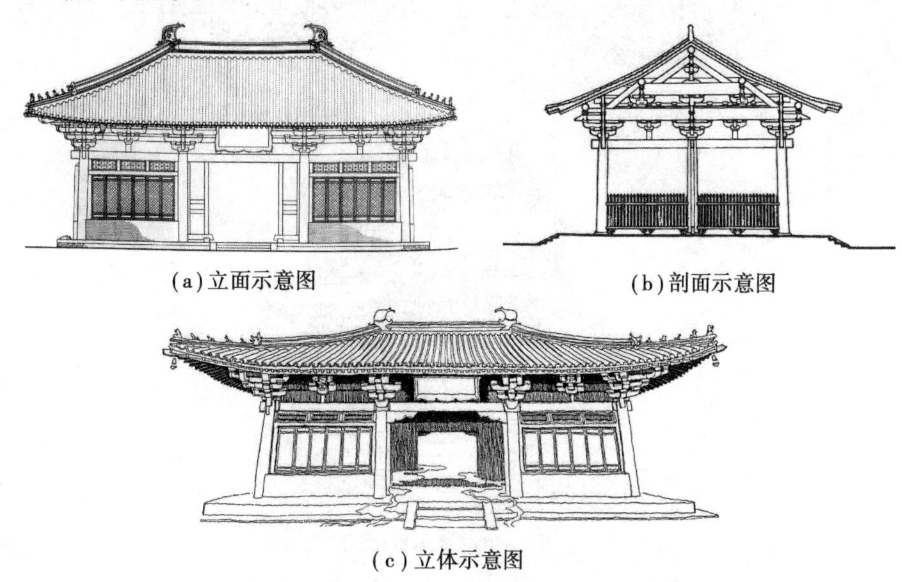

(a)立面示意图　　(b)剖面示意图

(c)立体示意图

图10.75　独乐寺山门

2)观音阁

独乐寺的主体建筑观音阁是一座三层木结构的楼阁,阁高23 m,因为第二层是暗室,且上屋檐与第三层分隔,所以在外观上像两层建筑。中间腰檐和平坐栏杆环绕,上为单檐歇山顶。

观音阁内中央的须弥座上,耸立着一尊高16 m的泥塑观音菩萨站像,菩萨头部直抵三层的楼顶。因其头上塑有十个小观音头像,故又称之为“十一面观音”。观音塑像两侧各有一尊胁侍菩萨塑像。塑像是辽代的原塑,虽制作于辽代,但其艺术风格类似盛唐时期的作品,是我国现存的最大的泥塑佛像之一。

观音阁内以观音塑像为中心,四周列柱两排,柱上置斗栱,斗栱上架梁枋,其上再立木柱、斗栱和梁枋,将内部分成三层,使人们能从不同的高度瞻仰佛容。梁枋绕像而设,中部形成天井,上下贯通,容纳像身,像顶覆以斗八藻井,整个内部空间都和佛像紧密结合在一起。阁内光线较暗,正面光线较足,像容清晰,背面仅可辨轮廓,从而加强了佛寺的神秘性。整个楼阁梁、柱、斗枋数以千计,但布置和使用很有规律,其大小形状,无论是衬托塑像,还是装修建筑,处理都很协调,显示出辽代木结构建筑技术的卓越成就。

如图10.76所示的观音阁的28根立柱,做里外两圈生起,用梁桁斗栱联结成一个整体,赋予建筑巨大的抗震能力。斗栱繁简各异,共计24种,152朵,使建筑既庄严凝重,又挺拔轩昂。三层楼阁,中间做成暗层,省去一层瓦檐,避免了拥簇之感,暗层处里外修回转平台,供认礼佛和凭栏远眺。

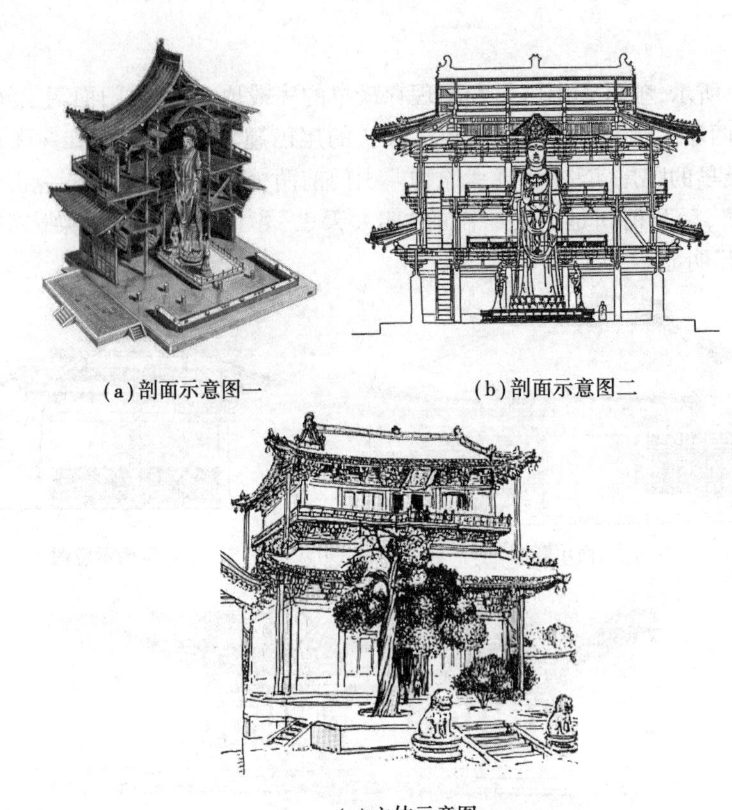

(a)剖面示意图一　　(b)剖面示意图二

(c)立体示意图

图 10.76　独乐寺观音阁

(6)开善寺

开善寺坐落于河北省高碑店市新城县旧址,据传始建于唐代,原建筑多已被毁,现仅存建于辽代的大雄宝殿和后代修缮的天王殿、金刚殿。

如图 10.77 所示,大雄宝殿面阔 5 间,进深 3 间。殿内立柱用材粗壮,具有明显的侧脚和生起,各柱卷杀圆润,殿顶为出檐深远、弧度平缓的庑殿顶。为了扩大视野,大殿在建造过程中使用了辽金建筑中常见的减柱法。殿内仅有立柱 4 根,充分体现了辽代佛殿内部结构安排与实用要求紧密结合的设计思想。此外,殿内还保留有辽代壁画。

(a)剖面示意图　　(b)实景图

图 10.77　开善寺大雄宝殿

(7)阁院寺

阁院寺位于河北省涞源县,现存最早的建筑是辽初修建的文殊殿,具有很高的历史、科学和艺术价值。

阁院寺的主体建筑文殊殿建于辽应历十六年(公元 966 年)。文殊殿的平面近乎正方形,面阔、进深各三间,建在高 0.75 m 的砖台上,前面为宽大的月台。殿前东西两棵古松对称而立,使大殿显得更加古朴庄严。如图 10.78(a)所示,文殊殿的建筑形式为单檐布瓦歇山顶,叠涩脊,绿色琉璃鸱吻。文殊殿前立有辽代八棱汉白玉经幢 1 座,殿东南钟楼基址上还存有辽天庆四年(公元 1114 年)铸造的铁钟 1 口。

如图 10.78(b)所示,文殊殿在斗栱处理上结构严谨,自然和谐,每一构件相互咬合,不留一丝缝隙,支撑力完全合乎力学原理。由于用材讲究,结构合理,虽历经千年风雨而依然挺立如故。

文殊殿有三宝。一是殿本身独特的建筑风格。二是堪称木雕孤品的棂花格子门窗。在文殊殿正门,有两处历经千年风吹日晒至今仍保持完好的辽代棂花格子门窗,这是中国最古老的、保存完好的、仍在使用的木窗棂之一,被称为木雕孤品。三是壁画佳作。

文殊大殿内,东西北三壁上皆是大幅壁画,因其用黄泥覆盖,得以长久保存至今。从泥坯脱落处露出的内容看,画面属佛教故事,画风保留有浓郁的唐代风格。其画技之精湛,似不是出于民间艺人之手,而是皇宫画院大师的杰作。

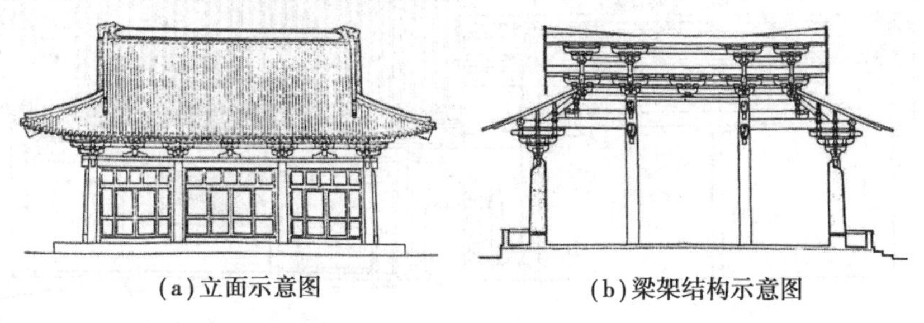

(a)立面示意图　　(b)梁架结构示意图

图 10.78　阁院寺文殊殿

(8)佛光寺文殊殿

佛光寺文殊殿位于寺内前院北侧,建于金天会十五年(公元 1137 年)。如图 10.79 所示,寺面宽七间,进深四间,单檐悬山式屋顶,形制特殊,结构精巧,是金代以前我国古建筑中少见的一例。寺檐下补间铺作斜栱宽大,犹如怒放的花朵,具有辽金建筑的特征。为扩大殿内空间面积,前后两槽均用长跨三间的大内额,后槽在内额与内额之间用斜材传递负荷,构成近似人字柁架的屋架,为我国古建筑中所罕见。殿顶脊中琉璃宝刹,是元至正十一年(公元 1351 年)烧造,形制秀美,色泽浑厚。殿内佛坛上塑文殊菩萨及侍者塑像六躯,面相秀润,装饰富丽,是金代的雕造遗物。殿内四周墙壁下部,绘有五百罗汉壁画,是明宣德间的作品。

金朝建筑:都城建筑、善化寺三圣殿、佛光寺文殊殿、崇福寺弥陀殿和岩山寺文殊殿

金朝建筑:建筑特征

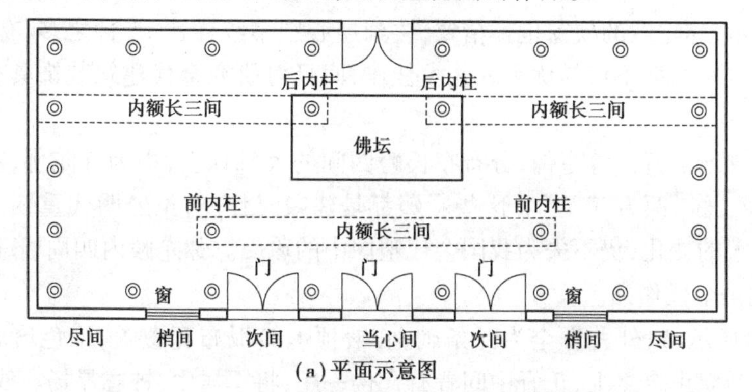

(a)平面示意图

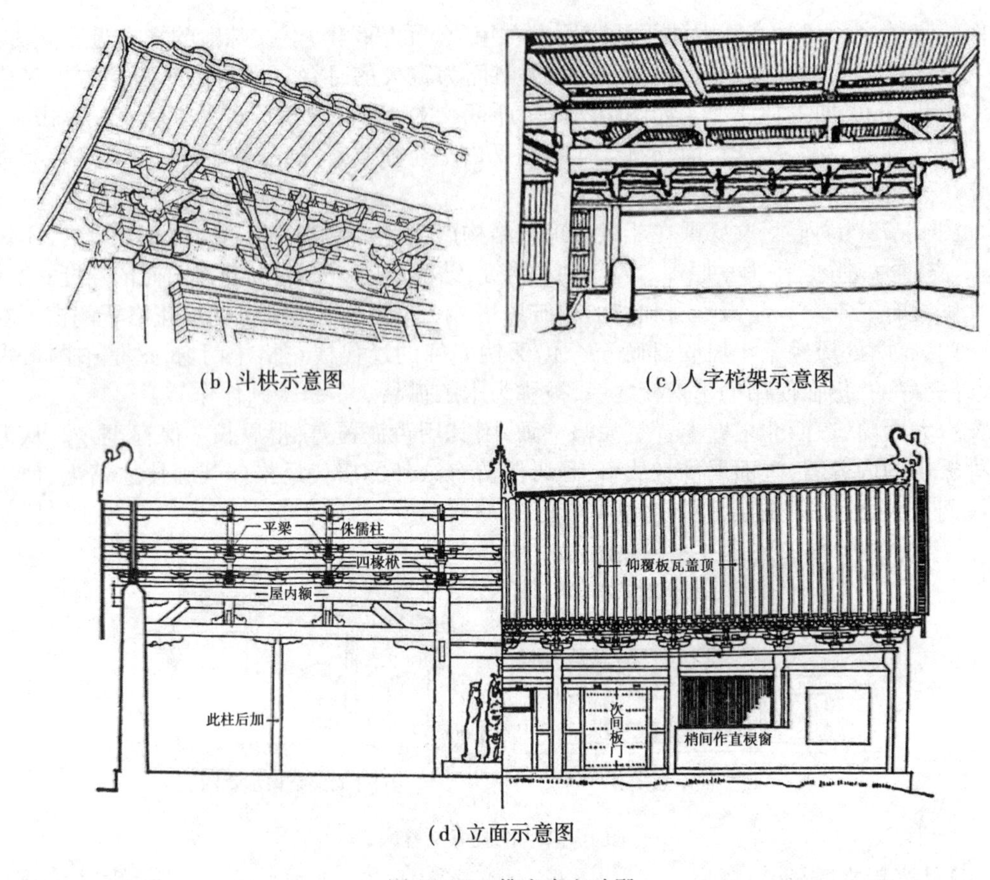

(b)斗栱示意图　(c)人字柁架示意图

(d)立面示意图

图 10.79　佛光寺文殊殿

(9)崇福寺

崇福寺位于山西省朔州市朔城区东街北侧,俗称大寺庙,是一处规模宏敞,殿阁群居的古寺庙。

崇福寺的主殿是弥陀殿,建于金熙宗皇统三年(公元 1143 年)。如图 10.80 所示,殿身面阔七间,进深四间八椽,单檐歇山顶,坐落在 2 m 多高的台基上。殿前有宽敞的月台,使得殿宇显得高大雄伟,瑰丽壮观。殿前当中五间为隔扇门,后檐明间和两梢间各装大板门两页。为了扩大内部空间面积,减去了当心五间的中柱,前槽四根金柱仅留两根,并移至次间中线上,增大了佛坛位置与礼佛部位的空间,这种减柱与移柱的做法,是我国建筑史上的大胆创新。

如图 10.80 所示,弥陀殿的棂窗也很精致,镂刻透心图案纹样达 15 种之多,有三角纹、古钱纹、桃白球纹等,这些图案不仅是优秀的艺术佳作,而且对研究金代建筑装饰具有很高的参考价值。

殿内中央砖砌佛坛上置三尊主像,分布在长跨四间的大佛坛上,中为弥陀佛,左为观音菩萨,右为大势至菩萨,称“西方三圣”。这些彩塑都是建殿时作品,虽经明代重装,但造型、躯体、衣饰、面容没有大的变化,仍不失为我国金代塑像中的珍品。弥陀殿内四周墙壁满绘壁画,共计 345.75 m^2,也是金代作品。

如图 10.80(a)所示,殿外九脊全为瓦条砌垒,殿顶上筒坂布瓦覆盖,绿色琉璃和脊饰剪边。两个高大邸吻矗立正脊之上,正脊中间置有瓦楼一座,将军居中,神志昂扬。戗兽、垂兽巨口獠牙，气势威武。整个弥陀殿集建筑、壁画、塑像、琉璃、棂窗、匾额等于一体，虽经历代风雨寒暑，至今仍光泽灿烂。

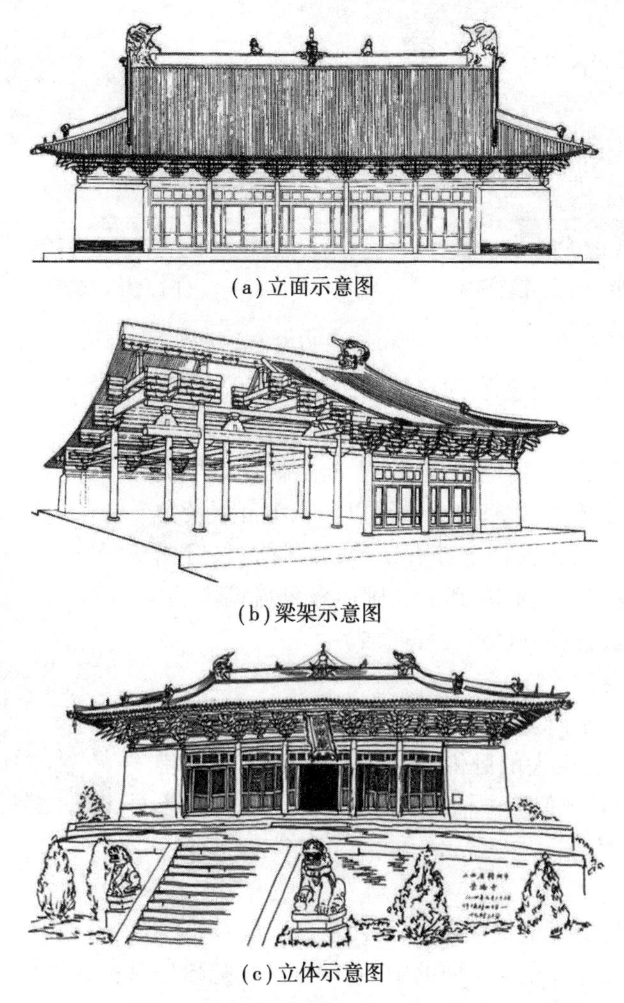

(a)立面示意图

(b)梁架示意图

(c)立体示意图

图 10.80　崇福寺弥陀殿

(10)岩山寺

岩山寺原名灵岩寺，位于山西省繁峙县，建于金正隆三年（公元 1158 年），元、明、清时期屡有修葺，除南殿外其余均为晚清到民间年间的建筑。

南殿为文殊殿，面阔五间，进深六椽，单檐歇山顶。殿内残留金代彩塑水月观音、胁侍、天王和文殊坐骑等。殿内壁满布以佛教经传故事为主题的金代壁画，完工于金大定七年（公元 1167 年），由金代宫廷画师王逵所绘，面积约 97 m^2，是现存规模最大、艺术水平最高的金代壁画，内有大量的建筑形象。

(11)承天寺塔

承天寺塔是一座密檐式八角形砖塔，位于银川市兴庆区的承天寺内，始建于西夏垂圣元年（公元 1050 年）。

(a)壁画中的建筑形象

(b)立体示意图

图 10.81 岩山寺文殊殿

塔室呈方形空间,室内各层为木板楼层结构,有木梯盘旋而上。塔身一至二层各面设券门窗式壁龛,三、五、七、九层设南北券门式明窗。塔身各层收分较大,每层之间的塔檐上下各挑出三层棱牙砖,其中塔身十一层以上挑出五层棱角牙砖。各层檐角石榴状的铁柄上挂有铁铃,微风吹过,叮当作响。塔上建八面攒尖顶刹座,其上立桃形绿色琉璃塔刹。整座塔造型挺拔,呈角锥形风格,古朴简洁。

图 10.82 承天寺塔

(12)张掖大佛寺

张掖大佛寺始建于西夏永安元年(公元 1098 年),原名迦叶如来寺,因寺内有巨大的卧佛像故名大佛寺,又名睡佛寺。大佛寺坐东朝西,现仅存中轴线上的大佛殿、藏经阁、土塔等建筑。

1)大佛殿

张掖大佛寺作为历代皇室家寺院,与西夏、元、明、清王室关系密切,具有典型的宫廷建筑风格。寺院建筑群贯穿于东西走向的中轴线上,左右配殿呈对称式排列,整组建筑造型别致、布局严谨、主题突出、基调鲜明。主体建筑大佛殿是西夏建筑艺术的杰出代表,殿身由两层楼阁组成,平面构架工整规范,空间组合变换多端,给人以既潇洒自然又庄重深邃,既鲜明真切又朦胧空灵之感,体现了皇家“九五至尊”的气概。

如图 10.83 所示,大佛殿为两层楼,重檐三滴水歇山顶,平面长方形,面宽 9 间,进深 7 间。殿顶用青筒瓦笨覆盖,殿周围绕廊。殿内塑释迦牟尼涅槃像,为全国最大的室内泥塑卧佛。

图 10.83 张掖大佛寺大佛殿

2)弥陀千佛塔

弥陀千佛塔俗称土塔,位于大佛寺内。相传该塔为天竺高僧迦摄摩腾灵骨安放处,历代以来为信士檀越供佛、礼佛的重要场所。如图10.84所示,该塔为覆钵式金刚宝座塔,塔基为高大的四方形台座,台座四周有重层回廊环绕。双层木塔构檐,檐上置须弥座。座上建覆钵型塔身,塔身上再建须弥座和十三天塔刹。华盖直径4 m多,四周饰有36块铜质板瓦,悬挂着36个流苏风铃。土塔下圆上螺旋状,顶似宝伞状,十分壮观。该塔最突出的特点是双层的五塔,其一、二层台座四隅各建一小塔,共计9塔,风格独特,为其他金刚宝座式塔所没有。

(a)立面示意图　　(b)实景图

图10.84　张掖大佛寺弥陀千佛塔

(13)宏佛塔

宏佛塔位于贺兰县,始建于西夏晚期,这是一座砖筑的三层八角形楼阁式与覆钵式兼构的复合体建筑,其造型独特,风格古朴,是国内罕见的一座古塔。

图10.85　宏佛塔

如图10.85所示,宏佛塔一个最大的特点是塔身和塔刹高度大致相等,塔通高约25 m,塔身3层,平面呈八角形。第1层高4 m,南面辟有券门,门高2.4 m,宽0.95 m,门楣上两侧用砖雕龙凤花鸟等图案。塔身每层3间,有上下两重檐,均以叠涩出檐,下檐叠涩牙砖12层,出檐1 m左右,檐下每面饰有两组粗壮浑厚的砖雕斗栱,塔棱的转角处饰有一组斗栱,均系一斗三升的仿木结构,在挑檐转角处的斗栱之上,装饰有悬挂风铃的木柄。上檐3层叠涩砖,出檐较短,檐下每面和塔棱的转角处,均饰有一斗一升的砖雕斗栱。3层塔身之上,安置塔刹,塔刹由刹座、刹身、刹顶3部分组成,结构形式似一座较大的喇嘛塔刹。刹座平面采取十字向内折二角的形式,往上逐次收缩,刹身呈宝瓶形(或称覆钵体),其上饰有三重相轮,刹顶为桃形攒尖顶。

(14)西夏王陵

西夏王陵又称西夏帝陵、西夏皇陵,是西夏历代帝王陵以及皇家陵墓。王陵位于宁夏银川市西,是中国现存规模最大、地面遗址最完整的帝王陵园之一,也是现存规模最大的一处西夏文化遗址。西夏王陵受到佛教建筑的影响,使汉族文化、佛教文化和党项族文化有机结合,构成了中国陵园建筑中别具一格的形式,故有东方金字塔之称。

西夏建筑:建筑风格、宫殿建筑和佛塔建筑

西夏王陵中帝陵共有9座,根据1990年所编号码,一号、二号、三号、五号、七号和九号陵位于平原之上,四号、六号和八号陵则依山而建。如图10.86所示,每一座帝陵均坐北朝南,呈纵向长方形。这些帝陵的外郭形制虽然有开口式、封闭式和无外郭式三种,但内部结构却大体相同,分为角台、阙台、月城、陵城四部分。

西夏建筑:石窟寺建筑、庙宇建筑和陵园建筑

西夏建筑:建筑技术、建筑构件和建筑艺术

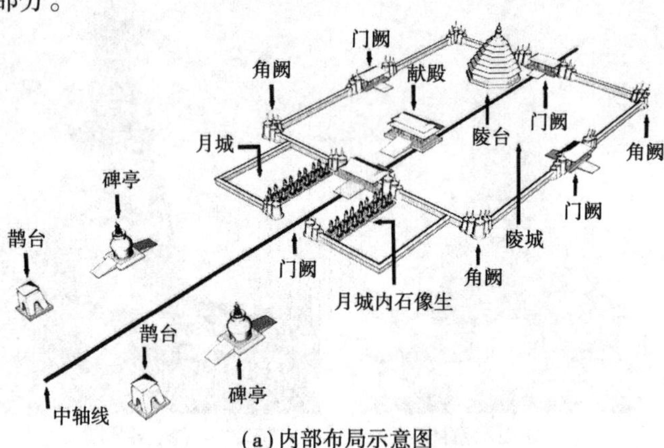

(a)内部布局示意图

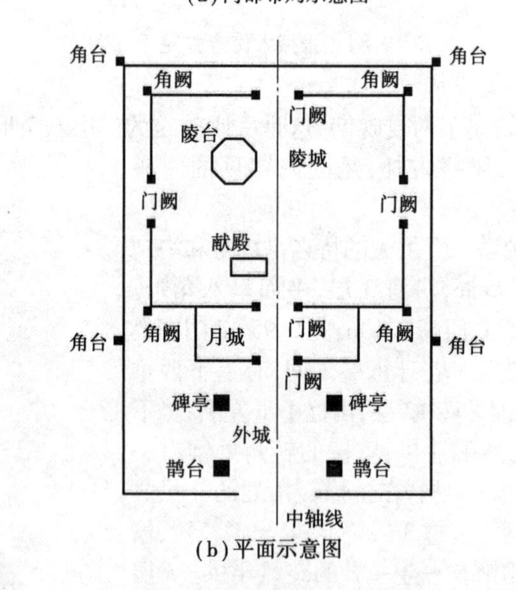

(b)平面示意图

图10.86　西夏王陵二号陵想象图

10.7　元、明、清夏时期的建筑

在元朝时期,各民族文化交流和工艺美术带来了新的发展因素,使得中国建筑呈现出若干新趋势。此时期大量使用减柱法,但正式建筑仍采满堂柱网,喇嘛教建筑有了新的发展。汉族

传统建筑的正统地位在此时期并没有被动摇，并继续发展。官式建筑斗栱的作用进一步减弱，斗栱比例渐小，补间铺作进一步增多。此外，由于蒙古族的传统，在元朝的皇宫中出现了盝顶殿、棕毛殿和畏兀尔殿等，这是前所未有的。

明清时期是中国传统建筑最后一个发展阶段，呈现出形体简练、细节繁琐的形象。官式建筑由于斗栱比例缩小，出檐深度减少，柱比例细长，生起、侧脚、卷杀不再采用，梁坊比例沉重，屋顶柔和的线条消失，因而呈现出拘束但稳重严谨的风格，建筑形式精炼化，符号性增强。这一时期，中国古代建筑虽然在单体建筑的技术和造型上日趋定型，但在建筑群体组合、空间氛围的创造上，却取得了显著的成就。明清建筑的最大成就是在园林领域，明代的江南私家园林和清代的北方皇家园林都是最具艺术性的古代建筑群。

10.7.1　元朝时期的建筑

元朝建筑：建筑简介、阳和楼和北岳庙德宁殿

元代建筑承金代建筑，因蒙元统治者建筑工程技术低落，故依赖汉人工匠营造。元代建筑特点是粗放不羁，在金代盛用移柱、减柱的基础上，更大胆地减省木构架结构。元代木构多用原木作梁，因此外观粗放。因为蒙古人好白的缘故，元代建筑多用白色琉璃瓦，为一时代特色。这一时期中国经济、文化发展缓慢，建筑发展也基本处于凋敝状态，大部分建筑简单粗糙。

(1)阳和楼

元朝建筑：慈云阁、水神庙、广胜寺、永乐宫、观星台、安阳小白塔、妙应寺和居庸关云台

阳和楼位于河北省正定县城，始建于金末元初，元曲创作演艺中心，元、明、清均有修葺。如图10.87所示，阳和楼的平面极为简单，是七楹(七排柱子)长方形，即楼屋平面广七间，深三间，比例比较狭长。阳和楼建在高敞的砖台上，南面为正面，正中悬挂写有“阳和楼”的楷书大字牌匾，屋顶为单檐歇山顶。东侧有阶梯可上下。砖台下穿左右两洞门，行人车马可以通行。阳和楼的梁架结构非常精巧，襻间替木运用自如。当心间及次梢间梁柱间之接合，各个不同。四角角柱的生起非常显著，角柱头比平柱头高出约23 cm。阑额上刻有假月梁，为罕见之例。屋脊两端微微翘起是《营造法式》里的一种做法。斗栱虽没有宋式的古劲，但比清式斗栱却老成得多。

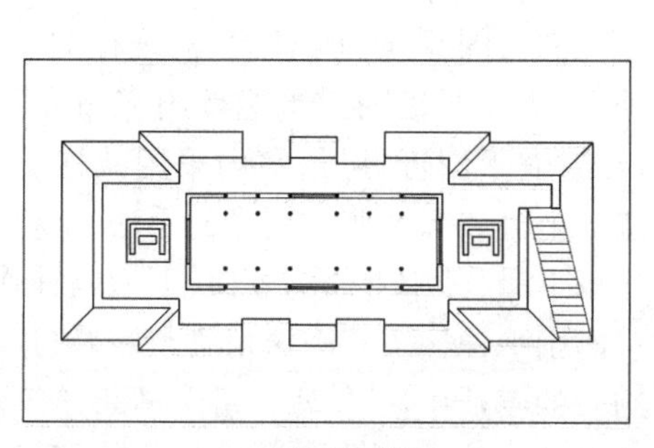

(a)平面示意图

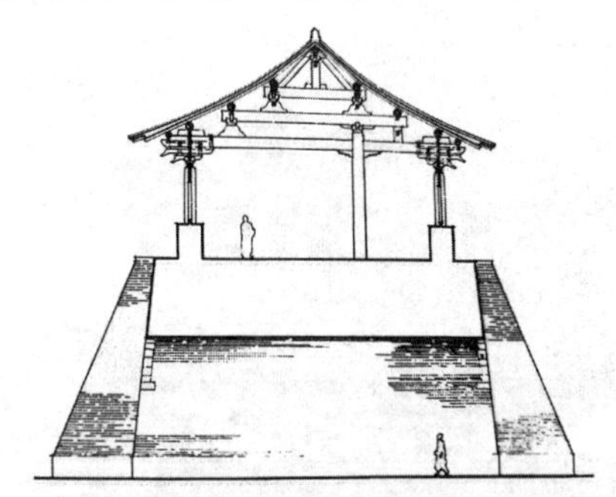

(b)剖面示意图

(c)实景图

图 10.87　阳和楼

(2)北岳庙德宁之殿

北岳庙位于河北省保定市曲阳县,始建于南北朝时期,唐、宋、元、明、清诸代及民国时期屡有修葺,是历代封建帝王祭祀北岳恒山的场所。

德宁之殿是北岳庙的主体建筑,于元至正七年(公元 1347 年)重建,是我国现存的元代建筑中较大的建筑物。如图 10.88 所示,德宁之殿营造在石砌的台阶之上,周围有白玉石栏杆,殿堂前有高大的月台。大殿面阔九间,进深六间,四周出廊,重檐庑殿式,琉璃瓦剪边和花脊,青瓦盖顶。整个建筑结构严谨,保存着宋、元时期的建筑特征,在建筑史上有着重要价值。

图 10.88　北岳庙德宁之殿

(3)慈云阁

慈云阁又名大悲阁,因阁内塑有大悲佛像而得名,位于河北省保定市定兴县,建于元大德十年(公元 1306 年)。

图 10.89　慈云阁

慈云阁原为一组建筑群,现存的慈云阁坐北朝南,为二层楼阁式重檐歇山灰布瓦顶建筑,砖木结构,平面近方形,室内采用减柱造的制作手法。上檐和下檐使用铺作的手法,上檐斗栱五铺作双下昂,其中上昂为真昂,下檐四铺作,前后檐和两山平柱柱头间施抹角梁承驼峰,这种真假昂结合的营造手法体现了元代早期建筑向晚期过渡时期的特点。慈云阁工艺精巧,彩绘华丽,雄伟壮观,为元代建筑的典型作品,是中国古代建筑从宋代风格向明清风格过渡的较好例证。

慈云阁的柱共有 24 根,分下檐柱和上檐柱两种，直径均为38 cm，柱有明显的侧脚、生起，柱头做卷刹。上檐柱有2根为小八角形，2根为十六角形，其余均为圆柱。柱的布置也较特殊，上下檐柱的距离较近，包砌在墙体内，上檐柱与下檐柱两柱不贴在一起，但两柱之间的间隙仅有16 cm。柱础分覆盆、素平两种，覆盆用于上檐柱，素平用于下檐柱。慈云阁在远处看像一座重檐歇山顶的两层建筑，实际阁内并无二层部分，天花也无藻井。

(4)圣姑庙

圣姑庙位于河北省安平县，相传是汉光武帝修建，是方圆百里最大的庙宇建筑，元大德十年(公元1306年)在原庙东侧筑高台重建。

圣姑庙由牌楼、碑亭、蹬道、门屋、工字殿、寝宫殿、观稼亭6个主体建筑组成，布置在一条明显的中轴线上，钟鼓楼和配殿左右对称，为比较典型的中国传统寺庙布局。

如图10.90所示，圣姑庙的正殿(即工字殿)平面于前后二殿之间以柱廊连接成为"工"字形，前后殿都是面阔三间，进深三间，单檐歇山顶，柱廊平面为正方形，进深二间，即俗称的穿堂。工字殿所有阑额、普拍枋及昂嘴形状，都和定兴县慈云阁一致。

图10.90　圣姑庙

(5)水神庙

水神庙坐落于山西省洪洞县广胜寺内，是祭祀霍泉神的风俗性祭祀庙宇，包括山门(明代建筑)、仪门(明代建筑)、明应王殿等建筑。如图10.91所示，水神庙明应王殿始建于唐贞观年间，因元代时大地震毁坏，于元延佑六年(公元1319年)重建，东西宽深各五间，四周有围廊，重檐歇山顶。檐下元塑二门神峙立，威严肃穆。殿内大小塑像九尊，中央为水神明应王。水神庙明应王殿内四壁墙上绘满了元代壁画，内容为祈雨降雨图及历史故事，其中南壁墙东面是幅价值连城的戏剧壁画，这幅壁画完成于元泰定元年(公元1324年)。

图10.91　水神庙明应王殿

(6)**延福寺**

延福寺位于浙江省金华市武义县，现存的建筑群按中轴线排列为山门、天王殿、大殿、后殿和两侧厢房。如图10.92所示，大殿建于元延祐四年(公元1317年)，面阔三间，平面方形，单檐歇山顶，明代增建下檐，形成五开间重檐的外观，檐下斗拱为单杪双下昂六铺作。

大殿斗栱交错，梁柱之间不用钉、不用榫、全用斗顶拱托，牢固坚实，历千年而不损分毫。殿内柱为梭形，侧脚有防震功能。柱础，一为雕饰宝相花的覆盆柱础，上加石礩；一为礩形柱矗前檐柱与金柱之间用乳栿蜀柱，下端雕刻似鹰嘴。平梁与金柱之间加弓形月梁，起搭牵作用，此法开江南弓形梁之先声。

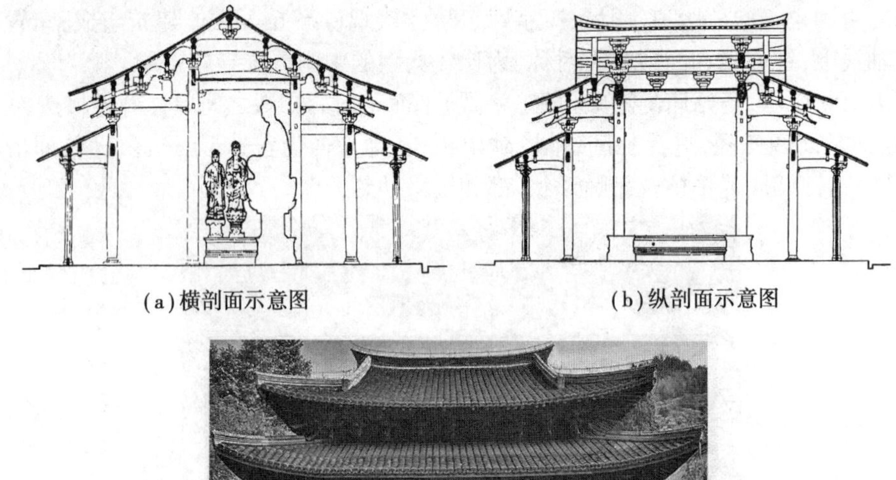

(a)横剖面示意图

(b)纵剖面示意图

(c)实景图

图10.92　延福寺大殿

(7)**广福寺大殿**

广福寺大殿位于云南镇南县城内，始创于元代。如图10.93所示，大殿平面广五间，深四间，单檐九脊顶。檐柱卷杀为梭柱。外檐斗栱重杪重昂，昂为平置假昂，昂嘴斜杀为批竹式，但昂尖甚厚，至为奇特，柱上阑额虹起如月梁，补间铺作遂不用栌斗，将华栱泥道栱相交直接置于阑额之上，至为罕见。梁栿断面均近圆形，为元代显著特征之一。

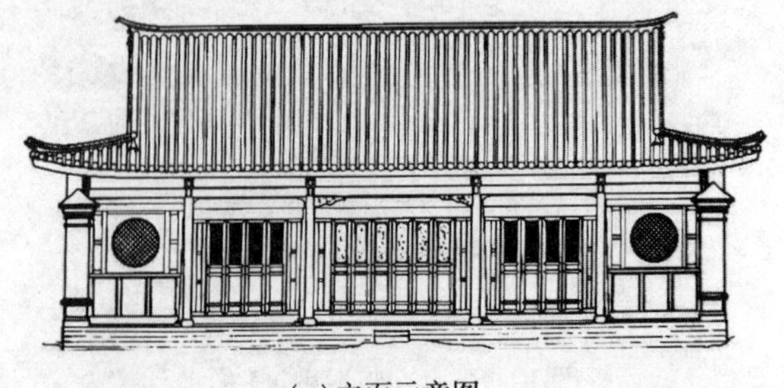

(a)立面示意图

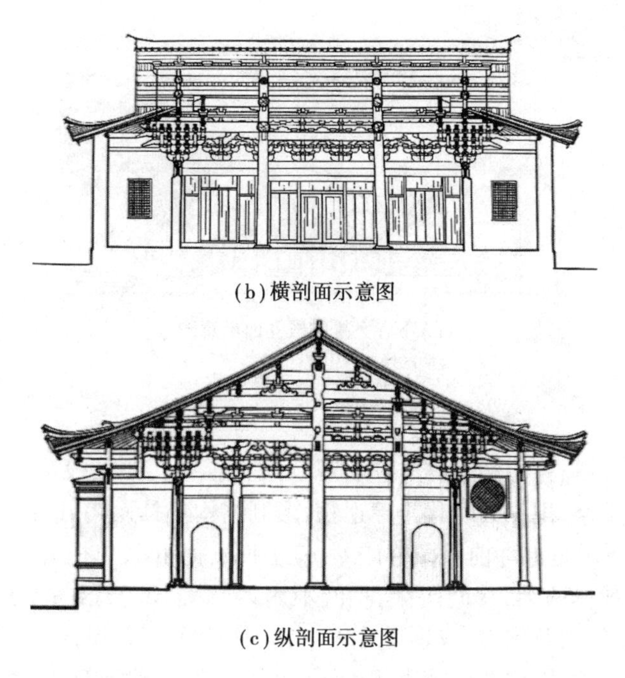

(b)横剖面示意图

(c)纵剖面示意图

图10.93　广福寺大殿

(8)广胜寺

广胜寺位于山西省洪洞县,分上、下两寺,上寺在山顶,下寺在山麓,下寺的建筑基本上都是元代修建的,上寺则大部分经明代重建。

1)下寺

下寺由山门、前殿、后殿、垛殿等建筑组成。如图10.94(a)所示,山门平面广三间,深二间,单檐歇山顶,前后檐加出雨搭,又似重檐楼阁,是一座很别致的元代建筑。如图10.94(b)所示,前殿平面广五间,深四间,椽六架,单檐悬山顶。除前面当心间外,无补间铺作。其内柱之分配,仅于当心间前后立内柱,次间不用,使梁架形成特殊结构。在当心间内柱与山柱之间,施庞大之内额,而在次间与门楣间之柱上,自斗栱上安置向上斜起之梁,如巨大之昂尾,其中段即安于内额之上。前后两大昂之尾相抵于平梁之下。我国建筑历来梁架结构均用平置构材,如此殿之用巨大斜材者,实不多见。如图10.94(c)所示,后殿(即大雄宝殿)建于元至大二年(公元1309年),七间深八架,单檐悬山顶,殿内塑三世佛及文殊、普贤二菩萨,均属元作。两垛殿始建于元至正五年(公元1345年),前檐插廊,两山出际甚大,悬鱼、惹草秀丽。

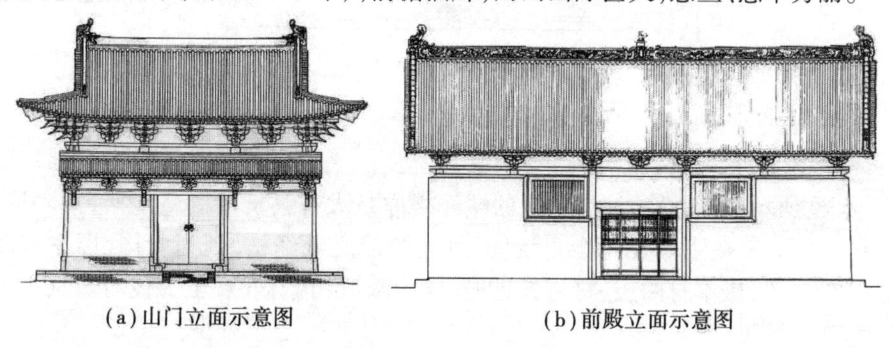

(a)山门立面示意图　(b)前殿立面示意图

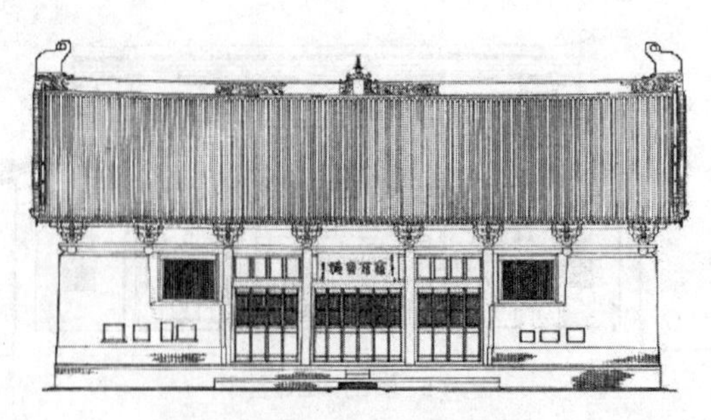

(c)下寺大雄宝殿立面示意图

图10.94　广胜寺下寺

2)上寺

上寺由山门、飞虹塔、弥陀殿、大雄宝殿、观音殿、毗卢殿、地藏殿及厢房、廊庑等组成。始建于汉代，屡经兴废重修，现存为明代重建遗物，形制结构仍具元代风格。

如图10.95(a)所示是上寺前殿即弥陀殿，广五间，深四间，单檐九脊顶，斗栱重昂重栱计心造，当心间用补间铺作两朵，次间一朵，梢间不用。如图10.95(b)所示的大雄宝殿面广五间，悬山顶，殿内木雕神龛及佛像，或剔透玲珑，或丰满圆润，工艺俱佳。如图10.95(c)所示的毗卢殿面广五间，庑殿顶，殿内两山施大爬梁，结构奇特，是元代建筑艺术富有成就的实例。

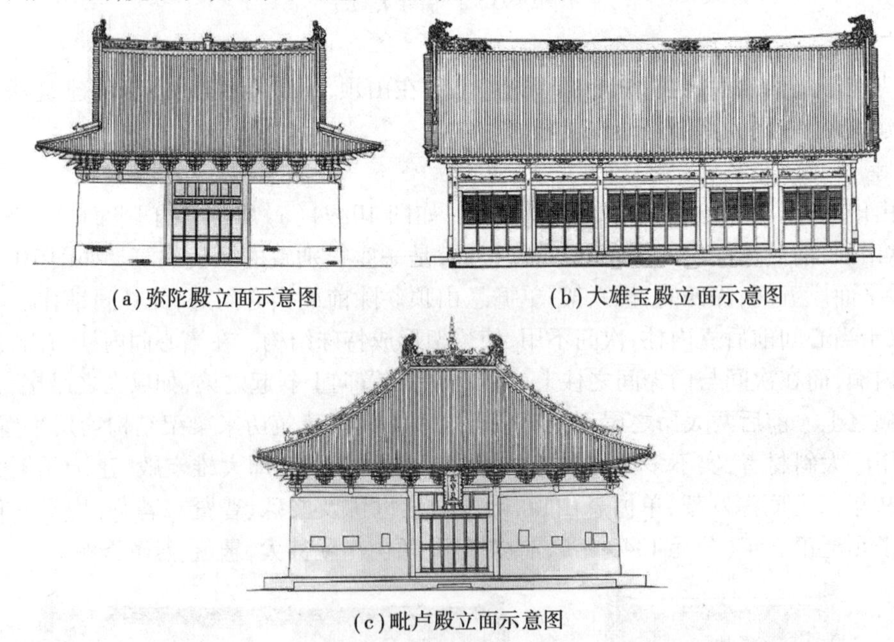

(a)弥陀殿立面示意图　　(b)大雄宝殿立面示意图

(c)毗卢殿立面示意图

图10.95　广胜寺上寺

(9)资福寺藏经楼

如图10.96所示，山西太原迎泽公园的藏经楼原是太谷县资福寺藏经楼，又名风华楼，于1958年迁建至此。资福寺始建于金皇统间，其大殿前之藏经楼，则为元构，楼左右夹以钟鼓楼，成三楼并列之势，楼本身两层，每层各重檐，成为两层四檐，外观至为俊秀。其平座铺作之上施椽作檐，尤为罕见。

图10.96　太原迎泽公园藏经楼(原太谷县资福寺藏经楼)

(10)永乐宫

永乐宫原名大纯阳万寿宫,因原址地处永乐镇,俗称永乐宫,由于修建三门峡水库于1959年将整体建筑群迁至山西芮城。永乐宫于蒙古定宗贵由二年(公元1247年)动工兴建,元至正十八年(公元1358年)竣工,施工期达110多年。永乐宫由南向北依次排列着宫门、无极门、三清殿、纯阳殿和重阳殿。永乐宫是典型的元代建筑风格,粗大的斗栱层层叠叠地交错着,四周的雕饰不多,比起明、清两代的建筑,显得较为简洁、明朗。

如图10.97(a)所示,三清殿又称无极殿,为永乐宫的主殿,面阔七间,深四间,八架椽,单檐五脊顶。如图10.97(b)所示,重阳殿是为供奉道教全真派首领王重阳及其弟子"七真人"的殿宇。如图10.97(c)所示,纯阳殿又名混成殿、吕祖殿,殿宽五间,进深三间,八架椽,单檐歇山顶。

(a)三清殿立面示意图

(b)重阳殿实景图

(c)纯阳殿立体示意图

图10.97　永乐宫

(11)观星台

观星台位于河南省郑州市登封市,由天文学家郭守敬于至元十三年至至元十七年(公元

1276—1280 年）主持建造，是中国现存最古老的天文台，也是世界上现存最早的观测天象的建筑之一。如图 10.98 所示，观星台由盘旋踏道环绕的台体和自台北壁凹槽内向北平铺的石圭两个部分组成，台体呈方形覆斗状，四壁用水磨砖砌成。

（12）安阳小白塔

安阳小白塔位于河南安阳城内，塔的样式好像一只石质的瓶子，非常气派。如图 10.99 所示，塔座由八角须弥座两层相叠而成，上为宝瓶，比例颇为瘦高。塔全部使用石头砌筑，这种式样的塔型至元代开始在中国建造。此塔准确年代由于没有记录，已经无可考，但是该塔形制与元代多数塔大同小异，应该是元代最古老的瓶式塔之一。

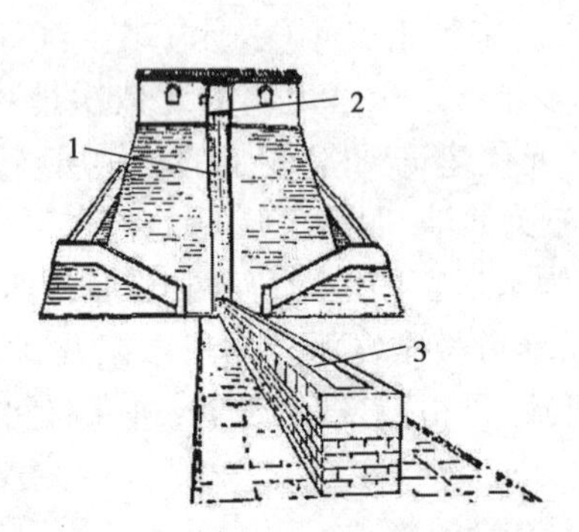

图 10.98　观星台
1—直壁；2—横梁；3—石圭

图 10.99　安阳小白塔

（13）妙应寺白塔

妙应寺俗称白塔寺，位于中国北京市西城区，是一座藏传佛教格鲁派寺院。妙应寺始建于元朝，初名“大圣寿万安寺”，寺内建于元朝的白塔是中国现存年代最早、规模最大的喇嘛塔。

如图 10.10 所示，妙应寺白塔总高 51 m，砖石结构，白色体躯，塔基是用大城砖垒起，呈 T 形的高台，高出地面 2 m。在塔基的中心，筑成多折角方形塔座，共三层，下层为护墙，二、三层为须弥座，每层四面各左右对称内收两个折角，因此拥叠出许多角石和立面。须弥座束腰部分，每块立面都被两边角柱及上下枭、枋所衬托，整个塔座造型优美，富于层叠变化。座上的塔身是硕大的白垩色的覆钵体，形状如同葫芦；上半部为圆锥形的长脖子，有 13 节，称“十三天”，顶上花纹铜盘的周围悬挂 36 个小铜钟，风吹铃铛铎，声音清脆悦耳。铜盘上竖八层铜质塔刹，高 5 m，重 4 t，分为刹座、相轮、宝盖和刹顶几个部分。

白塔形制即源于古印度的窣堵坡式，由尼泊尔工艺家阿尼哥首传西藏，后传入元大都。妙应寺白塔融合了中尼佛塔的建筑风格，不仅具备内涵丰富的佛教意义，能适应各种活动的要求，而且更以其巍峨的塔式，为元大都建筑增添了光彩和气势。

（14）居庸关云台

居庸关位于北京市昌平县境内，形势险要，自古为兵家必争之地，是京北长城沿线上的著名古关城。居庸关与紫荆关、倒马关、固关并称明朝京西四大名关。

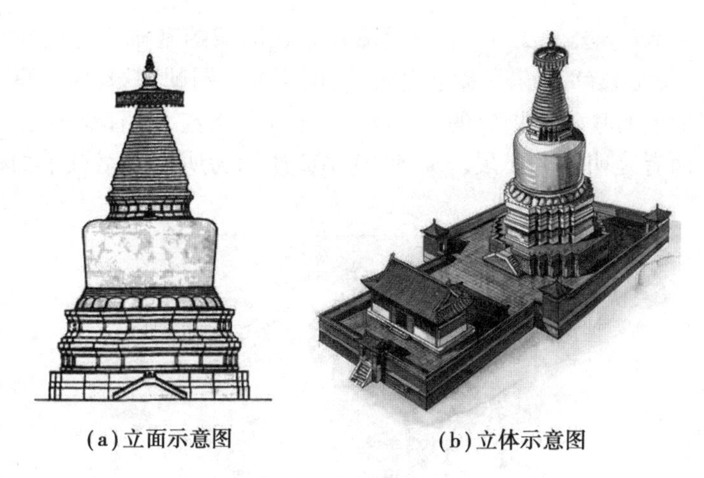

(a)立面示意图　　(b)立体示意图

图10.100　妙应寺白塔

如图10.101所示，居庸关的中心，有一“过街塔”基座，名“云台”，取其“远望如在云端”之意。云台创建于元至正二年至五年(公元1342—1345年)，是用汉白玉石筑成的，台高9.5 m，上顶东西宽25.21 m，南北长12.9 m，下基东西宽26.84 m，南北长15.57 m，上小下大，平面呈矩形。台顶四周的石栏杆、望柱、栏板、滴水龙头等建筑，都保持着元代的艺术风格。台基中央有一个门洞，门道可通行人、车、马。云台可谓是元代一座大型的石雕艺术精品。

图10.101　居庸关云台

明朝建筑：建筑概述

明朝建筑：建筑简介和建筑技术

10.7.2　明朝时期的建筑

明朝时期，中国进入了封建社会晚期，这一时期的建筑样式，上承宋代营造法式的传统，下启清代官修的工程作法，无显著变化，但建筑设计规划以规模宏大、气象雄伟为主要特点。明初的建筑风格，与宋代、元代相近，古朴雄浑，明代中期的建筑风格严谨，而晚明的建筑风格趋向繁琐。

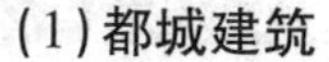

(1)都城建筑

1)明南京城

明朝开国之初的五十三年(公元1368—1420年)建都在南京，永乐十八年(公元1420年)迁都北京后，南京成为明朝的留都。南京地理条件优越，北倚长江，水源充沛，运输便利，南有秦淮河绕城而过，是水运集散地。这里自古就有“龙蟠虎踞”的美誉，钟山龙蟠于东，石城虎踞于西，北有玄武湖一片大水面。从公元3世纪至6世纪曾有六个王朝建都于此，前后达三百余年。公元 1366 年朱元璋开始在旧城的基础上进行扩建，并建造宫殿。公元 1368 年朱元璋登皇帝位，南京成为明朝都城，明南京是在元代集庆路旧城的基础上扩建的，城市由三大部分组成，即旧城区、皇宫区、驻军区，后两者是明初的扩展。如图 10.102 所示为明朝南京城平面示意图。

明朝建筑：南京城和北京城简介

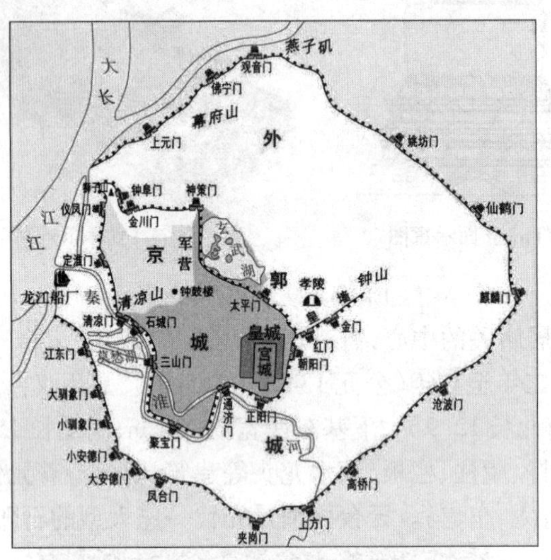

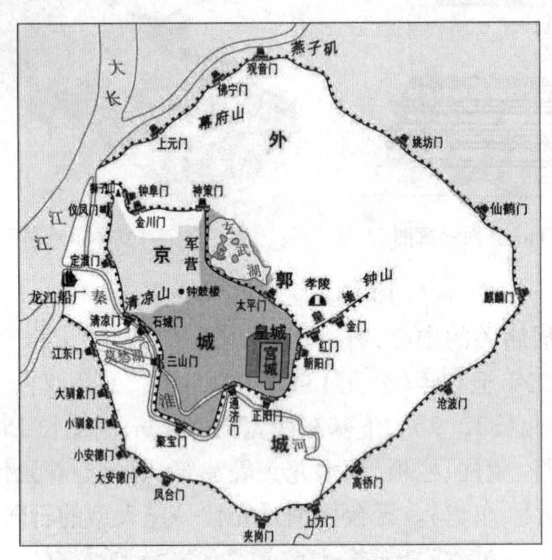

图 10.102　明朝南京城平面示意图

明朝建筑：故宫四门和内廷

2）明北京城

从永乐十八年（公元 1420 年）迁都到崇祯十七年（公元 1644 年）李自成破城为止，明朝共有 224 年建都于北京。明初的北京城沿用了元都旧城的基本部分，以后又多次扩建。经过明初到明中叶的几次大规模修建，比起元大都来，北京城显得更加宏伟、壮丽。首先，城墙已全部用砖贴砌，一改元代土城墙受雨水冲刷后的破败景象；其次，城濠也用砖石砌了驳岸，城门外加筑了月城；再者，城的四隅都建了角楼，又把钟楼移到了全城的中轴线上，从永定门经正阳门、大明门、紫禁城、万岁山到鼓楼、钟楼这条轴线长达 8 km，轴线上的层层门殿，轴线两侧左右对称布置的坛庙、官衙、城阙，使这条贯穿全城的轴线显得格外强烈、突出。但是，这种城市布局却给市民带来了不便，在明代，从大明门到地安门长达 3.5 km 的南北轴线被皇城所占有，一般人是不准穿越的，因此造成了东城与西城之间交通的不便，在古代运输工具不发达的情况下，问题尤为严重。如图 10.103 所示为明朝北京城平面示意图。

明朝建筑：故宫太和殿、中和殿和保和殿

明朝建筑：养心殿、乾清宫、交泰殿、坤宁宫、文华殿和武英殿

（2）宫殿建筑

1）北京故宫（紫禁城）

明朝建筑：故宫御花园、金水桥和建筑特点

北京故宫是中国明清两代的皇家宫殿，旧称紫禁城，设计者为蒯祥。北京故宫于明成祖永乐四年（公元 1406 年）开始建设，以南京故宫为蓝本营建，到永乐十八年（公元 1420 年）建成，成为明清两朝二十四位皇帝的皇宫。北京故宫南北长 961 m，东西宽 753 m，四面围有高 10 m 的城墙，城外有宽 52 m 的护城河。北京故宫有四座城门，南面为午门，北面为神武门，东面为东华门，西面为西华门。城墙的四角，各有一座风姿绰

约的角楼,民间有九梁十八柱七十二条脊之说,形容其结构的复杂。

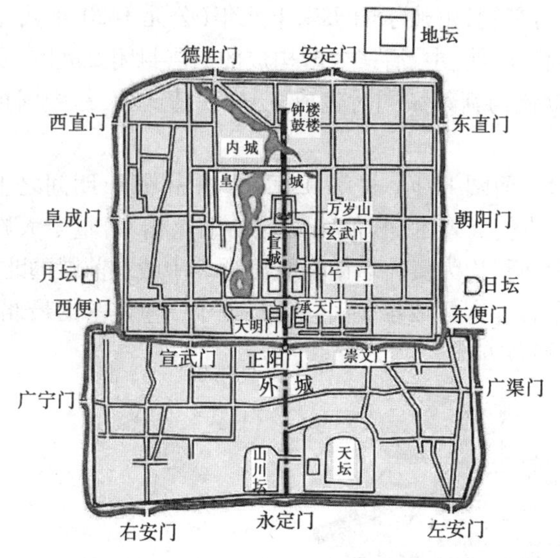

图 10.103　明朝北京城平面示意图

明朝建筑:故宫奇闻趣事

明朝建筑:太庙和社稷坛

北京故宫内的建筑分为外朝和内廷两部分,宫殿是沿着一条南北向中轴线排列,三大殿、后三宫、御花园都位于这条中轴线上。外朝的中心为太和殿、中和殿、保和殿,统称三大殿,三大殿左右两翼辅以文华殿、武英殿两组建筑。内廷的中心是乾清宫、交泰殿、坤宁宫,统称后三宫,是皇帝和皇后居住的正宫,其后为御花园。后三宫两侧排列着东、西六宫,是后妃们居住休息的地方。

北京故宫严格地按《周礼·考工记》中"前朝后市,左祖右社"的帝都营建原则建造。整个故宫,在建筑布置上,用形体变化、高低起伏的手法,组合成一个整体,在功能上符合封建社会的等级制度,同时达到左右均衡和形体变化的艺术效果。

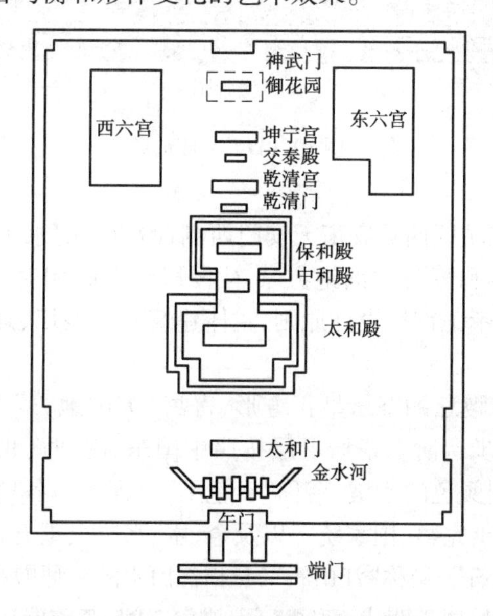

图 10.104　明朝北京故宫平面示意图

2）太庙

太庙位于北京市东城区东长安街天安门东侧，始建于明永乐十八年（公元1420年），是明清两代皇帝祭祖的地方。太庙共有三重围墙，由前、中、后三大殿构成的三层封闭式庭院，是紫禁城的重要组成部分，按照“左祖右社”的规制与紫禁城同时建成，历经明清两朝，是中国现存较完整的、规模较宏大的皇家祭祖建筑群。

如图10.105所示的前殿又称大殿、享殿，面阔11间，进深4间，重檐庑殿顶，明间之上的两层檐间木匾书满、汉文竖写“太庙”，梁柱外包沉香木，其他构件均为金丝楠木，整个大殿建在汉白玉须弥座上。前殿有东、西配庑各15间，均为黄琉璃筒瓦歇山顶。中殿在前殿的北面，又称寝宫，为黄琉璃瓦庑殿顶，面阔9间，左右都有配殿各5间。后殿位于二重院落的最北侧，为黄琉璃瓦庑殿顶，面阔9间，左右都有配殿各五间。

（a）剖面示意图

（b）实景图

图10.105　太庙前殿

3）社稷坛

社稷坛位于北京市东城区西长安街天安门西侧，始建于明永乐十八年（公元1420年），是明清两代皇帝祭祀土地神和五谷神的地方 。社稷坛与太庙相对，分别位于天安门的一左一右，体现了“左祖右社”的帝王都城设计原则，主体建筑有社稷坛、拜殿及附属建筑戟门、神库、神厨等。

如图10.106所示，社稷坛的祭坛呈正方形，寄寓“天圆地方”之意，是一座用汉白玉砌筑的三层平台，四面各设四步台阶。祭坛上层按照中国东、南、西、北、中的方位区域，分别铺设青、红、白、黑、黄五种不同颜色的土壤，俗称“五色土”。泥土由各地州府运送而来，寓意“普天之下，莫非王土”，象征领土完整、国家统一以及金、木、水、火、土五行为万物之本。坛台中央立有一方形石柱，名为“社主石”，又称“江山石”，意指江山永固。拜殿是明清两代帝王在祭扫途中避风雨的地方，故名拜殿，始建于明代，面阔5间，进深3间，黄琉璃瓦歇山顶，重昂七踩斗栱。

(3)住宅建筑

1)山西襄汾丁村明代住宅

明朝建筑:住宅建筑的特点

丁村民宅位于山西省襄汾县,是典型的明清民宅建筑群。据考证,丁村民宅最早的建于明代万历二十一年(公元 1593 年),最晚的建于民国年间,历时近四百年。尽管丁村的民居建造年代不尽相同,但都是以间为基本单元进行平面组合的合院形式,一套合院一般是由大门、倒座、正房、厢房组成。如图 10.107 所示是丁村明万历二十一年民居 3 号院平面示意图。

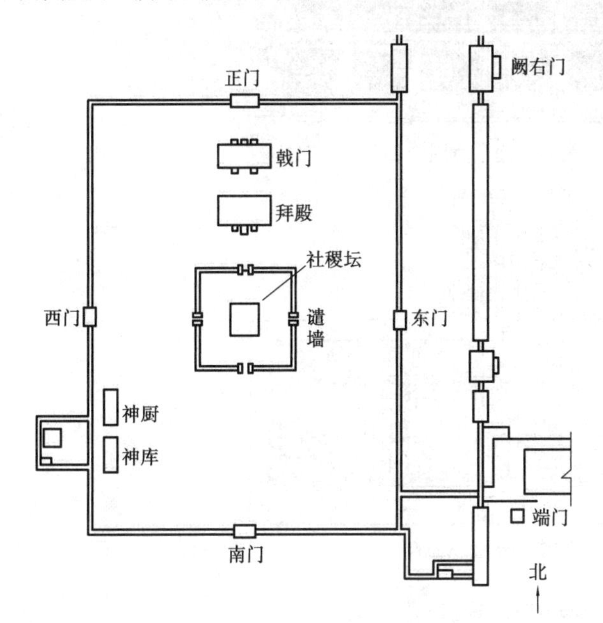

图 10.106　社稷坛平面示意图

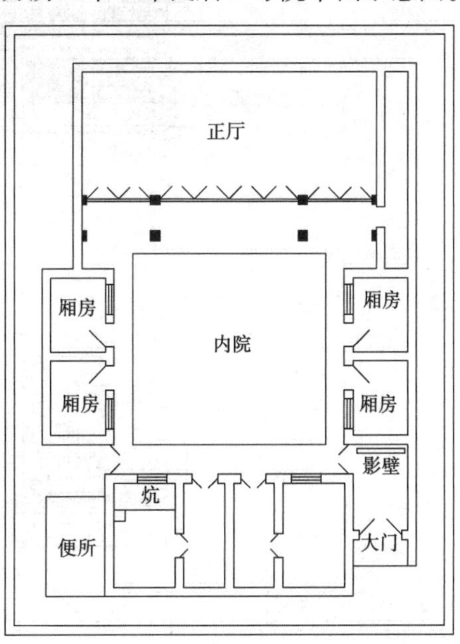

图 10.107　丁村明万历二十一年民居 3 号院平面示意图

2)山东曲阜衍圣公府

明朝建筑:山西襄汾丁村、曲阜衍圣公府、苏州东山明代住宅、东阳卢宅、徽州民居和福建明代土楼

衍圣公府习称"孔府",位于曲阜城内孔庙东侧,是中国唯一较完整的明代公爵府,是孔子的世袭衍圣公的后代居住的府第,孔府的规模形成于明弘治十六年(公元 1503 年)。清光绪十一年(公元 1885 年)一场大火把孔府的内宅一扫而光,因此留下的明代原物主要是内宅以外的部分建筑物,即大门、仪门、大堂、二堂、三堂、两厢、前上房、内宅门及东路报本堂等。

孔府分为公衙、内宅、东学、西学和后园五部分。公衙是衍圣公举行庆典和行使权力的场所,其形制和明代一般州府衙署相似,大堂居中,前有三重门和东西厢房。二堂是会见官员、处理族务之所,与大堂间有穿堂相联,仍是唐宋以来盛行的工字形平面。两厢是六厅吏员办事之处;内宅和后园是宅眷居住部分;东学是衍圣公读书、会客、祭祖的地方;西学是家属读书、宴饮、待客的场所,建筑形式与庭院布置有较多生活气息,庭中植竹树花卉,配以奇石、盆景;后园虽有较多树木,但布局凌乱,缺乏传统园林的意趣。

如图 10.108(a)、(b)所示,孔府大堂是衍圣公宣读圣旨接见官员、申饬家法族规、审理重大案件,以及节日、寿辰举行仪式的地文。厅堂 5 间,进深 3 间,灰瓦悬山顶。檐下用一斗二升交麻叶斗栱,麻叶头出锋,坐斗斗欹,具有明代风格。

如图 10.108(c)所示,孔府的单体建筑中以仪门(匾曰"恩赐重光",故又称"重光门")最有特色,是中国垂花门的最早遗物。此门建于明弘治十六年(公元 1503 年),是一座三间三楼独立式垂花门,其木质柱子用抱鼓石座挟持,柱上用梁枋悬挑垂莲柱承受屋檐重量。平时此门不开,只在迎接圣旨或举行祭典时才开启使用,仪门之名由此而来。

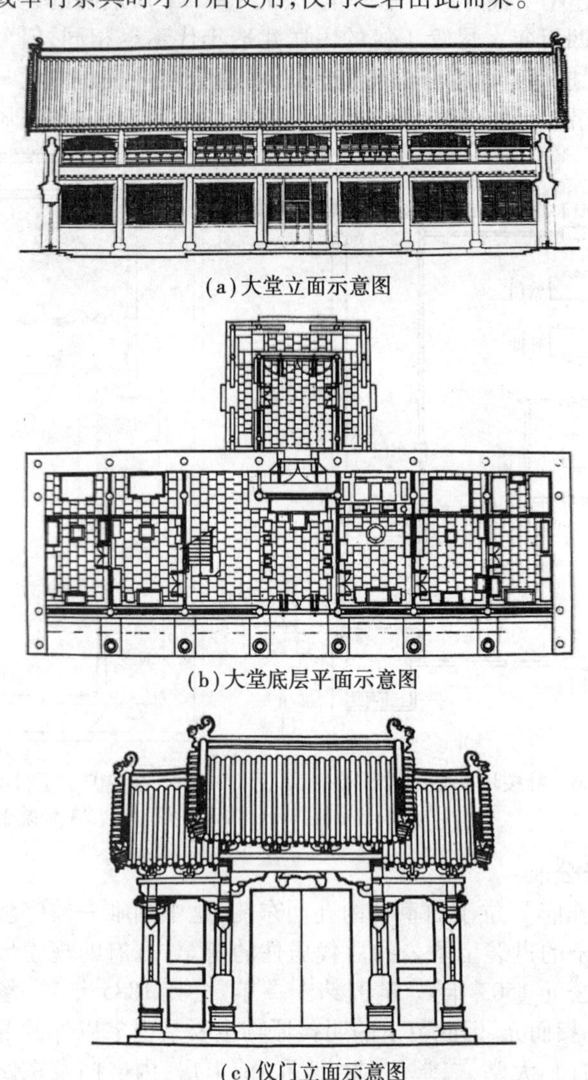

(a)大堂立面示意图

(b)大堂底层平面示意图

(c)仪门立面示意图

图 10.108 山东曲阜衍圣公府(孔府)

3)东阳卢宅

如图 10.109(a)所示,东阳卢宅位于浙江省东阳市东郊卢宅村,卢氏自宋代定居于此,世代聚族而居,从明永乐十九年(公元 1421 年)卢睿成进士起,到清代中叶科第不绝,陆续兴建了许多座规模宏大的宅第,形成一个较完整的明、清住宅建筑群,也是典型的封建家族聚居点。

卢宅建筑以明清民居风格为主,有"民间故宫"之称。卢宅总布局以卢氏大宗祠为中心,复荆、肃雍、树德三堂三足鼎立,园林、牌坊、厅堂更是层层叠叠,错落有致。

如图 10.109(b)所示,作为卢宅核心和代表的肃雍堂,堂名语出《诗经 · 周颂 · 有瞽》:"喤喤厥声,肃雝和鸣。"意谓肃敬和谐。该堂面阔五开间,进深十檩,雕梁画栋,斗栱彩画以娇艳欲滴的牡丹为衬底，施以巨大的龙凤图案。肃雍堂尤其独特的是，它的前四进中有可分合的移动式石库门，大厅的双跨顶上还有一防水的天沟，整个建筑排水极为畅通。

(a)牌坊

(b)肃雍堂国光门

图10.109　东阳卢宅

(4)佛教建筑

明朝建筑:佛教建筑

15世纪是西藏地区佛寺建筑的鼎盛期，以格鲁派四大寺(甘丹寺、哲蚌寺、色拉寺、扎什伦布寺)的兴建为其标志。这四座寺院规模宏大，佛殿、经堂、僧侣住宅等建筑物高低错落，形成壮观的建筑群。明代中期以后，藏传佛教(喇嘛教)迅速向青海、甘肃、四川等藏族地区及北方蒙古族地区传播，格鲁派寺院开始在这些地区出现，如呼和浩特市的大召寺、席力图召，以及土默特右旗的美岱召等。在建筑式样上，青海、甘肃、四川的藏传佛教寺庙受西藏影响较多，而内蒙古地区的寺庙则受内地建筑影响较大，形成了汉藏结合的建筑风格。

明代内地佛教仍以禅宗为盛。宋元时期禅宗的“五山十刹”主宰佛教，明代则有四大名山兴起取而代之，五台山为文殊的道场，普陀山为观音的道场，峨眉山为普贤的道场，九华山为地藏的道场。四山庙宇林立，规制恢宏，成为明代佛教建筑兴旺的标志。

明代佛寺总平面追求完美的轴线对称与深邃的空间层次，如原来的山门演化为前有金刚殿，后有天王殿，成了两进建筑。中轴线上佛殿增至二进或三进，如明南京天界寺有正佛殿、三圣殿、毗卢殿，三殿前后对应。山门内左右对称配置钟楼与鼓楼，佛殿前左右对称配置观音殿和轮藏殿等，都是明代佛寺布局的新特点。

明朝建筑:砖拱建筑、道教建筑和伊斯兰建筑

(5)砖拱建筑

砖拱建筑在明代佛教建筑中找到了发展的天地。由于《大藏经》屡次由

图 10.110　五台山显通寺无梁殿

皇家颁赐,藏经用的防火建筑成了一时的迫切需求,于是用砖拱建造的无梁殿建筑应运而兴。明代无梁殿遗留至今的还有十余处,著名的有南京灵谷寺无梁殿、太原永祚寺无梁殿、峨眉山万年寺无梁殿、五台山显通寺无梁殿、苏州开元寺无梁殿等。

如图 10.110 所示的五台山显通寺无梁殿(也称无量殿),分上下两层,明 7 间暗 3 间,仿木结构,面宽 28.2 m,进深 16 m,高 20.3 m,重檐歇山顶,砖券而成,3 个连续拱并列,左右山墙成为拱脚,各间之间依靠开拱门联系,雕刻精湛,是中国古代砖石建筑艺术的杰作。

(6)道教建筑

明代的道教建筑以湖北武当山古建筑群最为宏伟。明永乐年间,明成祖朱棣大建武当山,整个建筑群严格按照真武修仙的故事统一布局,并采用皇家建筑规制,形成了"五里一庵十里宫,丹墙翠瓦望玲珑,楼台隐映金银气,林岫回环画镜中"的"仙山琼阁"的意境,体现了道教"天人合一"的思想,被誉为"中国古代建筑成就的博物馆"和"挂在悬崖峭壁上的故宫"。武当山道教建筑群始终由皇帝亲自策划营建,皇室派员管理,建筑规模之大,规划之高,构造之严谨,装饰之精美,神像、供器之多,在中国现存道教建筑中是绝无仅有的。

武当山古建筑群的整体布局以天柱峰金殿为中心,以官道和古神道为轴线向四周辐射,采取皇家建筑法式统一设计布局,整个建筑群规模宏大,主题突出,井然有序。武当山一共有太和宫、南岩宫、紫霄宫、遇真宫四座宫殿和玉虚宫、玉龙宫遗址以及大量庵堂、祠堂、岩庙等古建筑。

太和宫又叫金殿,俗称金顶,主要建筑包括金殿、古铜殿和紫禁城。如图 10.111 所示,金殿位于天柱峰顶端的石筑平台正中,是明代铜铸仿木结构宫殿式建筑,殿面宽与进深均为三间,四周立柱 12 根,柱上叠架、额、枋及重翘重昂与单翘重昂斗栱,分别承托上、下檐部,构成重檐庑殿顶。正脊两端铸龙对峙。四壁于立柱之间安装了抹头格扇门。殿内顶部天花铸浅雕流云纹样,线条柔和流畅。地面以紫色石纹墁地,洗磨光洁。屋顶采用了"推山"的做法。

(a)天柱峰立体示意图　　(b)金殿立面示意图

图 10.111　武当山金殿

(7)伊斯兰教建筑

元明时期,伊斯兰教的礼拜寺、玛札(圣者之墓,穆斯林晋谒之所)等建筑先后兴建于新疆各地。穹顶技术和琉璃饰面技术在伊斯兰教建筑上得到广泛应用。如图 10.112 所示,建于明正统七年(公元 1442 年)的喀什艾提尕清真寺是新疆最大的伊斯兰礼拜寺。

图 10.112　喀什艾提尕清真寺

清朝建筑:建筑概述

10.7.3　清朝时期的建筑

清朝是中国最后一个封建王朝,这一时期的建筑大体因袭明代传统,但也有发展和创新,建筑物更崇尚工巧华丽。

清朝建筑:建筑背景

(1)建筑特色

清朝的都城北京城基本保持了明朝时的原状,城内共有 20 座高大、雄伟的城门,气势最为磅礴的是内城的正阳门。因沿用了明代的帝王宫殿,清代帝王兴建了大规模的皇家园林,这些园林建筑是清代建筑的精华,其中包括华美的圆明园与颐和园。在清代建筑群实例中,群体布置与装修设计水平已达成熟,尤其是园林建筑,在结合地形或空间进行处理、变化造型等方面都有很高的水平。

这一时期,建筑技艺仍有所创新,主要表现在玻璃的引进使用及砖石建筑的进步等方面。这一时期的民居建筑丰富多彩,灵活多样的自由式建筑较多。

风格独特的藏传佛教建筑在这一时期兴盛。这些佛寺造型多样,打破了原有寺庙建筑传统单一的程式化处理,创造了丰富多彩的建筑形式,以北京雍和宫和承德兴建的一批藏传佛教寺院为典型代表。

清朝建筑:建筑形式

(2)建筑形式

如图 10.113 所示,清代建筑有硬山式建筑、悬山式建筑、歇山式建筑、庑殿式建筑、攒尖式建筑等多种基本形式。清代晚期,中国还出现了部分中西合璧的新建筑形象。在最基本的建筑形式中,庑殿又有单檐庑殿、重檐庑殿;歇山有单檐歇山、重檐歇山、三滴水楼阁歇山、大屋檐歇山、卷棚歇山等;硬山、悬山,常见者既有一层,也有两层楼房;攒尖建筑则有三角、四角、五角、六角、八角、圆形、单檐、重檐、多层檐等多种形式。

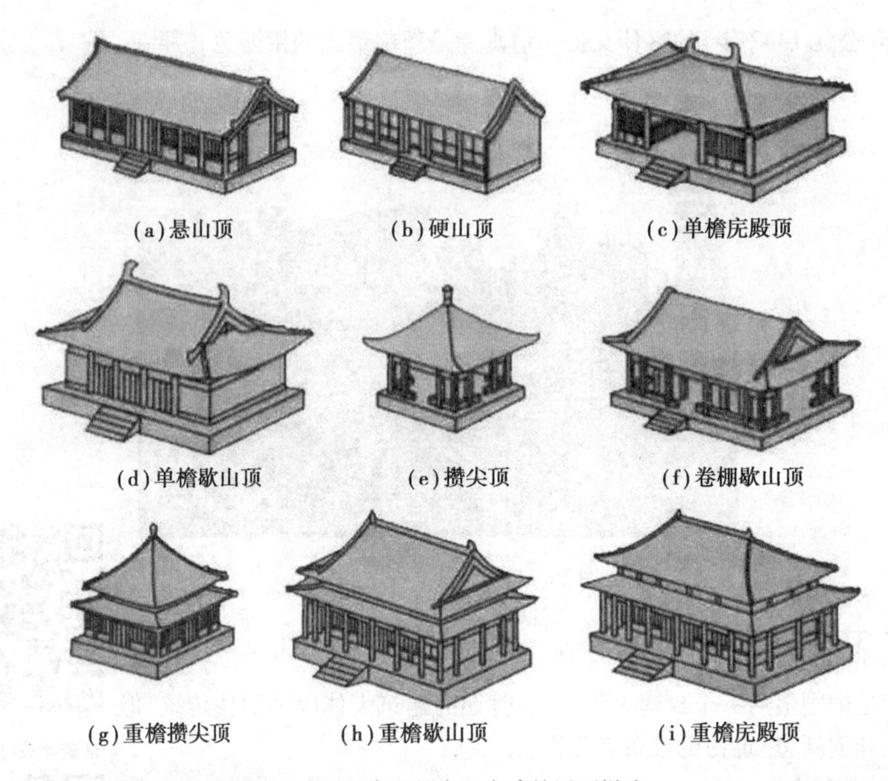

图10.113　常见的中国古建筑屋顶样式

(3)建筑通则

清朝建筑:建筑通则

建筑通则又称建筑通例,是确定建筑各部分的尺度、比例所遵循的共同法则。这些法则规定了古建筑各部位之间的比例关系和尺度关系,它是使各种不同形式的建筑持统一风格的重要原则。清式建筑的通则主要涉及以下几方面:面宽与进深、柱高与柱径、面宽与柱高、收分与侧脚、上出与下出、步架与举架、台明高度、歇山收山、庑殿推山、建筑物各构件的比例关系等。例如清工部《工程做法则例》就规定了清代建筑柱子的高度与直径是有一定比例关系,柱高与面宽也有一定比例关系。如图10.114所示,对于小式建筑如长檩或六檩小式,明间面宽与柱高的比例为10:8,即通常所谓面宽一丈,柱高八尺。柱高与柱径的比例为11:1。根据这些规定,就可以进行推算,已知面宽可以求出柱高,已知柱高可以求出柱径。相反,已知柱高、柱径也可以推算出面阔。

(4)建筑风格

清朝建筑:
建筑风格概述

宋元以来,传统建筑造型上所表现出的巨大的出檐、柔和的屋顶曲线、雄大的斗栱、粗壮的柱身、檐柱的生起与侧脚等特色逐渐退化,稳重、严谨的风格日趋消失,即不再追求建筑的结构美和构造美,而更着眼于建筑组合、形体变化及细部装饰等方面的美学形式。如北京西郊园林、承德避暑山庄、承德外八庙等建筑群的组合,都达到了历史最高水平,显示了清代建筑匠师在不同地形条件下,灵活而妥善地运用各种建筑体型进行空间组合的能力,也表现出他们高度敏锐的尺度感。清代单体建筑造型已不满足于传统的几间几架简单长方块建筑,而尽量在进退凹凸、平座出檐、屋顶形式、廊房门墙等方面追求变化,创造出更富于艺术

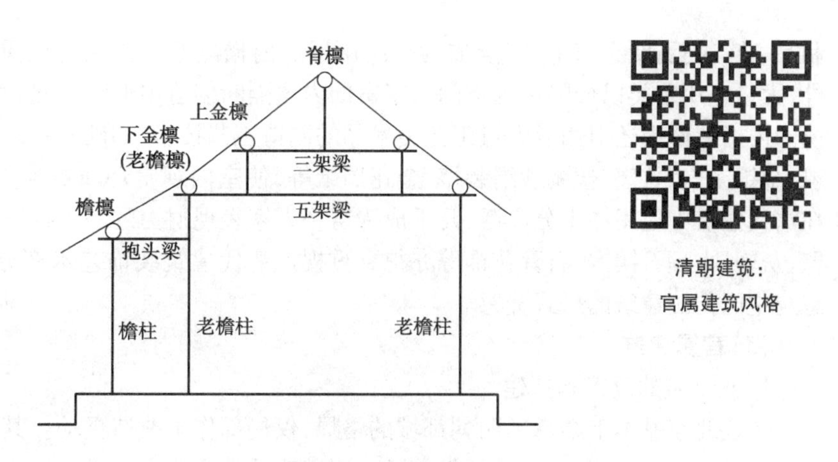

图 10.114　六檩小式前出廊建筑示意图

表现力的形体，如图 10.115 所示的承德普宁寺大乘之阁、北京雍和宫万福阁、拉萨布达拉宫、呼和浩特席力图召大经堂等都是此类优秀建筑实例的代表之作。

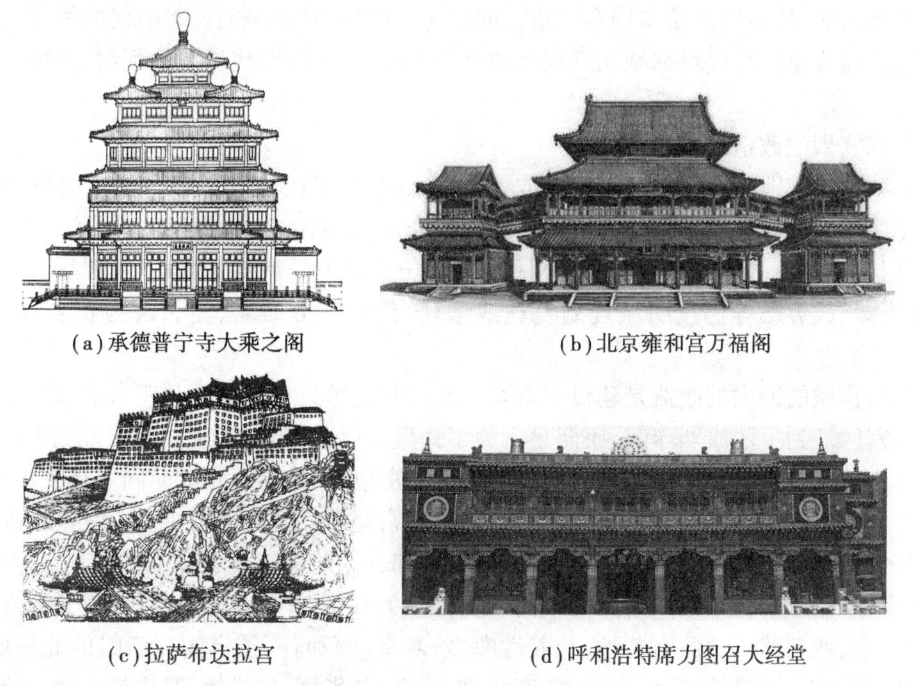

(a)承德普宁寺大乘之阁　(b)北京雍和宫万福阁

(c)拉萨布达拉宫　(d)呼和浩特席力图召大经堂

图 10.115　清代建筑造型实例

清代建筑在装饰艺术方面更为突出，它表现在彩画、小木作、栏杆、内檐装修、雕刻、塑壁等各方面。清代建筑彩画突破了明代旋子彩画的窠臼，官式彩画发展成为三大类即和玺、旋子和苏式彩画。彩画工艺中又结合沥粉、贴金、扫青绿等手法来加强装饰效果，更使建筑外观显得辉煌绮丽、多彩多姿。门窗类型在清代明显加多，而且门窗棂格图案更为繁杂，与明代简单的井字格、柳条格、枕花格、锦纹格不可同日而语。

在清代，许多门窗棂格图案已发展为套叠式，即两种图案相叠加，如十字海棠式、八方套六方式、套龟背锦式等。江南地区还喜欢用夔纹式，并由此演化为乱纹式，更进一步变异为粗纹乱纹结合式样。浙江东阳、云南剑川等木雕技艺发达地区，有些民居门隔扇心全为透雕的木刻制品，花鸟树石跃于门上，完全成为一组画屏。内檐隔断也是装饰的重点，除隔扇门、板壁以外，大量应用罩类以分隔室内空间。丰富的内檐隔断创造出似隔非隔、空间穿插的内部空间环境。内檐装修中还引用了大量工艺美术品的制造工艺技术，如硬木贴络、景泰蓝、玉石雕刻、贝雕、金银镶嵌、竹篾、丝绸纱绢装裱、金花墙纸等，使室内观赏环境更加美轮美奂。砖、木、石雕在清代建筑中应用亦十分广泛，几乎成为富裕人家表现财力的一种标志。其他装饰手段，如塑壁、灰塑、大理石镶嵌、石膏花饰等亦得到重视。清代建筑装饰艺术充分表现出工匠的巧思异想与中国传统建筑的形式美感。

(5)官属建筑

1)北京城的改建和扩建

清代北京基本上继承了明朝都城的格局，仅局部作了改造更动。其建设集中在两方面，一是充实、调整、改造旧城；二是开发郊区。旧城改造的重要方面是撤消明代皇城，将占满皇城北部大部分用地的明代内府二十四衙门尽皆裁撤，改为胡同民居。原皇城东南部的明代"南内"也撤消了，在其东南角建立满族所信奉的萨满教尊神的庙宇，称为堂子。皇城西部西什库一带用地亦改为民居，从而使皇城布局有了重大的变化。此外，对内城的许多明代的衙署、府第、仓场作了调整与改建。清代对都城北京规划的重要发展，是突破明代城墙的规约，积极开拓了城郊用地。

2)北京宫殿的改造

北京紫禁城宫殿虽然在农民军李自成撤出北京时被焚毁大部分，但顺治朝仍按明代布局进行了复建，没有更改。如前三殿、后三宫的轴线布局，左右六宫的分列。正阳门、大清门、天安门、端门、午门等一系列的门制，仍是明代形成的五门之制。其他如太庙、社稷坛、御花园、慈宁宫、文华殿、武英殿等仍按明城规划复建或增建，仅将部分殿名、门名改为新名，以示改朝换代。

清代对宫城的最大的改造是建设宁寿宫。明代时这里只有稀疏的几座宫殿，是供太后、太妃养老的宫区。到了清康熙年间，康熙皇帝为了让皇太后颐养天年，于康熙二十二年建造了宁寿宫。后来乾隆皇帝为自己退位之后准备的太上皇宫殿，又花了5年的时间进行扩建改造，便形成如今大家看到的格局。如图10.116所示，宁寿宫是紫禁城的城中之城，乾隆改造后的宁寿宫建筑群，宛如紫禁城的缩影，也分前朝、后寝两部分。前部有九龙壁、皇极门、宁寿门、皇极殿、宁寿宫，规制分别仿紫禁城中路的午门、太和门、太和殿、中和殿和保和殿。宁寿宫的后部又分为中、东、西三路。中路有养性门、养性殿、乐寿堂、颐和轩、景祺阁和已毁的北三所，东路有扮戏楼、畅音阁、阅是楼、寻沿书屋、庆寿堂、景福宫、梵华楼、佛日楼，其中畅音阁为清宫内廷演戏楼，其建筑宏丽，全称为宁寿宫畅音阁大戏楼。西路就是俗称"乾隆花园"的宁寿宫花园，主要有古华轩、遂初堂、符望阁、倦勤斋等建筑，是公认的宫苑精品。

总之，清代北京宫城的建设除了维持并加强中轴对称布局，利用环境气氛的感染力反映皇权至上、统驭一切的威严气势外，更着重在改进分区功能，提高生活的适用性及装饰设施的华丽方面进行大量的改造，这一点也是清代建筑发展的普遍特点。

(6)清代园林

清代园林的发展大致可分为三个阶段，即清初的恢复期、乾隆和嘉庆时代的鼎盛期、道光以后的衰颓期。清代前期经顺治、康熙、雍正三朝的治理，经济秩序基本稳定，初步建筑了畅春园、圆明园及热河避暑山庄。清初的园林皆反映出简约质朴的艺术特色，建筑多用小青瓦，乱

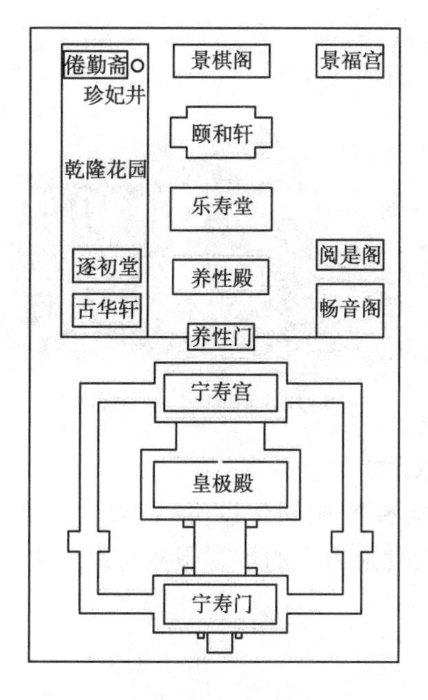

(a)区域平面示意图

(b)宁寿宫殿立体示意图

图10.116　宁寿宫

石墙，不施彩绘。

乾隆、嘉庆近百年间，国家财力达于极盛，园林建设亦取得辉煌成就，如图10.117所示是著名的几处清代园林。此时除进一步改造西苑以外，还集中财力经营西郊园林及热河避暑山庄。圆明园内新增景点48处，并新建长春园及绮春园，通过欧洲天主教传教士引进了西欧巴洛克式风格的建筑，建于长春园的西北区。此时还整治了北京西郊水系，建造了清漪园这座大型的离宫苑囿，即为今日颐和园的前身。并对玉泉山静明园、香山静宜园进行了扩建，形成西郊三山五园的宫苑格局。乾隆时期继续扩建热河避暑山庄，增加景点36处及周围的寺庙群，形成塞外的一处政治中心。与此同时，私家园林亦日趋成熟，基本上形成了北京、江南、珠江三角洲三个中心，尤以扬州瘦西湖私家园林最为著名。如图10.117(d)所示是扬州瘦西湖的景点之一五亭桥，位于瘦西湖水道之上，是中国古代十大名桥之一，有“中国最美的桥”之称。五亭桥始建于清乾隆二十二年(公元1757年)，仿北京北海的五龙亭和十七孔桥而建。

(a)圆明园大水法复原图

(b)承德避暑山庄实景图

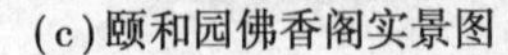
(c)颐和园佛香阁实景图

(d)瘦西湖五亭桥示意图

图 10.117　清代园林

道光以后,国势急转直下,清廷已无力进行大规模的苑囿建设,仅光绪时重修了颐和园(清漪园)而已。私家园林的欣赏趣味大变,以造园、设景为主的景观园林向生活化园林转变,虽然私园数量仍然不少,但佳作很少。

(7)皇家园林

如图 10.118 所示,三山五园是北京西郊一带皇家行宫苑囿的总称,它包括了香山静宜园、玉泉山静明园、万寿山清漪园(颐和园的前身)、圆明园、畅春园五座大型皇家园林,是从康熙朝至乾隆朝陆续修建起来的。

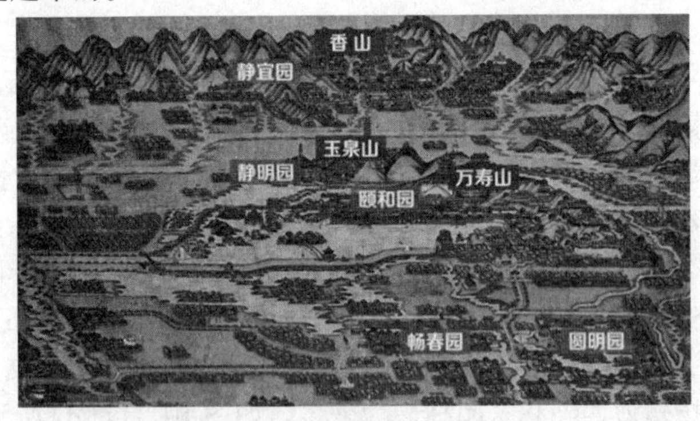

图 10.118　三山五园平面示意图

(8)私家园林

清代贵族、官僚、地主、富商的私家园林多集中在物资丰裕、文化发达的城市和近郊,不仅数量上大大超过明代,而且逐渐显露出造园艺术的地方特色,形成北方、江南、岭南三大体系。

1)北方私家园林

北方私家园林以北京最为集中,著名的有恭王府萃锦园、半亩园等。城外多集中在西郊海淀一带,著名的有一亩园、蔚秀园、淑春园、熙春园、翰林花园等,多为水景园。北方宅园因受气候及地方材料的影响,布局多显得封闭、内向,园林建筑亦带有厚重、朴实、刚健之美。在构图手法上因受皇家苑囿的仪典隆重气氛的影响,应用轴线构图较多。叠山用石多为北方产的青石和北太湖石,体形浑厚、充实、刚劲。植物配置上是常绿与落叶树种交叉配置,冬夏景观变化较明显。建筑用色较丰富,大部建筑绘有色彩艳丽的彩画,以补植物环境的缺陷。如图 10.119 所示是北方私家园林代表恭王府萃锦园局部景观示意图。

图 10.119　恭王府萃锦园局部景观示意图

2)江南私家园林

在清初的康熙、乾隆时代,江南私家园林多集中在交通发达、经济繁盛的扬州地区,乾隆以后苏州转盛,无锡、松江、南京、杭州等地亦不少。如扬州瘦西湖沿岸的二十四景,扬州城内的小盘谷、片石山房、何园、个园,苏州的拙政园、留园、网师园,无锡的寄畅园等,都是著名的园林。江南宅园建筑轻盈空透,翼角高翘,又使用了大量花窗、月洞,空间层次变化多样。植物配置以落叶树为主,兼配以常绿树,再辅以青藤、篁竹、芭蕉、葡萄等,做到四季常青,繁花翠叶,季季不同。江南叠山用石喜用太湖石与黄石两大类,或聚垒,或散置,都能做到气势连贯,可仿出峰峦、丘壑、洞窟、峭崖、曲岸、石矶诸多形态。建筑色彩崇尚淡雅,粉墙青瓦,赭色木构,有水墨渲染的清新格调。如图 10.120 所示是清代著名的江南私家园林鸟瞰示意图。

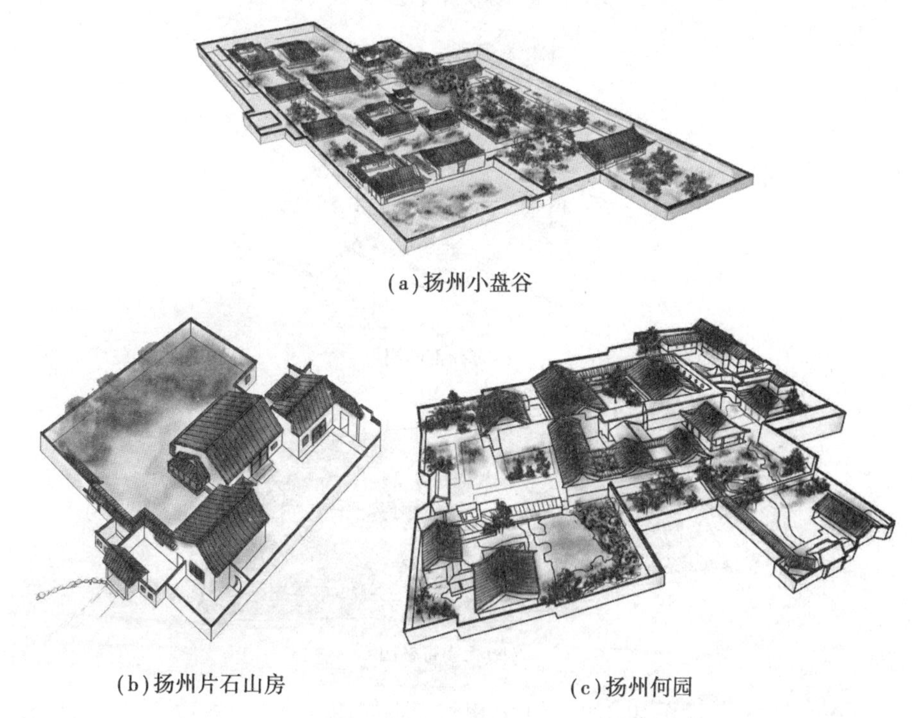

(a)扬州小盘谷

(b)扬州片石山房

(c)扬州何园

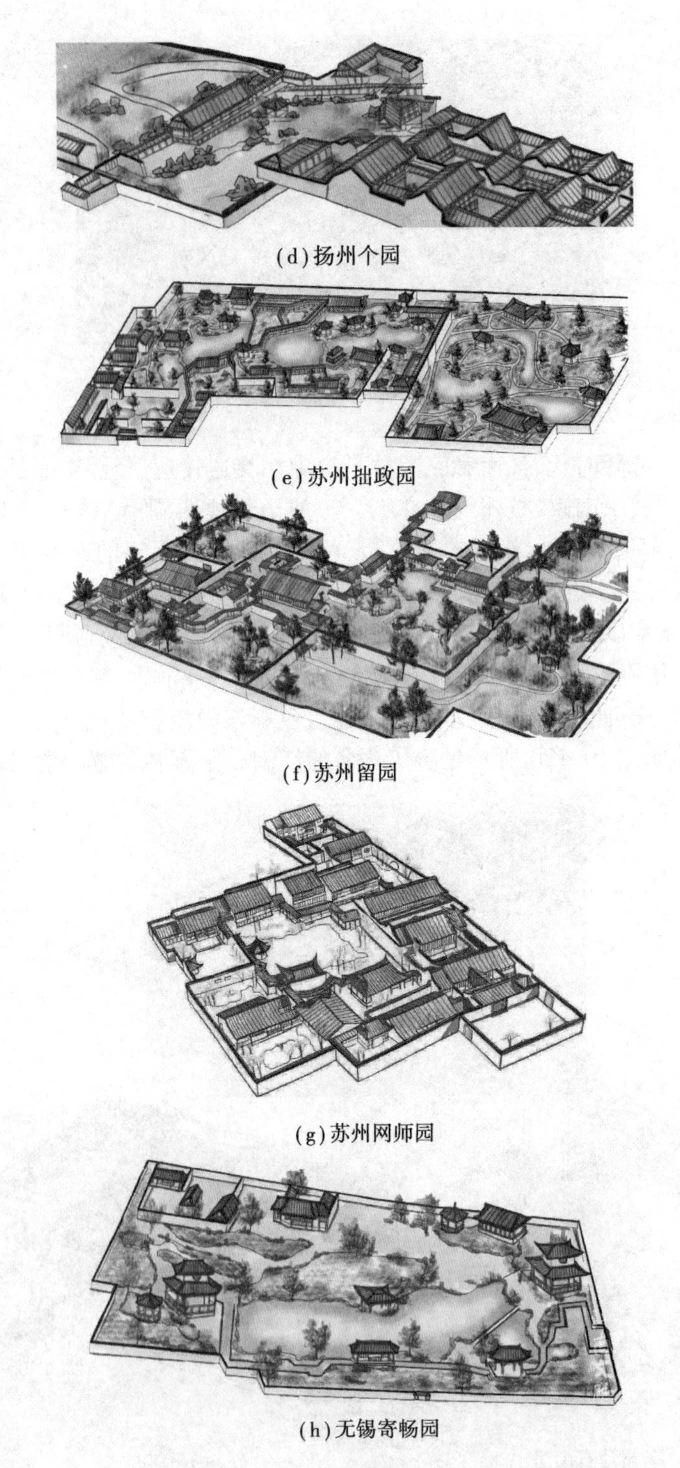

(d)扬州个园

(e)苏州拙政园

(f)苏州留园

(g)苏州网师园

(h)无锡寄畅园

图 10.120　清代江南私家园林鸟瞰示意图

3)岭南私家园林

岭南私家园林现在实例不多,目前仅有如图 10.121 所示的顺德清晖园、东莞可园、番禺余荫山房为岭南园林的代表。此外,福建、台湾的一些宅园亦属岭南体系。因气候炎热,岭南园林建筑需考虑自然通风,其通透开敞程度更胜于江南宅园。同时受西方规整式园林的影响,水体与装修多为几何式,建筑密度高。叠山多用皴折繁密的英石包镶,即所谓“塑石”技法,形态自由多变。

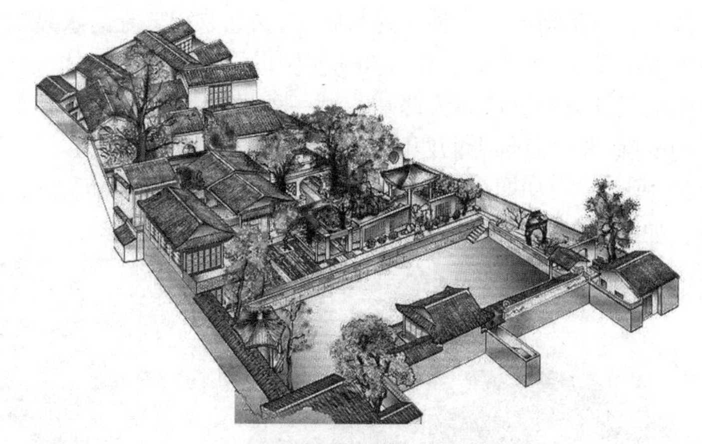

(a)顺德清晖园局部鸟瞰示意图

(b)东莞可园局部立体示意图

(c)番禺余荫山房局部实景图

图10.121　清代岭南私家园林

清代私家宅园达到了宋、明以来的最高水平,积累了丰富经验。首先是园林规划由住宅与园林分置逐渐向结合方向发展。在宅园内不仅可欣赏山林景色,而且可住可游,大量生活内容引入园内,提高了园林的生活享受功能,由此引发园内建筑类型及数量增多,密度增高,与宋、明以来的自然野趣欣赏性园林大为不同。其次,由于宅园盛行地区人口众多、用地昂贵,宅园必须在较少的空间用地条件下创造更丰富的景物,因此在划分景区或造景方面产生很多曲折、细腻的手法。清代宅园叠山中应用自然奔放的小岗平坡式的土山较少,多喜用大量叠石垒造空灵、剔透、雄奇、多变的石假山,并出现有关石山的叠造理论及流派,这方面以戈裕良所造的苏州环秀山庄假山的艺术成就最为明显。这时期的宅园艺术中也大量引入相关的艺术手段,巧妙地处理花街铺地、嵌贴壁饰、门窗装修、屋面翼角、家具陈设、联匾字画、桥廊小品、花台石凳等。当然,此时期由于物质享受要求深入园林创作之中,造成园林建筑过多,空间郁闭拥塞,装饰繁华过度,形式主义地叠山垒石,不注意植物资源开发,不重视植物造景,这些都在一定程度上妨碍了中国传统山水园林意境的进一步发展与升华。

(9)寺观园林

清代寺观园林分为三种情况。一种是建为附园,如北京碧云寺的水泉院、北京大觉寺的舍利塔院等皆是山水园的模式,承德普宁寺后部的佛国世界为象征式园林,承德殊象寺后部利用地形堆叠的大假山以象征五台胜境亦为此意。另一种是寺观园林与庭院结合,如北京白云观后院云集山房周围庭院,北京卧佛寺的西院,北京潭柘寺戒坛院等。还有一种是寺观园林化,将寺观建筑与园林融汇为一,如四川灌县青城山古常道观、峨眉山伏虎寺、甘肃天水玉泉观、云南昆明太和宫等。如图 10.122 所示是清代部分寺观园林图。

(a)碧云寺水泉院局部实景图

(b)大觉寺舍利塔局部实景图

(c)承德普宁寺局部实景图

(d)《钦定热河志》中的殊像寺全景图

(e)白云观云集山房

(f)峨眉山伏虎寺局部实景图

图 10.122　清代寺观园林

(10)**清代民居**

1)合院式民居

合院式民居的形制特征是组成院落的各幢房屋是分离的,住屋之间以走廊相联或者不相联属,各幢房屋皆有坚实的外檐装修,住屋间所包围的院落面积较大,门窗皆朝向内院,外部包以厚墙,屋架结构采用抬梁式构架。这种民居形式在夏季可以接纳凉爽的自然风,并有宽敞的室外活动空间;冬季可获得较充沛的日照,并可避免寒风的侵袭,所以合院式是中国北方地区通用的形式,盛行于东北、华北、西北地区。合院式民居中以北京四合院最为规则典型。

如图10.123所示,完整的北京四合院是由三进院落组成,沿南北轴线安排倒座房、垂花门、正房、后罩房。每进院落有东西厢房,正房两侧有耳房。院落四周有穿山游廊及抄手游廊将住房连在一起。大门开在东南角。宅内各幢住房皆有固定的使用用途,倒座房为外客厅及账房、门房;正房为家长及长辈居住;子侄辈皆居住在厢房;后罩房为仓储、仆役居住及厨房等。这种按长幼、内外、贵贱的等级秩序进行安排,是一种宗法性极强的封闭型民居。

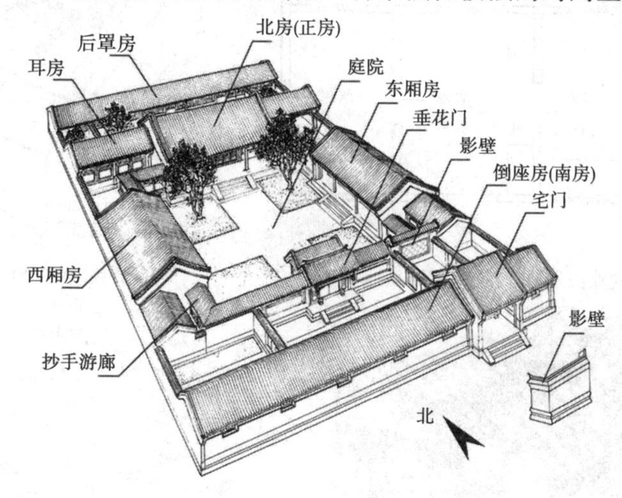

图10.123 北京四合院鸟瞰示意图

属于合院式民居还有如图10.124所示的几种形式:晋中民居,其院落呈南北狭长形状;晋东南民居,其住房层数多为两层或三层;关中民居,除院落狭长以外,其厢房多采用一面坡形式;回族民居,其布局形式较自由,朝向随意,并带有花园;满族民居,院落十分宽大,正房中以西间为主,三面设万字炕,“口袋房,万字炕,烟囱出在地面上”这句俗语形象地反映了满族民居独特的建筑风格;青海庄窠是平顶的四合院,周围外墙全为夯土制成;白族民居,即大理一带的民居,其典型布局有“三坊一照壁”和“四合五天井”两种;纳西族民居,与白族民居类似,但吸收有藏族的上下带前廊的楼房形制。

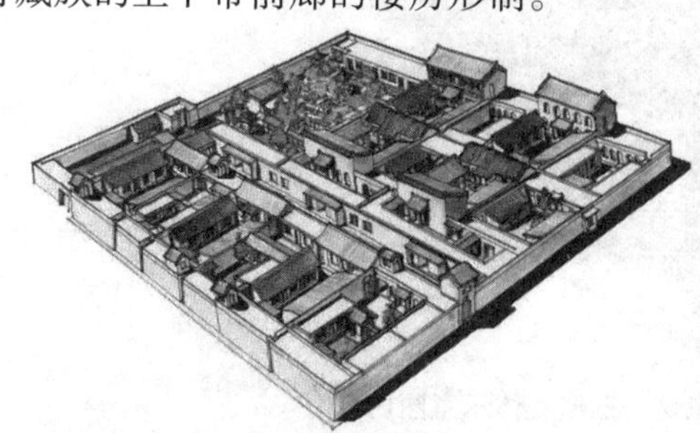

(a)晋中民居(乔家大院鸟瞰示意图)

(b)晋东南民居(皇城相府中和居局部实景图)

(c) 关中民居(“半边房”立体示意图)

(d) 回族民居(云南巍山县东莲花村马家大院实景图)

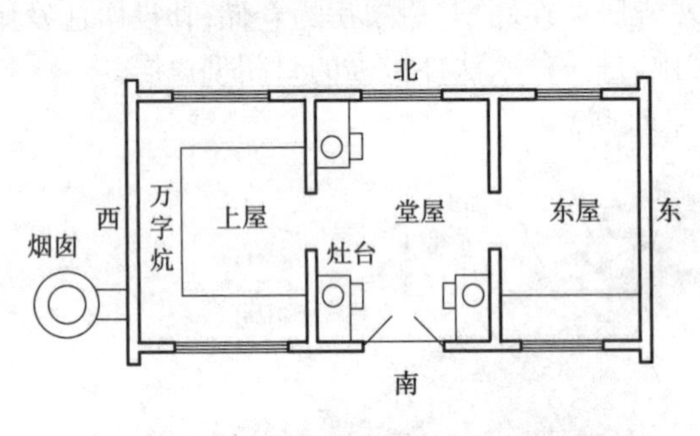

(e) 满族民居(“口袋房”平面示意图)

(f) 青海庄窠(立体示意图)

(g) 白族民居(三坊一照壁立体示意图)

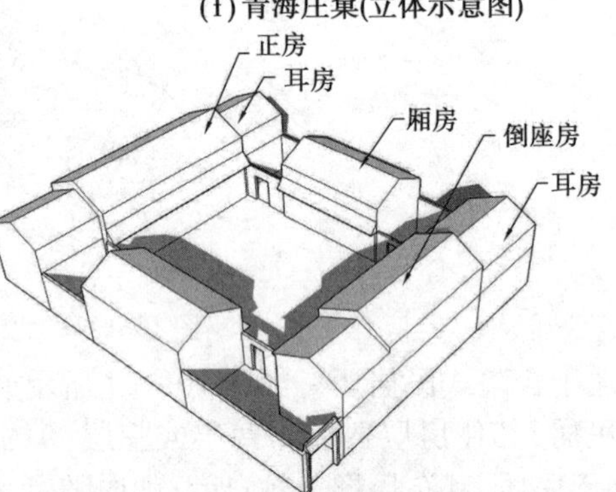

(h) 白族民居(四合五天井立体示意图)

(i) 纳西族民居(三坊一照壁立体示意图)

图 10.124　不同形式的合院式民居

2)厅井式民居

厅井式民居是庭院类型民居中另一大类,其特色表现在敞口厅及小天井,即组成庭院的四面房屋皆相互联属,屋面搭接,紧紧包围着中间的小院落,因檐高院小,形似井口,故又称之为天井。这种形式的民居在湿热的夏季可以产生阴凉的对流风,改善小气候;同时有较多的室外、半室外空间来安排各项生活及生产活动;敞厅成为日常活动的中心,不受雨季的影响。厅井式民居是长江流域及其以南地区的通用形式,尤以江浙、两湖、闽粤为典型。

苏州民居是厅井式民居的代表。它是由数进院子组成的中轴对称式的狭长民居,在轴线上依次布置有门厅、轿厅、过厅、大厅、女厅(又称上房)等。大厅是宴客团聚之处,上房多做成"门"字形两层楼房,为家眷的卧房。苏州民居大部分不设厢房,前后房屋间的联系是靠两侧山墙外附设的避弄(廊屋)来交通。主要天井内皆设立一座雕饰华丽的砖门楼,以表示房主的财富。如图10.125所示是清乾隆二十四年(公元1759年)苏州籍宫廷画家徐扬的画作《盛世滋生图》,它反映了当时苏州的市井风情,又名《姑苏繁华图》。

图10.125 清代《姑苏繁华图》中的苏州民居形象

属于厅井式民居还有如图10.126所示的其他几种形式:徽州民居,它多为规整的三合院或四合院的组合体,且以楼房居多,宽厚高大的白色山墙和造型别致、层层叠落的灰色马头墙(酷似马头的封火墙)是徽州建筑最突出的特点之一;东阳民居,以木雕而闻名全国,其典型平面为"H"字型,当地人称这为"十三间头",即正房三间和左右厢房各五间共十三间房组成三合院;湘西民居,是苗族、土家族、汉族共同的民居形式,因其为两层楼高,且周围有全封闭的高出房屋的封火墙环绕,远望如官印,称"印子房";川中民居,其大门是开在正中间,俗称"龙门",宅内装修、挂落、花罩等项皆十分考究;云南"一颗印",是昆明附近的民居形式,为方正小巧的四合院形式,它由正房、耳房(厢房)和入口门墙围合成正方如印的外观,俗称"一颗印",一颗印式民居的基本规则为"三间两耳倒八尺";泉州民居,它的特点是中部三进厅堂,而东西两侧建造南北的护房,当地称"护厝",共同组成大宅院,此类房屋对潮汕、台湾皆有很大的影响;粤中民居,它的类型较多,当地中下层居民喜欢应用一种"三间两廊式"民居,用地十分节省。

(a)徽州民居(马头墙立体示意图)

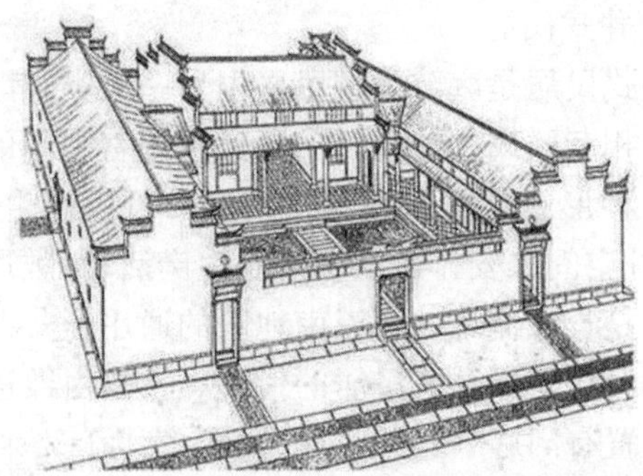
(b)东阳民居(“十三间头”立体示意图)

(c)湘西民居(“印子房”的封火墙实景图)

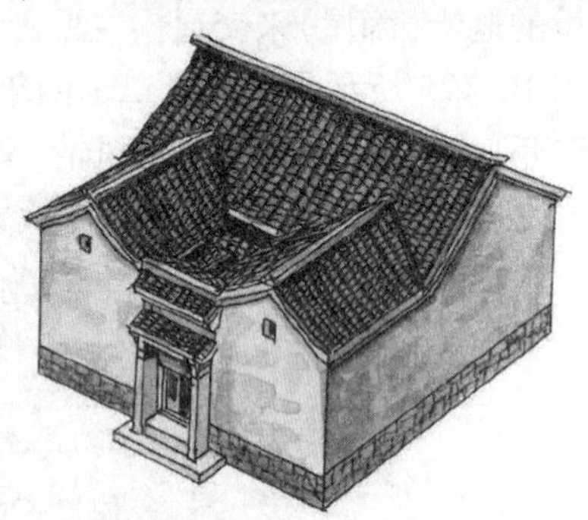
(d)云南民居(“一颗印”立体示意图)

(e)泉州民居(福建南安蔡氏古民居鸟瞰局部实景图)

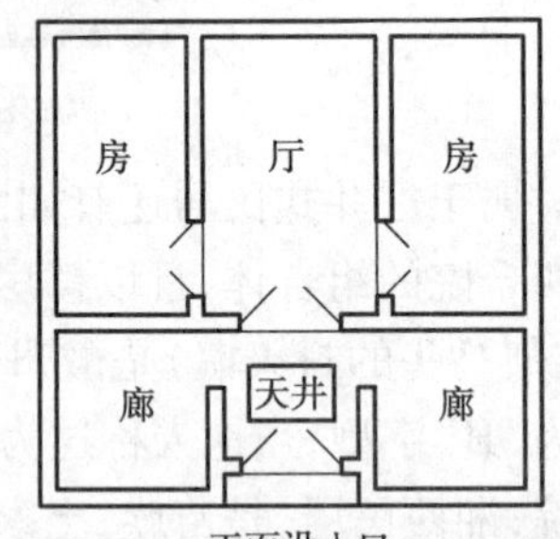

(f)粤中民居(三间两廊平面示意图)

图 10.126　不同形式的厅井式民居

3)组群式民居

组群式民居是庭院式民居的集合式住宅,以它自己特有的构图模式去组合全族众多的住屋,构成雄浑庞大的民居外貌,多应用在闽西、粤东梅州、赣南的客家人居住地区、福建漳州地区和广东潮汕等地区。永定客家土楼、梅州围龙屋、深圳鹤湖新居、始兴客家围楼、漳州土楼、潮汕古民居等是组群式

组群式民居

民居的代表。

4)窑洞式民居

窑洞式民居这是一种很古老的居住方式,它有施工简便,造价低廉,冬暖夏凉,不破坏生态,不占用良田等优点,虽然存在采光及通风方面的缺陷,但在北方少雨的黄土地区,仍为人民习用的民居形式,按构筑方式可分为三种,即靠崖式窑洞、下沉式窑洞和独立式窑洞。

如图 10.127 所示,靠崖式窑洞是陕北地区最早出现的窑洞形式,主要是在山坡、沟崖或者土原断面的黄土坡边上向山体内部开凿。下沉式窑洞又名天井院和地坑窑,在平地上向下挖深坑,使之形成人工土壁,然后在坑底各个方向的土壁上纵深挖掘窑洞。独立式窑洞也叫锢窑,在平地上以砖石或土坯建造的独立窑洞,它的室内空间为拱券形,与一般窑洞相同券顶上敷土做成平顶房,以晾晒粮食,多通行于山西西部及陕西北部。

(a)靠崖式窑洞立体示意图

(b)下沉式窑洞剖面示意图

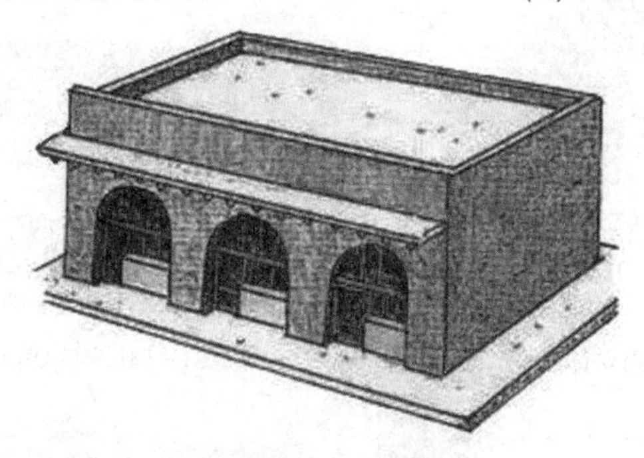

(c)独立式窑洞

图 10.127　窑洞式民居

5)干阑式(干栏式)民居

干阑式民居是一种下部架空的住宅,它具有通风、防潮、防盗、防兽等优点,对于气候炎热、潮湿多雨的中国西南部亚热带地区非常适用,包括广西、贵州、云南、海南、台湾等地区。这类民居规模不大,一般三至五间,无院落,日常生活及生产活动皆在一幢房子内解决,对于平坎少,地形复杂的地区,尤能显露出其优越性。应用干阑民居的有傣族、壮族、侗族、苗族、黎族、景颇族、德昂族、布依族等民族。

如图 10.128(a)所示的傣族民居多为竹木结构,茅草屋顶,故又称为竹楼。其下部架空,竹席铺地,席地而坐,有宽大的前廊和露天的晒台,外观上以低垂的檐部及陡峭的歇山屋顶为特色。

如图10.128(b)所示的壮族干阑式民居,当地人称它为“麻栏”,以五开间者居多,采用木构的穿斗屋架。下边架空的支柱层多围以简易的栅栏作为畜圈及杂用。上层中间为堂屋,是日常起居、迎亲宴客、婚丧节日聚会之处。围绕堂屋分隔出卧室。

如图10.128(c)所示的侗族干阑与壮族麻栏类似,只是居室部分开敞外露较多,喜用挑廊及吊楼(也称吊脚楼),同时侗族村寨中皆建造一座多檐的高耸的鼓楼,作为全村人活动的场所。

如图10.128(d)所示的苗族民居喜欢用半边楼,即结合地形,半挖半填,干阑架空一半的方式。

黎族世居海南岛五指山,风大雨多,气候潮湿。如图10.128(e)所示的黎族民居为一种架空不高的低干阑,上面覆盖着茅草的半圆形船篷顶,无墙无窗,前后有门,门外有船头,就像被架空起来的纵长形的船,故又称“船形屋”。

如图10.128(f)所示的景颇族民居都是传统干栏式竹木结构的草房,房架用带树杈的木柱支撑,以藤条绑扎固定,房顶覆盖茅草,墙壁和楼面均为竹篾编织而成,有晒台。景颇族长条式的房屋都在较集中的村落,房屋脊长檐短,属于干栏式结构,依楼底架空高度分高楼和低楼,以低楼居多,当地称“猪脚屋”。

如图10.128(g)所示的德昂族民居多为正方形干栏式竹楼,这种竹楼多用木料做主要的框架,其他部分如椽子、楼板、晒台、围壁、门、楼梯等均用竹子为原料,房顶则覆盖茅草。

布依族居住的显著特点是依山傍水聚族而居。如图10.128(h)所示的布依族民居多为干栏式楼房或半边楼(前半部正面是楼,后半部背面看是平房)式的石板房。

(a)傣族民居(竹楼)立体示意图

(b)壮族民居(麻栏)实景图

(c)侗族民居(吊脚楼)立体示意图

(d)苗族民居(半边楼)立体示意图

(e)黎族民居(船形屋)复原实景图

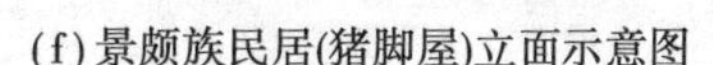

(f)景颇族民居(猪脚屋)立面示意图

(g)德昂族民居(竹楼) 实景图

(h)布依族民居(石板房)立体示意图

图 10.128　干阑式(干栏式)民居

6)藏族民居碉房

如图 10.129 所示的藏族民居俗称碉房,大多数为三层或更高的建筑。底层为畜圈及杂用,二层为居室和卧室,三层为佛堂和晒台。四周墙壁用毛石垒砌,开窗甚少,内部有楼梯以通上下,易守难攻,类似碉堡。

图 10.129　藏族民居碉房

7)羌族碉楼

羌族建筑以碉楼、石砌房、索桥、栈道和水利筑堰等最著名。如图 10.130 所示的碉楼在羌语中称其为“邛笼”,多建于村寨住房旁,高度为 10 ~ 30 m,用以御敌和储存粮食柴草。碉楼有四角、六角、八角等多种式,建筑材料是石片和黄泥土。

8)哈尼族蘑菇房

如图 10.131 所示的哈尼族蘑菇房状如蘑菇,由土基墙、竹木架和茅草顶成,屋顶为四个斜坡面。房子分为三层:底层关牛马堆放农具等;中层用木板铺设,隔成左、中、右三间,中间设有一个常年烟火不断的方形火塘;顶层则用泥土覆盖,既能防火,又可堆放物品。

图 10.130　羌族碉楼

图 10.131　哈尼族蘑菇房

9）彝族土掌房

如图 10.132 所示的彝族土掌房是一种彝族民房建筑，多建于斜坡上，以石为墙基，用土坯砌墙或用土筑墙，墙上架梁，梁上铺木板、木条或竹子，上面再铺一层土，经洒水抿捶，形成平台房顶，房顶又是晒场。有的大梁架在木柱上，担上垫木，铺茅草或稻草，草上覆盖稀泥，再放细土捶实而成。多为平房，部分为二屋或三层。

图 10.132　彝族土掌房

10）毡房

如图 10.133 所示的毡房俗称蒙古包，是一种可以随时拆卸运走的圆形住宅，它以柳木条为骨架，外边覆盖以毛毡，适用于逐水草而居、随时移动居住地的游牧民族，广泛用于内蒙古的草原地带及新疆北部、甘肃、青海部分地区。不仅蒙古族使用毡房，一些哈萨克族、塔吉克族牧民亦使用。

图10.133　毡房

11）帐房

甘肃、青海、新疆等地因夏季比较温暖，牧民们常采用一种帐篷式房屋，称为帐房。其内部以帐架支顶，外部覆以细羊毛毡或帆布。

图10.134　帐房

12）阿以旺

阿以旺是新疆维吾尔自治区常见的一种传统地方民居形式，在维吾尔族语中，“阿以旺”寓意为“明亮的处所”，已经有三四百年的历史。如图10.135所示，这种房屋连成一片，庭院在四周，带天窗的前室称阿以旺，又称“夏室”，有起居、会客等多种用途。后室称“冬室”，是卧室，通常不开窗。

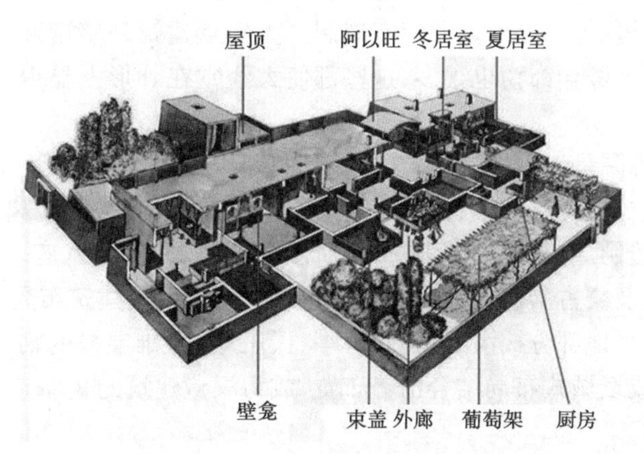

图10.135　阿以旺

(11)宗教建筑

清代宗教建筑中以藏传佛教建筑为重点,其他宗教建筑如道教、伊斯兰教、汉传佛教与南传佛教等也同样有着一定的发展与提高。

1)藏式寺庙

藏式寺庙的特点是因山而建,依山就势,呈错落参差的布局,不强调轴线,而以空间构图的自由均衡为原则,形成突出的轮廓外观。建筑物多为平顶建筑,石墙小窗,外墙有明显的收分,并粉刷成白色。墙顶以藏族特有的刷成赭红色的白麻草作为女儿墙的装饰。内部为方柱托梁密肋式木构架,有巨大的托木和复杂的雕饰,色彩对比性强烈,并用金色点缀。内部墙壁画满宗教壁画,殿堂内悬挂佛幡。建筑屋面局部吸收汉族建筑的坡屋顶及斗栱构造,但体量较小,形制亦经过简化。屋顶上尚有许多宝幢、法轮等小型佛教装饰物。最著名的藏式寺庙的实例是拉萨布达拉宫。如图10.136所示,建于康熙四十九年(公元1710年)的甘肃夏河县的拉卜楞寺是藏传佛教六大寺之一,它由六大经学院、十八座佛寺及十八座活佛公署和万余间僧侣住房组成,规模巨大,几乎是一座小市镇。

图10.136　拉卜楞寺

2)汉藏混合式寺庙

汉藏混合式寺庙多建在北方地形平坦之处,喜欢采用轴线布局,主要建筑大经堂往往用简化的藏式装饰,其他附属建筑及塔幢的形式选用汉式藏式不一。如图10.137所示的呼和浩特市席力图召是这类寺庙的典型,其主要建筑按轴线排列,完全采用汉族传统佛寺的制度,但在中轴线的后面布置了藏传佛寺特有的大经堂。大经堂重建于清康熙三十五年(公元1696年),平面分为前廊、经堂、佛殿三部分,全部建在高台上,屋顶为汉族建筑的构架形式,但整体平面及空间处理仍是藏传佛寺经堂的特有规制。大经堂建筑外墙镶嵌蓝色琉璃砖,门廊上面满装红色格扇窗,墙上鎏金饰物也很多,这些都使大经堂在外形上显得很华丽,而无藏族寺院雄伟的气质。

承德藏传佛教寺院是汉藏风格结合的另一种情况。清代皇帝为了巩固其统治和抵制沙俄侵略,推行团结蒙藏少数民族政策,在热河建造避暑山庄的同时,围绕离宫的东面和北面的山地上建有十一座藏传佛寺,现存如图10.138所示的八座,简称外八庙。这些寺庙的建筑形式吸取了西藏、新疆以及蒙古族居住地许多著名建筑的特点。就建筑布局而言,大部分寺庙采用前汉后藏式,即前边平地部分按汉式山门、碑亭、天王殿、大雄宝殿的轴线对称格局布置,而后部则以藏式大经堂或坛城式布局结合山势布置,成为汉藏建筑的叠加。

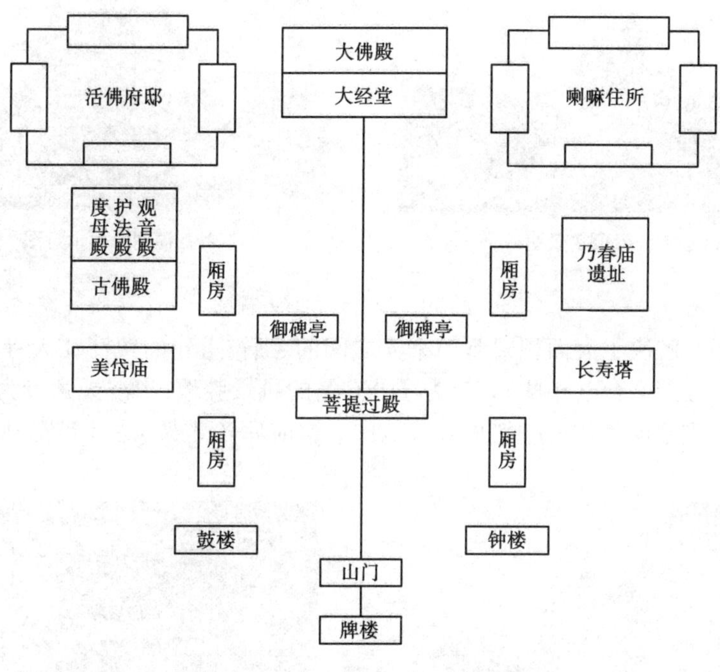

图10.137　席力图召平面示意图

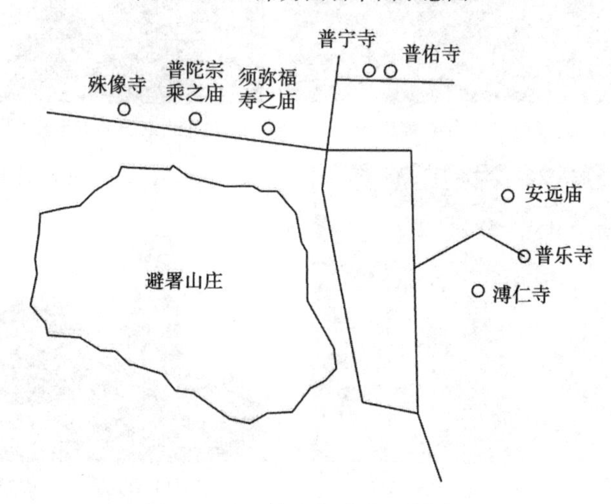

图10.138　外八庙平面示意图

3)汉式寺庙

汉式寺庙是指其建筑形式采用汉族传统技艺而言。以北京的雍和宫为例,它是北京城内最大的藏传佛教寺院。其主殿都是极有特色的建筑,如图10.139所示的法轮殿的殿顶升起五座小阁,阁顶为小喇嘛塔,象征佛教须弥山五峰并举的构图;万福阁是三阁并列的形式,阁间以飞桥相联,具有传说的天宫楼阁的形象。

4)汉传佛教寺庙

清代汉传佛教在藏传佛教的冲击下已日渐衰微,完全依靠民间信徒的资助求得发展,尽管条件如此艰难,但是寺庙仍有一定规模与数量。从建筑艺术上来讲,也不乏具有一定价值的优秀作品,如图10.140所示的北京戒台寺就保持着全国最大的戒坛;北京碧云寺的"田"字形平

(a)法轮殿屋顶实景图

(b)万福阁立面示意图

图 10.139　雍和宫万福阁

面的五百罗汉堂,解决了大面积殿堂与采光之间的矛盾;重建的镇江江天寺(原称金山寺)雄峙於长江岸边,楼阁亭台互相联属,成为一处有名的风景胜地;宁波天童寺为唐宋以来的禅宗名刹,现存清代重建的佛殿,上檐进深 12 架,下檐前后各 3 架,总计进深达 18 架,结构雄伟异常。

(a)北京戒台寺戒台殿实景图

(b)北京碧云寺罗汉堂内部实景图

(c)镇江江天寺(金山寺)实景图

(d)宁波天童寺佛殿实景图

图 10.140　汉传佛教寺庙

5)南传佛教寺院

居住在中国云南边陲的西双版纳傣族自治州与德宏傣族景颇族自治州的傣族群众,信奉佛教三大宗派的另一宗派即南传佛教,又称小乘佛教,南传佛教盛行东南亚一带,其宗教建筑形式亦很富于地方特色,而中国傣族地区的佛寺建筑受缅甸、泰国佛教建筑的影响较大,故俗称为缅寺。缅寺一般选择在高地或村寨中心建造,其布局没有固定格式,自由灵活,也不组成封闭庭院。寺院建筑由佛殿、经堂、山门、僧舍及佛塔组成。佛殿是主体建筑,形体高大,屋顶为歇山顶。在西双版纳地区佛殿屋顶坡度高峻,使用挂瓦,一般做成分段的梯级叠落檐形式,与缅甸、泰国佛寺风格极为相近。沿正脊、垂脊、戗脊布置成排的花饰瓦制品进行装饰。而德宏地区的佛殿屋面坡度较缓,形制与滇西建筑近似。

如图10.141所示的勐泐大佛寺,位于云南省西双版纳傣族自治州州府景洪市城郊,是傣族历史上一位名叫拨龙的傣王为纪念病故的王妃南纱维扁而修建。佛寺以佛祖释迦牟尼的生平及佛寺活动为主线,巧妙融入到景观及建筑群体中,充分展示南传佛教的历史与传统文化色彩。

(a)景飘大殿正立面实景图

(b)景飘大殿屋顶实景图

图10.141 南传佛教寺院(勐泐大佛寺)

6)伊斯兰教建筑

清真寺是伊斯兰教建筑的主要类型,它是信仰伊斯兰教的居民点中必须营造的建筑。由于中国各地的建筑技术及材料的不同,因使用要求而引发建筑规模、附属建筑、工艺特点、地方风格的不同,结果产生了形式各异的清真寺建筑。从形制原则上可分为两大类,即回族建筑与维吾尔族建筑。如图10.142所示为宁夏银川市南关清真大寺建筑,它具有以下几个建筑特点:

①建筑工艺的中阿结合性:将伊斯兰的装饰风格与中国传统建筑手法相融汇,通常采用白、蓝、绿等冷色布置大殿,体现了穆斯林喜欢的审美心态。

②布局的完整性:多采用中国传统的四合院形制,其建筑以一定的中轴线排列,具有完整的空间。

③坚持伊斯兰教的基本原则,突出表现了清真寺的宗教特点:如寺内的圣龛皆背向正西的麦加、大殿内不设偶像、不搞偶像崇拜、寺内皆设礼拜大殿、沐浴室等,明显区别于其他宗教建筑。

④寺院园林化:寺内往往小桥流水,山石叠翠,遍植树木花草,洋溢着浓郁的生活情趣,使人在崇敬之余,产生亲切感。

(a)鸟瞰实景图

(b)正立面实景图

图10.142 宁夏银川市南关清真大寺

7)道教宫观

清代道教已步入衰颓期,这时期的道教宫观一般都比较小,类似永乐宫、武当山宫观等元明时期的大宗教建筑群绝少出现,大多数是独院式小庙,有些是利用佛教庙宇改建而成的。由于全真道在北方亦渐趋衰落,故道观分布亦是南盛北衰,并多向东南沿海一带人口密集地区发展。

如图 10.143 所示的麟山宫又称保和堂,位于福建省莆田市仙游县枫亭镇东北部。它始建于清道光十九年(公元 1839 年),坐北朝南,由主殿麟山宫及麟山书院、报功堂、崇德堂等组成。麟山宫建筑为翘椽宫殿式结构,五进门槛,鎏金烫彩,典雅堂皇。宫内完好地保存着清代著名画家林肇棋绘作的"龙""虎""猴""鹿""鹰""鹤",四大天王等十九幅大型壁画,堪称艺术瑰宝。

图 10.143　枫亭麟山宫

10.8　中国古建筑常用名词术语图文解析

10.8.1　概述

中国古建筑基本结构　中国古建筑模数制　中国古建筑规模等级　中国古建筑重要技术文献

10.8.2　基础、台基、台阶、栏杆与地面构造

基础　台基　台阶　栏杆　室内楼面和地面构造

10.8.3　墙体

墙体的建筑材料　　墙体概述　　山墙构造

槛墙与檐墙构造　　院墙与影壁构造

10.8.4　木构架

木构架类型及其构件组成　　屋顶曲线　　硬山顶、悬山顶建筑的木构架　　歇山顶建筑木构架

庑殿顶建筑木构架　　木构架类型及其构件组成　　屋顶曲线

10.8.5　斗栱

斗栱的作用和发展演变　　宋式斗栱　　清式斗栱　　江南《营造法原》中的斗栱

10.8.6 屋顶

屋顶类型　屋面类型　屋脊类型

屋面瓦件　屋面类型　屋面类型

10.8.7 木装修

门　窗　槅子

栏杆　雀替　挂檐板

隔墙和隔断　天花藻井　木楼梯

10.8.8 建筑彩画

建筑彩画经过唐、宋、明各朝的发展，到清代达到了顶峰。建筑彩绘种类众多、题材丰富，山水、楼阁、花卉、人物都能入画,历史典故、传奇故事都是彩绘的常见题材。

唐代建筑彩画　　宋代建筑彩画　　清代建筑彩画

思考题

1. 简述史前和夏商周时期的建筑特点。
2. 论述秦汉时期的建筑特色。
3. 简述魏晋南北朝的民居建筑风格。
4. 简述现存唐代木构建筑特点。
5. 试述宋、辽、金及西夏时期建筑设计的异同。
6. 浅析元明清建筑对现代建筑艺术的影响。
7. 论述斗栱的作用和发展演变。

参考文献

[1] 中华人民共和国住房和城乡建设部. GB/T 50001—2017 房屋建筑制图统一标准[S]. 北京:中国计划出版社,2018.
[2] 中华人民共和国住房和城乡建设部. GB/T 50103—2010 总图制图标准[S]. 北京:中国计划出版社,2011.
[3] 中华人民共和国住房和城乡建设部. GB/T 50104—2010 建筑制图标准[S]. 北京:中国计划出版社,2011.
[4] 中华人民共和国住房和城乡建设部. GB/T 50105—2010 建筑结构制图标准[S]. 北京:中国建筑工业出版社,2011.
[5] 杨悦,刘韦伟. 建筑制图[M]. 北京:中国电力出版社,2019.
[6] 俞智昆. 建筑制图[M]. 北京:科学出版社,2019.
[7] 谢美芝,王晓燕,陈倩华. 画法几何与土木建筑制图[M]. 北京:机械工业出版社,2019.
[8] 何培斌. 建筑制图与房屋建筑学[M]. 重庆:重庆大学出版社,2017.
[9] 袁雪峰,张海梅. 房屋建筑学[M]. 北京:科学出版社,2018.
[10] 侯幼彬,李婉贞. 中国古代建筑历史图说[M]. 北京:中国建筑工业出版社,2002.
[11] 沈福煦. 中国建筑史[M]. 上海:上海人民美术出版社,2018.
[12] 梁思成. 中国建筑史[M]. 北京:生活. 读书. 新知 三联书店,2011.
[13] 王晓华. 中国古建筑构造技术[M]. 北京:化学工业出版社,2022.
[14] 李诫撰. 营造法式[M]. 方木鱼,译注. 重庆:重庆出版社,2018.